职业教育教学改革创新规划教材

计算机应用基础项目教程

主　编　周大勇

副主编　马中年　余忠平　王安娜　周伍阳

参　编　邓　斌　岳继红　彭彬林　姜明月

袁开华　龚　晖　赵久梅　彭　涛

主　审　罗　义

机械工业出版社

本书是根据教育部颁布的《计算机应用基础教学大纲》的要求，结合全国计算机等级考试（一级）和全国计算机信息高新技术考试办公软件应用模块（中级）的考试大纲，按照项目式教学法、模块化教学法的教学理念，并结合编者多年教学经验，采用大量经典实例编写而成的。本书采用了任务驱动的编写方式，每个课题分课题效果、课题分析、知识链接、操作步骤、拓展提高、实战演练6个环节。用具体、实用的实例吸引学生，激发学生学习兴趣，充分发挥其主体作用。

本书以Windows XP操作系统及Office 2003应用软件为平台，包括计算机基础知识与操作、Windows XP应用与操作、Word 2003应用与操作、Excel 2003应用与操作、PowerPoint 2003应用与操作、网络应用与操作6个模块。

本书非常适合作为职业技术院校的计算机应用基础课教材，也可以作为计算机等级考试、办公软件应用模块（中级）考试以及各类计算机培训班的教材，还可以作为计算机爱好者学习计算机应用基础的自学参考书。

图书在版编目（CIP）数据

计算机应用基础项目教程/周大勇主编．—北京：机械工业出版社，2011.2（2014.6重印）
职业教育教学改革创新规划教材
ISBN 978-7-111-32785-1

Ⅰ．①计…　Ⅱ．①周…　Ⅲ．①电子计算机—职业教育—教材　Ⅳ．①TP3

中国版本图书馆CIP数据核字（2011）第001321号

机械工业出版社（北京市百万庄大街22号　邮政编码100037）
策划编辑：宋　华　　责任编辑：宋　华　陈崇昱
封面设计：马精明　　责任校对：刘怡丹
责任印制：杨　曦
保定市中画美凯印刷有限公司印刷
2014年6月第1版第2次印刷
184mm×260mm・22.75印张・558千字
3 001—5 000册
标准书号：ISBN 978-7-111-32785-1
定价：37.00元

凡购本书，如有缺页、倒页、脱页，由本社发行部调换

电话服务	网络服务
社服务中心：（010）88361066	教材网：http://www.cmpedu.com
销售一部：（010）68326294	机工官网：http://www.cmpbook.com
销售二部：（010）88379649	机工官博：http://weibo.com/cmp1952
读者购书热线：（010）88379203	**封面无防伪标均为盗版**

前言

根据教育部颁布的《计算机应用基础教学大纲》的要求，结合全国计算机等级考试（一级）和全国计算机信息高新技术考试办公软件应用模块（中级）的考试大纲，遵循项目式教学法、模块化教学法的教学理念，我们精心设计、收集整理了大量的经典实例，组织编写了这本教材。

本书采用了任务驱动的编写方式，每个课题分课题效果、课题分析、知识链接、操作步骤、拓展提高、实战演练 6 个环节。首先通过“课题效果”提出要解决的问题和要完成的任务，然后分析解决问题的方法，以实际问题引导出相关的概念和理论知识，在“操作步骤”环节详细讲述解决问题、完成任务的方法与步骤，然后进行拓展提高，最后给出一个与本课题类似的实际任务供学生巩固与练习。用具体、实用的实例吸引学生，激发学生的学习兴趣，充分发挥其主体作用，学生通过每一个课题的学习都能学到新的知识，学会解决一个新的实际问题，培养其成就感和自信心。本书具有内容丰富，实例经典，结构清晰，步骤详实，图文并茂，通俗易懂等特点，非常适合作为职业技术院校的计算机应用基础课教材，也可以作为计算机等级考试、办公软件应用模块（中级）考试以及各类计算机培训班的教材，还可以作为计算机爱好者学习计算机应用基础的自学参考书。

本书以 Windows XP 操作系统及 Office 2003 应用软件为平台，以经典的案例和习题为载体，内容涵盖计算机基础知识与操作、Windows XP 应用与操作、Word 2003 应用与操作、Excel 2003 应用与操作、PowerPoint 2003 应用与操作、网络应用与操作 6 个模块。本书共设计了 46 个课题，各课题相对独立，老师可根据学生情况、学时数等具体情况灵活选讲或选学，不强求全部通讲，可以留一些课题让学有余力的学生自学。

本书由周大勇任主编，马中年、余忠平、王安娜和周伍阳任副主编，罗义任主审。参与本书编写的人员还有邓斌、岳继红、彭彬林、姜明月、袁开华、龚晖、赵久梅、彭涛。

在本书编写过程中参阅和借鉴了部分专家、老师的宝贵经验和网络上的部分资料，在此一并向这些专家、老师及资料的作者表示诚挚的谢意。

由于计算机技术的发展日新月异，加之编者水平有限，书中错误、疏漏之处在所难免，恳请广大读者和有关专家、老师不吝批评指正，以便不断修订完善。

编　者

目 录

模块一

计算机基础知识与操作

课题一　计算机的简单操作

【课题效果】

本课题要达到的效果（核心操作内容），如图 1-1 所示。

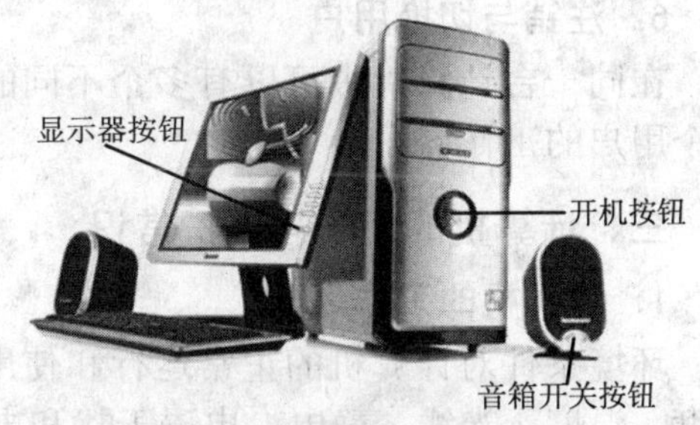

图 1-1　计算机的简单操作

【课题分析】

本课题的主要内容是计算机的简单操作，包括的知识要点有开、关机的操作，待机、重新启动等操作，计算机的日常维护等。重点操作是计算机的开机和关机等操作。

【知识链接】

一、计算机的诞生

1946 年，在美国宾夕法尼亚大学世界上第一台电子数字计算机 ENIAC（Electronic Numerical Integrator and Computer—— 电子数值积分和计算机）诞生了，它标志着计算机时代的到来。

第一台计算机是为计算炮弹弹道而设计的，它的主要元器件采用的是电子管。该机重达 30 多吨，耗电 150kW。这台计算机每秒能完成 5000 次加法运算，300 多次乘法运算，比当时最快的计算工具快 300 倍。和今天的计算机相比当然不值得一提，用今天的标准看，它是那样的“笨拙”和“低级”。其功能远不及一只掌上可编程计算器，但它使科学家们从繁冗复杂的计算中解放出来，它的诞生标志着人类进入了一个崭新的信息革命时代。

二、开机与关机

正确的开、关机方法能保证计算机正常工作，延长计算机的使用寿命。

开、关机原则：保护主机免受瞬时电冲击，并尽可能地避开电压的波动。任何电器设备在开、关瞬间均有不同程度的瞬时高压，并会产生电压波动，为避免因电压的不稳带给主板的冲击，开、关机时应按照正确的开、关机顺序进行。

1．开机

开机时应先打开外部设备，再打开主机开关。

2．关机

关机时应先关闭主机，再关闭外部设备。

3．强制关机

关机时系统无法关闭或出现死机现象则需要强制关机。

4．重新启动

如果出现死机或键盘死锁等现象时应重新启动。

5．待机

计算机中的用户信息及状态均被保留在内存中，只有内存保持在供电状态，而其他硬件停止供电，使计算机处于省电模式。

6．注销与切换用户

在同一台计算机中可以有多个不同的用户并存，可以从一个用户的工作界面切换到另一个用户的工作界面。

三、计算机的使用与维护常识

1．计算机的工作环境

环境条件对计算机的正常运行和使用寿命都有很大的影响，环境条件主要包括灰尘、湿度、温度、光线、静电、电磁干扰和电网环境等几个方面。

2．计算机的日常维护

计算机的日常维护分为硬维护和软维护两个方面，硬维护是指在硬件方面对计算机进行的维护，它包括计算机使用环境和各种器件的日常维护和工作时的注意事项等。软维护是指对计算机的软件方面的维护。

【操作步骤】

1．开机

首先接通 220V 电源，然后打开显示器电源开关、音箱电源开关及其他相关外部设备的电源开关，当显示器与音箱等外部设备工作平稳后，再按主机的开机按钮，主机开机指示灯亮后表示计算机开机，如图 1-1 所示。开机后计算机将首先进行自检，即对计算机的所有硬件进行全面的检查，并在显示器上将检查的结果报告出来，如有错误，则会出现相应的提示信息，并等待用户进行处理。然后计算机会自动装入预装的操作系统（如 Windows XP）。如图 1-2 所示。

图 1-2　Windows XP 启动界面

☞ 技巧点滴：由于很多用户的计算机一般只连接显示器这个外部设备，所以开机时，先开显示器，再开主机，等候计算机启动就可以了。

2．关机

在关机之前，用户一定要先关闭所有应用程序，并退出 Windows XP；否则可能会破坏一些未保存的文件和正在运行的程序。如果用户未退出 Windows XP 就关机，系统将认为关机时执行了非法操作，那么在下次启动 Windows XP 时会自动执行磁盘扫描程序修复可能发生的错误。

关机顺序很重要，不正确的关机方法可能会造成计算机软、硬件受损，甚至会导致系统崩溃。关机的操作步骤如下：

（1）关闭计算机中所有已打开的应用程序，打开“开始”菜单，单击“关闭计算机”按钮，如图 1-3 所示。

（2）弹出“关闭计算机”对话框，如图 1-4 所示，单击“关闭”按钮，计算机就进入关机过程了。

图 1-3 “开始”菜单

图 1-4 “关闭计算机”对话框

（3）确认主机电源已关闭（机箱前面板上的所有指示灯灭）后关闭显示器。

（4）关闭其他已打开的外部设备。

☞ 技巧点滴：在开机状态下，按一次电源 Power 按钮，将自动启动关机程序进行正常的关机。

3．强制关机

按住机箱上的电源 Power 按钮（即开机按钮）几秒钟，计算机将会自动关闭。

4．重新启动

每次使用计算机只按一次电源 Power 按钮，如在使用过程中需重新启动计算机，可按以下步骤进行操作：

（1）关闭计算机中所有已打开的应用程序，然后打开“开始”菜单，单击“关闭计算机”按钮，出现“关闭计算机”对话框，如图 1-4 所示。

（2）单击对话框中的“重新启动”按钮，计算机可重新启动。

☞ 技巧点滴：按键盘上的功能键组合<Ctrl+Alt+Delete>，打开 Windows 任务管理器，查看其中的“应用程序”选项卡中是否有标识为“无响应”的应用程序，有则选择后单击“结束任务”按钮。如果以上方法无效，则应按主机前面板上的重新启动按钮（标有 Reset，一般在电源开关附近），即可将计算机重新启动，而不用按电源开关。

5．待机

当计算机处于待机状态时，将处于一种省电模式，操作步骤如下：

（1）打开“开始”菜单，单击“关闭计算机”按钮，出现“关闭计算机”对话框，如图 1-4 所示。

（2）单击“待机”按钮，进入待机状态。

6．注销和切换用户

Windows XP 支持多个不同的用户登录到同一台计算机。如果使用了某个用户登录到这台计算机以后，想要使用另一个不同的用户进行登录，可以进行“注销”后再登录新用户，也可以直接切换用户。

注销操作使当前用户身份被注销并退出操作系统，使计算机回到当前用户没有登录之前的那个状态。

如果在计算机用户中同时存在两个及以上的用户时，通过打开“开始”菜单，单击“注销”对话框中的“切换用户”按钮，来保留当前用户所有打开的程序和数据，暂时切换到其他用户使用该计算机。

注销的操作步骤如下：

（1）打开“开始”菜单，单击“注销”按钮；弹出“注销 Windows”对话框，如图 1-5 所示。

图 1-5 “注销 Windows”对话框

（2）单击“注销”按钮，注销掉当前正在使用的用户，但不会删除此用户的文件。

（3）新用户在“欢迎 Windows”对话框中重新登录。

由于 Windows 支持多用户环境，在同一台计算机中可以有多个用户并存，而不同的用户拥有不同的工作桌面及个人环境，所以有时需要在多个用户之间切换。切换用户的操作步骤如下：

（1）打开“开始”菜单，单击 “注销”按钮，弹出“注销 Windows”对话框，如图 1-5 所示。

（2）单击“切换用户”按钮，弹出选择用户的画面，如图 1-6 所示。

（3）选择需要切换的用户名，如有密码时输入密码，所选用户将登录进入系统。

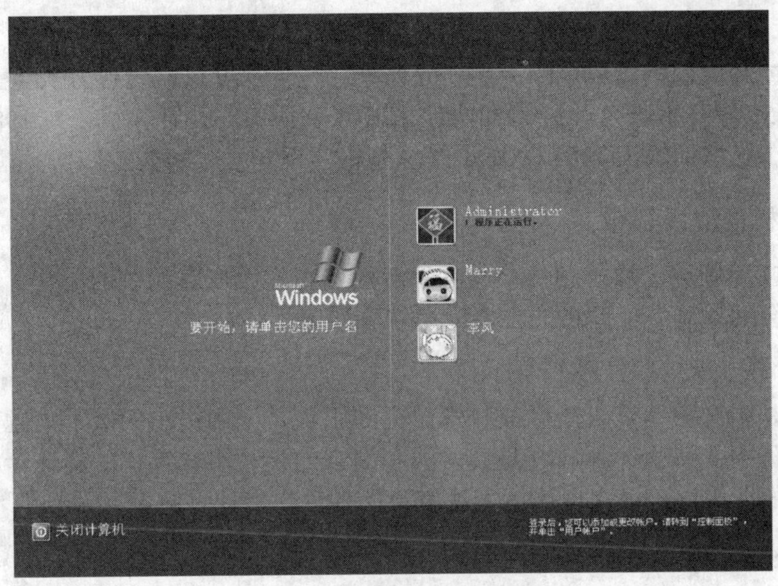

图 1-6　选择用户的画面

7. 计算机的使用注意事项

为了保障计算机的正常工作，提高计算机的使用寿命，在日常使用中应注意以下几点：

（1）应注意保持计算机的清洁，有计划地为计算机打扫卫生，因为灰尘是计算机的最大杀手。

（2）不要频繁地开、关机，频繁地开、关机会缩短计算机的使用寿命。

（3）当计算机正在工作时，切记不要断电，断电可能会引起计算机软、硬件故障。

（4）要做好防毒、杀毒工作，病毒对计算机的危害已越来越大。

（5）应经常进行软件的日常维护，确保计算机处于最佳工作状态。

（6）在拆开机器对其中的设备进行维护前，最好洗一下手或者触摸一下铁器一类的导电物质，将手上的静电放掉，因为静电足可击穿电子元件。

【拓展提高】

一、电子计算机的发展历史

1. 第一代计算机（1946—1958）

电子管为基本电子元器件；使用机器语言和汇编语言；主要应用于国防和科学计算；运算速度每秒几千次至几万次。

2. 第二代计算机（1958—1964）

晶体管为主要元器件；软件上出现了操作系统和算法语言；运算速度每秒几万次至几十万次。

3. 第三代计算机（1964—1971）

普遍采用集成电路；体积缩小；运算速度每秒几十万次至几百万次。

4．第四代计算机（1971—至今）

以大规模或超大规模集成电路为主要元器件；运算速度每秒几百万次至上亿次。

我国从 1953 年开始研究，到 1958 年研制出了我国第一台计算机，在 1982 年我国研制出了运算速度 1 亿次的银河 I、II 型等小型系列机。

二、计算机的应用领域

计算机的应用领域已渗透到社会的各行各业，正在改变着传统的工作、学习和生活方式，推动着社会的发展。计算机的主要应用领域如下：

1．科学计算（或数值计算）

科学计算是指利用计算机来完成科学研究和工程技术中提出的数学问题的计算。在现代科学技术工作中，科学计算问题是大量的和复杂的。利用计算机的高速计算、大存储容量和连续运算的能力，可以实现人工无法解决的各种科学计算问题。

2．数据处理（或信息处理）

数据处理是指对各种数据进行收集、存储、整理、分类、统计、加工、利用、传播等一系列活动的统称。据统计，80%以上的计算机主要用于数据处理，这类工作量大、面宽，决定了计算机应用的主导方向。

目前，数据处理已广泛地应用于办公自动化、企事业计算机辅助管理与决策、信息检索、图书管理、电影电视动画设计、会计电算化等行业。信息产业正在形成独立的产业，多媒体技术使信息展现在人们面前的不仅是数字和文字，也有声情并茂的声音和图像信息。

3．辅助技术

计算机辅助技术包括计算机辅助设计（Computer Aided Design，简称 CAD）、计算机辅助制造（Computer Aided Manufacturing，简称 CAM）和计算机辅助教学（Computer Aided Instruction，简称 CAI）等。

4．过程控制

过程控制是利用计算机及时采集检测数据，按最优值迅速地对控制对象进行自动调节或自动控制。采用计算机进行过程控制，不仅可以大大提高控制的自动化水平，而且还可以提高控制的及时性和准确性，从而改善劳动条件、提高产品质量及合格率。

5．人工智能

人工智能（Artificial Intelligence）是计算机模拟人类的智能活动，诸如感知、判断、理解、学习、问题求解和图像识别等。现在人工智能的研究已取得不少成果，有些已开始走向实用阶段。例如，能模拟高水平医学专家进行疾病诊疗的专家系统，具有一定思维能力的智能机器人等等。

6．网络应用

计算机技术与现代通信技术的结合构成了计算机网络。计算机网络的建立，不仅解决了一个单位、一个地区、一个国家中计算机与计算机之间的通信，各种软、硬件资源的共享，也大大促进了国际间的文字、图像、视频和声音等各类数据的传输与处理。

【实战演练】

1．打开电源，使计算机进入 Windows XP 的操作系统桌面。
2．进行切换用户操作。
3．进行重新启动计算机操作。
4．进行正常关机操作。

课题二　键盘和鼠标的操作

【课题效果】

本课题要达到的效果，如图 1-7 所示。

图 1-7　键盘操作

【课题分析】

本课题的主要内容是键盘及鼠标的基本操作方法和技巧，包括的知识要点有键盘布局，键盘的正确操作方法，鼠标的常用操作。重点操作是正确的姿势和规范的指法训练、鼠标的常用操作。

【知识链接】

一、键盘

键盘是最常用、也是最主要的输入设备，通过键盘，可以将英文字母、数字、标点符号等输入到计算机中，从而向计算机发出命令、输入数据等。掌握键盘的正确使用方法，养成良好的键盘操作习惯是非常重要的。

二、键盘种类

自从 IBM PC 推出以来，键盘经历了 83 键、84 键和 101 键、102 键几个时代，在 Windows 95 面世后，在 101 键盘的基础上改进成了 104/105 键盘，增加了 Windows 按键，现在很多键盘在 104 键键盘基础上加了 Power、Sleep、Wake Up 三个键，成为 107 键盘。

1. 按接口方式分类

键盘按接口方式可分为 AT 接口、PS/2 接口和 USB 接口三种。

2. 按外形分类

键盘按外形可分为标准键盘和人体工程学键盘。

3. 按键盘的工作原理和按键方式分类

可以划分为四种：机械式键盘、塑料薄膜式键盘、导电橡胶式键盘、电容式键盘。

三、键盘构成

如图 1-8 所示，计算机键盘中的全部键按基本功能可分成四个键区和一个键盘工作状态指示区。四个键区分别是主键盘区（打字键区）、功能键区、编辑键区、数字小键区。

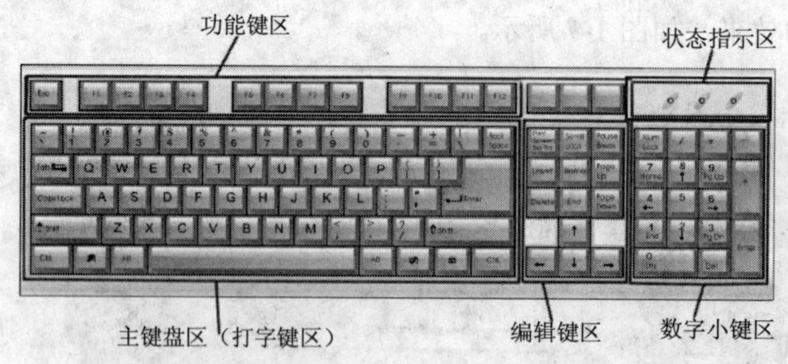

图 1-8　键盘分区

1. 主键盘区（打字键区）

主键盘区也称打字键区，是进行输入工作最常用的区域，如图 1-9 所示。打字键区包括 58 个键，有字母键（A～Z），数字键（0～9），符号键（各种符号），特定功能键（Shift 键、Caps Lock 键、Backspace 键、Enter 键、空格键、Ctrl 键、Alt 键）。

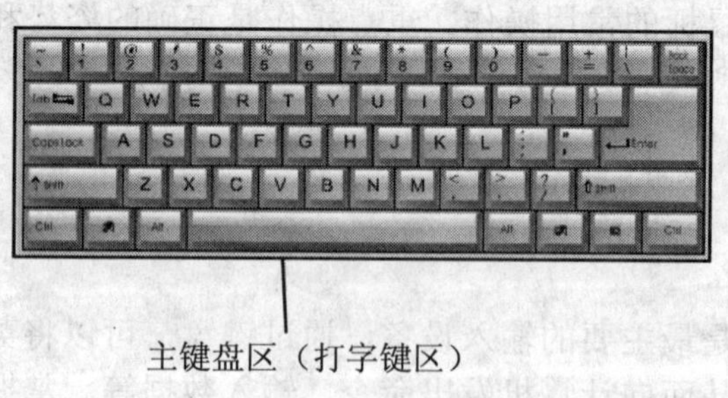

图 1-9　打字键区

（1）Space 键，空格键：位于打字键区下方的长条空白键。敲一下此键，屏幕上将显示一个空格，光标向右移动一格。

（2）Shift 键，换挡键：又叫上挡键，主键盘的第四排左右两边各一个换挡键，其功能是用于大小写转换以及上挡符号的输入。操作时，先按住换挡键，再按其他键，输入该键的上挡符号；不按换挡键，直接按该键，则输入键面下方的符号。若先按住换挡键，再按字母键，字母的大小写进行转换（即原为大写转为小写，或原为小写转为大写）。

（3）Caps Lock 键，大写字母锁定键：在主键盘区左边中间位置上，用于大小写输入状态的转换。通常（开机状态下）系统默认输入小写，按一下此键后，键盘右上方中间 Caps Lock 指示灯亮，表示此时默认状态为大写，输入的字母为大写字母。再按一次此键 Caps Lock 灯灭，表示此时状态为小写，输入的字母为小写字母。

（4）Enter 键，回车键：标有“Enter”的键位。在键盘上共有两个这样的键，一个在打字键区，另一个在数字小键区，其作用是一样的。在中、英文文字编辑软件中，此键具有换行功能，即当某段内容输入完后，按此键光标移至下一行行首。在 DOS 命令状态下或许多计算机程序设计语言中，按回车键表示确认命令或该行程序输入结束，命令则开始执行。

（5）Backspace 键，退格键：按下此键将删除光标左侧的一个字符，光标向左移动一格。

（6）Ctrl 键，控制键：在主键盘下方左右各有一个标有“Ctrl”的键位，此键一般不能单独使用，与其他键组合使用可产生一些特定的功能。例如，<Ctrl+C>具有复制的功能。用多个键来完成某一个特定功能，称为组合功能键（或叫复合功能键）。

（7）Alt 键，转换键：在主键盘下方靠近空格键处，左、右各一个，该键同样不能单独使用，用来与其他键配合产生一些特定功能。例如，在 Windows 操作中<Alt+F4>是关闭当前程序窗口。

2. 功能键区

功能键区是键盘顶部的一排键，由 13 个键组成，最左侧的 Esc 键与其右侧的 F1～F12 键，如图 1-10 所示。各个功能键的作用在不同的软件中通常有不同的定义。

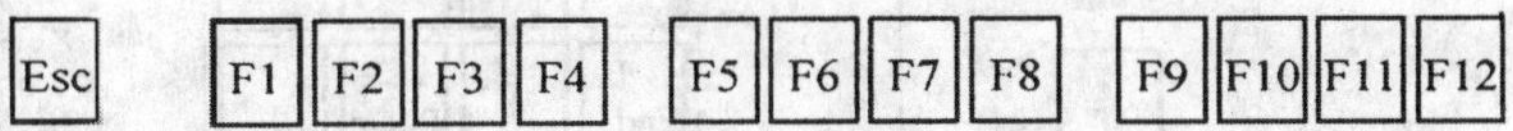

图 1-10　功能键区

（1）Esc 强行退出键又称取消键，位于键盘顶行最左边，作用是取消或中止当前操作。

（2）F1～F12 为功能键：各键的功能由不同的软件而定，并且用户可以自己定义。其作用在于用它来完成某些特殊的功能操作，可以简化操作、节省时间。

3. 编辑控制键区

编辑控制键区也称光标控制键区，位于主键盘和小键盘区的中间，主要用于控制或移动光标，如图 1-11 所示。

（1）Print Screen SysRq 键，屏幕截图键：把屏幕当前的显示信息输出到打印机。在 Windows 系统中，如不连接打印机是复制当前屏幕内容到剪贴板，再粘贴到画图程序中，即可把当前屏幕内容抓成图片。如用<Alt+Print Screen SysRq>组合键，截取当前窗口的图像而不是整个屏幕。

（2）Scroll Lock 键，屏幕锁定键：其功能是使屏幕暂停（锁定）/继续显示信息。按该键可以让屏幕内容不再滚动。再按则取消锁定状态。

（3）Pause Break 键，暂停键/中断键：单独使用时是暂停键 Pause，其功能是暂停系统操作或屏幕显示输出。按一下此键，系统当时正在执行的操作暂停。当该键和 Ctrl 键配合使用时是中断键 Break，其功能是强制中止当前程序运行。

（4）Insert 键，插入键：在编辑状态时，用做插入/改写状态的切换键。在插入状态下，输入的字符插入到光标处，同时光标右边的字符依次后移一个字符位置，在此状态下按 Insert 键后变为改写状态，这时在光标处输入的字符覆盖原来的字符。系统默认为插入状态。

（5）Delete 键，删除键：删除选定的内容或当前光标后临近的一个字符，同时后面的字符依次前移到删除内容的位置。

（6）Home 键，光标归首键：快速移动光标至当前编辑行的行首。

End 键，光标归尾键：快速移动光标至当前编辑行的行尾。

Page Up 键，上翻页键：光标快速上移一页。

Page Down 键，下翻页键：光标快速下移一页。

←，光标左移键：光标左移一个字符位置。

→，光标右移键：光标右移一个字符位置。

↑，光标上移键：光标上移一行，所在列不变。

↓，光标下移键：光标下移一行，所在列不变。

Page Up 和 Page Down 这两个键被统称为翻页键，←、↑、↓和→这四个键，被统称为方向键或光标移动键。

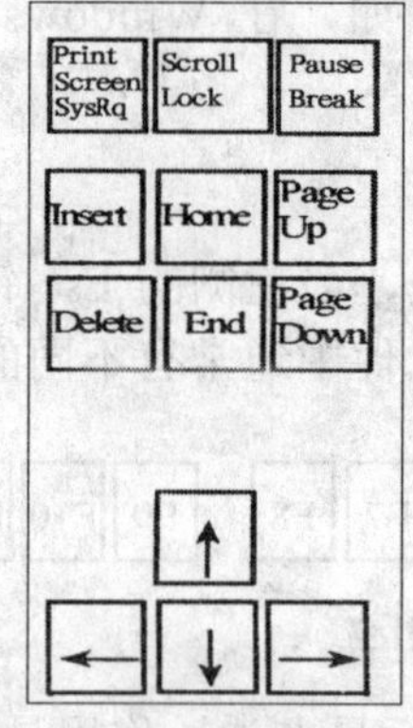

图 1-11　编辑控制键区

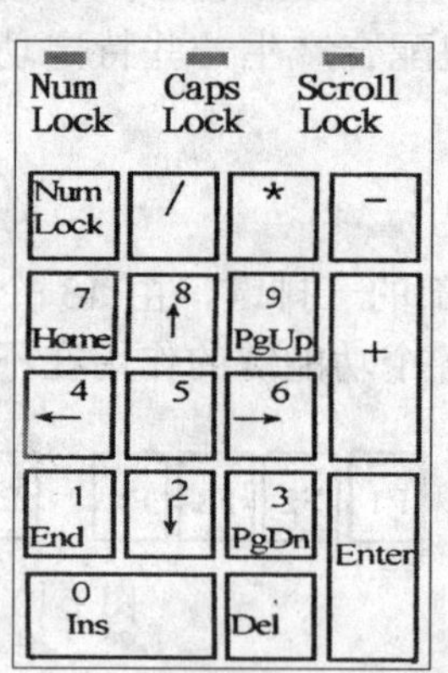

图 1-12　数字键区

4．数字键区

数字键区也称小键盘，如图 1-12 所示。小键盘区位于键盘的右下角，其主要用于数字符号的快速输入。在数字键盘中，大部分是双字键，各个数字符号键的分布紧凑、合理，适于单手操作，在录入内容为纯数字符号的文本时，使用数字小键盘将比使用主键盘更方便，更有利于提高输入速度。

（1）Num Lock 键，数字锁定键：此键用来控制数字键区的数字/光标控制键的状态。这是一个反复键，按下该键，键盘上的 Num Lock 灯亮，此时小键盘上的数字键输入数字；再按一次 Num Lock 键，该指示灯灭，数字键作为光标移动键使用。故数字锁定键又称数字/光标移动转换键。

（2）小键盘区上的 Del 键、Ins 键、↑、↓、→、←键、PgUp 键、PgDn 键、Home 键和 End 键的功能与编辑控制键区上的相应键的功能相同。

5．状态指示区

键盘右上方还有 3 个指示灯（Num Lock 指示灯、Caps Lock 指示灯和 Scroll Lock 指示灯），如图 1-12 所示。按 Num Lock 键、Caps Lock 键或 Scroll Lock 键时，就分别置亮或熄灭相应的指示灯，从指示灯的亮熄，操作者就能清楚地看出数字小键盘的状态、字母大小写的状态和滚动锁定键的状态。

四、鼠标的种类

1968 年 12 月 9 日，鼠标诞生于美国加州斯坦福大学，它的发明者是 Douglas Englebart 博士。Englebart 博士设计鼠标的初衷就是为了使计算机的操作更加简便，以便代替键盘繁琐的指令。随着计算机在全球范围内的进一步普及和科技的进步，各种款式新颖的鼠标层出不穷。

（1）按照结构来分，可以分为机械鼠标和光电鼠标两种，如图 1-13 所示。

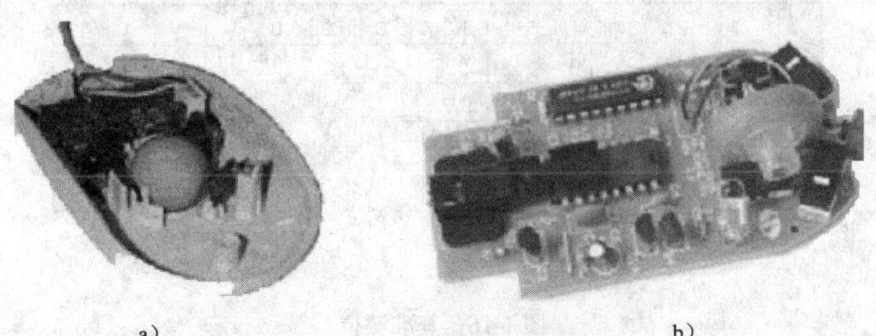

a）　　b）

图 1-13　鼠标内部结构

a）机械鼠标内部结构　b）光电鼠标内部结构

（2）按照与计算机的连接接口来分，可分为串口鼠标、PS/2 鼠标和 USB 鼠标，如图 1-14 所示。

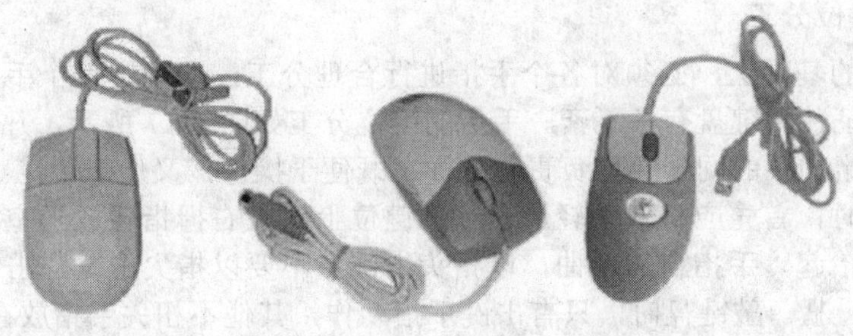

图 1-14　串口鼠标、PS/2 鼠标和 USB 鼠标

（3）按鼠标键数划分，又可分为 2D 和 3D 两种，如图 1-15 所示。

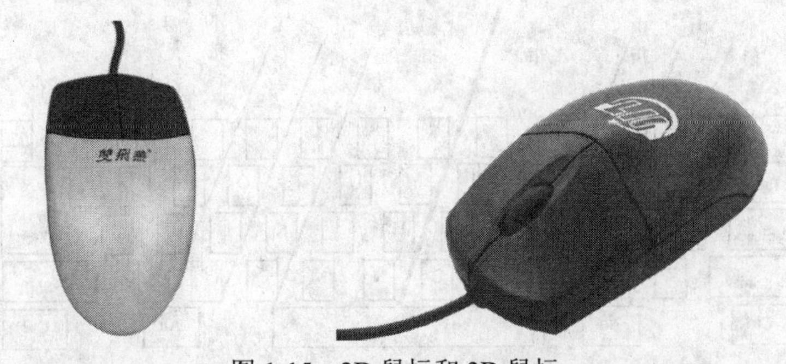

图 1-15　2D 鼠标和 3D 鼠标

【操作步骤】

一、键盘的操作

1．基准键位

键盘上有这么多键位，怎样才能准确敲击呢？首先应将手放在指定的位置。为了规范操作，计算机的主键盘区划分了一个区域，称为基准键位。基准键位有“A S D F J K L ;”8 个键。准备操作键盘时，第一步就是将双手放在基准键位上，如图 1-16 所示。

图 1-16　基准键位

☞ 技巧点滴：在中间位置的 F 键和 J 键上各有一个突起的小横杠或小圆点，这是两个定位点，主要是为了方便寻找到基准键位。放手指时，先将左手的食指放在 F 键上，右手的食指放在 J 键上，其他的手指依次放下就可以了。

2．手指的键位分工

在基准键位的基础上，必须对各个手指进行合理分工，即规定哪个手指负责控制哪些键，这样才能保证使用键盘有条不紊。手指的键位分工如图 1-17 所示，凡两斜线范围内的键，都必须由规定的手的同一手指负责。这样，既便于操作，又便于记忆。

在键盘操作时，首先应将双手轻放于基准键位上，左右拇指轻放于空格键上。手掌以腕为支点略向上抬起，手指自然弯曲，以指头击键，不要以指尖击键，击键动作应轻快，干脆，不可用力过猛。敲键盘时，只有击键手指动作，其他不相关手指放在基准键位不动。手指击完键后，马上回到基准键位区相应位置，准备下一次击键。

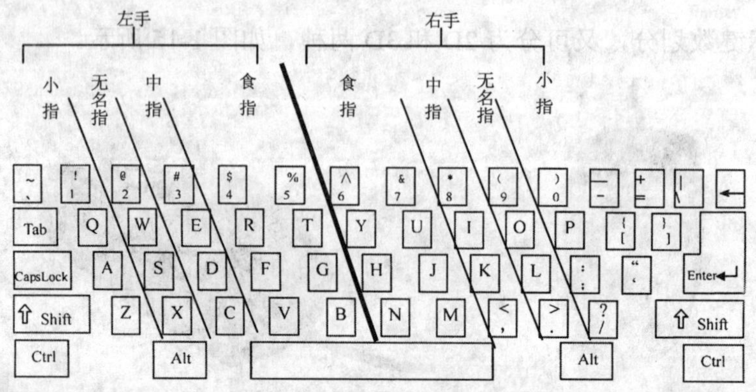

图 1-17　手指的键位分工

二、鼠标的操作

1. 鼠标的握姿

在 Windows 界面下，鼠标控制着屏幕上的一个指针形光标。当鼠标移动时，鼠标光标就会随着鼠标的移动而在屏幕上移动，用来实现不同的功能。手握鼠标的正确方法是：食指和中指分别放置在鼠标的左键和右键上，拇指放在鼠标左侧，无名指和小指放在鼠标的右侧，拇指与无名指及小指轻轻握住鼠标；手掌心轻轻贴住鼠标后部，手腕自然垂放在桌面上，如图1-18所示。

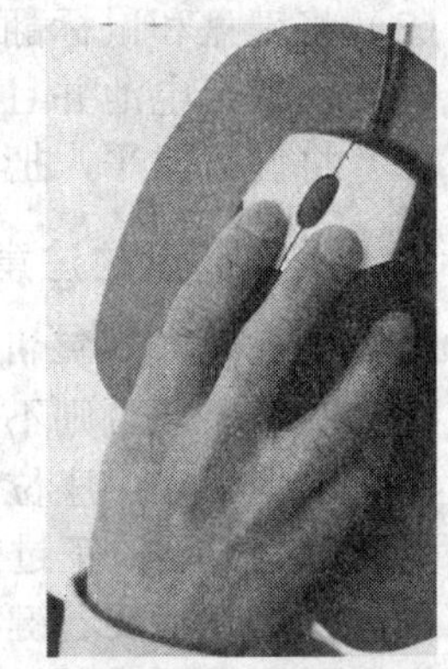

图 1-18　鼠标握姿

2. 鼠标的常用操作

（1）指向：移动鼠标，使鼠标指针指向某一对象上的操作称为鼠标的指向。

（2）单击：将鼠标指针指向某一对象，按下鼠标左键并立即释放，可以选定该对象或执行某个命令。

（3）双击：将鼠标指针指向某一对象，连续、快速地按两下鼠标左键，可以打开选定的对象或启动一个程序。

（4）右击：将鼠标指针指向屏幕上的某个位置，快速按一下鼠标右键，然后立即释放，当在特定的对象上右击时，会弹出其快捷菜单，从而可以方便地完成对所选对象的操作。不同的对象会出现不同的快捷菜单。

（5）滚轮与中击：滚动滚轮实现滚动上下翻屏，中击滚轮视程序定义的不同，可进行翻屏或者弹出菜单。

（6）拖拉：按住鼠标左键不放，移动鼠标指针到指定位置后释放鼠标按键，可以移动选定的对象。

【拓展提高】

一、无线键盘鼠标

近年来无线键盘鼠标的技术发展比较快，从无线发射技术上它们主要分为以下三人类：

第一类是采用红外无线技术，这类产品基本上属于淘汰产品，无线操控的距离短，而且有方向性上的要求。

第二类就是比较主流的2.4GHz无线键盘鼠标，这个技术相对于红外无线技术来说是一个巨大的进步，首先其使用距离大大提升，理论上最大可以达到10m，一般来说可达到3～5m。另一方面，这类无线键盘鼠标的信号抗干扰性比较强，基本上不会和其他无线设备发生冲突，实用性比较高。

第三类就是使用蓝牙无线技术的键盘鼠标，这类产品的无线操控距离更加惊人，部分产品甚至能够达到30m远，同时信号抗干扰性以及无线传输速率也更好，比较适合对于鼠标操作精度较高的用户，例如，游戏玩家等，但是这类产品的价格也往往较高。

无线键盘鼠标的安装方法如下：

（1）把附送的光盘放入光驱，通常会自动启动软件安装界面，只需要点击屏幕上的按钮就可以完成安装过程。

（2）插入无线接收器到计算机或便携式计算机的任何一个空闲的USB接口中，当红灯亮时说明接收器已经启动。

（3）将键盘和鼠标翻过来，打开上面的电池盖。

（4）安装上电池并且盖上，然后把“on/off”开关拨到“on”的位置。

（5）将键盘放平，把鼠标放在平滑的表面上，就可以正常使用了。

二、操作键盘的注意事项

（1）操作者在计算机前要坐端正，不要弯腰低头或趴在操作台上，也不要把手腕、手臂依托在键盘上。否则不但影响美观，更会影响速度。另外，座位高低要适度，以手臂与键盘盘面水平为宜，座位过低容易疲劳，过高则不便操作。如果一开始就养成了错误的习惯，则以后是很难改正过来的。

（2）打字时不要看键盘，即一定要学会“盲打”，这一点非常重要。初学时因记不住键位，往往忍不住要看着键盘打字，一定要避免这种情况，实在记不起来，可先看一下，然后移开眼睛，再按指法要求输入。只有这样，才能逐渐做到凭手感而不是凭记忆去体会每一个键的准确位置。

（3）要严格按规范运指，既然各个手指已明确分工，就要各司其职，不要越权代劳，一旦敲错了按键，一定要用右手小拇指击打退格键，重新输入正确的字符。

（4）注意击键手法，击打按键时，力量要适中，不要忽大忽小。击键的节奏要均匀，不要忽快忽慢。

【实战演练】

1．按正确的键盘操作指法，输入下面一篇英文文章。

The CPU (Central Processing Unit) is the brains behind your computer. The CPU is responsible for performing calculations and tasks that make programs work. The faster the CPU,the quicker programs can process computations.

A fast CPU is useless without an adequate amount of RAM (stands for Random Access Memory).RAM is usually referred to as a computer’s “memory”- meaning that it stores information that is used by running programs and applications. More memory lets you run more applications at the same time without degrading your system’s performance.

2．按正确的鼠标操作方法，完成以下操作。

（1）在Windows XP的桌面上，用鼠标单击选中“我的电脑”图标。

（2）用鼠标单击选中“回收站”，将其图标拖拉到桌面的右下方，松开鼠标。

（3）双击打开“我的电脑”，然后打开“E盘”。

（4）在E盘的空白处右击，在弹出的快捷菜单中选择“新建”命令，然后新建文件夹。

课题三　微机外设的安装与连接

【课题效果】

本课题要达到的效果，如图1-19所示。

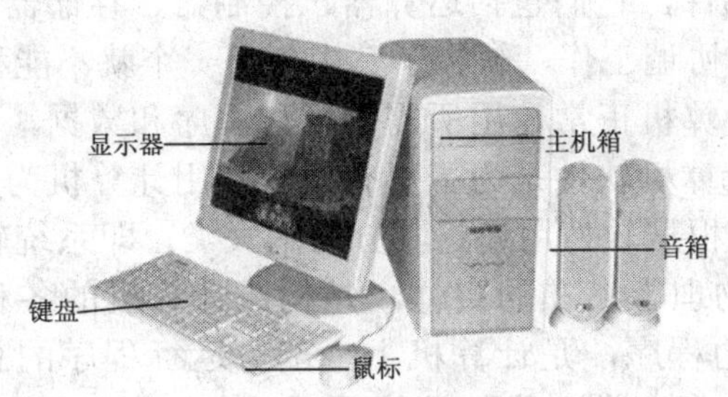

图 1-19　微型计算机

【课题分析】

在实际工作和生活中，经常要将微机的各个部件进行连接，比如新买回来的计算机要把它连接起来，旧计算机搬动位置后可能要重新连接，键盘、鼠标等外设要进行维护与更换等。本课题的主要内容是微型计算机外设的连接与安装，包括的知识要点有计算机系统的组成，微型计算机的硬件组成，微型计算机外设的接口与连接方法等。重点操作是微型计算机外设的安装与连接。

【知识链接】

一、计算机系统的组成

日常所说的计算机，严格地说，都应称为计算机系统。一个完整的计算机系统主要由计算机硬件系统和计算机软件系统两大部分组成，如图 1-20 所示。

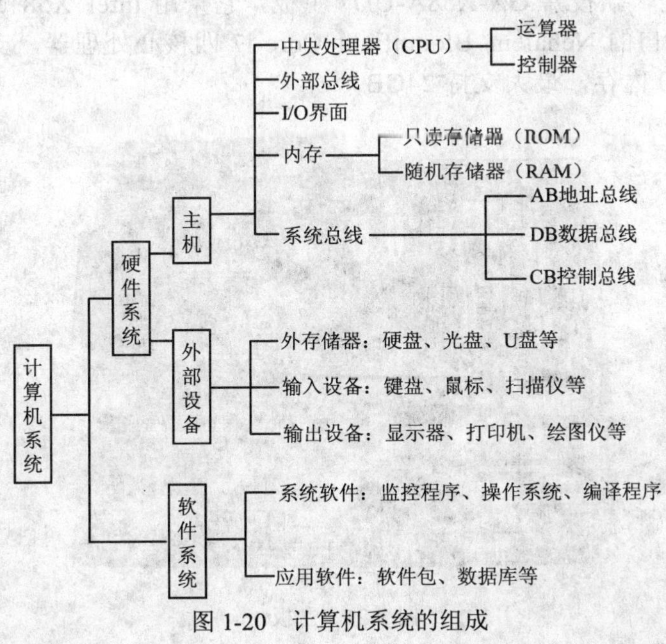

图 1-20　计算机系统的组成

硬件系统是那些看得见、摸得着的电子、光学和机械部件的总和。一个完整的硬件系统，必须包含五大功能部件，它们包括运算器、控制器、存储器、输入设备和输出设备。每个功能部件各司其职、协调工作，缺少了其中任何一个就不能称其为计算机了。

软件系统则是包括计算机正常使用所需的各种程序和数据，软件是所有的程序及有关技术文档资料的总和。计算机软件是为了更有效地利用计算机为人类工作，发挥计算机的功能而设计的程序。通常根据软件用途将其分为两大类，即系统软件和应用软件。

计算机硬件系统是物理上存在的实体，是构成计算机的各种物质实体的总和。计算机软件系统是通常所说的程序，是计算机上全部可运行程序的总和。只有这两者密切地结合在一起，才能成为一个正常工作的计算机系统，正常地发挥作用，这两者缺一不可。没有软件支持，再好的硬件配置也是毫无价值的；没有硬件，软件再好也没有用武之地。有人曾经做过这样的比喻：计算机系统中的硬件好比人的肉体（可以触摸），而软件好比人的灵魂（比较抽象的存在）。

二、微型计算机的硬件组成

计算机按其运算速度快慢、存储数据量的大小、功能的强弱，以及软、硬件的配套规模等不同，又分为巨型机、大中型机、小型机、微型机、工作站与服务器等。其中，人们接触和使用最多的是微型计算机，简称微机，又叫 PC（Personal Computer）机或个人计算机，俗称电脑。

一台微型计算机硬件系统由主机箱、显示器、键盘、鼠标、音箱等设备组成，如图 1-19 所示。主机箱内安装有计算机的许多重要部件，包括主板、中央处理器（CPU）、硬盘、内存、光盘驱动器、显示卡、网卡等。

1. 主板

主板也叫母板，位于主机箱内部的一块大型印刷电路板，连接着主机箱内的硬盘、内存、CPU、光盘驱动器等硬件，是这些硬件的载体，它是计算机中最重要的部件之一。如图 1-21 所示，是一款技嘉 GA-X58A-UD7 主板，它采用 Intel X58+ICH10R 芯片组，支持 LGA 1366 接口的 Nehalem Bloomfield Core i7 四核心处理器，支持三通道 DDR3 2000/1333/1066/800 内存，最大支持 24GB。

图 1-21 主板

2．中央处理器（CPU）

中央处理器（Central Processing Unit，简称 CPU），它是微型计算机硬件系统中的核心部件，主要由运算器和控制器组成。其品质的高低决定着一台计算机的档次。

CPU 的运算速度是用主频来表示的，即 CPU 内核工作的时钟频率（CPU Clock Speed）。CPU 的工作频率（主频）包括两部分：外频与倍频，两者的乘积就是主频，倍频的全称为倍频系数。现在主流 CPU 的主频为 2.6G、3.0G、3.06G 等。

如图 1-22 所示，为 Intel 生产的 Intel 酷睿 i7 920CPU 的正面和反面实物图，其内核为四核心，主频为 2660MHz、外频为 133MHz、倍频为 20 倍、总线频率为 4.8GT/s。

图 1-22 Intel 生产的 Intel 酷睿 i7 920 CPU

3．存储器

存储器是计算机的记忆部件，用于存放程序、原始数据和最后结果等信息。它分为内存储器和外存储器两大部分。

（1）内存储器：简称内存，通常安装在主板上，内存分为随机存储器（Random Access Memory，简称 RAM）和只读存储器（Read Only Memory，简称 ROM）两部分。如图 1-23 所示分别为 DDR2 、DDR3 内存条。

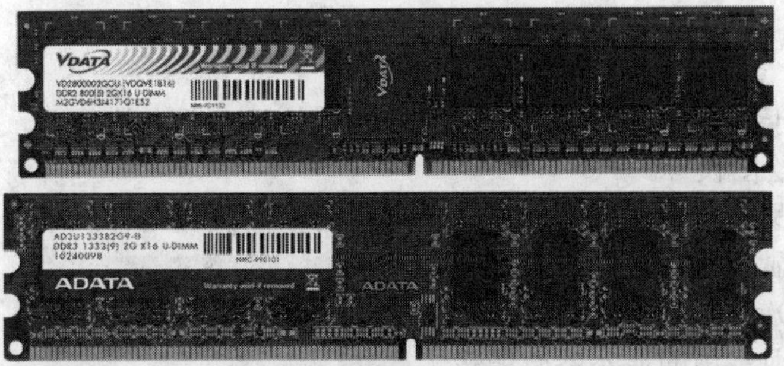

图 1-23 DDR2 内存条（上）和 DDR3 内存条（下）

随机存储器是易失性存储器，其中存放的信息是临时性的，计算机一旦断电后，RAM 中的信息就会全部丢失，不可恢复。只读存储器是一种只能读出不能写入的存储器，当计算机断电后，ROM 中的信息不会丢失。

（2）外存储器：简称外存，与内存相比，外存的特点是存储容量大，价格较低，而且在断电的情况下也可以长期保存信息，所以称为永久性存储器，但其缺点是存取速度比内存储器慢。常见的外存有软盘、硬盘、光盘、U 盘，如图 1-24 所示。

a） b） c） d）

图 1-24 外存储器

a）软盘 b）硬盘 c）光盘 d）U 盘

U 盘是现在最方便、最普及的移动存储器，它可以通过每台计算机都有的 USB 接口方便地进行数据交流。它和其他的移动存储方式相比具有明显的优点：体积小，便于随身携带。容量大，U 盘的存储容量比原来使用的软盘容量要大几十甚至上百倍。存储速度快，U 盘的读写速度一般为几十兆到几百兆每秒。保存的信息不易损坏、丢失，使用方法简单。随着 U 盘的流行，3.5 英寸、容量为 1.44MB 的软盘已基本退出市场了。

4．输入设备

输入设备是将外面的信息输入计算机中。键盘、鼠标、扫描仪、手写笔、摄像头、数码相机等都是微机中常用的输入设备，如图 1-25 所示。

扫描仪就是将照片，书籍上的文字或图片获取下来，以图片文件的形式保存在计算机里的一种设备。手写笔、摄像头和数码相机是通过 USB 接口连接计算机，将信息输入到计算机中。

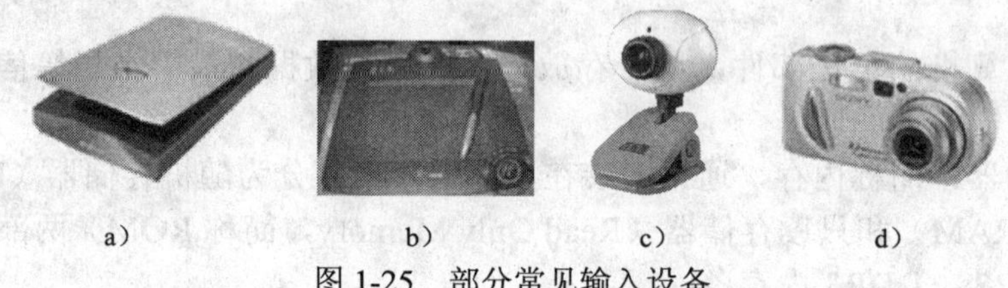

a） b） c） d）

图 1-25 部分常见输入设备

a）扫描仪 b）手写笔 c）摄像头 d）数码相机

5．输出设备

输出设备是用于将计算机中的数据信息传送到外部介质上的装置。常用的输出设备有显示器、打印机、绘图仪等。

（1）显示器：又称监视器，是计算机最常用的输出设备之一，用于显示文字、图表和视频等各种信息。显示器的显示内容和显示质量（如分辨率）的高低主要是由显卡的功能决定的。目前常用的显示器有阴极射线管显示器（Cathode Ray Tube，简称 CRT）和液晶显示器（Liquid Crystal Display，简称 LCD），如图 1-26 所示。

图 1-26 CRT 显示器（左）和液晶显示器（右）

（2）打印机：它是计算机系统的主要

输出设备，用于将计算机中的信息打印出来，以便用户阅读和存档。打印机的类型很多，可分为击打式打印机和非击打式打印机。针式打印机属于击打式打印机，喷墨打印机和激光打印机属于非击打式打印机，如图 1-27 所示。

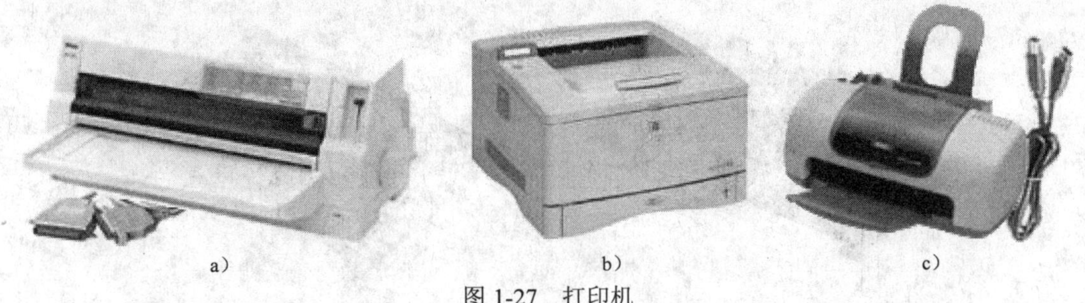

a）　　　　b）　　　　c）

图 1-27　打印机

a）针式打印机　b）激光打印机　c）喷墨打印机

6. 机箱和电源

在计算机系统中，机箱除了给计算机系统建立一个外观形象之外，还为计算机系统的其他配件提供安装支架，有利于提高整个系统的稳定性。另外，它还可以减轻机箱内向外辐射的电磁污染，保护用户的健康和其他设备的正常使用。机箱的用材一般是钢材镀锌板等，所用板材应无杂质、厚度均匀、表面光洁、不易生锈，要求整个机箱结构牢固，不易变形。机箱是绝大部分硬件的“家”。如图 1-28 所示，可以清楚地看到机箱的内部结构。

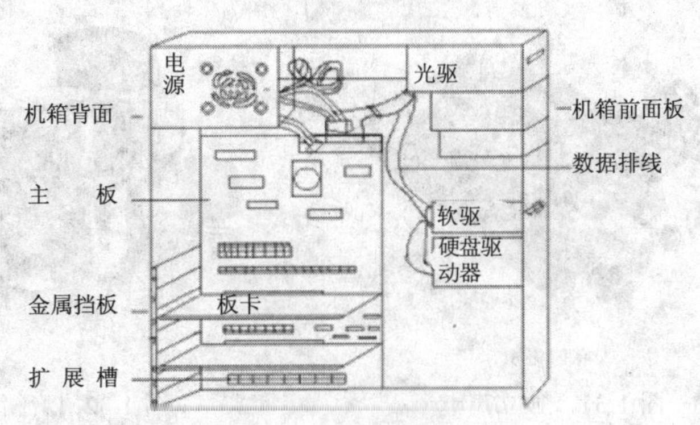

图 1-28　机箱的内部结构

作为机箱的重要组成部分，电源负责整机的能源供给，一台完整的计算机除了显示器直接由市电（指城市里主要供居民使用的电源、电压一般是 220V）供电外，其他配件的电力供应都来自电源，如图 1-29 所示。

7. 多媒体设备

在人类社会中，信息的表现形式是多种多样的，如文字、声音、图像、图形等，通常把这些表现形式叫做媒体。多媒体是指两个或两个以上类型信息的显示或播放。多媒体技术是指将图像、动画、声音和视频技术融为一体的技术。

图 1-29　机箱电源

常见的多媒体设备主要包括显示适配卡、声卡、

CD-ROM、音箱、话筒及显示设备等。

（1）显示适配卡：又叫显卡，如图 1-30 所示。有的计算机主板装有集成显示卡，其显示卡已功能已整合在主板上。显卡的性能很大部分是由它采用的显示芯片所决定的。

a）　　　　b）

图 1-30　显卡

a）AGP 显卡　b）PCI-Express 显卡

（2）声卡：也称为声音卡、声效卡或声频卡，是多媒体计算机的最基本配置。它的主要功能是实现声波和数字信号的相互转换，播放和录制声音数据。按声卡的组成形式，可分为普通声卡和集成声卡，目前大多采用 PCI 声卡，如图 1-31 所示。

（3）音箱：音箱负责把放大器送来的音频信号变为声波，音箱是由箱体（木制或塑胶制的）和扬声器组成，如图 1-32 所示。

图 1-31　独立声卡　　　　图 1-32　音箱

【操作步骤】

一台新计算机买来时通常主机与其他外设是分离的，尽管生产厂家会上门帮助安装，但是使用过程中移动计算机或拆换外设时也要连接主机和其外设，因此正确掌握计算机的外设连接方法对独立运用计算机是非常重要的。

计算机主机箱的正面通常有电源开关、复位开关、光驱、软驱等，现在主流的计算机通常又增加了前置 USB 接口、前置耳机和麦克风接口。其背面则有大部分的外设接口，包括键盘、鼠标、显示器、打印机、音箱、网线等。外设接口种类很多，常见的有 PS2 接口、USB 接口、串行口、并行口等，进行连接时要特别注意接口的类型、颜色和方向，拔、插时用力要均匀，不使用蛮力。通常要把键盘、鼠标、显示器、音箱等外设同主机连接起来，具体操作步骤如下。

1．选择安装位置

安装计算机时，一定要确定好安装位置，最好使用专用的电脑桌，保证桌面平整、结实，以防安装或使用过程放置不稳造成摔坏计算机。计算机的理想摆放位置，还应满足下列要求：干燥、通风、凉爽、灰尘少、无阳光直射，周围无磁性干扰源（如电视机、组合音响、冰箱、电机等）。

2．检查设备

在确保电源插座未接通电源、主机和显示器（以及其他外设）关闭的前提下，才能进行安装连接；如果是新计算机，还要检查一下所需要的连接线等是否齐全。

3．连接鼠标、键盘

目前主流计算机上键盘、鼠标都采用 PS/2 接口或 USB 接口。为了便于识别，现在计算机部件都是符合 PC 99 规范的，有明显的颜色标志，PS/2 接口紫色的为键盘接口，绿色的为鼠标接口，二者外观形状是一样的，如图 1-33 所示。

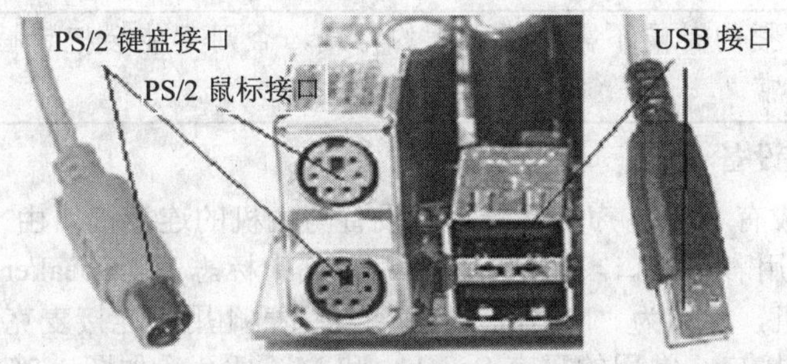

图 1-33　键盘和鼠标接口

现在鼠标、键盘大都是 PS/2 接口的，连接的方法是：将鼠标插头中的针对准主板上绿色 PS/2 接口中的方形孔，然后插入；键盘则插入到紫色的 PS/2 接口中。

连接 PS/2 接口的鼠标和键盘时，首先，不要混淆接口位置，否则计算机将不识别鼠标和键盘；其次，鼠标和键盘的插头中的针一定要对准 PS/2 接口中的小孔，插错位了则插不进去，强行插入则可能会将它们的针插弯，从而有可能导致接口短路，损坏插头，所以应非常小心。

如果是 USB 接口的键盘或鼠标，连接则更容易了，只需把该连接口对着机箱中相对应的 USB 接口插入即可，如果插反则无法插入。

> 温馨提示：除了键盘口和鼠标口规格相同外，其余接口都是一一对应的，一般不会插错；如果在接线过程中发觉很难插入接口，就有可能是插错了，千万不要强行插入，否则有可能会损伤计算机的硬件。

4．连接显示器

在显示器后部有一根蓝色接头的信号线，只有把它连接到主机箱后面板上的显卡输出端上，显示器才能显示主机输出的数字信号。显卡的输出端是一个 15 孔的三排插座，为防止插反，厂商在设计插头时将插头外框设计为梯形，如图 1-34 所示。

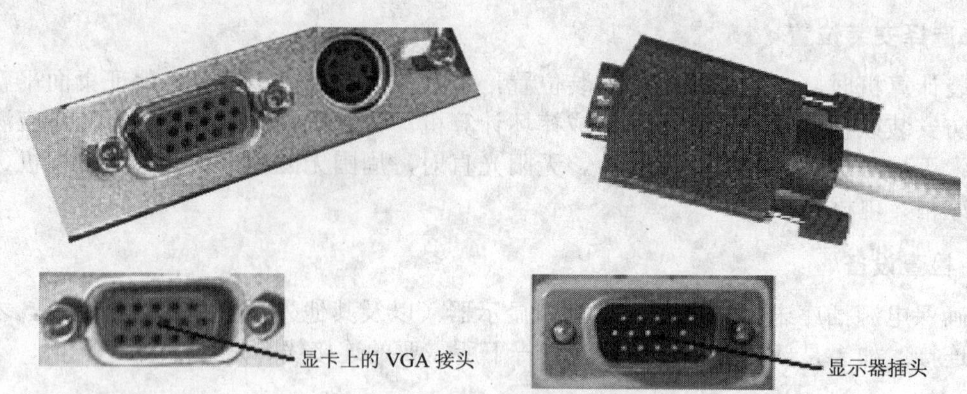

图 1-34　显示器、显卡的接头

显示器有两根线，一根为信号线，另一根为电源线。连接的方法是：先将显示器的梯形 15 针插头信号线与主机相连，然后拧紧插头上的两颗固定螺栓即可；接下来连接显示器的电源线，根据显示器的不同，有的将电源连接到主板电源上，有的则直接连接到电源插座上。

温馨提示：插的时候不需要用很大的力气，否则可能会把针插歪或插断，从而导致显示器显示不正常。

5．连接音箱类设备

一般主板上集成有 AC97 声卡，音箱类设备与主机的连接接口由 3 个插孔组成，符合 PC99 颜色规格，采用彩色接口，非常容易辨别，其中标志为“Speaker 或 ((←))”蓝色插孔用于连接音箱、耳机，标志为“Mic 或 ((→))”红色插孔用于连接麦克风、话筒，绿色插孔为 Line-in 音频输入接口，常用的只有 Speaker 和 Mic 插孔，如图 1-35 所示。

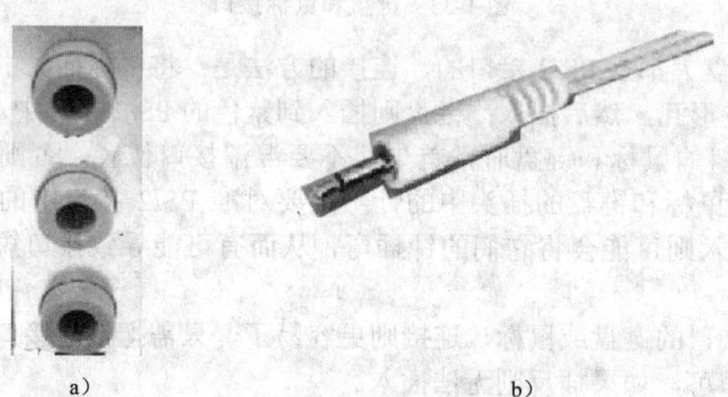

a）　　b）

图 1-35　音箱设备的插孔和插头

a）主机上音箱设备的插孔　b）音箱设备插头

音箱也有两根线，一根为信号线，另一根为电源线。连接的方法是：先将音箱的信号线插头插入到主机的 Speaker、Line-out 接口上，再将电源线与市电相连（一般插入到 2 孔插座）即可。如有麦克风、话筒则将其插入到 Mic 红色插孔中。

温馨提示：音箱类设备接口有三个插孔，形状一样，连接时一定要看清楚插孔旁边的标志。

6. 连接网线

如图 1-36 所示，上网时用户必须把网线一端的水晶头插入计算机网卡的 RJ-45 接口中，另一端连接 ADSL 调制解调器、交换机或路由器等网络设备。插入网线时要将网线水晶头的方向和 RJ-45 接口的方向保持一致，否则将连接不上。

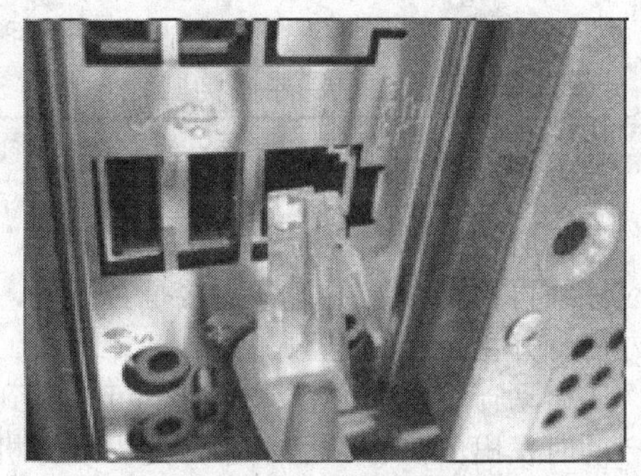

图 1-36 把网线插入网卡

7. 连接其他设备

以上是计算机通常要配置的设备，除此之外还有打印机、摄像头、扫描仪、移动光驱等设备，这类设备很多都使用 USB 接口与计算机主机相连，如图 1-37 所示。

USB（Universal Serial Bus，简称 USB）的中文含义是通用串行总线。现在计算机主机的背面一般提供了 4 个 USB 接口，在主机的前面板上提供了两个 USB 接口，用来连接一些使用 USB 接口的设备。连接这些设备时可参考上述的连接方法，一是找对接口位置，二是看清接口与接头的形状和类型、针孔，三是插入时用力均匀，不要用力过猛。

图 1-37 USB 2.0 接口及 USB 3.0 接口

8. 连接主机电源

主机机箱背面有一个电源插座（老式的有两个，一般上面的一个可以连接显示器），主机电源插座的外观如图 1-38a）所示；电源连接线的接头外观如图 1-38b）所示。

a）

b）

图 1-38 主机电源插座和电源连接线接头

a）主机电源插座 b）电源连接线接头

最后就是连接主机的电源线，只要将机箱电源线一端与 220V 电源插座相连，另一端插入主机电源插座即可（该插座有方向，插反了插不进去）。

温馨提示：质量低劣的多功能电源插座可能会导致计算机损伤，在连接计算机电源线之前必须仔细检查多功能插座是否安全可靠，以免造成不必要的损失；同时在插有计算机的插座上不要再插接其他电器。

9. 检查连接

当所有外部设备与主机箱连接好后，所有外设在主机上的连接位置如图 1-39 所示。还应仔细再检查一遍各部分连接是否正确，计算机输入电压是否为 220V 交流电，准确无误后方可打开主机上的电源开关启动计算机。

启动计算机后，正常情况下可以听到 CPU 风扇和主机电源风扇转动的声音，还有硬盘启动时发出的声音。显示器开始出现开机画面，并且进行自检。

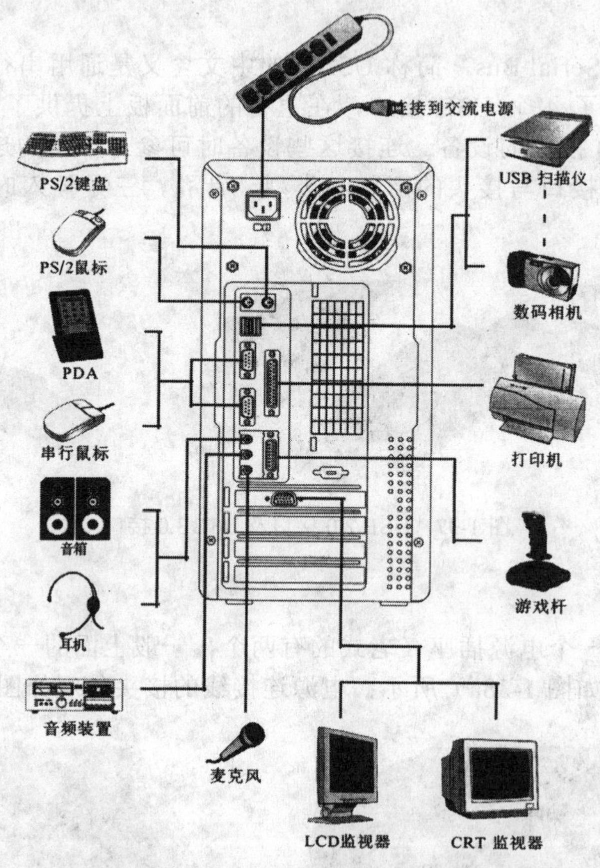

图 1-39　外设在主机上的连接位置

【拓展提高】

一、计算机的特点

计算机具有以下特点：

（1）快速的运算能力。
（2）足够高的计算精度。
（3）超强的记忆能力。
（4）复杂的逻辑判断能力。
（5）按程序自动工作的能力。

二、计算机软件系统

计算机系统是由硬件系统和软件系统两部分组成的，而平时只能看到计算机的硬件，软件是在计算机系统内部运行的程序，其实现过程是无法看到的。

计算机软件由程序和有关的文档组成。程序是指令序列的符号表示，文档是软件开发过程中建立的技术资料。计算机软件按用途可分为系统软件和应用软件。

【实战演练】

将微型计算机的主机箱上的所有外部设备与其主机箱上的接口断开，然后依次将其外部设备连接到主机箱上，最后运行计算机，使其正常启动并进入 Windows XP 系统中进行操作。试将数码相机或手机利用数据线与计算机连接，然后将数码相机或手机中的照片复制到计算机里。

课题四　金山打字软件的使用

【课题效果】

本课题要达到的效果，如图 1-40 所示。

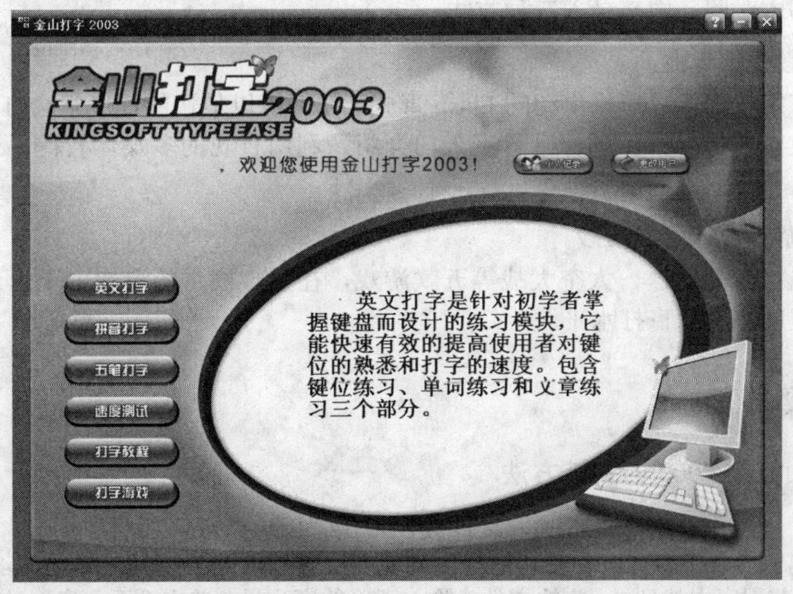

图 1-40　“金山打字 2003”的工作界面

【课题分析】

本课题的主要内容是使用金山打字软件，包括的知识要点有金山打字 2003 的基本功能、软件的安装方法、中、英文练习和测试方法等。重点操作是掌握金山打字软件的使用方法。

【知识链接】

一、金山打字 2003 简介

金山打字 2003（Type Ease）是金山公司推出的系列教育软件之一，是一款功能齐全、数据丰富、界面友好的、集打字练习和测试于一体的打字软件，金山打字 2003 的工作界面如图 1-40 所示。

金山打字 2003 主要由英文打字、拼音打字、五笔打字、打字游戏等六部分组成。所有练习由词汇和文章组成，并分专业和通用两种，用户可根据需要进行选择。英文打字由键位记忆到文章练习逐步让用户盲打并提高打字速度。五笔打字分 86 和 98 两个版本的编码，从字根、简码到多字词组逐层逐级练习。拼音打字特别加入异形难辨字练习、连音词练习，方言模糊音纠正练习，以及 HSK（汉语水平考试）字词的练习。这些练习给初学汉语或者汉语拼音水平不高的用户提供了极大的方便，同时也非常适合中小学生及外国留学生的汉语教学工作。

二、金山打字 2003 的特点

1．打字练习方式多样

为用户提供了英文打字、拼音打字、五笔打字三项基本的练习。

2．测试方式合理

测试方式包括学前测试、速度测试两大方面。在速度测试方面又根据用户需求，分为屏幕对照、书本对照、同声录入三种方式。

3．打字教程更专业

专业的打字教程做成形象生动的 Flash 形式，使您能以最快的速度学会打字。从正确坐姿到手指键位对照等全方位的标准打字入门介绍，利用直观的多媒体教程，让初学者在几小时内就可以非常正确地使用键盘进行录入。

4．打字游戏设计思维巧妙

提供了包括生死时速、太空大战等五款游戏，在妙趣横生的游戏中无形地提高用户对键盘的熟悉程度和文章盲打水平。

【操作步骤】

一、金山打字 2003 的安装方法

（1）打开“金山打字 2003SP1”文件夹，双击“Setup.exe”图标。

（2）弹出“金山打字 2003 安装向导”对话框，单击“下一步”，如图 1-41 所示。

（3）在安装程序中找到“sn”的文件，输入正确的序列号，单击“下一步”，如图 1-42 所示。

图 1-41　金山打字 2003 的安装向导

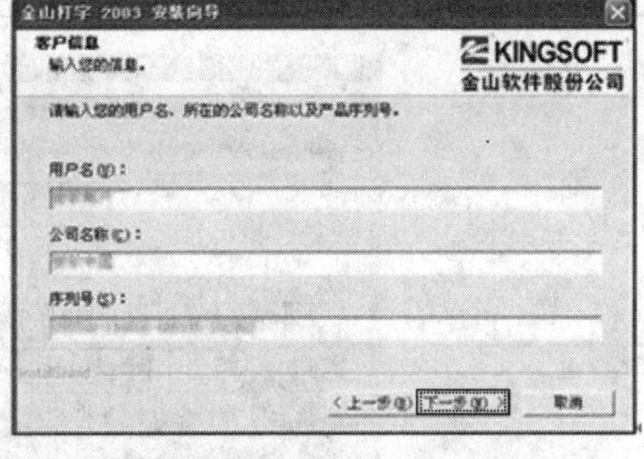

图 1-42　输入序列号的对话框

（4）系统自动安装，进度从 1%到 100%（此时只需耐心等待到进度为 100%），如图 1-43 所示。

（5）安装完成时，单击“完成”按钮，如图 1-44 所示，即完成安装过程。

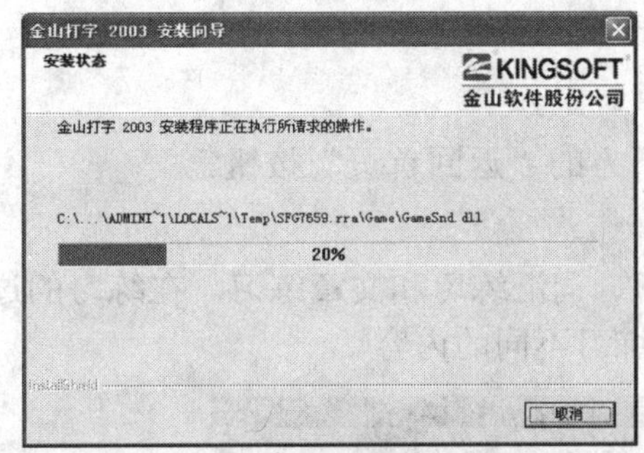

图 1-43　“安装状态”对话框

图 1-44　“完成”对话框

二、金山打字 2003 的使用方法

1．启动金山打字 2003

双击桌面上的“金山打字 2003”快捷方式图标，即打开金山打字 2003 程序，进入操作窗口。

2．用户登录

打开金山打字通的操作窗口，弹出“用户登录”对话框，如果以前有用户名，则可以双击用户名直接登录，否则应添加新用户名，新用户名可以包含文字、字母和数字，不能含有标点符号或特殊特号。

3．学前测试

当用户登录后，会弹出一个“学前测试”对话框，有两种测试方式：一种为英文打字测试，另一种为中文打字测试。如果需要测试，则选择其中的一种测试方式，单击“是”按钮进行测试，当测试完毕后，系统会给初学者一些建议；如果不需要测试，则单击“否”按钮。

4．英文打字练习

如图 1-40 所示，单击“英文打字”按钮，进入到英文打字练习区，可选择键位练习的“初级”、“高级”、“单词练习”和“文章练习”。选择不同的选项卡会进入到不同的界面进行练习。如图 1-45 所示，当前选择的是“键位练习（初级）”选项卡。

☝温馨提示：在练习的过程中，需要按的键位在键盘分布图上显示为绿色。

图 1-45 “键位练习”对话框

5．退出练习窗口

单击窗口右上方的“关闭”按钮或单击右下方的“返回首页”按钮。

6．拼音打字练习

单击“拼音打字”按钮，即可进行音节练习、词汇练习和文章练习。在练习的过程中，单击“课程选择”按钮，如图 1-46 所示，可以练习不同的内容。

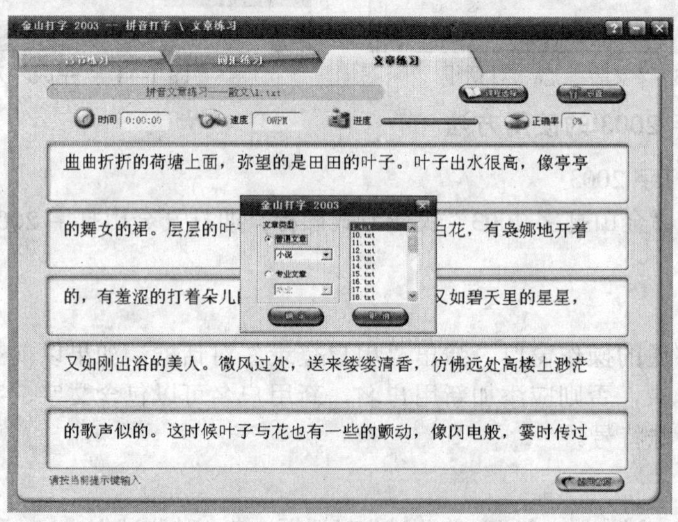

图 1-46 “拼音打字\文章练习”窗口

7．五笔打字练习

单击“五笔打字”按钮，即可进行字根练习、单字练习、词组练习和文章练习，如图 1-47 所示。

☞ 技巧点滴：单击选项卡中的“课程选择”按钮，可根据自己的情况选择自己需要练习的课程内容，每个选项卡中的“课程选择”内容设置不同。

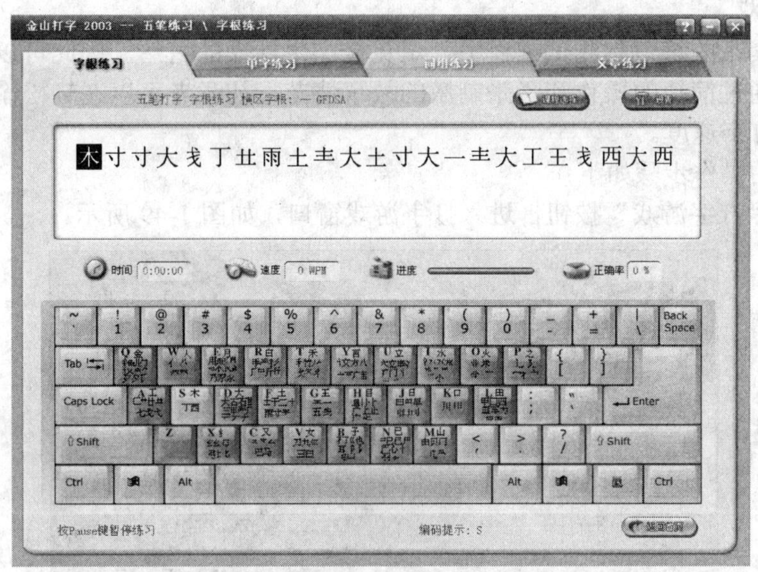

图 1-47 “五笔练习\字根练习”窗口

8．速度测试练习

初学者在掌握键位的分布并通过指法训练之后，则可以进行速度测试练习。速度测试练习是测试练习者录入速度快慢的模块。有屏幕对照、书本对照、同声录入三种形式，每种形式都可以检测打字速度，最后以速度曲线直观地显示录入速度的变化。速度测试的操作步骤如下：

（1）单击“速度测试”按钮，进入速度测试窗口。

（2）默认选择“屏幕对照”选项卡，按<Ctrl+Shift>组合键将输入法打开进行测试。

（3）如图 1-48 所示，在单位时间内可测试出每分钟的打字个数，以及正确率。单击“完成测试”按钮则可显示出各个时间段中打字的速度，并呈现出曲线图，让练习者更直观地发现自己的练习状况。

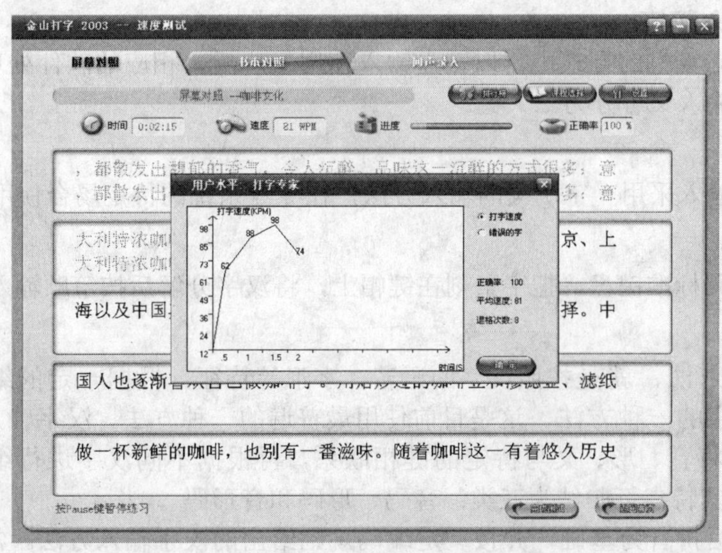

图 1-48 “速度测试”窗口

9．打字游戏

初学者在紧张的练习和测试过程中，难免会产生枯燥的情绪。因此可以进入打字游戏中进行练习，通过简捷的操作和紧张刺激的故事情节，初学者可以在轻松愉快的过程中不知不觉地提高打字速度。

打字游戏的操作步骤如下：

（1）单击“打字游戏”按钮，进入打字游戏窗口，如图 1-49 所示。

图 1-49 “打字游戏”窗口

（2）选择五款游戏中的任意一款，即可进行练习。

（3）练习完毕，按 Esc 键，退出游戏界面。

（4）如图 1-49 所示，单击“退出”按钮回到首页。

【拓展提高】

一、键盘输入汉字

在汉字输入计算机的方式中，以键盘输入使用最广泛，相应的软件处理技术也最为成熟。汉字的键盘输入又可分为三大类：

1．整字输入

大键盘整字输入采用一字一键的输入方法，在专业系统的特定场合使用。

2．字素输入

利用 ASCII 码标准键盘，把字素刻在键帽上，将汉字分解后按笔顺输入。

3．编码输入

键盘编码输入法，就是按照汉字的语音、字形等特征，根据一定的编码规则，从标准键盘上输入汉字的一种方法。这是目前使用最普遍的一种方法。汉字输入的编码方法，基本上都是采用将音、形、义与特定的键相联系，再根据不同汉字进行组合来完成汉字的输入的，根据其特点可归结为三类：音码、形码和音形码。

音码是以汉语拼音为基础，并按一定编码规则给出的汉字输入方法。常见的有全拼、双拼、简拼、智能 ABC、搜狗拼音、微软拼音等。

形码是根据汉字的形状和结构，把汉字看成是由若干个部件组成，再结合一定的编码规则形成汉字编码。最常用的形码有五笔字型、表形码、码根码等；我国台湾地区的仓颉、大易输入法等。

音形码是根据汉字的字形和拼音相结合进行的编码。在这类编码方案中，一种是以字形分解为主，辅以字音；另一种是以字音为主，辅以字形。常见的音形码有首尾码、自然码等。

二、非键盘输入汉字

非键盘输入汉字是相对于传统的键盘输入而言的，它是一种旨在突破传统编码技术的更简易便捷的汉字输入方法。目前主要有手写识别（或称笔输入）、语音识别（或称语音输入）和光学字符识别（OCR）等非键盘汉字输入技术。

1．手写识别

手写识别又称笔输入，是利用专用的笔在特定的书写平面（与计算机相连的书写板）上写字，利用压敏电磁感应的原理，将笔在书写板上运动轨迹的坐标输入给计算机，计算机运行识别软件，将汉字图形转换成汉字的标准代码，以此完成计算机的汉字录入过程。

2．语音识别

计算机语音识别，简单地说就是让计算机能“接收”并“听懂”人的声音。语音识别系统的主要功能一般包括接收麦克风的语音输入、提取有用信息、通过声音模型及相应的语言模型识别模块等。

3．OCR 技术

光学字符识别（Optical Character Recognition，简称 OCR）技术，是指将一份文字稿件以图像形式输入给计算机，计算机取出每个文字的图像，再将其转换成汉字的编码存入计算机，以达到汉字输入的目的。OCR 技术解决了已存在于纸介质上的文字如何被计算机识别并接收的问题。

【实战演练】

进入速度测试界面，在“课程选择”中选择名为《咖啡文化》的文章，测试速度为 45～60 个/分钟为合格，测试速度为 60 个/分钟以上为优秀。

课题五　五笔字型输入法的使用

【课题效果】

本课题要达到的效果，如图 1-50 所示。

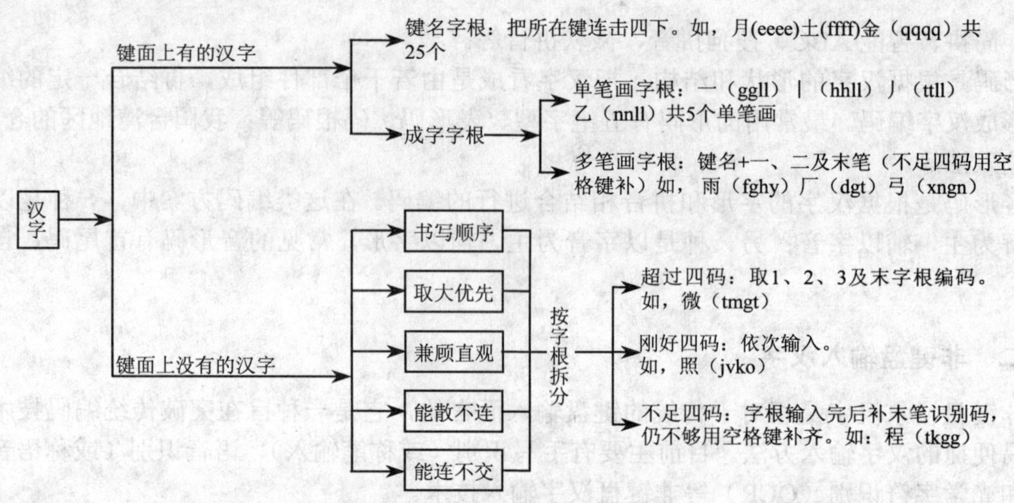

图 1-50　五笔字型编码的框架

【课题分析】

本课题的主要内容是五笔字型输入法使用，包括的知识要点有五笔字型编码的基本理论，字根的分布规律，五笔字型编码方法。重点操作是使用五笔字型编码输入汉字。

【知识链接】

一、五笔字型编码的理论基础

五笔字型把汉字分为笔画、字根、单字三个层次，由笔画组合形成字根，字根构成汉字，依据汉字的结构和书写顺序，以字根为基本单位来输入汉字和词组。一个汉字或词组最多只需要四个键即可输入。

1．汉字的三个层次

五笔字型编码方案将汉字划分为三个层次：笔画→字根→单字。

2．汉字的五种基本笔画

在书写汉字时，不间断地一次写成的一个线条就叫做汉字的笔画。根据这个定义，可以把汉字的基本笔画分为横、竖、撇、捺、折 5 种，依次用 1、2、3、4、5 进行编号，如表 1-1 所示。

表 1-1　汉字的五种基本笔画

笔画代号	笔画名称	笔画走向	笔形	笔形变体
1	横	从左至右	一	㇀“提”也视为横
2	竖	从上至下	丨	亅“左竖弯勾”视为竖
3	撇	从右上至左下	丿	/
4	捺	从左上至右下	㇏	、“点”视为捺
5	折	带转折	乙	㇄、㇋、㇉、㇇等带拐弯都视为折

3．字根的分布

字根是由若干笔画交叉连接而形成的相对不变的图形结构，大多数偏旁部首都是字根。

字根是构成汉字的最基本单位，所有汉字都是由字根拼合而成。

在五笔字型编码方案中，字根在键盘上的分布是有规律的，大部分都可以在音、形、义上有相近的地方，下面的一些分布特征有助于学习记忆。

（1）除了字根的第一个基本笔画的代号与这个字根所在键盘分区的“区号”保持一致外，相当一部分字根的第二笔代号与该字根所在键的“位号”相一致。如，王、戋等它们的第一笔为横，代号 1 与所在区号一致，第二笔也是横，代号仍为 1，与其所有键的“位号”一致。因此，这些字根的区位号为 11，字根代码 G；又如，文、方、广，它们的第一笔是捺，代号为 4，第二笔是横，代号为 1，所以它们的区位号为 41，字根代码为 Y。

（2）与键名字根形态相似或相近，如“王”字键上，有“五、戋”等字根，“日”字键上有“虫、早”等字根。

（3）键位代码还表示了组成字根的单笔画的种类和数目，即位号与各键位上的复合散笔字根的笔画数目保持一致。如，点的代号为 4，那么 41 代表一个点“、”，42 代表两点水“冫”，43 代表三点水“氵”，44 代表四点脚“灬”等。依次类推，一横“一”一定在 11 区位上，“二”一定在 12 区位上，三个横“三”一定在 13 区位上。

五笔字型中优选了 130 个基本字根，加上这 130 个基本字根的变形，共有 200 个左右，如表 1-2 所示。根据以上字根的分布规律，这些字根既是组字的依据，又是拆字的依据。

表 1-2　五笔字型键盘字根总表

区号	区位	键位	基本字根	助记词
横区 1 区	11	G	王龶戋五一	王旁青头兼五一
	12	F	土士二干十龺寸雨	土士二干十寸雨
	13	D	大犬三𡗗手古石厂丆ナ𠂇	大犬三羊古石厂
	14	S	木丁西	木丁西
	15	A	工戈弋艹廾廿匚七	工戈草头右框七
竖区 2 区	21	H	目且丨亅上止𤴓卜⺊虍广	目具上止卜虎皮
	22	J	日曰⺜早刂刂川虫	日早两竖与虫依
	23	K	口川川	口与川，字根稀
	24	L	田甲囗四皿罒㓁车力	田甲方框四车力
	25	M	山由贝冂几⺲冂几	山由贝，下框几
撇区 3 区	31	T	禾⺮竹丿𠂉彳攵夂	禾竹一撇双人立，反文条头共三一
	32	R	白手扌𢫦⺁斤	白手看头三二斤
	33	E	月⺝丹彡⺤乃用豕𧰨𧘇⺘	月衫乃用家衣底
	34	W	人亻八癶	人和八，三四里
	35	Q	金钅勹⺈犭乂儿⺇夕⺈厂乚𠂊匕	金勺缺点无尾鱼，犬旁留乂儿一点夕，氏无七
捺区 4 区	41	Y	言讠文方广丶㇏亠⺍主	言文方广在四一，高头一捺谁人去
	42	U	立辛冫丬丷⺌六门疒	立辛两点六门病
	43	I	水氵⺗氺⺌⺍⺌小⺌⺌	水旁兴头小倒立
	44	O	火业⺌灬米⺌	火业头，四点米
	45	P	之辶廴宀冖礻	之字军盖建道底
折区 5 区	51	N	已巳己乙⺕尸⺆心忄⺗羽乚⺄⺂⺗	已半巳满不出己，左框折尸心和羽
	52	B	子孑耳卩阝㔾了也凵巛⺁	子耳了也框向上
	53	V	女刀九臼巛彐⺕⺕	女刀九臼山朝西
	54	C	又巴马厶⺈⺈	又巴马，丢矢矣
	55	X	纟幺弓匕⺊幺纟	慈母无心弓和匕，幼无力

4．汉字的三种字型

根据构成汉字的各字根间的位置关系，可以把成千上万的方块汉字分为三种类型：左右型、上下型、杂合型，依次用 1、2、3 字型代码来表示，如表 1-3 所示。

表 1-3 汉字的三种字型

字型代码	字型名称	特征	字例
1	左右型	字根间有间距，总体成左右排列（包括左、中、右）	汉、湘、结、封
2	上下型	字根间有间距，总体成上下排列（包括上、中、下）	字、莫、花、空
3	杂合型	除了左右型、上下型特征的汉字均属杂合型	困、凶、这、司、果

5. 字根之间的四种关系

一切汉字都是由基本字根组合的，基本字根在组合成汉字时，按照它们之间的位置关系可分为 4 种结构，分别为单、散、连和交。

6. 汉字拆分成字根的原则

汉字编码时需要将汉字拆分成几个基本字根，一般遵循一定的原则，分别为书写顺序，取大优先，兼顾直观，能散不连和能连不交。

二、键面汉字的输入

五笔字型将汉字分为两大类，键面字和键外字。键面汉字是指字根本身就是一个汉字，包括键名字根和成字字根；键外字是指字根总表上没有的汉字。

1. 键名字根的输入方法

连续击打所在的键位四下。

例如，金（qqqq）　王（gggg）　禾（tttt）　言（yyyy）

2. 成字字根的输入方法

每个键位上除了键名字根以外的汉字字根，称为成字字根。输入方法为：成字字根所在键位（“报户口”）＋首笔画所在键位＋次笔画所在键位＋末笔画所在键位。如果该字根只有两个笔画，则按空格键结束。

例如，雨：雨一丨丶（fghy）　辛：辛丶一丨（uygh）　丁：丁一亅（sgh 空格）

三、键外汉字的输入

键外汉字是指在五笔字根键盘中找不到的汉字，也称为一般汉字。键外汉字的输入方法分以下几种情况。

1. 字根超过四个

若汉字拆分后的字根超过四个，则取第一、二、三、末字根进行编码输入。

例如，“整”拆分成“一口小止（gkih）”；“攀”拆分成“木乂乂手（sqqr）”

2. 字根正好四个

若汉字拆分后的字根正好四个，则依次编码输入。

例如，“歪”拆分成“一小一止（gigh）”；“椅”拆分成“木大丁口（sdsk）”

3. 字根不足四个

若汉字拆分后的字根不足四个，则先依次取码，再补上“末笔字型识别码”，如果仍不足四码，则补打空格键结束。

四、汉字简码输入

为了减少击键次数，提高汉字输入速度，五笔字型输入法提供了简码输入方式。即对常用汉字只取其编码的第一、二个或第三个字根进行编码，这就形成了所谓的一、二、三级简码。

1. 一级简码

将最为常用的 25 个汉字（高频字）定义为一级简码。一级编码的输入方法为简码汉字所在键位+空格键。

例如，地（f）　国（l）　有（e）　产（u）　经（x）

2. 二级简码

将使用频率较高的 625 个汉字定义为二级简码，输入时只取其全码的前两个字根编码。二级简码的输入方法为首字根所在键位＋次字根所在键位＋空格键。

例如，天（gd）　左（da）　顾（db）　睡（ht）　慢（nj）

3. 三级简码

三级简码是取汉字全码中的前三个字根编码来作为该字的代码，共有 4000 多个。三级简码的输入方法为前三个字根编码所在键位＋空格键。

例如，解（qev）　情（nge）　赋（mga）

五、词组输入

1. 双字词组的输入

每字取其单字全部字根编码中的前两个字根编码组成四个编码。

例如，系统（txxy）　选择（tfrc）　总结（ukxf）　操作（rkwt）

2. 三字词组的输入

前两个字各取其第一个字根编码，最后一个字取其前两个字根编码，共四个编码。

例如，计算机（ytsm）　实验室（pcpg）　联合国（bwlg）　现代化（gwwx）

3. 四字词组的输入

每个字各取其第一个字根编码组成四个编码。

例如，操作系统（rwtx）　科学技术（tirs）　想方设法（syyi）　循序渐进（tyif）

4. 多字词组的输入

取前三个字和最后一个字的第一个字根编码，组成四个编码。

例如，中华人民共和国（kwwl）　中央电视台（kmjc）　辩证唯物主义（uyky）

【操作步骤】

一、字根练习

可以通过金山打字 2003 软件进行字根练习，操作步骤如下：

（1）双击桌面上的“金山打字 2003”图标，进入金山打字 2003 软件进行练习。

（2）打开金山打字 2003 软件后，单击“五笔打字”按钮，进入“五笔打字练习”窗口，如图 1-51 所示。

（3）选择“字根练习”选项卡，进入“字根练习”窗口进行练习，如图 1-52 所示。

图 1-51　金山打字 2003 首页窗口

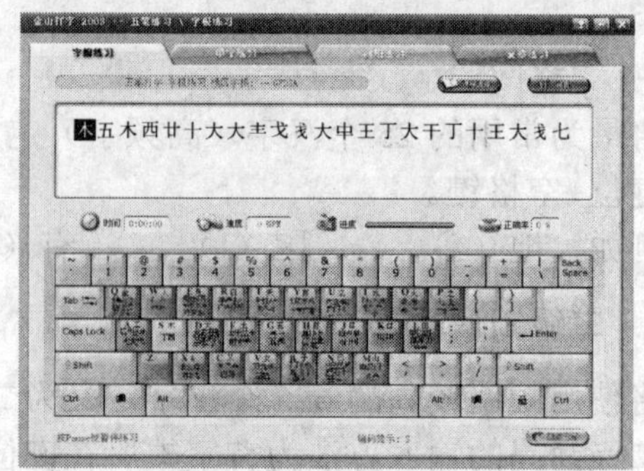

图 1-52　“字根练习”窗口

二、单字练习

可以通过金山打字 2003 软件进行单字练习，操作步骤如下：

（1）双击桌面上的“金山打字 2003”图标，进入金山打字 2003 软件进行练习。

（2）打开金山打字 2003 软件后，单击“五笔打字”按钮，进入“五笔打字练习”窗口，如图 1-51 所示。

（3）选择“单字练习”选项卡，进入“单字练习”窗口进行练习，如图 1-53 所示。

（4）单击“课程选择”按钮，弹出“五笔练习课程选择”对话框，如图 1-54 所示，可选择“一级简码”“二级简码”“常用字”等进行练习。

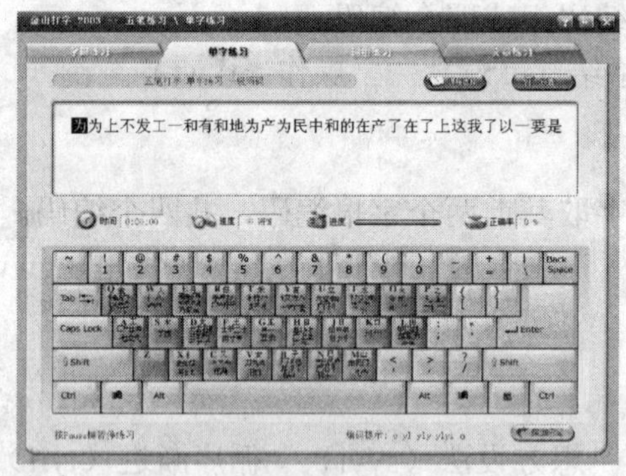

图 1-53　“单字练习”窗口

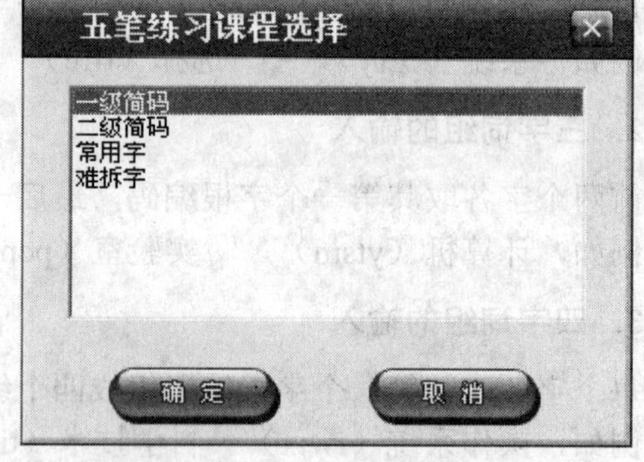

图 1-54　“五笔练习课程选择”对话框

三、词组练习

可以通过金山打字 2003 软件进行词组练习，操作步骤如下：

（1）双击桌面上的“金山打字 2003”图标，进入金山打字 2003 软件进行练习。

（2）打开金山打字 2003 软件后，单击“五笔打字”按钮，进入“五笔打字练习”窗口，如图 1-51 所示。

（3）选择“词组练习”选项卡，进入“词组练习”窗口进行练习，如图 1-55 所示。

（4）单击“课程选择”按钮，弹出“五笔练习课程选择”对话框，如图 1-56 所示，可选择“二字词组”“三字词组”“四字词组及多字词组”等进行练习。

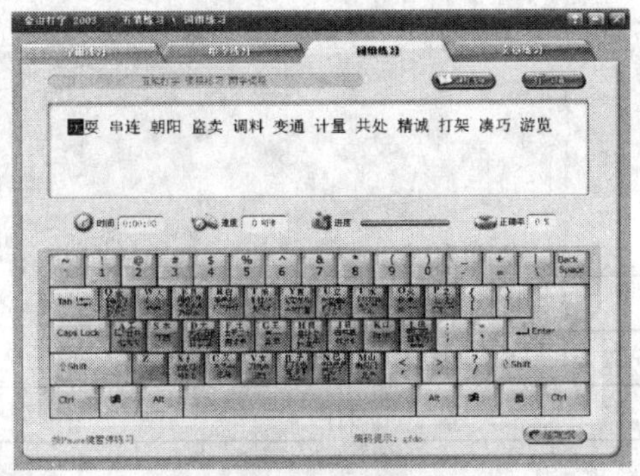

图 1-55 “词组练习”窗口

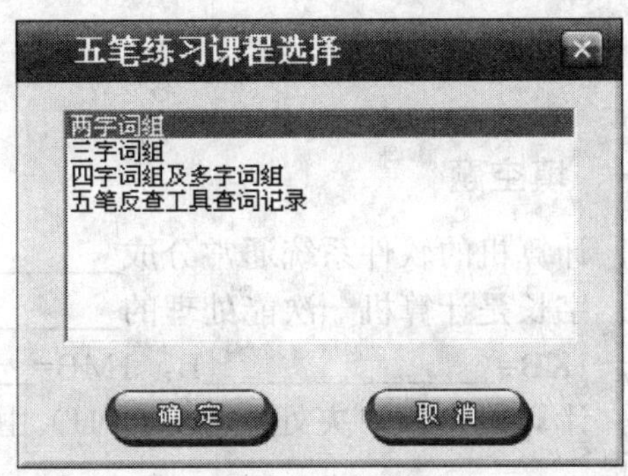

图 1-56 “五笔练习课程选择”对话框

【拓展提高】

1. 一些含折笔画及其变形的汉字，在其编码时容易出错。请将下面几组汉字进行编码并在计算机上反复进行输入练习。

臣假侯追官　　乌鼎与亏考　　瓦飞九气几　　电甩龟九巴
买蛋了今疋　　书国片虫尸　　该幺发车亥　　韦成万也力
以饮瓦收　　　甚亡世　　　　专转　　　　　肠乃

2. 下面是一些常见的难拆分的字或偏旁部首，请进行编码并进行输入练习。

人　八　入　田　甲　由　申　果　电　重
干　于　午　牛　年　矢　失　朱　未　末
大　犬　太　尤　龙　万　天　夫　无　元
平　半　夹　与　书　导　专　义　毛　才
出　来　世　身　事　长　垂　重　曲　面
州　为　发　严　承　永　离　禹　凹　凸
民　切　越　印　乐　段　追　服　予　鸟
北　敝　决　恭　苏　曳　鬼　就　考　貌
我　成　或　栽　武　钱　食　低　派　辰
非　飞　左　着　每　酒　抓　其　官　制
啊　薄　渤　稠　餐　鳝　瀛　髓　鬻　爨
力　九　刀　车　方　文　戈　戋　曰　士
亻　扌　阝　犭　饣　衤　礻　氵　冫　辶
革　骨　舟　西　鱼　套　家　登　畏　及
牙　处　肃　兼　既　舞　甩　尴　尬　兆

【实战演练】

通过练习，掌握五笔字型的输入方法。快速输入金山打字 2003 软件中“五笔打字”部分中的“文章练习”的内容，输入速度应达 30 个/分钟以上。

习 题 一

一、填空题

1．计算机的软件系统通常分成______________软件和______________软件。

2．字长是计算机一次能处理的______________进制位数。

3．1KB=______________B，1MB=______________KB，1TB=______________GB。

4．计算机中，中央处理器（CPU）由________________和________________两部分组成。

5．第一台计算机是_______年在美国研制的，它的英文缩写为_______________。

6．常见的打印机有_______________、_______________、_______________三种。

7．电子计算机的发展经历了四代，四代计算机的主要元器件分别是______________、______________、______________、______________。

8．为了保证处于重要工作部位计算机的安全与正常工作，在电源上最好配置一台______________。

9．U盘属于______存储器，又叫______。

10．汉字国标码规定了一级汉字______个，二级汉字______个。

11．每个汉字机内码至少占______个字节，每个字节最高位为______________。

12．计算机的主要特点有______________________________、______________________________、______________________________、______________________________、______________________________。

13．计算机按其运算速度快慢、存储数据量的大小、功能的强弱，以及软、硬件的配套规模等不同，又分为__________________、__________________、__________________、__________________、__________________、__________________。

14．如果计算机程序语言的写法和语句都非常接近人类的语言，例如 BASIC，这种语言就属于__________________。

15．计算机键盘按基本功能可分成五个区：_______________、_______________、_______________、_______________、_______________。

二、选择题

1．下列各项中都是硬件的是______。

A．Windows、ROM 和 CPU　　B．WPS、RAM 和显示器

C．ROM、RAM 和 Pascal　　D．硬盘、光盘和软盘

2．只读存储器（ROM）与随机存储器（RAM）的主要区别在于______。

A．ROM 可以永久保存信息，RAM 在断电后信息会丢失

B．ROM 断电后信息会丢失，RAM 则不会

C．ROM 是内存储器，RAM 是外存储器

D．RAM 是内存储器，ROM 是外存储器

3．冯·诺依曼计算机工作原理的设计思想是______。

A．程序设计　　B．程序存储　　C．程序编制　　D．算法设计

4．为解决某一特定问题而设计的指令序列称为______。

A．文档　　B．语言　　C．程序　　D．操作系统

5．计算机硬件系统主要由以下几部分组成：______。

A．输入设备、存储器、输出设备、运算器、控制器

B．CPU、存储器、运算器、显示器

C．主机、CPU、显示器、键盘鼠标

D．输入输出设备、CPU、内存、控制器

6．ENTER 键是______。

A．输入键　　B．回车换行键　　C．空格键　　D．换挡键

7．在微机中外存储器通常使用软盘作为存储介质，软磁盘中存储的信息，在断电后______。

A．不会丢失　　B．完全丢失　　C．少量丢失　　D．大部分丢失

8．某单位的财务管理软件属于______。

A．工具软件　　B．系统软件　　C．编辑软件　　D．应用软件

9．个人计算机属于______。

A．小巨型机　　B．中型机　　C．小型机　　D．微机

10．“64 位微机”中的“64”指的是______。

A．微机型号　　B．机器字长　　C．内存容量　　D．存储单位

11．操作系统是一种______。

A．使计算机便于操作的硬件

B．计算机的操作规范

C．管理各类计算机系统资源，为用户提供友好界面的一组管理程序

D．便于操作的计算机系统

12．微型计算机的发展是以______的发展为特征的。

A．主机　　B．软件　　C．微处理器　　D．控制器

13．下列不属于微机操作系统的是______。

A．DOS　　B．Windows　　C．FOXPRO　　D．OS/2

14．操作系统是______。

A．软件与硬件的接口　　B．主机与外设的接口

C．计算机与用户的接口　　D．高级语言与机器语言的接口

15．计算机的中央处理器一般称为______。

A．PC　　B．CPU　　C．RAM　　D．Word

16．若希望将某个窗口的完整视图复制到剪贴板中去，可按______键。

A．<Alt+PrintScreen SysRq>　　B．<PrintScreen SysRq>

C．<Ctrl+C>　　D．<Ctrl+X>

17．安装、连接计算机各个部件时应______。

A．先洗手　　B．切断电源　　C．接通电源　　D．通电预热

18．通常说的 32 位、64 位计算机，其中的位数由______决定。

A．存储器　　B．显示器　　C．中央处理器　　D．硬盘

19．在计算机内部，一切信息存取、处理和传递的形式是______。

A．ASCII 码　B．BCD 码　C．二进制码　D．十六进制码

20．个人计算机内存的大小主要有______决定。

A．RAM 芯片的容量　B．软盘的容量

C．硬盘的容量　D．CPU 的位数

21．在计算机应用中，“计算机辅助制造”的英文缩写为______。

A．CAD　B．CAM　C．CAE　D．CAT

22．ENIAC 计算机所采用的逻辑器件是______。

A．电子管　B．晶体管

C．中小型集成电路　D．大规模及超大规模集成电路

23．以下外设中，既可作为输入设备又可作为输出设备的是______。

A．绘图仪　B．键盘　C．磁盘驱动器　D．激光打印机

24．计算机存储容量的基本单位是______。

A．二进制位　B．字节　C．字　D．双字

25．显示器最主要是用于______。

A．存储　B．输出　C．运算　D．输入

26．下面的选项中，______不属于移动式存储设备。

A．可擦写光盘　B．移动硬盘　C．软盘　D．DVD 刻录机

27．世界第一台计算机是______年诞生的。

A．1940　B．1946　C．1947　D．1956

28．______是输入设备。

A．绘图机　B．键盘　C．打印机　D．复印机

29．键盘上 Caps Lock 键的功能是______。

A．字母大小写锁定　B．数字小键盘锁定

C．屏幕滚动锁定　D．制表锁定

30．数字键由上、下两种字符组成，若按住______键不放，再按一下这些键，将输入上挡字符，即特殊符号。

A．Ctrl　B．Caps Lock　C．Alt　D．Shift

31．“戴”字应拆分成______，类似的汉字还有“载、哉、栽”等。

A．十戈田八　B．一丨田八　C．土田廾八　D．土戈田八

32．“报”字应拆分成______，类似的汉字还有“卫、叩”等。

A．扌乙丨又　B．扌丨乙又　C．扌卩又　D．扌乙又

33．一个词组无论包含多少个汉字，取码时都最多只取______。通过词组的输入可以极大地提高输入速度。

A．3 码　B．2 码　C．5 码　D．4 码

34．具有多媒体功能的微机系统，常用 CD-ROM 作为外存储器，它是______。

A．只读软盘存储器　B．只读光盘存储器

C．可读写的光盘存储器　D．可读写的硬盘存储器

35．办公自动化是计算机的一项应用，按计算机应用的分类，它属于______。

A．科学计算　B．数据处理　C．实时控制　D．辅助设计

三、简答题

1. 简述手握鼠标的正确方法。
2. 鼠标的左键、右键和滚轮各有什么作用？
3. 简述鼠标的基本使用方法。
4. 手指在键盘中是怎样分工的？左手食指控制哪些键？
5. 计算机的应用主要有哪些方面？
6. 在五笔字型输入法中，将汉字的诸多笔画归结为哪几种笔画？
7. 什么是基本字根？
8. 五笔字型输入法将键盘上除 Z 键外的 25 个字母键分为 5 个区，请简述每区放置哪类字根。
9. 字根之间的关系可分为哪四种情况？
10. 汉字的拆分原则有哪些？
11. 键名字根有哪些？怎样输入键名字根？
12. 怎样输入成字字根汉字？
13. 怎样输入单笔画？
14. 如何输入键外汉字？
15. 如何用智能 ABC 输入法输入词组？
16. 在五笔字型输入法中，一级简码是什么？哪些字属于一级简码？
17. 如何用五笔字型输入法输入词组？
18. Num Lock、Caps Lock 键分别有什么作用？
19. 组装一台微机通常需要哪些部件？

模块二

Windows XP 应用与操作

课题一　设置丰富多彩的桌面

【课题效果】

本课题要达到的效果，如图 2-1 所示。

图 2-1　丰富多彩的桌面

【课题分析】

Windows XP 为用户默认设置了最佳的工作方式，但这些设置不一定适合每一位用户。本课题的主要内容是通过系统提供的各项设置功能，打造符合用户自己喜好的、丰富多彩的个性桌面，从而更有效地管理自己的计算机。本课题包括的知识要点有桌面的组成、系统显示属性的调整与配置等。重点操作是设置桌面背景、自定义桌面图标、设置屏幕保护程序等。

【知识链接】

桌面，通俗地说就是计算机启动后用户登录到系统所见到的整个计算机屏幕，是用户和计算机进行交流的窗口，是开始人机对话的主要区域。桌面主要是由桌面背景、桌面图标、开始菜单、快速启动栏、任务栏及系统托盘区域等要素构成的。

一、桌面背景

桌面背景通常指除任务栏以外的衬于桌面图标下的图片区域，用户常把这个区域说成是“空白区”，在这些区域左击、中击鼠标不会产生任何响应，要实施桌面的配置往往需要在该区域单击鼠标右键，通过弹出的快捷菜单来实现。

桌面背景实质上是显示的一张图片、HTML（Hyper Text Mark-up Language 超文本链接标示语言）文档内容或者 Web 网页，所以用户对桌面背景的操作就是通过系统提供的相关设置将其变为自己喜欢的桌面背景。

二、桌面图标

桌面图标是指在桌面上排列的小图像，是某一个应用程序的引用指针。它包含图形和说明文字两部分，如果用户把鼠标放在图标上停留片刻，会出现相应图标所表示内容的说明，双击图标就可以打开相应的内容。右击鼠标，在弹出的快捷菜单中选择“属性”命令，查看图标的属性，可以知道其具体的信息。

温馨提示：快捷菜单是右击对象后弹出的菜单。通过系统提供的快捷菜单，用户可以重新排列、新建与删除桌面图标，也可以手动拖拉图标来使某一图标处于桌面的任何位置。

三、开始菜单

开始菜单是计算机应用程序的集合，包括系统自带的程序及用户后来安装的程序，用户可以从这里执行自己想要执行的各项操作。右击任务栏，在弹出的快捷菜单中选择“属性”命令，如图 2-2 所示，可以对开始菜单进行设置。

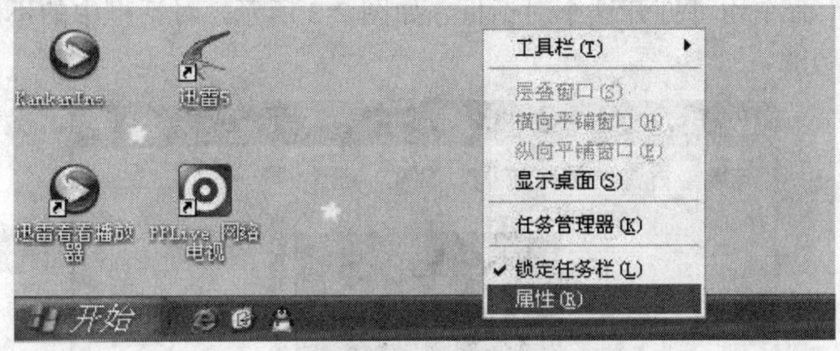

图 2-2　右击任务栏弹出的快捷菜单

四、快速启动栏

快速启动栏是存放常用应用程序快捷方式图标的小区域，快捷方式图标与桌面图标的含义完全一致。

温馨提示：可以通过拖拉快速启动栏旁边的滚动条来改变其大小，也可以通过任务栏上的快捷菜单来显示或者隐藏快速启动栏。

五、任务栏

任务栏可以显示当前应用程序窗口的标题信息，根据需要可改变其大小、移动位置及自动隐藏。任务栏的快捷菜单可以排列应用程序窗口，打开任务管理器，调整菜单风格等。

☞ 技巧点滴：如果要从多个打开的窗口快速回到桌面，单击任务栏上的“显示桌面”按钮将使所有窗口最小化，从而回到桌面；重复执行则所有窗口将还原。按<WinKey（Windows 徽标键）+D>组合键亦如此。

六、系统托盘

系统托盘用于显示系统正在运行的应用程序及系统服务的驻留程序。

七、颜色质量与分辨率

要打造丰富多彩的桌面，必须选择合适的分辨率与颜色质量。一般显示器分辨率可以设为 800×600 像素、1024×768 像素，19in 的显示器则适合在 1024×768 像素以上使用。屏幕分辨率越高，图片画面就越精细，桌面上的相对空间会增大，但同时也会减小屏幕上图标的大小，特别是窗口字体会缩小，对显卡的速度要求也相应更高。

温馨提示：过低的分辨率与过低的颜色质量将使桌面不够细腻与不够逼真，过高的分辨率与颜色质量将增加显示资源，系统运行速度会下降，所以应视具体的机器来定，一般不低于 1024×768 像素的分辨率及 16 位颜色。

【操作步骤】

设置丰富多彩的桌面，首先要打开“显示 属性”对话框，其操作方法如下：

在“控制面板”中双击“显示”图标或者在桌面的空白处右击鼠标，在弹出的快捷菜单中选择“属性”命令均可打开这个对话框，如图 2-3 所示，对话框中的不同选项卡提供了不同的显示设置功能。

图 2-3 “显示 属性”对话框

1. 设置 Windows 主题

Windows 主题指 Windows 的视觉外观。桌面主题可以包含风格、壁纸、屏幕保护程序、鼠标指针、系统声音、图标等。每个桌面主题将呈现给用户不同的 Windows 视觉外观。用户可以根据自己的喜好选择不同的系统主题，或者从网上寻找自己喜爱的主题。

如图 2-3 所示，选择“主题”选项卡，在该选项卡中选择一个主题，单击“确定”按钮就完成了主题的设置，如果需要，用户可以将自己喜好的主题保存下来，易于以后调用。选用主题后，用户可以在此基础上进行符合自己的局部设置。

温馨提示：建议不要设置太过复杂的主题而导致系统性能下降。

2. 设置桌面背景

如图 2-3 所示，单击“桌面”选项卡，在左边“背景”列表框中选取一个图片后单击“确定”按钮。或者在该选项卡中单击“浏览”按钮，弹出“浏览文件”对话框，选取所需要的图片，单击“确定”按钮，桌面背景就变为了想要的效果。如果图片尺寸与屏幕不吻合可在“位置”下拉列表框中选择平铺、居中、拉伸来使图片与屏幕达到吻合。

温馨提示：如图 2-3 所示，对话框中还有一个“颜色”下拉列表框，在该列表框中，可以选择用纯色作为桌面背景颜色。先在“背景”列表框中选择“无”选项，然后在“颜色”下拉列表中选择喜欢的颜色，单击“应用”按钮即可。

3. 为系统启用屏幕保护程序

如果暂时离开计算机又不想关闭计算机，出于保护隐私、节省能源、延长显示设备的工作寿命等多方面原因，可以启用屏幕保护程序。达到设定的时长，如果没有操作计算机，屏幕保护程序将自动运行，除非停止屏幕保护程序的运行，否则不能回到正常的桌面。

如图 2-4 所示，在“显示 属性”对话框中单击“屏幕保护程序”选项卡可设置屏幕保护程序，其操作步骤如下：

（1）Windows XP 提供了一系列的屏幕保护程序，在该选项卡的“屏幕保护程序”下拉列表框中选择一种屏幕保护程序，在对话框中即可看到该屏幕保护程序的显示效果。

（2）单击“预览”按钮，可预览该屏幕保护程序的效果，移动鼠标或按键盘的任意键即可返回该对话框。

（3）单击“设置”按钮，可对屏幕保护程序的相关属性进行设置。

（4）在“等待”微调按钮中可输入或修改数值，以指定当计算机闲置多长时间才启动该屏幕保护程序。

（5）选中“在恢复时使用密码保护”选项，则任意移动鼠标或键盘输入都会让计算机切换到开机的欢迎画面，用户需单击用户名，输入密码才能登录。

（6）设置完以上项目后，单击“确定”按钮，使设置生效。

温馨提示：由于液晶显示器与传统 CRT 显示器工作特性不同，建议在液晶显示器上不启用屏幕保护程序，而是通过单击“电源”按钮来启用休眠模式。

技巧点滴：如果设置有用户密码，离开计算机后又不想使用屏幕保护程序，可按 <WinKey+L>组合键，快速地锁定计算机。

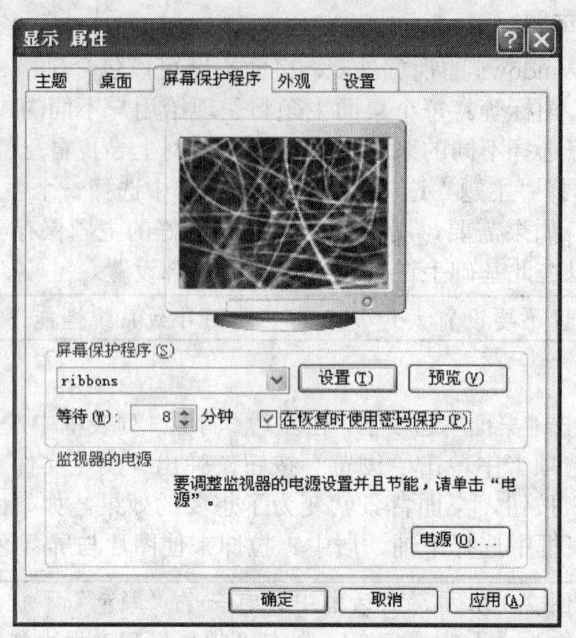

图 2-4　设置屏幕保护程序

4. 设置界面外观

用户还可以设置 Windows XP 的界面外观，获得更富个性化的显示效果。界面外观通常指桌面、对话框、活动窗口和非活动窗口等项目的颜色、大小、字体等。在默认状态下，系统使用的是“Windows 标准”的颜色、大小、字体等设置。用户也可以根据自己的喜好设置这些项目的颜色、大小和字体等显示方案。

在“显示 属性”对话框中单击“外观”选项卡，如图 2-5 所示。设置界面外观的操作步骤如下：

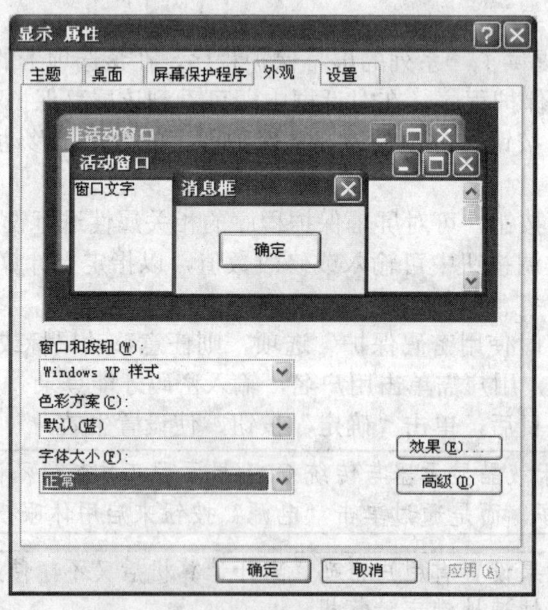

图 2-5　设置界面外观

（1）在“窗口和按钮”下拉列表框中，有“Windows XP样式”和“Windows经典样式”两种方案。若选择“Windows XP样式”，则色彩方案和字体大小使用系统默认方案；若选择“Windows经典样式”，则色彩方案和字体大小与以前版本的Windows系统风格完全相同。

（2）在“色彩方案”下拉列表框中有橄榄绿、默认（蓝）和银色三种色彩方案，可以为系统的窗口、菜单和按钮选择不同的颜色配置。

（3）在“字体大小”下拉列表框中有正常、大字体和特大字体三种字体大小，可以为系统的窗口、菜单和按钮上的文字选择不同的字体大小。

如果要对界面外观作进一步的细致设置，系统还提供了一些高级的选项。单击“高级”按钮，可以对具体的外观项目进行颜色、大小、字体样式、文字大小、文字颜色等详细设置。单击“效果”按钮，还可以对界面外观的效果进行设置。

5. 设置分辨率和颜色质量

一般来说，显卡性能越好，显示器带宽越高，支持的显示模式也就越多，从而可以获得更高的分辨率和更好的颜色显示效果。

（1）更改显示模式。单击“显示 属性”对话框中的“设置”选项卡，可以看到当前正在使用的显示模式，如图2-6所示。可以通过更改分辨率和颜色质量，来更改显示模式。

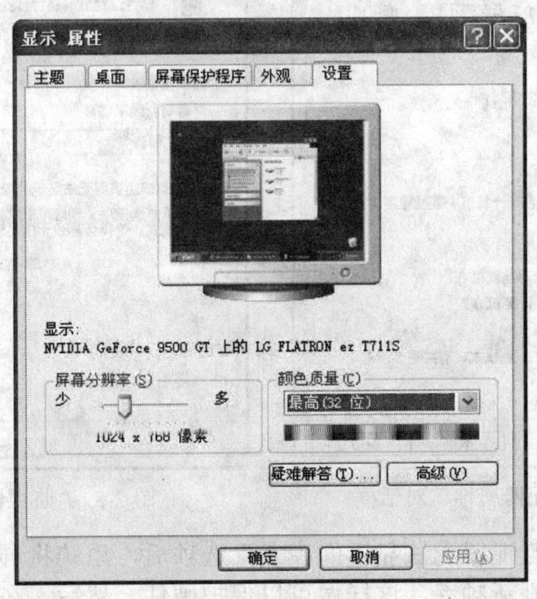

图2-6 “设置”选项卡

更改分辨率的操作步骤如下：

1）用鼠标拖动屏幕分辨率区域中的滑块，可以调整显示器的分辨率，然后单击“应用”按钮；

2）系统提示，应用设置时单击“确定”按钮，此时屏幕将变黑片刻，随即切换为用户设置的分辨率，并弹出对话框，询问是否保留该更改；

3）单击“是”按钮，确定该更改；单击“否”按钮，不进行任何操作，等待15s后，即恢复到原来的设置。

在“颜色质量”下拉列表框中，提供了可供选择的颜色范围。可选择的颜色位数越高，则显示器支持的色彩模式也越多，为用户提供的画面也越绚丽。一般会提供“中（16 位）”、“最高（32 位）”几种，一般都设为“最高 32 位”。

（2）更改 DPI 和显示刷新频率。通常提高显示分辨率会使屏幕项目变小，部分用户可能在高分辨率下无法看清屏幕项目，此时可以通过增大 DPI 来补偿。DPI 是“Dots Per Inch”的缩写，就是指在每英寸长度内的点数，因此，增大 DPI 会增大所有项目的大小。

单击“设置”选项卡中的“高级”按钮，系统将弹出“监视器和适配器属性”对话框，如图 2-7 所示。在“常规”选项卡中，单击“DPI 设置”下拉列表框右侧的箭头，在下拉列表中选择合适的 DPI 值，选择其大小，以适应用户自身的视觉习惯为宜。

屏幕刷新频率是显示器的一个重要参数，刷新频率就是显示器的电子束每秒能扫描整个屏幕的次数，只有达到限定的数值，才能让人眼形成一个连续稳定的视觉效果。如果刷新频率少于某个数值，人眼就会觉得画面闪烁，此时需要调整一下屏幕的刷新频率。

单击“监视器适配器属性”对话框中的“监视器”选项卡，如图 2-8 所示。

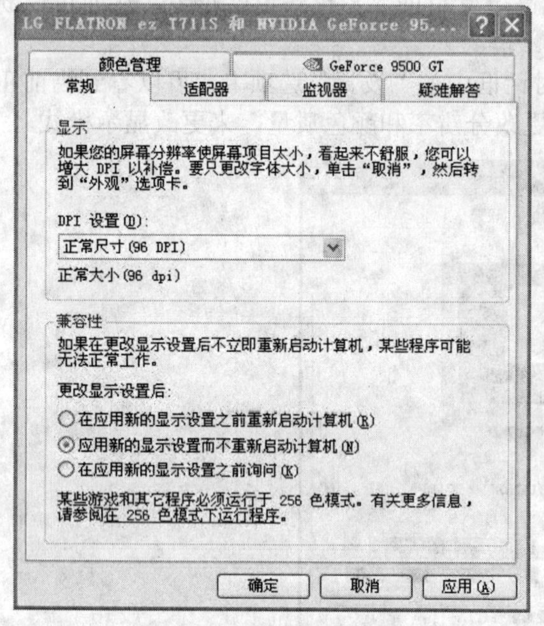

图 2-7 “监视器和适配器属性”对话框

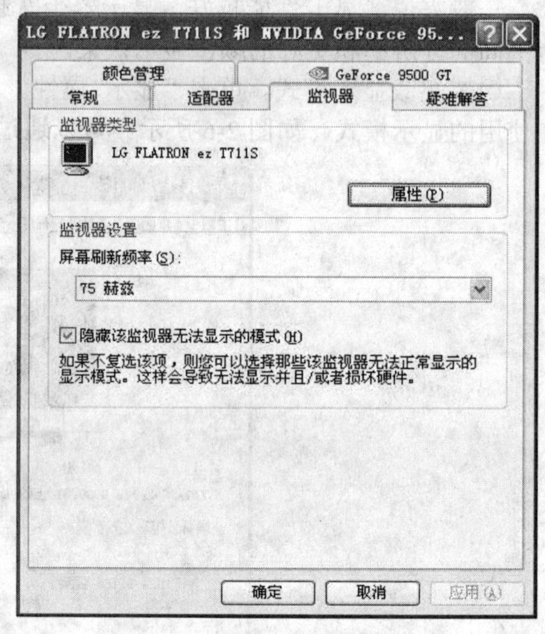

图 2-8 “监视器”选项卡

在勾选了“隐藏该监视器无法显示的模式”选项后，系统将屏蔽当前监视器在设定的显示模式下无法达到的刷新频率，这样做可以保护硬件。然后，在屏幕刷新频率下拉列表框中，系统提供了许多不同的频率选项，可以选择适当的刷新频率。一般在 75～85Hz，屏幕就已经没有明显的闪烁的感觉了。除非是很高档的显示器，建议不要超过 100Hz，否则显示器负荷会太大。

另外，还可以在“适配器”和“监视器”选项卡中单击“属性”按钮，调整适配器和监视器的类型和驱动程序，以便达到最佳的显示效果。

6. 自定义桌面图标

（1）自定义系统桌面图标。如图 2-3 所示，单击“自定义桌面”按钮，则会弹出“桌面项目”对话框，如图 2-9 所示。

在“常规”选项卡里，勾选或者取消复选框中的选择标记“√”可以决定是否在桌面上显示与隐藏相应的桌面图标；单击列表框中的某一图标，再单击“更改图标”按钮，弹出“更改图标”对话框，可以更换系统定义的默认图标；也可以单击“还原默认图标”按钮来进行全部的系统图标还原。

（2）自定义快捷方式图标。在某一快捷图标上单击鼠标右键，单击“属性”菜单，弹出这一图标的属性对话框，单击“更改图标”命令按钮，选取本程序的其他图标即可。如果本程序没有图标资源或者没有满意的图标资源，可以单击“更改图标”按钮，弹出更改图标窗口，单击对话框中的“浏览”按钮，选取其他某一图标文件或者应用程序的图标资源作为本程序的显示图标。

图 2-9 “桌面项目”对话框

> ☞ 技巧点滴：如果你认为快捷方式图标上的小尾巴影响你的视线，不防将它去掉。打开“开始”菜单，执行“运行”命令，输入“regedit”，打开注册表，找到“HKEY_CLASSES_ROOT\lnkfile”文件夹，删除 IsShortcut 文件，重启计算机后图标上的小尾巴就不见了。

【拓展提高】

一、让桌面显示网页

如图 2-9 所示，在“桌面项目”对话框中选择“Web”选项卡，在“网页”列表框中选取一个网页，单击“确定”按钮即可在桌面上显示该网页内容。如果要显示指定 Web 地址的网页内容，则可单击“新建”按钮，在“新建桌面项目”对话框中的“位置”文本框输入指定的网页 URL（统一资源定位符，Uniform Resource Locator，URL），选取这个新建的网页即可（可多项选择）。

二、清理桌面

计算机使用久了，桌面上不可避免有些很久不使用或者不需要的图标，清理这些图标可以使用手动或系统清理向导来完成。

1. 手动清理

将要清理的图标直接拖入“回收站”就完成了手动清理。

2. 清理向导

如图 2-9 所示，在“桌面项目”对话框的“常规”选项卡中单击“现在清理桌面”按钮（或者在桌面空白处单击鼠标右键，将鼠标指针移动到“排列图标”子菜单上，再执行“运行桌面清理向导”命令）就打开了“清理桌面向导”对话框，列表框中没有复选标记的图标是要保留的，单击“下一步”则有复选标记的图标被从桌面上删除，并将这些被删除的图标放入“未使用的桌面快捷方式”文件夹中以备再用，即完成桌面清理。“未使用的桌面快捷方式”文件夹将自动在桌面建立，确认后可以删除这个文件夹。

【实战演练】

1. 准备自己的照片，设为桌面背景，观察平铺、居中、拉伸的效果。
2. 保存一个网页，设为桌面背景，单击某一链接，观察桌面变化。
3. 取消并重现“我的电脑”、“我的文档”、“网上邻居”三个图标在桌面的显示。
4. 以“我的天地我做主”为三维滚动文字设置一个屏幕保护程序，并设置一个密码。
5. 设置自己喜欢的桌面主题，改变桌面项目的颜色与字体。
6. 清理桌面图标并恢复之前清理的桌面图标。

课题二　文本文档的创建

【课题效果】

本课题要达到的效果，如图 2-10 所示。

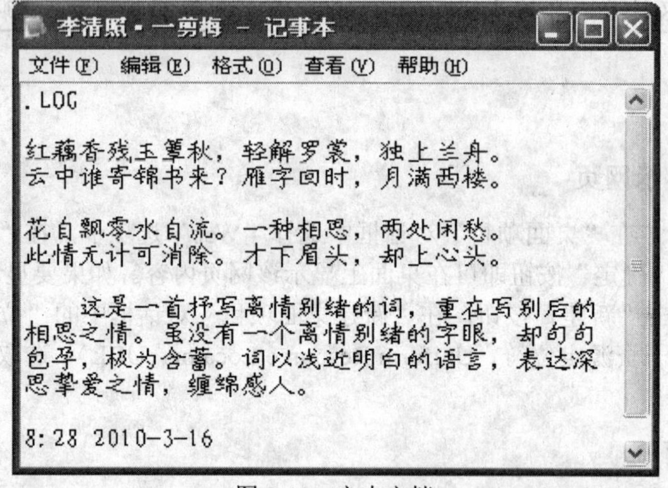

图 2-10　文本文档

【课题分析】

Windows XP 系统在“附件”提供了“记事本”和“写字板”两个文本编辑工具。本课题的主要内容是利用“记事本”创建一个文本文档。包括的知识要点有在“记事本”中编辑文字、创建文本文档、掌握智能 ABC 输入法，重点操作是文本文档的创建、输入法的设置。

【知识链接】

一、“记事本”简介

“记事本”在 Windows 操作系统中是一个简单的文本编辑器。自从 1985 年发布的 Windows 1.0 开始，所有的 Windows 版本都内置这个软件。

“记事本”是一个用来创建简单文档的文本编辑器。适用于编写一些短小的文本文件，由于它使用方便，应用还是较多的。“记事本”最常用来查看或编辑文本文件，比如查看软件使用说明、软件安装序列号，等等。

二、文本文档

文本文档是一种简单的文件格式，仅包含可显示的字符，不能包含字体、字号、版面及其他种类的格式和媒体信息，通常文件扩展名为“.txt”，所有的字处理软件均能打开和保存这种格式的文件。

温馨提示：“TXT”格式的电子书是被手机普遍支持的一种文字格式电子书，这种格式的电子书具有容量大、所占空间小等优点，所以得到广大电子书爱好者的支持，也得到广大手机用户的肯定和喜爱。

三、智能 ABC 输入法

智能 ABC 输入法，又称标准输入法，是 Windows XP 中文版中自带的汉字输入法，它因简单易学，快速灵活，而受到用户的青睐。

智能 ABC 输入法是音、形码混合使用的汉字输入法，它既能以纯拼音的方法输入汉字，又可以根据汉字的笔画生成输入码，还可以结合汉字的音、形生成音形输入码。

切换到智能 ABC 输入法状态，用鼠标单击输入法状态条上的输入法按钮，可以看到智能 ABC 输入法分为“标准”和“双打”两种输入法。

1. 标准输入法

标准输入法的基本特点是以英文字母的键位输入汉字音节中的各个拼音字母，其中拼音字母“ü”用“V”键输入。它有以下三种方式输入汉字。

（1）全拼输入：通过逐个输入汉字音节中的拼音字母来输入汉字，也可以连续输入词组的拼音字母。录入时，每输入完一个字或一个词组的拼音字母，按空格键即可出现候选窗口，供用户挑选候选字词。

（2）简拼输入：简拼输入是一种词组输入法。它用每个字的音节中的第一个拼音字母组成词组的输入码。对于包含“Zh”“Ch”“Sh”的音节，也可以取前两个字母组成词组的输入码。

（3）混拼输入：所谓混拼就是在输入文字时根据字、词的使用频度，将全拼和简拼混合使用。这样可以大大提高文字输入的准确率，减少重码。

混拼输入规则为：按词输入时，其中的一个汉字使用全拼，其他汉字使用简拼。如输入“计算机”，如采用混拼输入，则以下几种方案都是正确的：“jisj、jsuanj、jsji”。

此外，对于不认识汉字或不知道汉字的读音的情况，可以采用笔形输入方式或音形混合输入方式。

2．双打输入方式

双打输入方式需要记忆复合声母和韵母的定义字母，在此就不介绍了。

3．中文数量词的简化输入

智能 ABC 输入法提供阿拉伯数字和中文大小写数字的转换功能，对一些常用的数量词也可简化输入。“i”为输入小写中文数字的前导字符。“I”为输入大写中文数字的前导字符。

例如，输入“i7”就可以得到“七”，输入“I7”就会得到“柒”。

输入“i 2000”就会得到“二〇〇〇”。

例如，要输入“二〇一〇年六月十八日”，只需输入“i2010n6y18r”。

4．图形符号输入

如果要输入图形符号，可在标准状态下，输入“v1”～“v9”就可以输入 GB-2312 字符集 01～09 区各种符号。

例如，要输入“☆”，只需在中文状态输入框中键入“v1”，再翻几页就可看见“☆”了。

四、半角与全角

由于单个汉字在机器内部占用两个字节，而标准英文字符只占一个字节，所以存在半角与全角之分。一般可以理解为汉字显示时占两个字符位，标准英文字母显示占一个字符位，二者最明显的区别是全角中文标点符号及字母占两个字符位，而半角标点符号及字母占一个字符位。

五、输入法的设置

1．定制输入法“语言栏”到任务栏中

在“控制面板”中双击“区域和语言选项”，弹出“区域和语言选项”对话框，在该对话框中单击“语言”选项卡中的“详细信息”按钮，或者是右键单击任务栏中语言栏图标打开快捷菜单后再单击“设置”按钮，弹出“文字服务和输入语言”对话框，如图 2-11 所示，进行输入法设置的相关操作主要都在该对话框中进行。

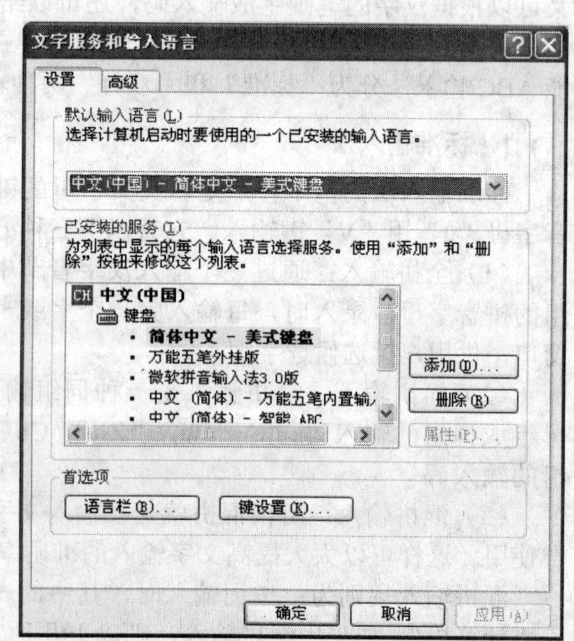

图 2-11 “文字服务和输入语言”对话框

单击“文字服务和输入语言”对话框中的“语言栏”按钮，弹出“语言栏设置”对话框，如图 2-12 所示，勾选“在桌面上显示语言栏”复选框，单击“确定”按钮则语言栏显示在桌面上，最后将语言栏最小化，语

言栏就放置到任务栏上了。

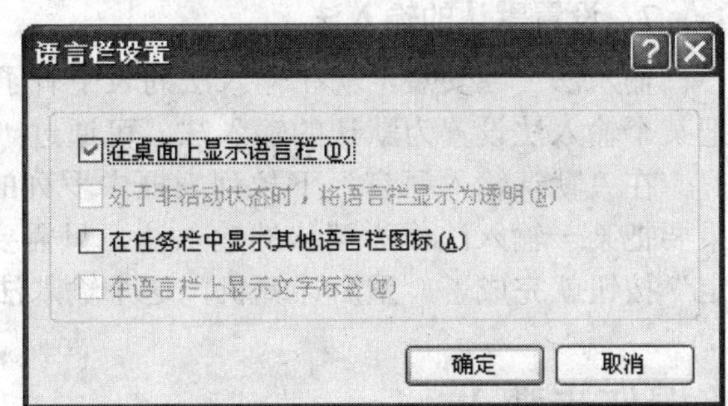

图 2-12　“语言栏设置”对话框

2．显示/隐藏输入法“语言栏”

在任务栏空白处单击鼠标右键，弹出任务栏快捷菜单，移动鼠标指针到“工具栏”子菜单，单击“语言栏”命令，如果前面出现“√”则显示“语言栏”，重复执行则隐藏“语言栏”。

3．添加输入法

在“语言栏”上单击鼠标右键，弹出快捷菜单，执行“设置”命令，则弹出“文字服务和输入语言”对话框，如图 2-11 所示，单击“添加”按钮则可添加输入法。打开“添加输入语言”对话框。在“输入语言”列表框中选择要添加的输入法语言种类，在“键盘布局/输入法”列表框中选择系统提供的输入法种类，然后单击“确定”按钮。所选择的输入法会被添加到“已安装的服务”列表框中。

4．删除某个输入法

在“语言栏”上单击鼠标右键，弹出快捷菜单，执行“设置”命令则弹出“文字服务和输入语言”对话框，如图 2-11 所示，选择某个输入法后单击“删除”按钮则删除所选择的输入法。

5．安装第三方输入法

因为系统自带的输入法不一定能满足所有用户的要求，所以需要安装新的输入法。这样的输入法通常带有相应的安装程序，执行其安装模块，将在系统中安装该输入法。安装后其相应的输入法会出现在输入法列表中。

6．定制常用输入法切换快捷键

可以为每种输入法指定一个快捷键组合来快速地调出相应的输入法。如图 2-11 所示，单击“键设置”按钮，弹出“高级键设置”对话框，选中某一个操作热键，再单击“更改按键顺序”命令按钮，就能对这个热键进行新的设置，如图 2-13、2-14 所示。

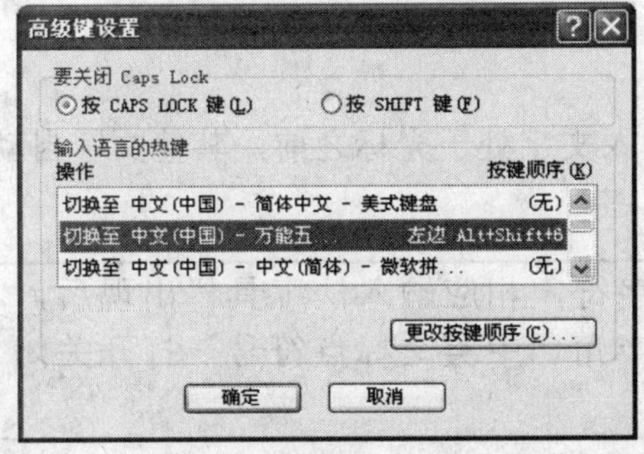

图 2-13　选择更改热键项目

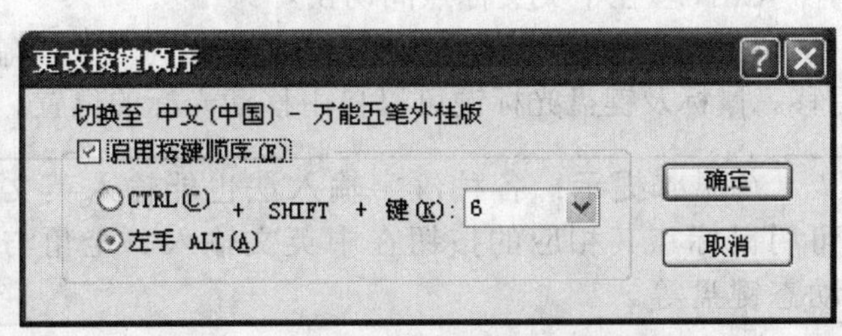

图 2-14　指定新的热键组合

温馨提示：各种热键组合不能重复。指定好热键后单击“确定”按钮，就能直接使用组合热键来启用相应的输入法或者进行各种切换操作。

7. 设置默认的输入法

输入法一经安装，就在输入法列表中有了一定的顺序，有时候更改这个顺序是必要的。把某个输入法设置为默认的输入法，可通过“文字服务和输入语言”对话框来完成。

在“默认输入语言”下拉列表框中罗列的是当前所有安装的输入法，且按序排列。如果要把某一输入法作为默认的输入法，只需要在该下拉列表框中选择这个输入法，按“确定”按钮就完成了。重启计算机，这个输入法就成为了默认的输入法。

【操作步骤】

1. 启动“记事本”

打开“开始”菜单中“所有程序”子菜单，执行“附件”中的“记事本”命令，就能启动“记事本”。启动“记事本”后，就可看到其操作界面了。“记事本”操作界面由标题栏、菜单栏、文字编辑区等组成，如图 2-15 所示。

图 2-15 “记事本”操作界面

2. 文字的输入

输入文字，首先要进行输入法状态的切换，系统提供了相应的切换快捷键。

<Ctrl+空格键> 打开和关闭输入法。

<Ctrl+Shift> 在不同的输入法间切换。

<Shift+空格键> 在半角与全角间切换。

<Ctrl+.> 在中英文标点间切换。

切换到汉字输入法，输入文字和标点符号。新输入文字处于光标之前，其他文字自动后移。鼠标及键盘光标键可以自由移动光标的位置。

温馨提示：各种汉字输入法也能输入英文字符，相应输入法工具栏出现后，可用鼠标点其相应的按钮在中英文输入、全角与半角、中英文标点符号，打开关闭动态键盘等。

3. 文字的编辑

在输入文字的过程中，可按以下方法进行编辑修改。

<Delete> 键删除光标后的文字。

<Ctrl+C> 复制选择文字到剪贴板。

<Ctrl+X> 剪切选择文字到剪贴板。

<Ctrl+V> 粘贴剪贴板上的文字到光标处。

<Ctrl+Z> 撤销刚才的操作。

4．让字符自动换行

当文本行长度超过屏幕显示宽度时，后续字符不能显示在屏幕区域内，这时要求字符自动换行以显示更多内容。单击“格式”菜单中的“自动换行”命令，菜单前出现符号“√”即能实现自动换行。

5．设置查看与打印的字体风格

查看预打印文档时可以设置文本的字体。单击“格式”菜单中的“字体”命令，弹出“字体”对话框，如图 2-16 所示。可在相应的列表中对字体、字形、大小进行设置，这一设置将保存到下次改变为止，即使新建其他文本文档，也按这个设置进行显示与打印。

> 温馨提示：如果系统并没有合乎要求的字体，可以通过安装新字体来解决。

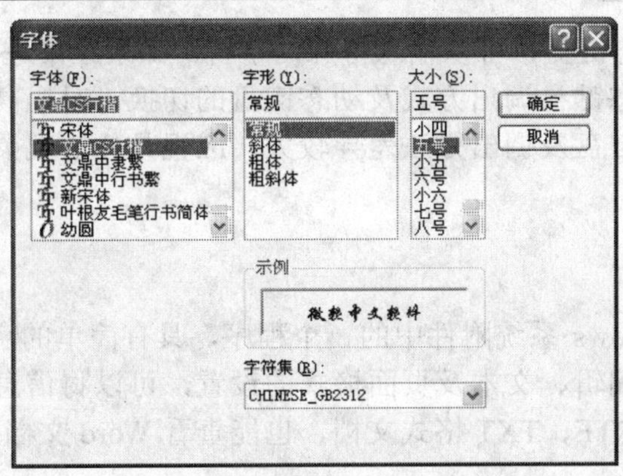

图 2-16 “记事本”字体设置

6．自动添加日志信息

所谓日志信息就是每次打开某文档时，“记事本”都将把计算机时钟指定的当前时间和日期添加到文档的末尾，以了解文档和查看编辑的日期及时间。

在文档的第一行最左侧键入大写的“.LOG”并保存文档，下次打开文档时记事本程序会把当前时间和日期添加到文档末尾，如图 2-10 所示。

7．保存文档

文档编辑完成后，就应该进行文档的保存。单击“文件”菜单中的“保存”命令，在弹出的对话框中指定文件名后进行保存。

【拓展提高】

一、安装字体

在“控制面板”中点击“字体”图标，弹出“字体”对话框，可安装新的字体，也可以删除不用的字体（如果不熟悉最好不要删除，否则会导致显示不正常）。执行“文件”菜单下的“安装新字体”命令，弹出“添加字体”对话框，如图 2-17 所示，浏览到要安装的字体，单击“确定”按钮即可。

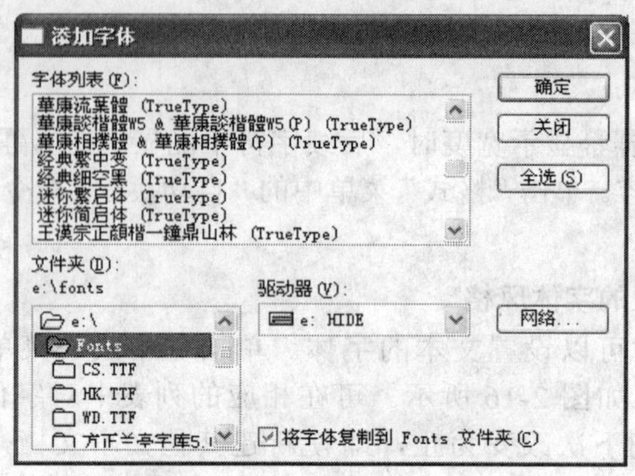

图 2-17 “添加字体”对话框

二、使用好动态键盘

很多输入法都有动态键盘，可以输入特殊的字符。如果经常进行特殊文字符号的输入，掌握好某种输入法的动态键盘调出方式及动态键盘的切换，对提高输入效率有决定性的意义。各种输入法的动态键盘及调出方法差异较大，应视具体情况灵活掌握，最有效的方法是仔细阅读其帮助文件。

三、“写字板”简介

“写字板”是 Windows 系统附件中的一个程序，具有简单的字处理功能。可以完成文字符号的录入、文本的编辑、文本及页面格式的设置，可以将信息从其他文档链接或嵌入写字板文档。可以创建 RTF、TXT 格式文档，也能查看 Word 文档。

【实战演练】

1．使用系统快捷菜单，创建一个文本文档，并以自己的名字命名。

2．双击刚才创建的文档，打开“记事本”，随意输入适量的文字，并将此文件以新的名字保存。

3．设置与取消自动换行，观察窗口内容变化。

4．设置显示的字体风格为“隶书、粗斜体、四号”。

5．练习“写字板”的简单操作。

课题三　文件和文件夹的管理

【课题效果】

本课题要达到的效果，如图 2-18 所示。

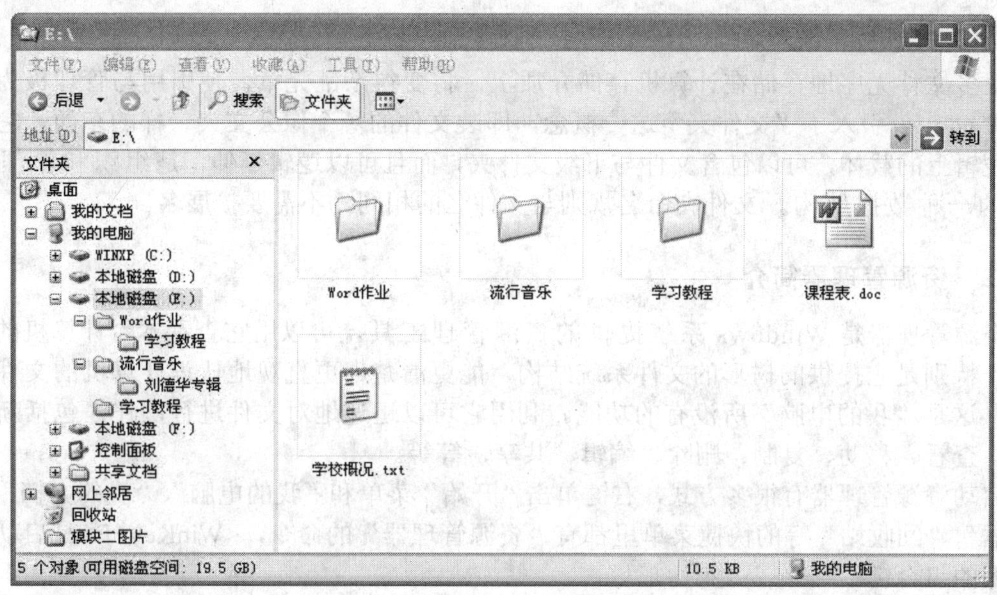

图 2-18 文件管理

【课题分析】

资源管理器可以用分层的方式显示计算机内的所有文件，使用资源管理器可以更方便地实现浏览、查看、移动、复制文件或文件夹等操作。本课题的主要内容是利用资源管理器快速有效地管理计算机文件。包括的知识要点有文件及文件夹的建立、命名、复制、移动、更名、删除、查找等操作。重点操作是利用资源管理器更好地管理文件。

【知识链接】

一、文件与文件夹的概念

1. 文件与文件名

在 Windows 系统中，各种信息是以二进制的形式进行描述的，为了管理这些复杂的数据，Windows 引用了“文件”这一概念，即将有关联的有序数字序列看成一个集合，存储在存储介质（硬盘、光盘、软盘、U 盘等）上，并给它起一个名字，运行或者调用这个集合以它的名字来进行访问与控制，这个集合就是文件，引用到的名字就是它的文件名。

用户可以根据需要，给自己要保存的数据指定文件名，即指定它的主文件名与扩展名，中间用圆点符分隔。主文件名用于描述数据对象集合，扩展名用于描述这一数据集合的类别，如扩展名为 txt 表示是文本文档，扩展名为 jpg 表示图片文件。

> 温馨提示：文件的命名必须符合其规则。一般的文字字符都可作为文件命名的要素，虽然有些字符是不能出现在文件名字中的，但不要担心命名文件名时出错，违反规则时系统会提示的。

2. 文件夹与文件夹命名

很多文件无序地存储在计算机存储介质上，将变得杂乱无章，使引用与管理极为不方便。Windows 引入了“文件夹”这一概念，即装文件的一个像公文夹一样的东西，它只是一个逻辑上的载体，可以包含文件与下级文件夹，而且可以逻辑延伸，是组织和管理磁盘文件的一种数据结构。文件夹命名规则与文件名的相同，不需要扩展名。

二、资源管理器简介

资源管理器是 Windows 系统提供的资源管理工具，可以用它查看本台计算机的所有资源，特别是它提供的树形的文件系统结构，能更清楚、更直观地认识计算机的文件和文件夹，这是“我的电脑”所没有的功能。利用它可以迅速地对文件进行操作，包括新建、更名、查看、移动、复制、删除、编辑、共享，等等。

启动资源管理器有很多方式，右键单击“开始”菜单和“我的电脑”、“我的文档”、“网上邻居”、“回收站”等的快捷菜单里都有“资源管理器”的命令，<WinKey+E>是启动资源管理器的组合键。

在 Windows XP 中，为用户提供了“我的电脑”和“资源管理器”两种工具来对文件进行管理。作为两个强大的文件管理工具，它们使用方式相近，功能也基本相同，但又有各自的特点：“资源管理器”管理文件较为方便，而“我的电脑”中浏览文件则比较直观、易于理解和掌握。用户可以根据自己的情况和喜好来选择适合自己的工具。

> 温馨提示：双击桌面上“我的电脑”图标，打开的窗口具有一般 Windows XP 窗口的统一风格，并且也可以用来查看和管理所有的计算机资源。

三、资源管理器的窗口

1. 文件夹树形目录

如图 2-18 所示，资源管理器的窗口非常直观地将计算机上所有存储介质及典型文件夹以树形结构放置在一起。资源管理器窗口包括标题栏、菜单栏、工具栏、左窗格、右窗格和状态栏等几部分。左窗格是文件夹窗口，显示整个计算机资源的树形结构，包括计算机桌面上的所有图标。当某一图标前面有“＋”时，表示它有下级文件夹，单击“＋”号，可以展开它的下级文件夹，这时，“＋”号变成“－”号。当单击“－”号时，下级文件夹折叠，“－”号又变成“＋”号。右窗格是内容窗口，显示当前盘或文件夹（左窗格选择的对象）的具体内容，同时在地址栏里显示目标地址。

每个文件及文件夹有严格的上下级逻辑关系，描述这样的对象，应严格写出它所经历的磁盘名及文件夹名称。磁盘名后跟冒号，各文件夹间用分隔符“\”分隔。例如：

“C:\WINDOWS\system32\drwtsn32.exe”表示 C 盘 WINDOWS 文件夹下 system32 子文件夹下的 drwtsn32.exe 文件。

2. 菜单工具栏

菜单工具栏提供对对象进行的各项操作，根据所选择对象的不同，会产生小的变化，其中明显的状态有以下几种。

（1）变灰的菜单项：表示当前不可用，在当前位置不能进行这个操作。

（2）带“●”的菜单项：表示此功能处于激活状态，且只能从相关菜单项中选择一个。

（3）带“√”的菜单项：表示此功能处于激活状态，而且可以从相关菜单项中选择多项。

（4）菜单项后有“▸”的菜单项：表示此菜单下有子菜单。

（5）带“…”的菜单项：表示此功能将弹出新的对话窗口，可以进一步操作。

（6）带“Ctrl+字母组合键”的菜单项：表示此菜单有组合热键，可按组合键快速执行。

常用的菜单命令以工具按钮的形式配置在工具栏上，有相应的文字提示，用户可以查看这些说明文字来进行操作帮助。

3. 鼠标的拖动操作

鼠标除了常用的单击、滚轮滚动操作外，在文件管理中还常使用拖动操作。所谓拖动操作是指选择对象后，按住鼠标键不放，然后移动鼠标到新的位置再释放，以达到不同的操作目的。在进行拖动操作时，还可同时按住<Ctrl>键或者<Shift>键来进行配合。

四、选定文件和文件夹

要对文件和文件夹进行操作，首先要准确地选定文件和文件夹，误选对象将带来不可想象的后果。系统提供了丰富的对象选定方式。

（1）选定单个文件或文件夹：在对象上单击。

（2）选定一组连续的文件或文件夹：在第一个对象上单击，按住<Shift>键，然后在最后一个对象上单击。

（3）选定非连续的多个文件或文件夹：按住<Ctrl>键，单击要选定的对象。

（4）选定非连续的多组连续文件或文件夹：先选定一组连续对象，按住<Ctrl>键，再选定另一组连续对象。

（5）用鼠标框选文件或文件夹：用鼠标拖拉出一个方框，框内对象被选定。

（6）选定全部文件或文件夹：执行“编辑”菜单下的“全部选定”命令或者<Ctrl+A>快捷键，所有对象被选定。

（7）反向选定:执行“编辑”菜单下的“反向选择”命令，所有当前没有处于选定状态的对象被全部选定。

【操作步骤】

1. 新建文件夹和文件

在 E 盘根目录下新建如图 2-22 所示的文件和文件夹，操作步骤如下：

（1）右键单击桌面上“我的电脑”图标，在快捷菜单上执行“资源管理器”命令。

（2）在左边窗格中单击“E:”再在右边窗格中的空白处右键单击，弹出快捷菜单后，执行“新建”子菜单中的“文件夹”命令，如图 2-19 所示。

（3）在窗口中会出现一个“新建文件夹”图标和反白显示的文件夹名，输入文件夹名“Word 作业”，按回车键或单击窗格的空白处，文件夹就建好了，如图 2-20 所示。双击该图标，可以打开该文件夹。

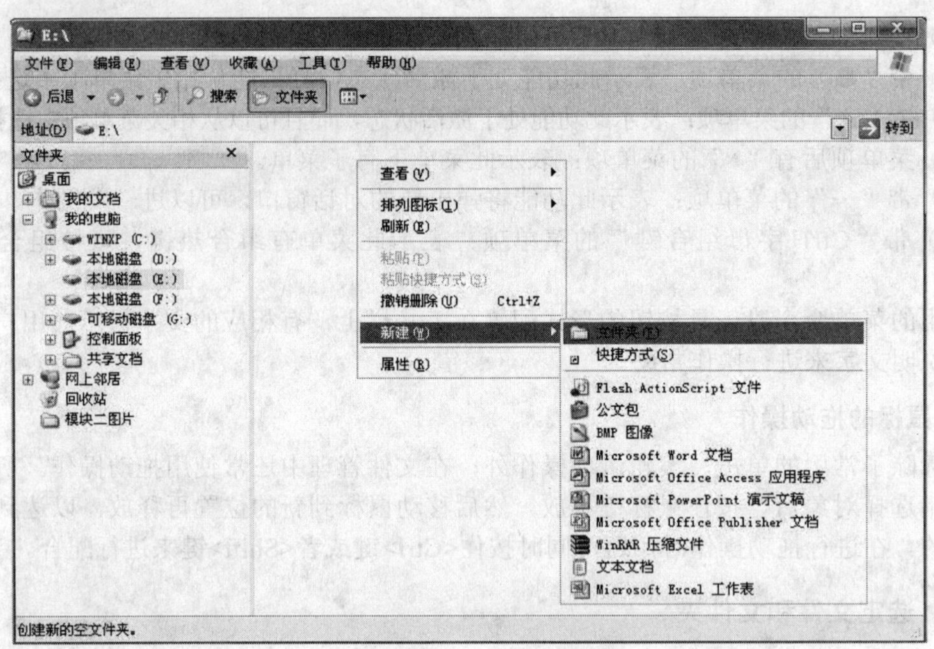

图 2-19　新建文件夹快捷菜单

（4）用同样方法再建两个文件夹，名称分别是“流行音乐”和“学习教程”。

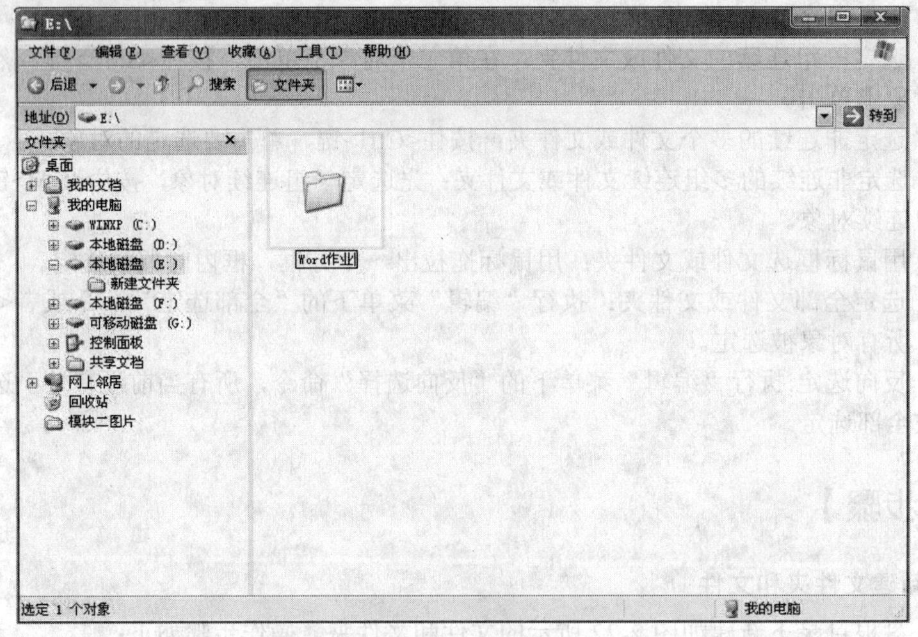

图 2-20　新建“Word 作业”文件夹

（5）单击“流行音乐”文件夹，打开该文件夹，在该文件夹中新建“刘德华专辑”和“张国荣专辑”两个子文件夹，如图 2-21 所示。

（6）在 E 盘根目录下新建三个文件，在如图 2-19 所示的快捷菜单中，分别使用“新建”子菜单下的“文本文档”、“Microsoft Word 文档”、“BMP 图像”命令，新建三个文件：“简介.txt”、“课程表.doc”、“小桥流水.bmp”，如图 2-22 所示。

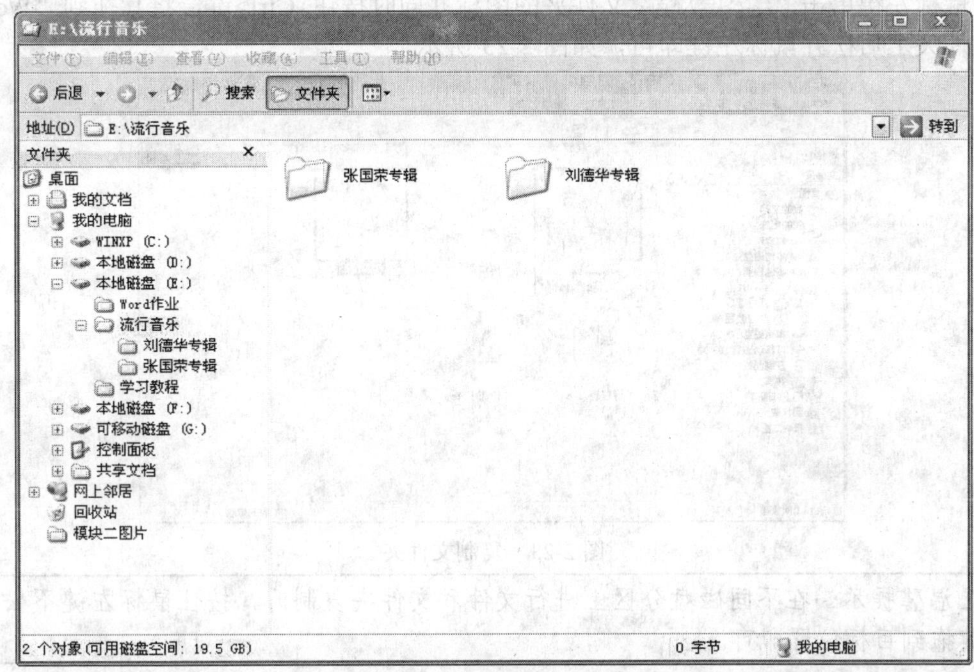

图 2-21　新建两个子文件夹

图 2-22　新建三个文件

2. 复制文件夹

使用鼠标拖动操作将“学习教程”文件夹复制到“Word 作业”文件夹中，操作步骤如下：

用鼠标左键单击“学习教程”文件夹的图标并同时按住<Ctrl>键，将其拖到“Word 作业”文件夹上后松开鼠标左键即可，如图 2-23 所示。

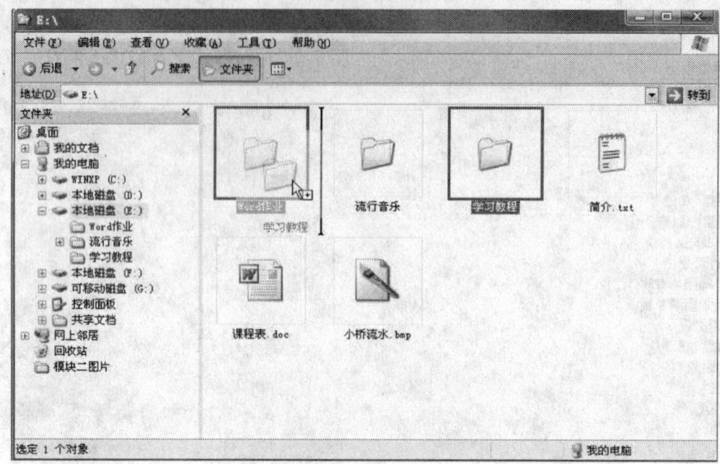

图 2-23　复制文件夹

> 温馨提示：在不同磁盘分区上进行文件和文件夹复制时，按住鼠标左键不松手然后将其拖到目标位置即可。

3．移动文件

使用“编辑”菜单中的“移动到文件夹”命令将“小桥流水.bmp”文件移动到“Word 作业”文件夹中，操作步骤如下：

（1）单击“小桥流水.bmp”文件的图标，选定该文件。

（2）使用“编辑”菜单下的“移动到文件夹”命令，如图 2-24 所示。

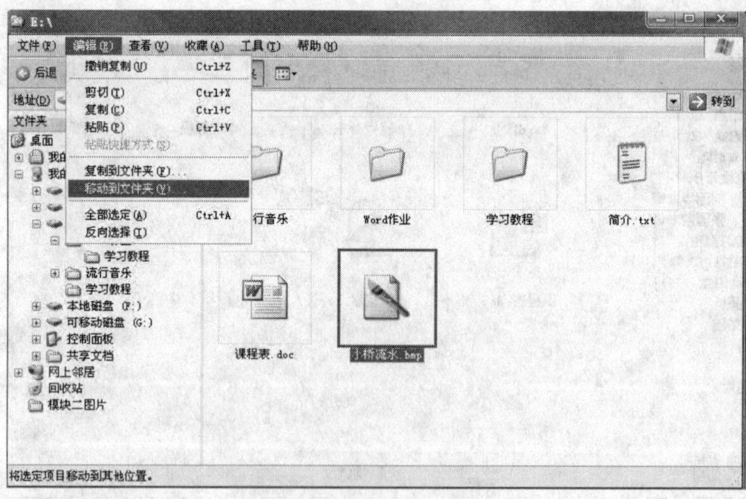

图 2-24　“编辑”菜单下的“移动到文件夹”命令

（3）系统弹出“移动项目”对话框，在该对话框中选择目标文件夹（“Word 作业”文件夹），单击“移动”按钮即可，如图 2-25 所示。

> 温馨提示：如果要将源对象放置到一个新的文件夹，可以单击“移动项目”对话框中的“新建文件夹”按钮，建立完一个新文件夹后，再来执行“移动”命令。

☞ 技巧点滴：在同一个磁盘分区上，可使用鼠标拖动操作快速移动文件与文件夹；在不同的磁盘分区上，可在拖动鼠标时按住<Shift>键来快速移动文件与文件夹。

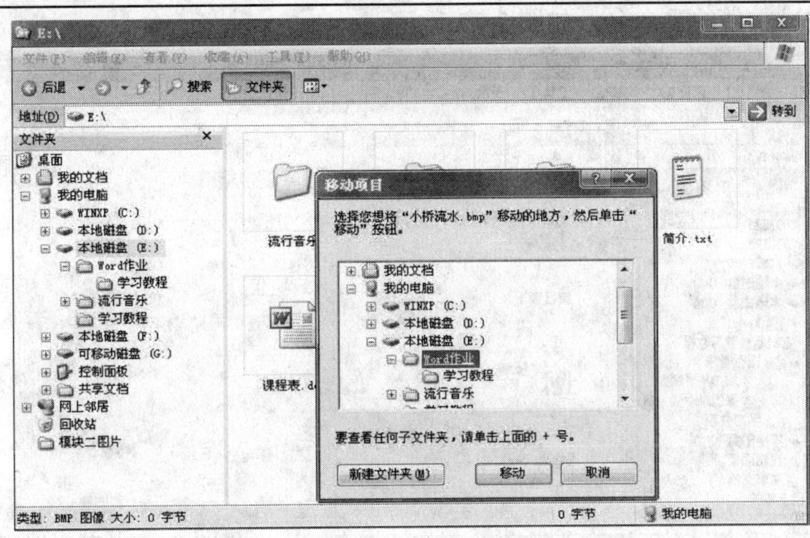

图 2-25　移动文件

4. 复制文件

使用鼠标右键拖动操作将“课程表.doc”文件复制到“学习教程”文件夹中，操作步骤如下：

先按住鼠标右键拖动“课程表.doc”文件到“学习教程”文件夹后，松开右键，会弹出快捷菜单，如图 2-26 所示，执行“复制到当前位置”命令即可完成文件的复制。

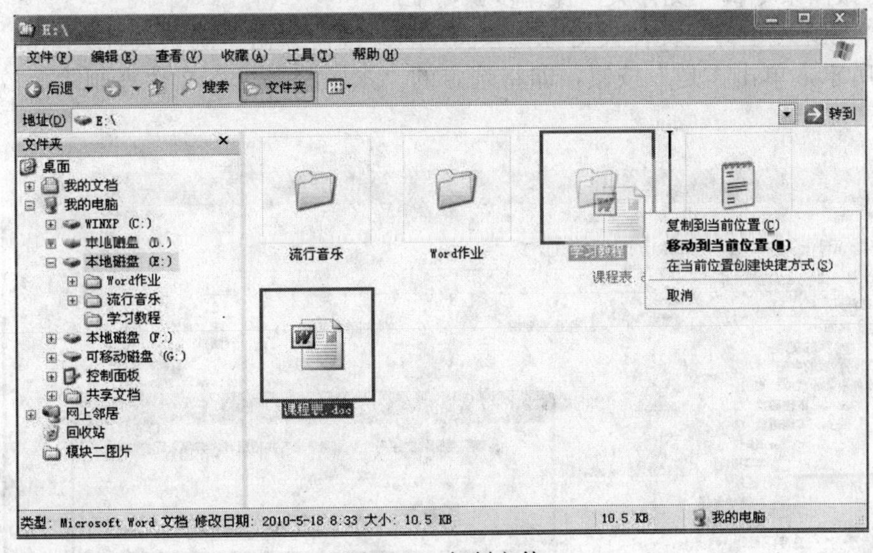

图 2-26　复制文件

5. 重命名文件

重命名文件即给指定的对象起一个新的名字，将文件“简介.txt”重命名为“学校概况.txt”，操作步骤如下：

选取文件“简介.txt”，执行“文件”菜单或者“对象快捷”菜单下的“重命名”命令，该文件名将变为一个文本输入框，输入一个新的名字“学校概况.txt”，最后单击窗格空白处或按回车键完成文件的重命名，如图 2-27 所示。

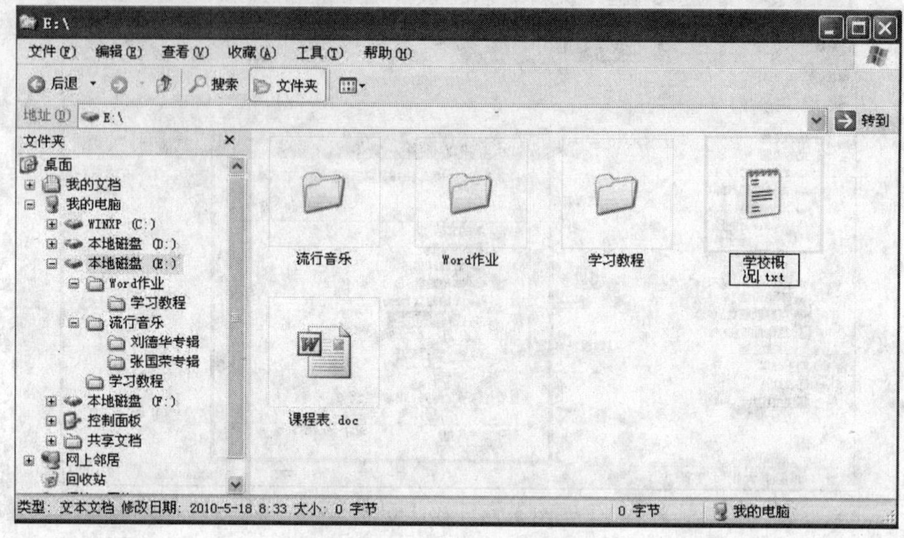

图 2-27　重命名文件

☞ 技巧点滴：在文件或文件夹对象上非连续地单击两次，或者按<F2>键，都能打开重命名文本输入框。

6. 删除文件夹

删除“张国荣专辑”文件夹，操作步骤如下：

选定“张国荣专辑”文件夹对象，按<Delete>键，弹出“确认文件夹删除”对话框，如图 2-28 所示，单击“是”按钮，即将选定的“张国荣专辑”文件夹删除后放到了“回收站”。

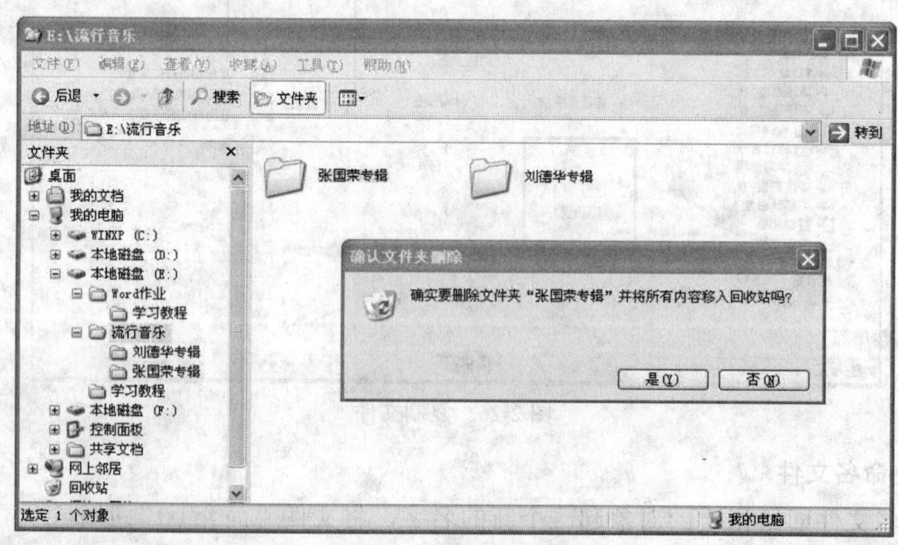

图 2-28　删除文件夹

温馨提示：双击“回收站”，选择对象，右键单击该对象，在快捷菜单里执行“还原”命令即可以进行恢复操作。如果要永久删除某个文件与文件夹，只需要在“回收站”里选中它并执行快捷菜单里的“删除”命令或者“清空回收站”命令来全部永久删除。

技巧点滴：执行“删除”命令时，如果同时按<Shift>键，则被删除的对象不会进入回收站，弹出“确认”对话框后，单击“是”按钮则直接删除，不可恢复。

7. 将文件与文件夹复制到 U 盘

U 盘是经常使用的用来交换文件的存储工具，除了使用前面的复制方法以外，还可以使用快捷菜单将文件与文件夹发送到 U 盘。将“Word 作业”文件夹复制到 U 盘的操作方法如下：

右键单击“Word 作业”文件夹，在快捷菜单中选择“发送到”子菜单，在子菜单上执行“可移动磁盘”命令，即可将“Word 作业”文件夹连同它下面的所有内容复制到 U 盘，如图 2-29 所示。

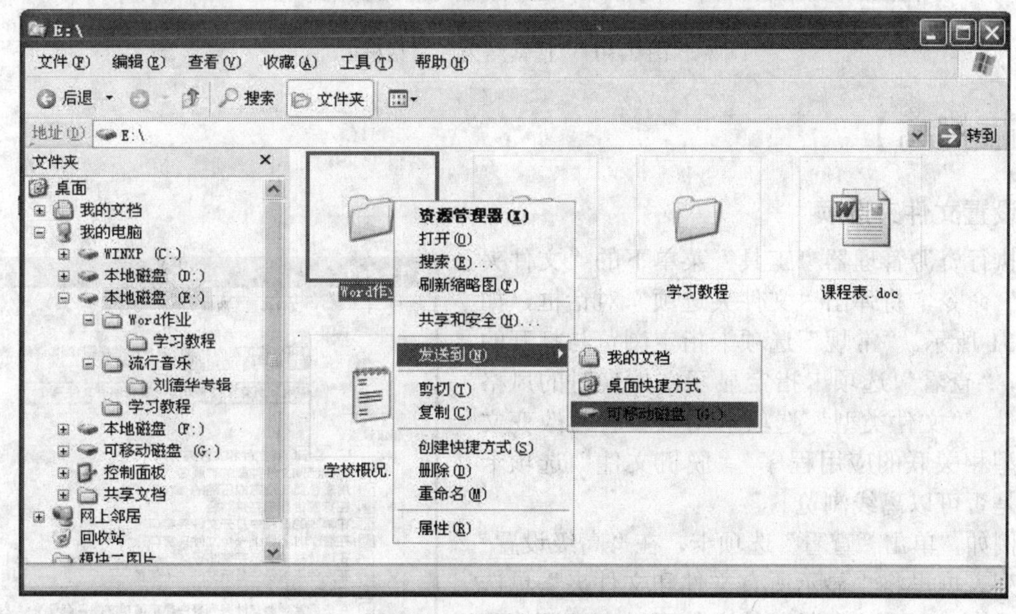

图 2-29 复制文件夹到 U 盘

温馨提示：“发送到”操作其实就是复制到指定的位置，是一种复制操作。“发送到”子菜单是系统自动配置的，是一些典型的文件夹位置，用户完全可以定制这些位置，从而使“发送到”菜单符合自己的使用习惯。

8. 搜索文件及文件夹

用户在使用计算机时，会遇到不记得文件和文件夹的路径或文件名的情况，或者想按照一定要求，把一定范围内符合条件的文件和文件夹全找出来，这些情况下，就可以使用 Windows XP 中的搜索功能方便地查找到。

Windows XP 中的文件和文件夹搜索主要通过“搜索助理”来完成，执行“开始”菜单中的“搜索”命令，弹出“搜索结果”对话框，如图 2-30 所示，在左边窗格的相应位置输入搜索条件，再单击“搜索”按钮，搜索完后，符合条件的所有文件将显示在右边的窗格中，进行简单的筛选甚至不用筛选就能找到所要找的文件或文件夹。

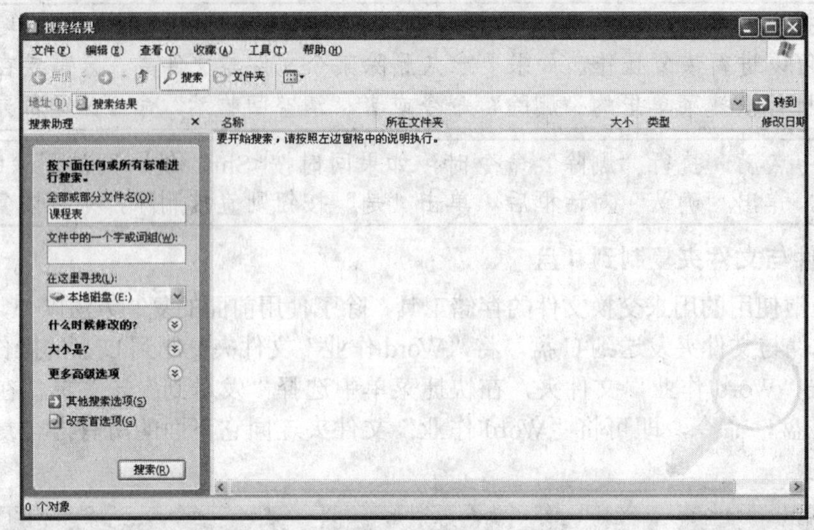

图 2-30 “搜索结果”对话框

【拓展提高】

设置文件夹选项

执行资源管理器“工具”菜单下的“文件夹选项”命令，将弹出“文件夹选项”对话框，如图 2-31 所示。“常规”选项卡指定浏览与打开的方式，“查看”选项卡指定显示文件夹时的风格与特性，“文件类型”选项卡用来查看与改变文件类型相关联的应用程序，“脱机文件”选项卡指定是否可以离线浏览。

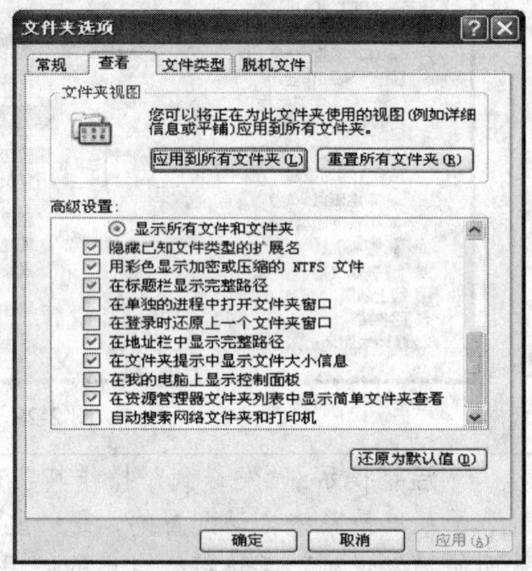

图 2-31 “文件夹选项”对话框

例如，单击“查看”选项卡，在“高级设置”下拉列表框里将“显示所有文件和文件夹”单选按钮选中，则系统中隐藏的文件可以在资源管理器中查看到。相反将“不显示隐藏的文件和文件夹”单选按钮选中，则将在资源管理器中看不到这些隐藏的文件。这是一种简单保护重要文件的方式。

【实战演练】

1．在 D 盘根目下建立“照片”、“资料”两个文件夹，分别在这两个文件夹中新建一个名为“日出”的画图文件和一个名为“下载工具的使用”的 Word 文档。

2．将“资料”文件夹重命名为“学习资料”，将其中的“下载工具的使用”Word 文档移动到 D 盘根目录下。

3．将名为“日出”的画图文件复制到 D 盘根目录下并重命名为“日出东方”，文件类型不变。

4．在 C 盘搜索一个文本文档，复制到“资料”文件夹中，删除“日出”的画图文件。

课题四　腾讯软件 QQ 的卸载与安装

【课题效果】

本课题要达到的效果，如图 2-32 所示。

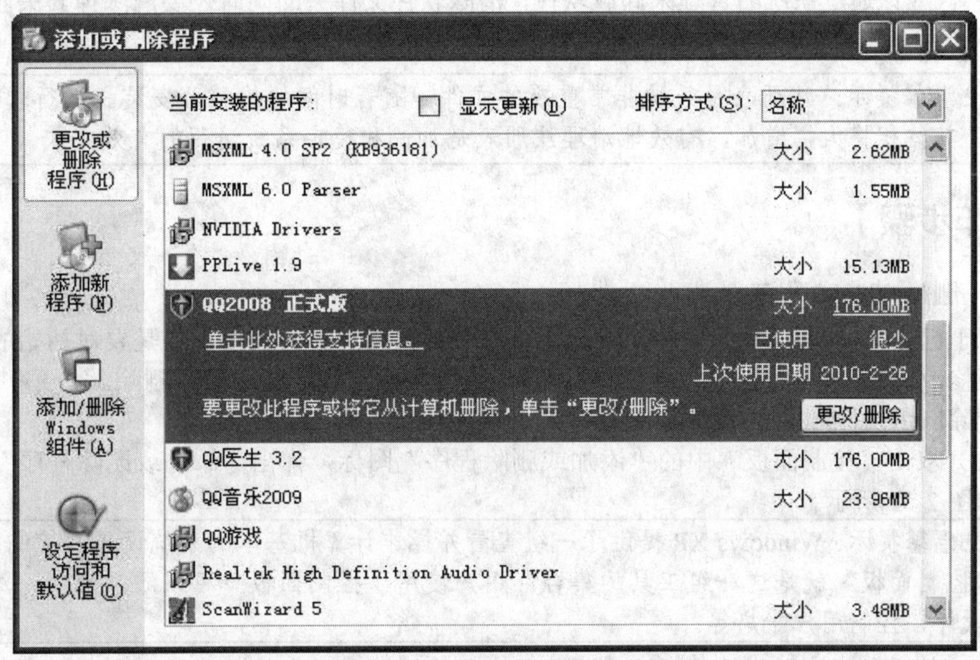

图 2-32 “添加或删除程序”对话框

【课题分析】

通常应用程序是可以执行自动安装或自动删除程序的，但有些小程序或系统组件并未提供自动安装程序。本课程的主要内容是腾讯软件 QQ 的卸载与安装。包括的知识要点有创建快捷方式、删除不用的应用软件、添加应用程序。重点操作是腾讯软件 QQ 的删除、桌面快捷方式的添加及创建。

【知识链接】

一、快速启动应用软件

应用软件安装完成后，为了方便快捷地使用它，系统提供了桌面图标及快速启动栏。可以在桌面及快速启动工具栏上为它建立快捷方式。特别是快速启动栏，因为总出现在最前面，所以频繁使用的应用软件应为其建立快速启动图标，甚至指定快捷键。

二、卸载应用软件

安装一个应用软件时，除了它本身的程序文件和数据外，为了正常运行，往往还要向系统的特定文件夹（例如，“Windows”文件夹、“Windows\system32”文件夹、“Documents and Settings\Administrator\Application Data”文件夹等）添加一些新的文件与文件夹，向系统的注册表写进新的表项，在运行过程中还会产生临时文件，以及频繁读写注册表等。

正因为在安装和运行时会产生一些额外的文件，而且这些文件大部分是不会放置在软件自己的文件夹内，所以不能简单地以删除文件夹的方式来卸载软件，除非这个软件是“绿色软件”。应该通过系统的管理来卸载软件，清除软件文件夹的同时还要清除掉其关联且与系统不产生干涉的文件，以及相关的注册表项。

温馨提示：注册表是系统非常重要的文件，随着时间的推移及安装、运行软件的累积，其体积将大幅增加，有效地清理注册表是加快和稳定系统运行的有效方式。

【操作步骤】

1. 删除 QQ2008 程序

对于已在 Windows 系统中注册的应用程序，如果用户不再需要，或是要对初始的安装项进行修改，则可以通过“添加或删除程序”组件来实现程序的更改或删除。

删除应用软件，操作步骤如下：

（1）双击“控制面板”中的“添加或删除程序”图标，弹出“添加或删除程序”对话框，如图 2-32 所示。

温馨提示：Windows XP 提供了一组查看并操作计算机基本的系统设置和控制的工具，“控制面板”就是这一组工具的集合。用户使用“控制面板”可以添加硬件，添加/删除软件，控制用户账户等。

（2）单击对话框左侧的“更改或删除程序”按钮，在“当前安装的程序”列表框中，列出了当前在系统中注册的所有应用程序。

（3）选择程序 QQ2008 进行更改或删除，该程序的大小、使用频率以及上次使用的日期将详细显示在列表框中，并显示“更改/删除”按钮。

（4）如果要更改程序，则单击“更改”按钮；如果要删除程序，则单击“删除”按钮，QQ2008 程序的更改或删除整合在一起，则直接单击“更改/删除”按钮。

（5）单击按钮后，弹出相应的对话框或确认提示框，用户根据自己的需要进行选择，直到出现卸载完成提示为止。也许有的软件会有重新启动计算机的提示性信息，确认无误后重新启动计算机就完成了这个软件的卸载。

温馨提示：在 Windows XP 中，程序的删除应通过“控制面板”中的“添加或删除程序”组件来完成，用户不要手动删除已注册安装的应用程序。对于一些未在系统中注册的程序，因为在当前安装的程序列表中不显示其程序名，所以只能通过手动删除程序。同时需要通过一些特殊的软件清除程序遗留在系统中的垃圾文件。如果软件本身的菜单组里有相应的卸载项，执行相应的卸载程序也可以达到卸载软件的目的。

2. 添加 QQ2010 新程序

大多数应用程序都具有自动安装功能，用户只需将程序的安装盘放入光驱或软驱中，运行其中的安装程序（“Setup.exe”、“Install.exe”或其他可执行文件），在安装向导的引导下，依据提示操作即可完成安装。对于不具有自动安装功能的应用程序，也可以通过此安装向导完成程序安装。

添加应用程序的具体操作步骤如下。

（1）单击“添加或删除程序”对话框左侧的“添加新程序”按钮，弹出“添加新程序”界面，如图 2-33 所示。

图 2-33 添加新程序

（2）单击“CD 或软盘”按钮，系统会弹出“从软盘或光盘安装程序”对话框，如图 2-34 所示。

（3）将应用程序的安装盘放入相应的驱动器中。

（4）单击“下一步”按钮，系统会自动搜索软盘和光盘驱动器，找到安装程序后出现“运行安装程序”对话框，如图 2-35 所示。用户也可以单击“浏览”按钮，指定安装程序为“QQ2010Beta3.exe”。

图 2-34 “从软盘或光盘安装程序”对话框

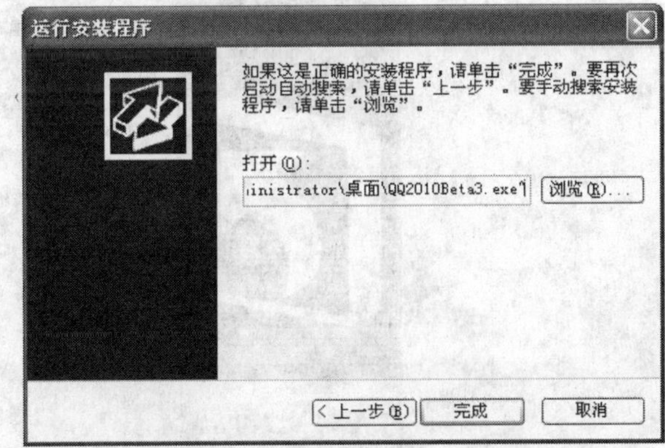

图 2-35 “运行安装程序”对话框

（5）单击“完成”按钮，弹出安装提示屏幕，用户根据提示进行相应的设置即可完成安装。

3. 创建 QQ 应用软件的快捷方式

如果应用软件没有桌面快捷方式图标，或不小心删除了快捷方式图标，为操作方便应建立其桌面快捷方式，具体操作步骤如下。

（1）在桌面的空白处单击鼠标右键，弹出快捷菜单，执行“新建”下级菜单的“快捷方式”命令，如图 2-36 所示。

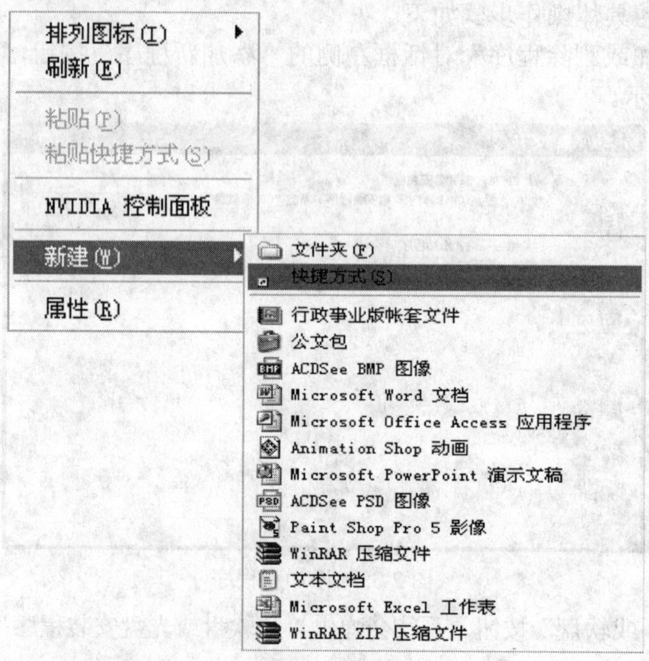

图 2-36　快捷方式

（2）弹出“创建快捷方式”对话框，如图 2-37 所示，浏览到应用软件的主程序，如“QQ.exe”，单击“下一步”按钮，输入快捷方式的名称。

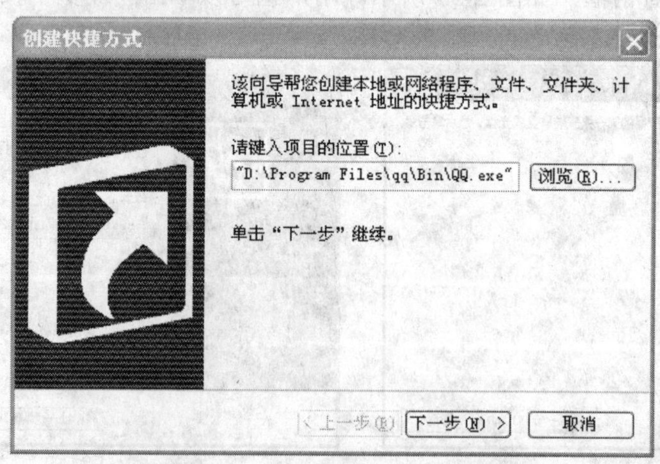

图 2-37　“创建快捷方式”对话框

（3）单击“完成”按钮，桌面上就创建了 QQ 的快捷方式。双击桌面快捷方式可以快速启动相应的应用软件。

【拓展提高】

1. 添加/删除 Windows 组件

（1）如图 2-32 所示，单击“添加/删除 Windows 组件”按钮，弹出“Windows 组件向导”对话框，如图 2-38 所示。

（2）选“√”将安装这个组件，去掉“√”将删除这个组件。“详细信息”按钮如果由灰变为可用，表示这个组件有下级组件选项，可打开详细信息来进行更进一步的筛选。

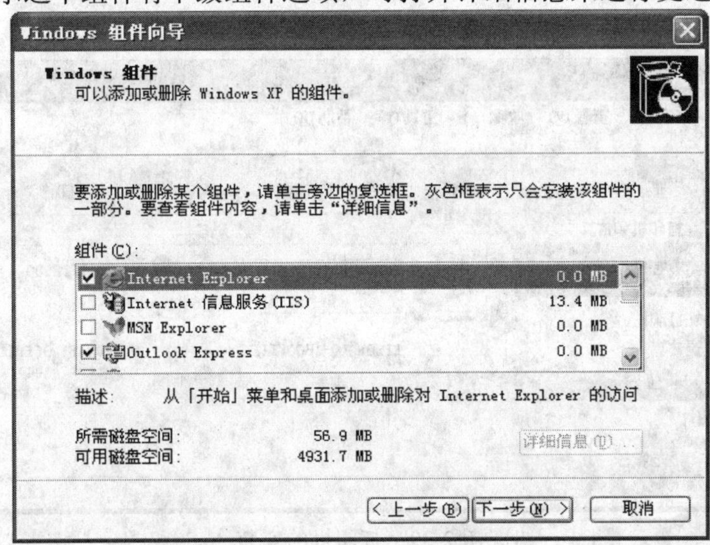

图 2-38 添加/删除系统组件

2. 将常用程序固定在开始菜单中

用户可能已经发现，打开“开始”菜单后，上面会列有经常运行的应用程序列表，在其上还有一些固定的程序名称，如果经常使用的应用程序也能固定在开始菜单上，岂不是很快捷。这当然是可以的，操作也很简单。首先在“开始”菜单中的“所有程序”项中找到要固定的程序，然后单击鼠标右键，在弹出的快捷菜单中执行“附到「开始」菜单”命令，这个应用程序就被置入到“开始”菜单的顶部区域了。

3. 使用第三方的软件管理功能

虽然系统提供了软件的卸载管理功能，但并不是十分强大，在卸载完成后，很可能相应软件的文件夹没有彻底删除，注册表项也没有清理干净，如果使用第三方的软件管理来进行，可以更好地进行应用软件的卸载，比如 360 安全卫士的软件管家里的软件卸载模块。当然类似的其他软件也是可以的。

【实战演练】

1. 调整快速工具栏的大小，显示所有快速启动图标。
2. 删除不用的快速启动图标。

3．将桌面上某一个快捷方式的应用程序添加到快速启动栏。

4．安装并卸载某一应用软件。

课题五　打印机的安装与使用

【课题效果】

本课题要达到的效果，如图 2-39 所示。

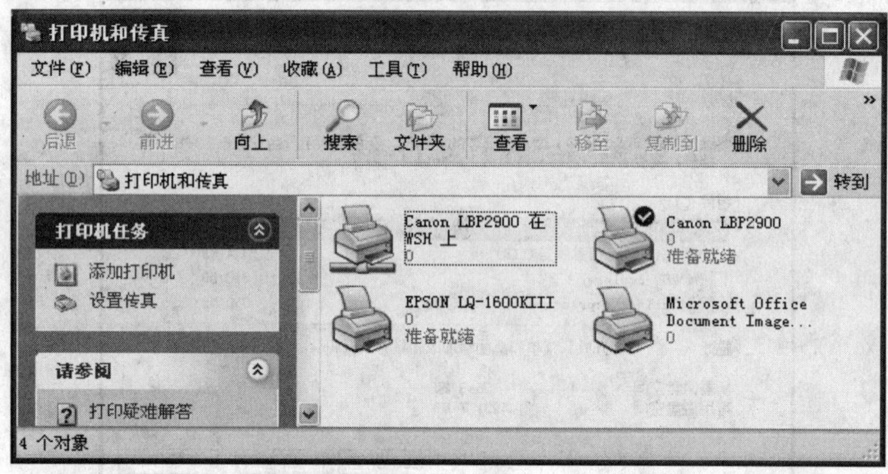

图 2-39　打印机的安装

【课题分析】

打印机是常用的输出设备，在使用计算机的过程中，用户常需要利用打印机打印文档、图片和信封等。本课题的主要内容是安装和使用并口、USB 接口本地打印机和网络打印机。包括的知识要点有打印机驱动程序的正确安装、打印机的设置。重点操作是本地打印机的安装与使用。

> 温馨提示：实际上向计算机新增加硬件，其安装过程与安装打印机的过程完全一致，只是设备类型不同而已。

【知识链接】

对于计算机而言，打印机就是一个新的硬件。安装新硬件一般包括两个步骤：第一步先将所要添加的硬件与计算机进行正确连接，第二步就是安装相应的硬件驱动程序。

1．端口

要连接就离不开端口，对于现阶段的打印机来说，与计算机连接的端口有两种类型，一种是并行接口（Line Print Terminal，LPT），它是传统针式打印机的主要连接方式；另一种是 USB 接口，它是喷墨、激光等打印机的主要连接方式，也是当前打印机接口形式的发展方向。

并行接口又简称为“并口”，大部分计算机都带有这个类型的接口。目前计算机中的并行接口主要作为打印机端口使用，使用 25 针 D 形接头。这种接口的打印机在安装时通常要指定接口、制造商、产品型号等，显然安装要复杂些。

USB 接口的全称是 Universal Serial Bus，USB 支持热插拔，具有即插即用的优点，所以 USB 接口已经成为计算机最主要的接口方式。这种接口的打印机总是具有即插即用功能，安装的时候只需提供驱动程序，其接口的配置由系统自动完成，安装相对简单。

2. 驱动程序

打印机与计算机硬件正确连接后并不能正常进行打印工作，还需要向系统提供控制其硬件的程序指令，这种程序就叫做“驱动程序”，它通常由各硬件生产商提供，不同的硬件有不同的驱动程序，在不同的操作系统上其驱动程序也不一样。事实上键盘和鼠标的工作也离不开驱动程序，只不过它们是标准的外部设备，其驱动程序已经集成在系统里，用户不需要额外的安装罢了。

驱动程序一般有两种形式，一种是可执行的安装应用程序，需要执行某个安装程序来安装驱动程序，然后系统会自动对硬件进行识别并配置；另一种是非可执行的驱动包，但一般会有一个 INF（信息配置文件，Device INFormation File）文件及具体的驱动文件，当提示提供驱动程序时，系统浏览到这个文件后会自动进行配置。

温馨提示：在安装具体的打印机前，一定要将打印机的接口弄清楚，并正确与计算机连接；分清打印机的厂商、型号，准备好相应的安装驱动程序或者信息配置文件。

【操作步骤】

1. 安装本地并口打印机

下面以安装一台爱普生 LQ-1600KIII 打印机为例来说明其安装过程。首先，确认这台打印机已正确连接在本机的 LPT1 口，打开电源。如果这个硬件是即插即用的，会弹出“找到新硬件”窗口并要求安装驱动程序，否则就要进行手动安装。本打印机的安装方法为手动安装。

（1）执行“开始”菜单中的“打印机和传真”命令，打开“打印机和传真”窗口，如图 2-40 所示。

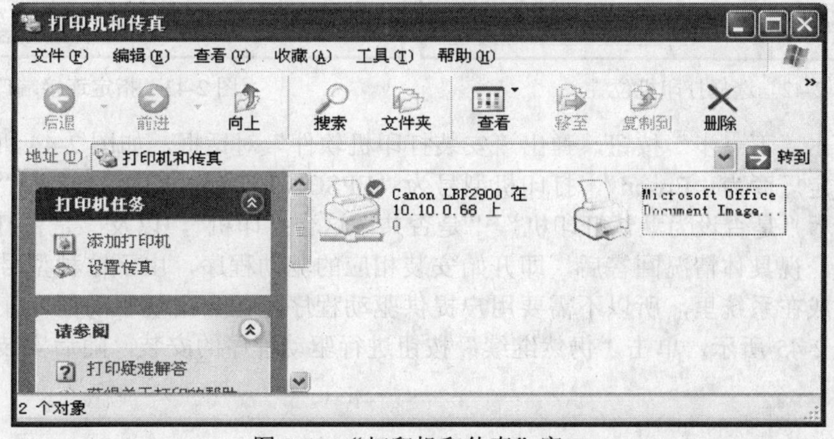

图 2-40 “打印机和传真”窗口

(2) 在打印机任务栏上单击“添加打印机”，出现“添加打印机向导”对话框，如图 2-41 所示。

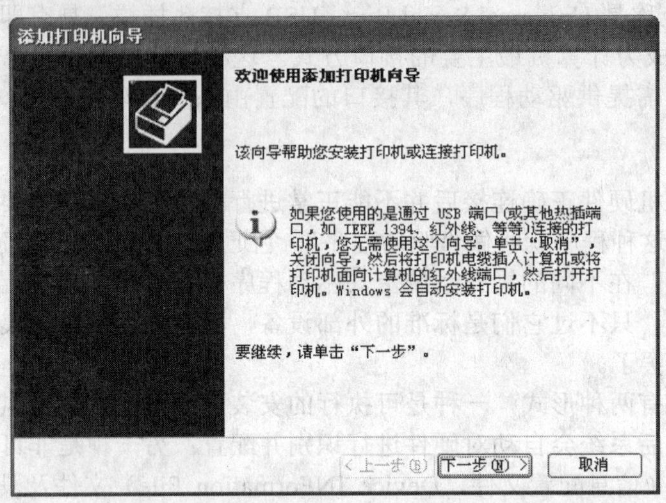

图 2-41　添加打印机向导

(3) 单击“下一步”按钮，弹出窗口如图 2-42 所示，选择安装本地打印机。

(4) 单击“下一步”按钮，出现“选择打印机端口”对话框，如图 2-43 所示，按实际的连接情况选择 LPT1 端口。

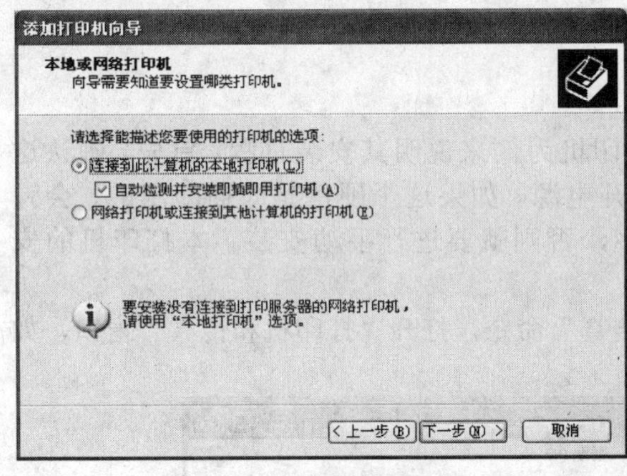

图 2-42　选择打印机位置

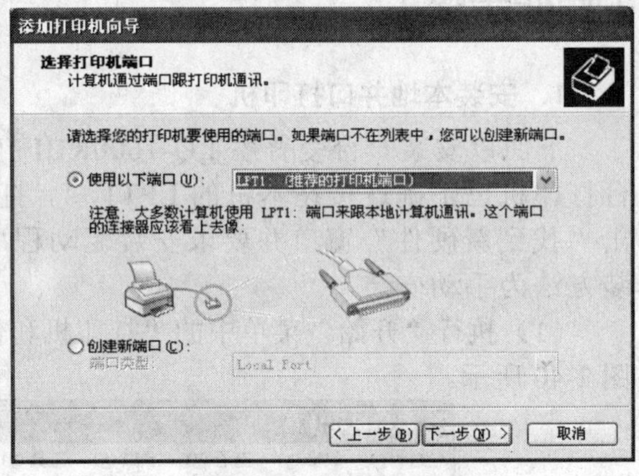

图 2-43　指定连接端口

(5) 单击“下一步”按钮，弹出“安装打印机软件”对话框，如图 2-44 所示。

(6) 指定厂商为“Epson”，打印机型号为“EPSON LQ-1600KIII”，单击“下一步”按钮，出现提示“是否设为默认打印机”，“是否共享这台打印机”，以及“是否打印测试页”等提示信息，视具体情况回答后，即开始安装相应的驱动程序，由于这种型号的打印机的驱动程序集成在系统里，所以不需要用户提供驱动程序，但会出现驱动程序兼容性测试的提示，如图 2-45 所示，单击“仍然继续”按钮进行驱动程序的安装，随后安装完成，如图 2-46 所示。

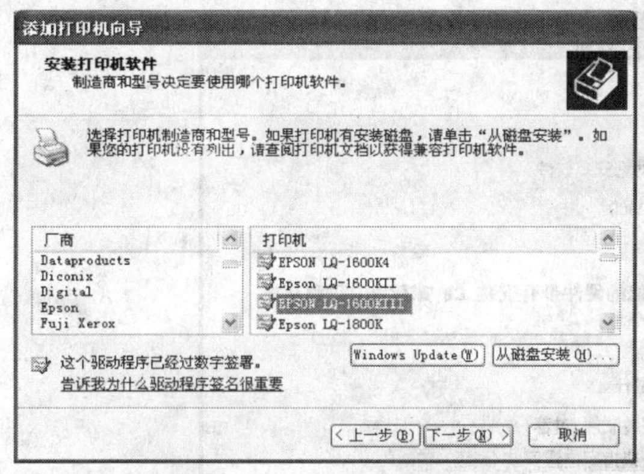

图 2-44 指定厂商与型号

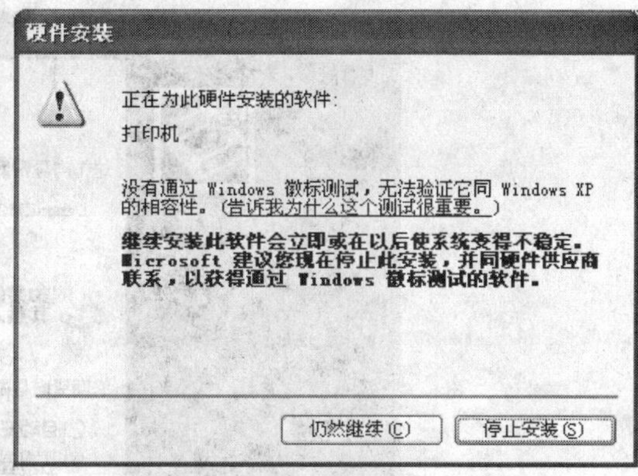

图 2-45 驱动程序兼容性测试的提示

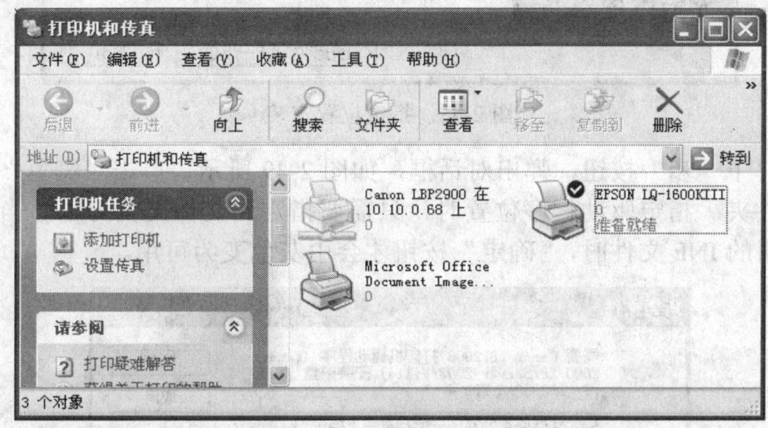

图 2-46 安装本地并口打印机 EPSON LQ-1600KIII

2. 安装本地 USB 接口打印机

USB 接口是当今计算机上广泛使用的与外部硬件连接的方式，由于其支持热插拔，安装与使用方便，所以有很多外设都以这种方式与计算机连接，打印机也不例外。下面以安装一台 USB 接口的 Canon LBP2900 本地打印机为例来说明其安装过程，具体操作步骤如下。

（1）将打印机插入计算机空的 USB 接口上，打开打印机电源，屏幕会弹出“找到新的硬件向导”对话框，如图 2-47 所示，由于事先已准备好驱动程序，选择“否，暂时不”单选按钮。

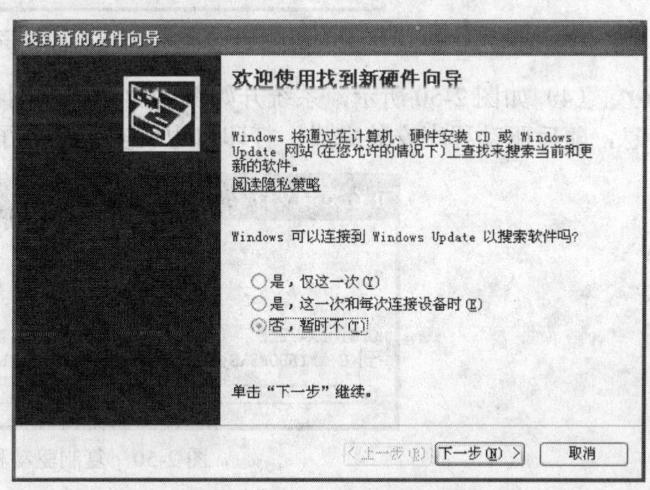

图 2-47 “找到新的硬件向导”对话框

（2）单击“下一步”按钮，弹出对话框，如图 2-48 所示，指定驱动程序的位置。

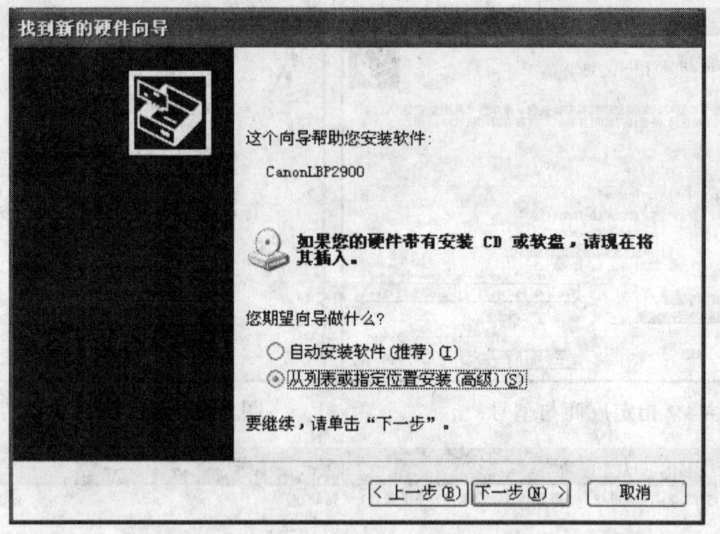

图 2-48　指定位置安装

（3）单击“下一步”按钮，弹出对话框，如图 2-49 所示，单击“浏览”按钮选择驱动程序所在的文件夹。指定驱动程序位置时，只需要指定到文件夹就可以，当系统在指定的文件夹找到可用的 INF 文件时，“确定”按钮才会由灰色变为可用。

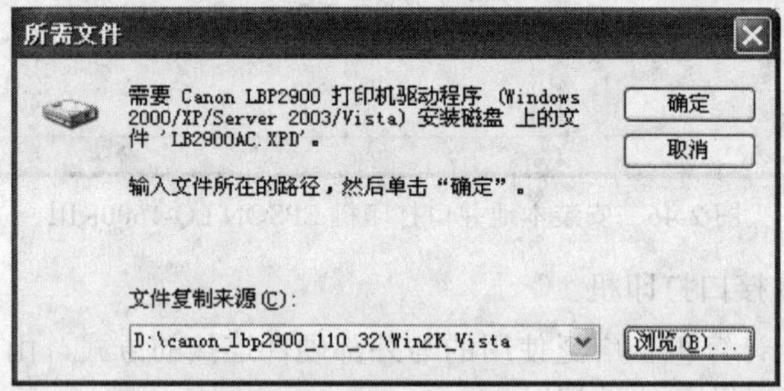

图 2-49　指定驱动程序的位置

（4）如图 2-50 所示，系统开始复制驱动程序到特定的文件夹，会出现一些提示性的信息，随后驱动程序安装完成，打印机也就安装完成了。

图 2-50　复制驱动程序

3. 打印机的使用

（1）设定默认打印机。如果安装了多台打印机，系统默认用哪台来进行打印输出，是可以指定的。在某台打印机的图标上单击鼠标右键，弹出快捷菜单，执行“设为默认打印机”命令，则这台打印机的图标上将出现已设为默认打印机的标记。如图 2-39 所示，Canon LBP2900 被设为默认打印机。

（2）设置打印首选项。右键单击某个打印机的图标，在快捷菜单中执行“打印首选项”命令，可弹出“打印首选项设置”窗口，可以设置打印方向、页序、进纸方式以及打印质量等。

（3）管理打印任务。双击打印机图标，打开打印机的管理窗口，可以对队列中的打印文档进行简单的管理。

（4）共享打印机。右键单击打印机图标，在快捷菜单中执行“属性”命令，弹出“属性”对话框，在“共享”选项卡中可以将打印机设置为共享。

【拓展提高】

安装网络打印机

所谓网络打印机，是指安装在局域网内其他计算机上的打印机，由于对这台打印机进行了共享设置，其他用户可以使用共享的打印机来进行打印服务。其安装过程与安装本地并口打印机类似，在选择打印机位置时选择“网络打印机”。单击“下一步”，计算机开始搜索网上的打印机，如图 2-51 所示，选择能访问的网络共享打印机，选择 WSH 这台计算机上的打印机 Canon LBP2900。

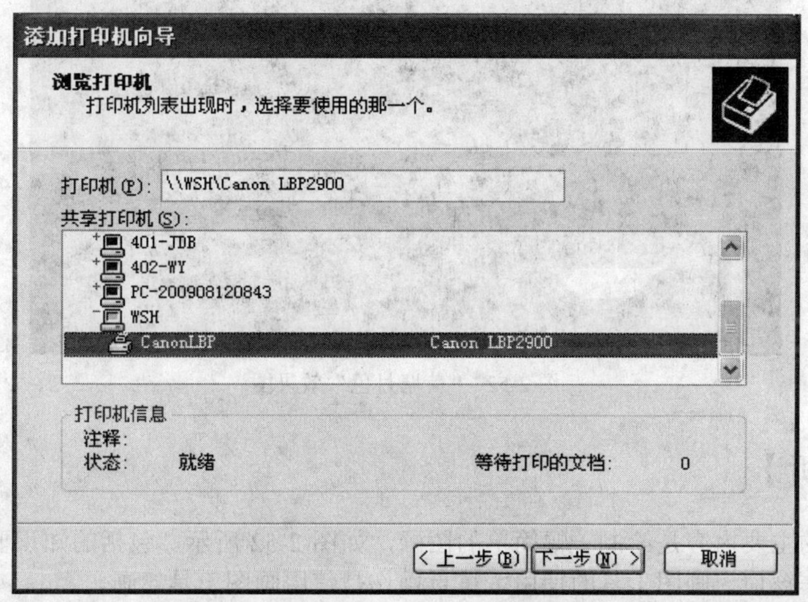

图 2-51　搜索网上的打印机并选择可用资源

选择好打印机后，单击“下一步”按钮，如果本机尚未安装该打印机的驱动程序，系统将自动从打印机服务器处下载该打印机的驱动程序或弹出提示信息窗口告知将在本地机器上安装打印机驱动程序，单击“是”按钮，则系统自动安装打印机驱动程序，完成后其效果如图 2-39 所示。

【实战演练】

安装一台并口 Star AR-3200+打印机，设置打印机的首选打印方向为横向，并共享这台打印机。

课题六　荷塘月色图画的绘制

【课题效果】

本课题要达到的效果，如图 2-52 所示。

图 2-52 “荷塘月色”效果图

【课题分析】

本课题的主要内容是绘制一幅简单的图画，如图 2-52 所示。包括的知识要点有图片格式、画图工作窗口、画图工具的使用。重点操作是使用画图工具绘画。

【知识链接】

一、画图简介

画图程序是 Windows XP 系统在附件中提供的一个位图编辑程序。利用它可以绘制简笔画、水彩画、贺卡等，也可以绘制比较复杂的艺术图案；它也可以编辑、处理图片，为图片加上文字说明，对图片进行挖、补、裁剪处理，还支持翻转、拉伸、反色等操作；在编辑完成后，可用 BMP、JPG、GIF 等文件格式保存，用户还可以将这些文件发送到桌面和其他文本文档中。画图程序具有常见图片编辑器的一些基本功能，用它来处理图片，方便实用，效果不错。

二、图片格式

数字图像在计算机中是以文件的形式存储的，要保存好图像，必须选择一个合理的图片格式，既保证没有产生大的失真，又保证存储时占据的空间也较少。对于画图程序而言，最常用的是 BMP 和 JPG 两种格式，其中，BMP 是画图程序的固有格式，保存图片信息时不会丢失数据，但是其最大颜色质量只能是 24 位，JPG 格式采用压缩方式保存，可以大幅度地减小文件尺寸。TIF 格式用于应用软件和计算机平台之间交换文件，颜色质量最好，用户根据具体情况应灵活选择与运用。

三、画图程序的工作窗口

选择“开始”菜单“所有程序”项中“附件”子菜单，执行“附件”中的“画图”命令，就能启动画图程序。启动后，系统创建一个工作窗口，并自动建立一个空图片编辑区，其操作窗口界面如图 2-53 所示。

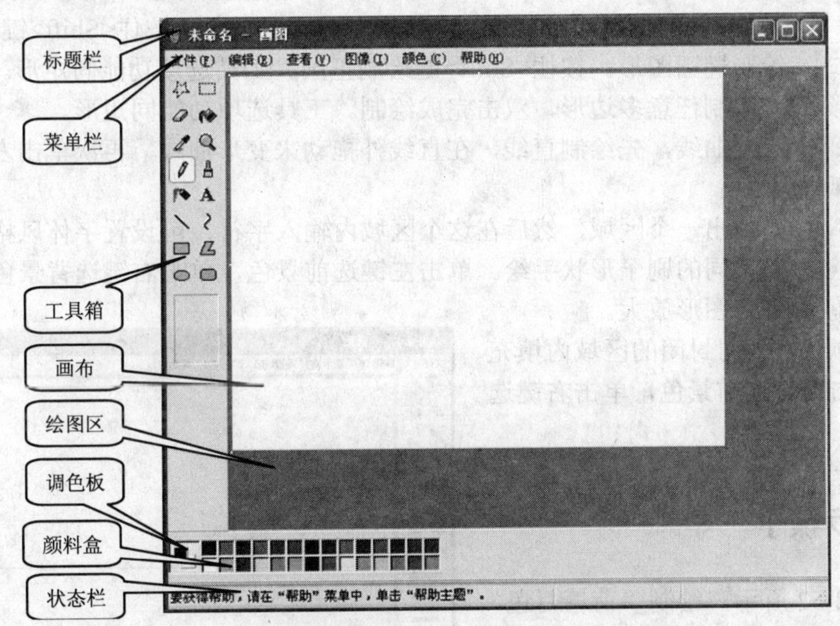

图 2-53　画图程序的工作窗口

画图程序的工作窗口主要由以下几部分组成：

（1）标题栏：标明当前文件的文件名、应用程序名等。

（2）菜单栏：提供画图操作的各种菜单。

（3）工具箱：提供了 16 种常用的绘图工具和一个辅助选择框。

（4）绘图区：处于整个界面的中间，为用户提供画布。

（5）画布：用户操作的图片区域，用户只能在该范围内进行图像处理。

（6）颜料盒：它由显示多种颜色的小色块组成，双击颜料盒后用户还可以自定义新的颜色。

（7）调色板：提供绘图前景和背景颜色。

（8）状态栏：显示各种状态或提示以及光标的精确坐标。

四、画图工具的使用

画图程序中提供了一些常见的画图工具，各工具的功能及使用方法如下：

选择工具（任意形状的选择）：在画图区域选择指定的区域。

橡皮擦：擦除鼠标移动过的区域，留下背景色。

取色管：单击左键取前景色，单击右键取背景色。

铅笔：单击左键前景色手画，单击右键背景色手画。按住<Shift>键画直线（水平、垂直、45°线）。

喷枪：喷洒斑点，密度随鼠标移动快慢而定。单击左键使用前景色，单击右键使用背景色。

直线：绘制直线，单击左键选前景色，单击右键选背景色。按住<Shift>键画直线，可以画水平、垂直、45°线。

矩形（圆角矩形）：绘制矩形（圆角矩形），根据工具选项不同，可绘矩形边框、填色矩形、实心矩形。单击左键选前景色，单击右键选背景色。按住<Shift>键绘制正方形。

椭圆：绘制椭圆图形。按住<Shift>键绘制正圆。工具选项功能同矩形。

多边形：绘制任意多边形，双击完成绘制。工具选项功能同矩形。

曲线：绘制曲线，先绘制直线，在直线外拖动来变形曲线，再次单击左键完成。最多画两段弧线。

文字：先拖出一个区域，然后在这个区域内输入字符，可设置字体风格。

刷子：以不同的刷子形状手绘。单击左键选前景色，单击右键选背景色。

放大镜：将图形放大。

填充颜色：向封闭的区域内填充颜色。单击左键选前景色，单击右键选背景色。

【操作步骤】

如图 2-52 所示，绘制“荷塘月色”这幅图画，其操作步骤如下：

1. 绘制背景

（1）单击“直线”工具，按住<Shift>键画一条直线，如图 2-54 所示。

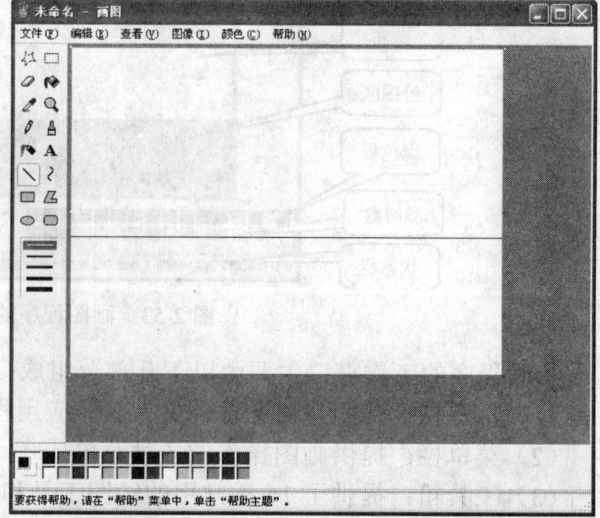

图 2-54　绘制直线

（2）用左键单击黑色，用填充工具将直线上部填充成黑色；再用左键单击深蓝色将直线下部填充成深蓝色，如图 2-55 所示。

2．画圆和椭圆

（1）单击“椭圆”工具并用左键单击“黄色”，按住<Shift>键画一个实心圆，如图 2-55 所示。

（2）单击“椭圆”工具并用左键单击“绿色”在湖面上画几个实心椭圆，如图 2-55 所示。

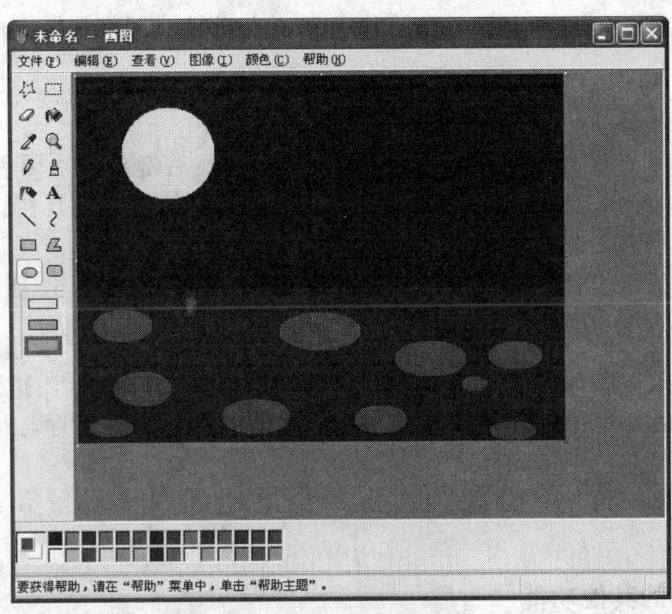

图 2-55 画圆和椭圆

（3）单击“椭圆”工具并选择外框选项，左键单击“黑色”在椭圆中间画一空心圆，单击“直线”工具画出荷叶的细纹，如图 2-56 所示。

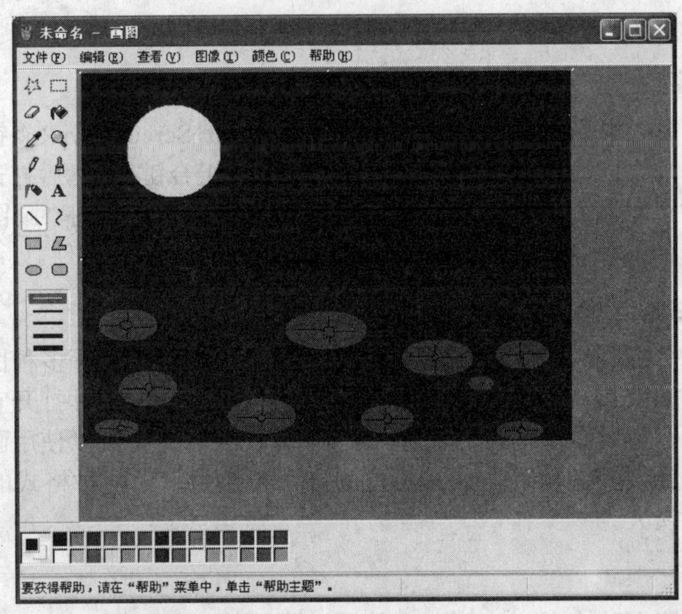

图 2-56 绘制荷叶

3．画柳条

单击“铅笔”工具，左键单击“绿色”，画出柳条，如图 2-52 所示。

4．画小船

（1）单击“多边形”工具，按住<Shift>键画出船舱，再单击“填充”工具，左键单击“黄色”，将船舱填充成黄色。

（2）单击“曲线”工具，左键单击“红色”画出船帆，再将其填充成红色，如图 2-52 所示。

5．输入文字

（1）单击“文字”工具，用鼠标左键单击“黄色”，右键单击“黑色”，单击“透明处理”，在图片的右边拖出一个矩形框，再单击“查看”菜单的文字工具栏。选择字体为楷体，字号为 20，加粗，竖排。输入诗句文字，如图 2-52 所示。

（2）单击“喷枪”工具，在文字的右上角喷出几朵花，如图 2-52 所示。

6．保存该图片

执行“文件”菜单下的“保存”命令，弹出“保存为”对话框，指定文件存放路径及文件名、文件格式后，单击“保存”按钮将当前编辑的图片文件保存。

【拓展提高】

一、画图程序的其他功能

1．设置桌面背景

在画图程序中绘制一幅个性图画，或打开一张喜欢的图片，执行“文件”菜单中的“设置为墙纸（平铺）”命令，或执行“设置为墙纸（居中）”命令，即可将当前图片设置为桌面壁纸。

2．截取屏幕窗口

如果要截取屏幕上显示的画面，只需先按一下<Print Screen SysRq>键（如欲截取当前活动窗口中的画面则要同时按<Alt+Print Screen SysRq>组合键），然后打开画图程序。执行“编辑”菜单中的“粘贴”命令，即将桌面或活动窗口画面粘贴到“画图”中，执行“文件”菜单中的“保存”命令即可把屏幕窗口或对话框保存为图片文件。

3．转换图形格式

Windows XP 中的画图程序能够处理 BMP、JPG、GIF、TIF 等多种图像格式，如果需将某张图像保存为 GIF 或 JPG 网页图片格式，就可以利用画图工具打开它，然后通过“文件”菜单中的“另存为”命令把它们保存为 GIF 或 JPG 格式。可以使用画图工具直接转换图形格式，不但不需要其他软件，而且将位图文件转换为以上两种格式的图像时，图像颜色质量几乎不会有损失。

4．裁剪图片

如果需要从一张图片中截出一部分来使用，通常都是使用专业图形处理程序来进行剪裁，这样做非常麻烦。有时还会出现一些不尽如人意的效果，如长宽比失调、区域丢失等。其实，利用画图工具可以很快解决这类问题。先选择工具箱上的矩形选择工具，然后选中自己所要的区域，最后再执行“编辑”菜单中的“复制到”命令即可打开“保存”对话框，输入一个文件名，就会发现选中的区域已经被保存为文件了。

二、绘图工具使用技巧

每种绘图工具有不同的功能，在使用中要注意是否有工具选项及工具选项的变化，如图 2-57 所示。

（1）选择粗细：如绘制几何图形的时候，选择不同的粗细，喷洒的时候选择疏密。

（2）选择样式：如绘制封闭几何图形的时候，选择填充样式，刷子有 12 种图形。

（3）选择大小：橡皮擦有四种大小，放大镜有四种比例。

（4）选择透明：是否用背景填充。

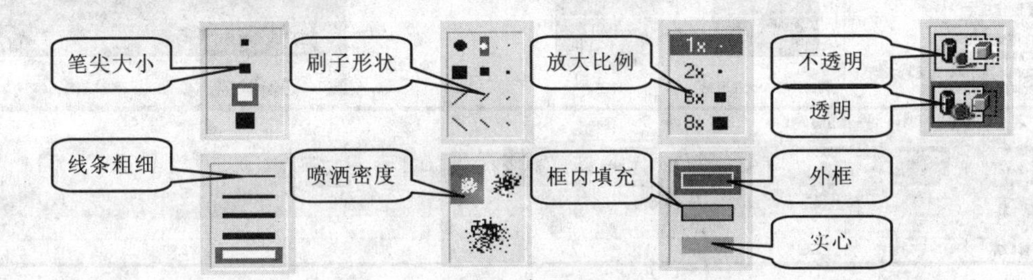

图 2-57 工具选项

> ☞ 技巧点滴：在绘图过程中，按住<Shift>键可以绘制更规整的线条和形状。如圆、正方形、水平线、垂直线、45° 线、135° 线等。利用“取色”工具可以复制颜色。

【实战演练】

以“低碳·绿色·环保”为主题，绘制一幅宣传画。

课题七 壮丽江河小影片的制作

【课题效果】

本课题要达到的效果，如果 2-58 所示。

【课题分析】

本课题的主要内容是利用 Windows Movie Maker 将现有视频素材进行简单的组织、剪辑，生成可以独立播放的小影片——壮丽江河。包括的知识要点有 Windows Movie Maker 操作界面、电影编辑制作过程。重点操作是素材的导入、电影的编辑等。

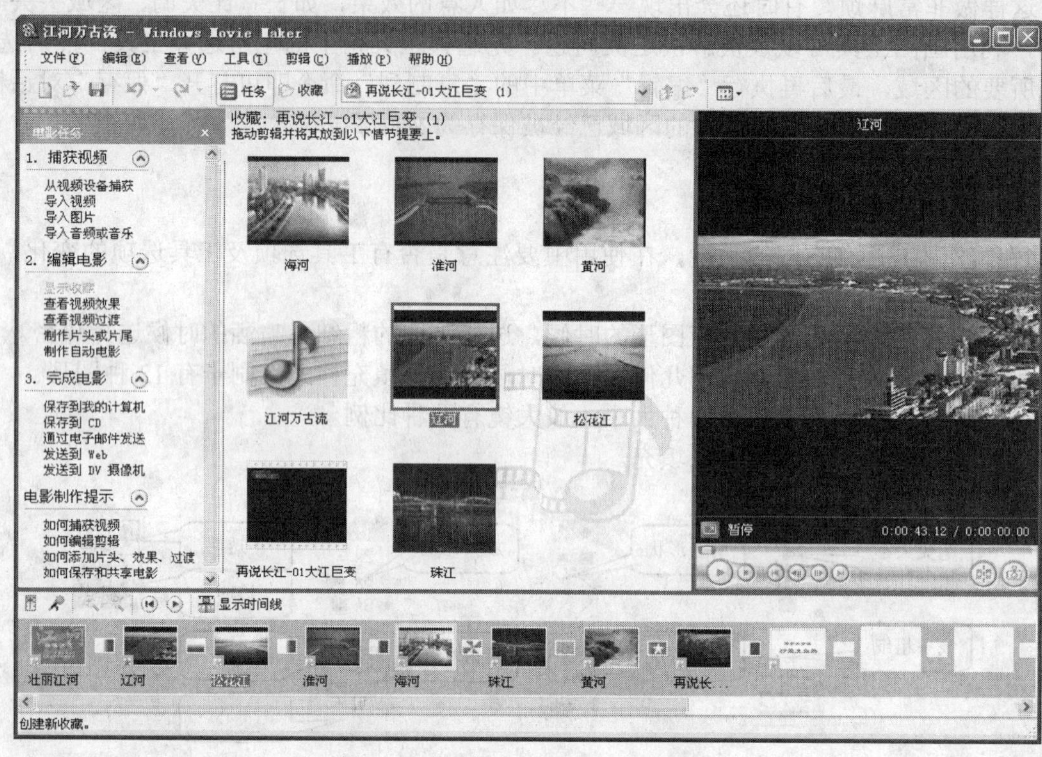

图 2-58 制作小电影—— 壮丽江河

【知识链接】

一、Windows Movie Maker 简介

Windows Movie Maker 是 Windows XP 的一个附件，它是进行视频录制、组织、编辑等操作的视频剪辑应用程序。该程序可采编的素材包括图片、声音、视频，它是一个小巧的视频编辑器，可以对素材进行简单的拖放操作，筛选画面，添加效果、音乐和旁白，适当的剪辑、编辑加工，就可制作成富有艺术魅力的个人电影。虽然其功能并不强大，但是一般的操作如视频剪辑、字幕、效果、过渡都能很方便地实现，且操作十分简单，因此 Windows Movie Maker 不失为对视频输出与效果要求不是很高的影片的制作工具。

二、认识 Windows Movie Maker 操作界面

启动 Windows Movie Maker 后，操作界面如图 2-59 所示，主要包括菜单、工具栏、电影任务、收藏、时间线 / 情节提要和视频预览等。其主体操作区域分为四个部分：

（1）左边是电影任务栏，主要用于捕获导入素材、视频效果制作及生成电影。

（2）中间是收藏栏，用于展示已经导入的素材。

（3）右边是预览区，用于展示各素材及播放编辑效果。

（4）下边是脚本编辑区，用于各种素材的拍摄剪辑，它是编排的主操作区。

【操作步骤】

1. 准备素材

在开始制作电影前，首先要准备好制作电影的素材，即制作电影用的照片、视频片断、背景音乐和解说词等。用户可以先通过扫描仪、数码相机、数码摄像头得到一些相关的照片和视频，保存成 JPG、BMP 或 GIF 格式的图像文件。

2. 启动 Windows Movie Maker

打开“开始”菜单，执行“所有程序”项下的“Windows Movie Maker”命令，启动 Windows Movie Maker，如图 2-59 所示。

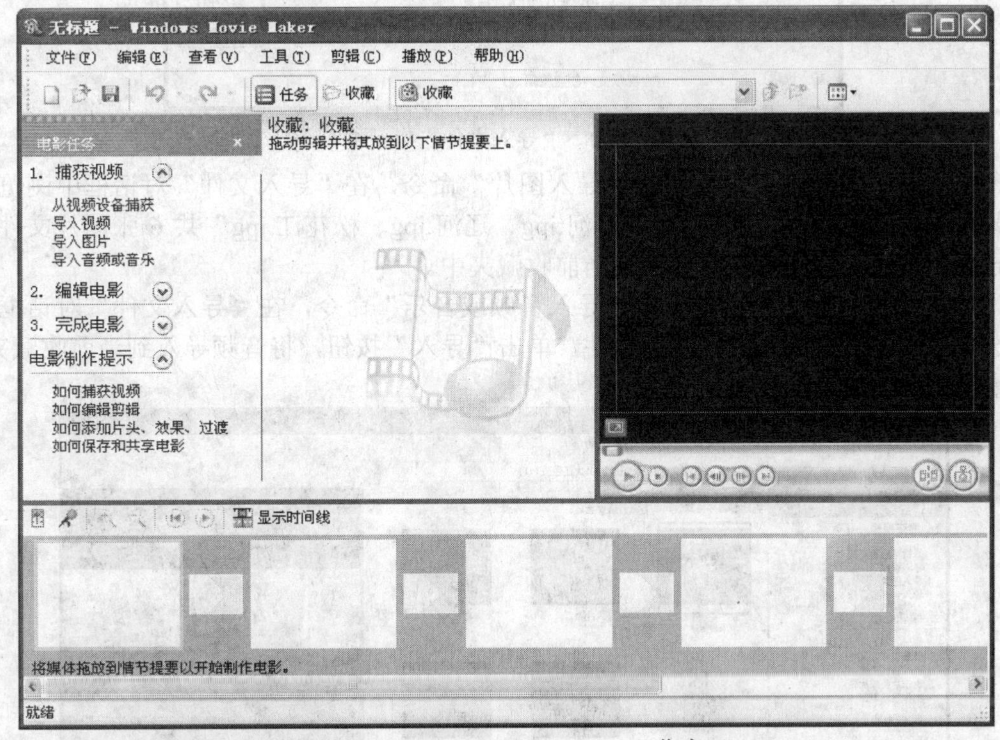

图 2-59 Windows Movie Maker 工作窗口

3. 源视频文件和声音文件的获取

当创建一个新的 Movie 电影文件时，源图像的获取将是一个首要的工作，用户可以导入一些收集好的相关音频或视频媒体文件，也可以通过数码相机或摄像机来录制所需的媒体文件。

（1）执行“电影任务”栏的“捕获视频”项目下的“导入视频”命令，弹出“导入文件”对话框，如图 2-60 所示，浏览并选择“再说长江-01 大江巨变.avi”视频文件，单击“导入”按钮，即将视频素材导入相应的收藏夹中。

> ☞ 技巧点滴：导入视频时，如果不是出于特殊需要，不要勾选“为视频文件创建剪辑”选项，否则系统将自动剪辑多个视频段，虽便于编写脚本，调整素材，但连续的素材被分为了多个段，在无形中又增加了工作量。

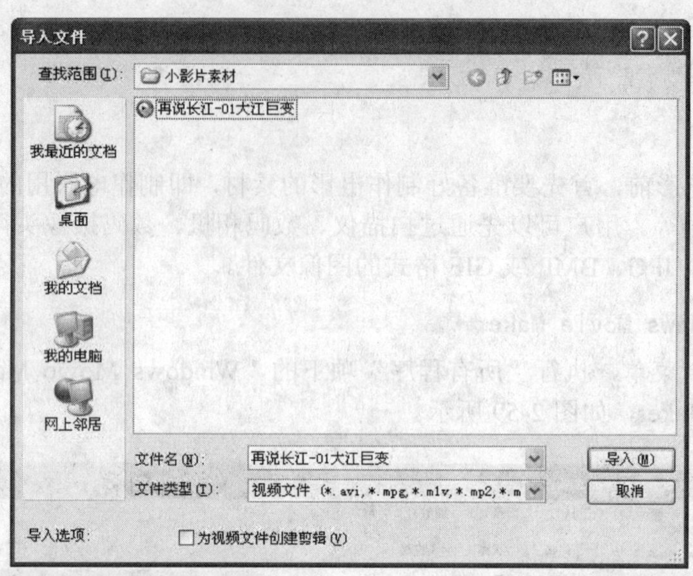

图 2-60 “导入文件”对话框

（2）执行“电影任务”栏下的“导入图片”命令，在“导入文件”对话框中浏览并选择“黄河.jpg、珠江.jpg、淮河.jpg、海河.jpg、辽河.jpg、松花江.jpg”共 6 张图片文件，单击“导入”按钮，将图片素材导入到当前收藏夹中。

（3）执行“电影任务”栏下的“导入音频或音乐”命令，在“导入文件”对话框中浏览并选择“江河万古流.mp3”音频文件，单击“导入”按钮，将音频导入到当前收藏夹中。导入素材后的效果，如图 2-61 所示。

图 2-61 导入素材后的效果

4. 编辑合成电影

在 Movie Maker 的工作区中导入了所需的音频和视频文件之后，就可以进行电影文件的编辑合成工作了。电影文件编辑合成的主要任务就是将音频和视频文件进行结合，使其在播放视频文件的同时，也播放音频文件。编辑合成电影文件的操作步骤如下。

（1）在工作区中，选中要添加到电影中的视频“再说长江-01 大江巨变.avi”和 6 张江河的图片素材，并单击鼠标右键，从弹出的快捷菜单中执行“添加到情节提要”命令，可将所选中的视频剪辑文件添加到情节提要框中。

（2）在情节提要框中单击“时间线”按钮，切换到时间线框，从工作区中选择要添加的音频剪辑文件“江河万古流.mp3”，单击鼠标右键，从弹出的快捷菜单中执行“添加到时间线”命令，即可将选中的音频剪辑文件添加到时间线框中。电影文件编辑合成的效果如图 2-62 所示。

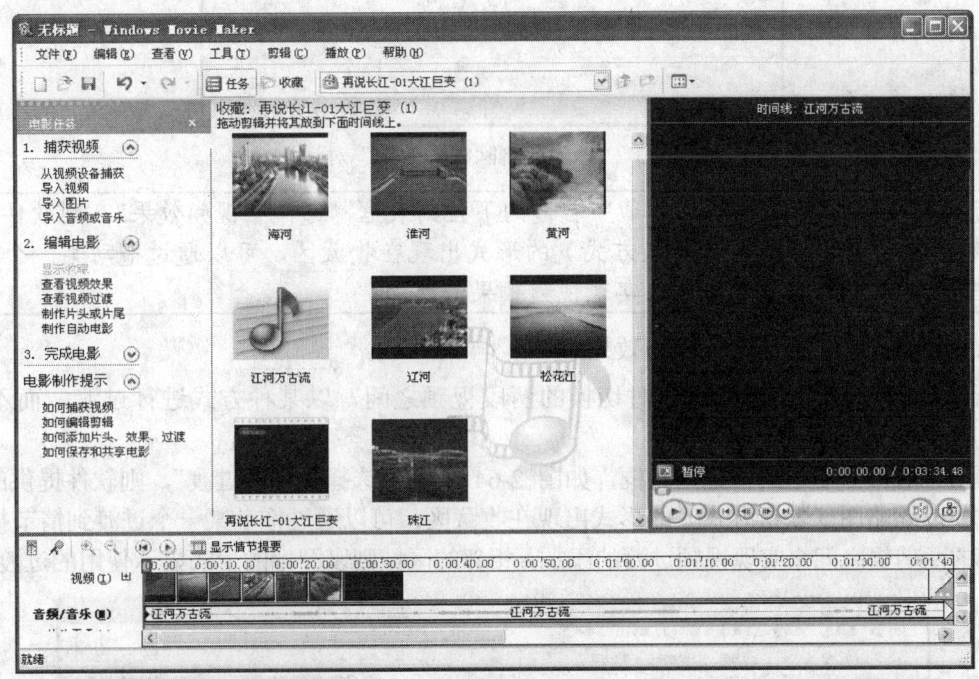

图 2-62 电影文件编辑合成的效果

> ☞ 技巧点滴：用鼠标拖动素材放置到某一胶片格上，即将素材拖入了情节提要框。在情节提要框上拖动素材可以改变其播放顺序。在情节提要框上，支持典型的操作命令，如复制、剪切、粘贴等。

5．保存与打开项目

电影制作是一个不断调整与雕琢的过程，因此应适时地将编辑的结果保存为项目文件，能够为后面的工作带来方便，不致因死机、停止响应等原因而造成前功尽弃。

如图 2-62 所示，执行“文件”菜单下的“保存项目”命令，在对话框中输入项目名称“壮丽江河”，即将当前导入的素材及情节提要等编辑结果以项目文件的形式加以保存，重新打开这个项目文件可以自动打开刚保存文件中的收藏素材及情节提要。

6．使用视频效果

切换到情节提要模式，在编辑的剪辑上点击鼠标右键，弹出快捷菜单，执行“视频效果”命令，弹出“添加或删除视频效果”对话框，如图 2-63 所示，为编辑的剪辑加上所需要的视频效果。加入了视频效果的素材，左下角用来表示视频效果的五角星将由灰变亮，用户可以为一个素材使用多种视频效果。用户也可以预览视频效果，如果对视频效果不满意，还可以将其删除。

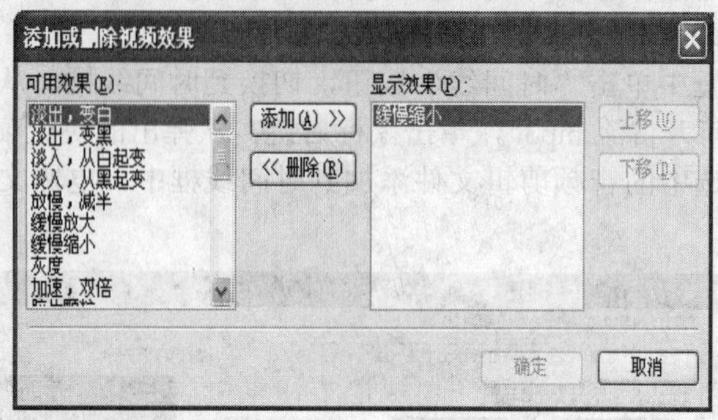

图 2-63 “添加或删除视频效果”对话框

温馨提示：也可以单击“收藏”右边的下拉列表框，选择“视频效果”，则软件提供的各种效果将会以缩略图（默认方式）的形式出现在收藏区，可以通过拖动某一个效果到情节提要框上的某一个胶片来实现视频效果的添加。

7. 使用视频过渡（视频转场效果）

所谓视频过渡，是指在播放时切换的两段视频之间，以某种方式进行过渡，而不是生硬地切换到下一段视频。

单击“收藏”右边的下拉列表框，如图 2-64 所示，选择“视频过渡”，则软件提供的各种过渡方式以缩略图（默认方式）的形式出现在收藏区，可以通过拖动某一个过渡到情节提要框上相邻的两剪辑之间来实现视频过渡的添加，相邻的区域则以图标的形式显示使用的过渡方式。

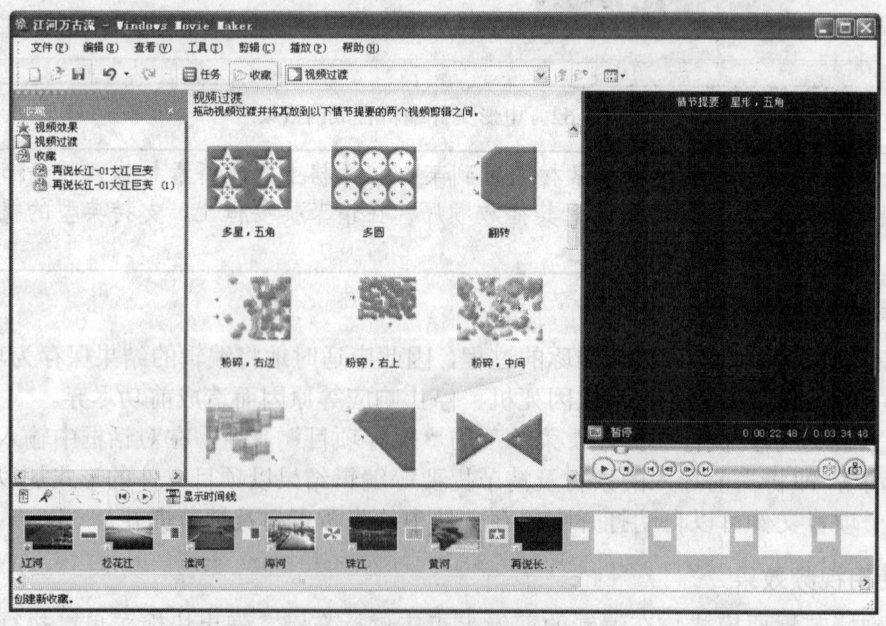

图 2-64 使用视频过渡

8．制作片头和片尾

（1）在“电影任务”区执行“编辑电影”下的“制作片头或片尾”命令，打开向导窗口，如图 2-65 所示。

图 2-65　字幕向导

（2）单击“在电影开头添加片头”，打开片头编辑窗口，如图 2-66 所示，在文本框中输入片头文字。

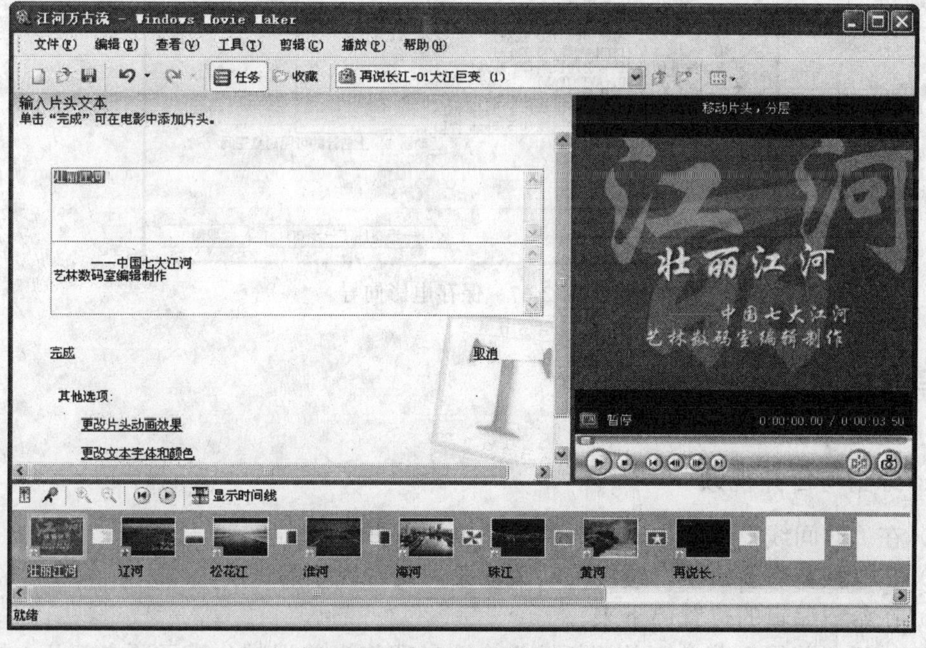

图 2-66　在电影开头添加片头

（3）分别执行其他选项中的“更改片头动画效果”、“更改文本字体和颜色”命令，设置片头文本的字体、大小及文字动画效果。

（4）片头与片尾的制作很相似，还可以为视频剪辑添加适当的说明文字，最后单击“完成”按钮即将文字加入到相应轨道上。

9．调整播放时长

进入“时间线”视图，使光标在素材上停留片刻，就会出现该素材的播放持续时间。对于非视频类素材，有必要改变播放时长。当选中某一素材，光标移动到其首或尾时，光标将变为醒目的红色双向箭头形式，可以通过拖动来改变其播放时长。

10．视频输出

在“电影任务”区单击“保存到我的计算机”按钮，即出现“保存电影向导”对话框，指定电影名和保存文件夹，单击“下一步”按钮即出现保存选项设置对话框，如图 2-67 所示，指定电影保存时的质量。单击“下一步”按钮则进行电影合成，并显示进度，直至完成，完成后生成的电影为 WMV 格式。

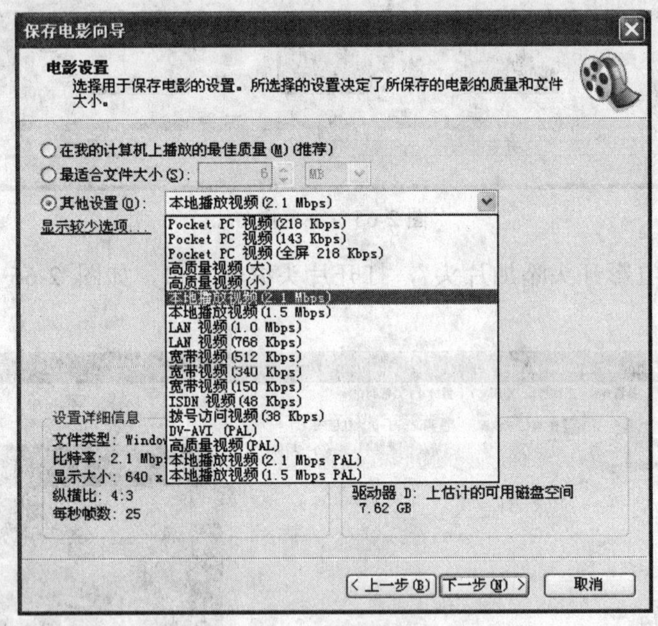

图 2-67 保存电影向导

【拓展提高】

一、分割与合并视频

（1）在“时间线”视图中，单击将要编辑的剪辑。

（2）在“预览”窗口中，缓慢拖动滚动条，观看视频的进度。

（3）在希望编辑的位置停下来。

（4）执行“剪辑”菜单下的“拆分”命令，即将当前视频分为了两个部分。拆分后的视频紧挨在一起，其他视频顺次后延。

（5）选择两段视频，如果在原视频中是顺序关系，则可合并为一个剪辑。

二、剪裁视频

（1）在“时间线”视图中，单击将要编辑的剪辑。

（2）在“预览”窗口中，缓慢拖动滚动条，观看视频的进度。

（3）在希望编辑的位置停下来。

（4）执行“剪辑”菜单下的“设置起始剪裁点”命令。

（5）然后继续拖动进度指示器，直至到达希望的结束点。

（6）执行“剪辑”菜单下的“设置结束剪裁点”命令。现在得到了剪裁过的剪辑。

【实战演练】

以“中国名山”为主题制作一个小影片。

课题八　系统维护与优化设置

【课题效果】

本课题要达到的效果，如图 2-68 所示。

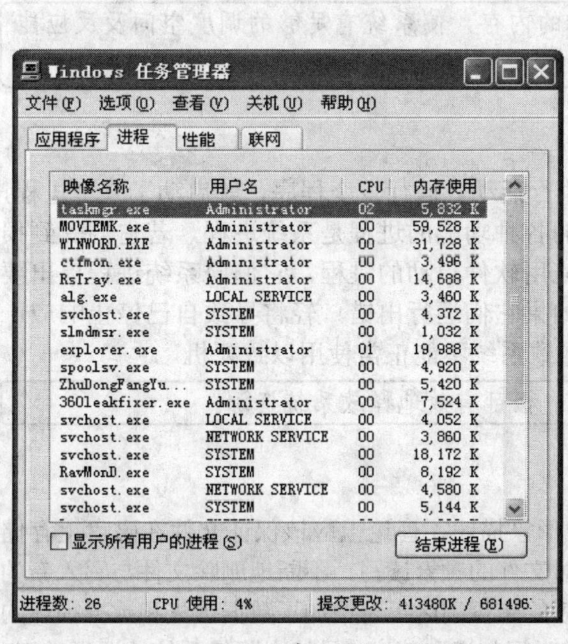

a）

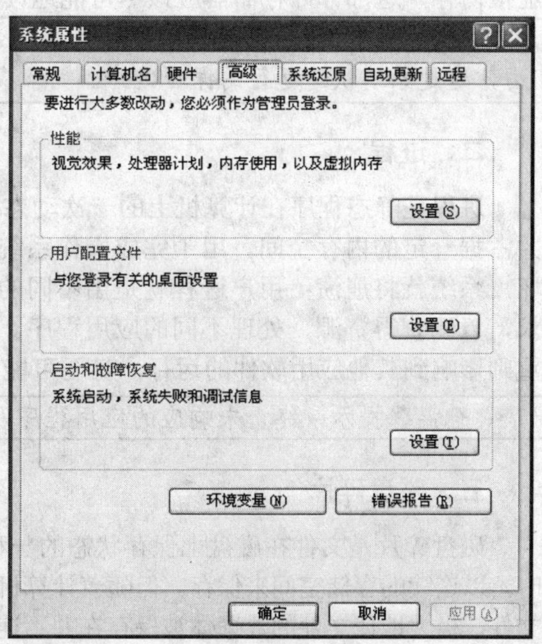

b）

图 2-68　系统维护与优化

a）Windows 任务管理器　b）系统属性

【课题分析】

本课题的主要内容是利用系统提供的功能，有效地利用磁盘存储空间，改善文件存储状态，合理利用内存，增强系统运行的稳定与速度，从而更好地运行程序。包括的知识要点有虚拟内存、进程、磁盘碎片、任务管理器。重点操作是优化虚拟内存、清理磁盘、碎片整理、关闭错误报告、任务管理器等。

【知识链接】

一、虚拟内存

计算机的存储器一般分为内存储器和外存储器两类，其中，内存储器一般由半导体存储器件构成，其响应速度快，但制造成本高，断电信息即消失，一般以内存条的形式插在主板上；外存储器中典型的代表就是硬盘，它容量大，断电后信息依然存在，与内存相比成本低，一般用排线和主板相连，是最重要的数据载体之一。程序在计算机上运行的时候，必须先装载进内存，否则无法运行。

随着操作系统与应用程序的不断升级，系统对内存容量的需求不断加大，特别是在多窗口情况下，内存的消耗是惊人的，但内存的物理容量又是有限的，为解决这一矛盾，Windows 使用了虚拟内存这一技术。所谓虚拟内存就是把外存储器上的空间纳入内存的编址，从而达到延展内存容量的一种方法。这部分纳入到内存地址的外存储器上的空间就是虚拟内存，这部分外存储器应该尽可能地读写可靠，反应迅速。

温馨提示：尽可能多的留给系统空余的内存，使系统有足够的调度空间及反应能力，这是系统快速运行的保证之一。

二、进程

进程是静态程序在计算机上的一次动态执行活动。运行一个程序，就启动了一个进程，并占据一定的内存空间。用于完成操作系统的各种功能的进程是系统进程，若它们受到损坏，系统就将崩溃；用户进程就是由不同的应用软件启动的进程，它们向系统进程提出要求，以便获得资源，处理不同的应用程序。如果它们运行出错，轻将导致自己停止响应，重则影响到其他应用软件的运行，甚至可能导致系统不能正常使用以致死机。

温馨提示：终止未响应的应用程序及进程可有效地释放系统资源。

三、磁盘碎片

磁盘碎片是文件在磁盘上保存状态的一种形象描述。理论上应该保证文件在磁盘上存储时，以连续的存储空间来保存。但随着计算机对文件的频繁读写，不断地删除文件与写入新的文件，极大地使文件的数据体被保存在并不连续的磁盘扇区上，增加了数据丢失和数据损坏的可能性。当系统访问这样的文件时，将增加寻道时间与读取速度，显然会降低系统的运行效率，特别是虚拟内存的页面文件应尽可能地分配连续的存储空间，因此必须进行适当的磁盘整理。

温馨提示：过多的磁盘碎片，应该及时整理。

四、磁盘错误

系统使用链状结构来管理磁盘的存储空间，通过特定的文件目录表及文件分配表来管理每一个存储区域，一环扣一环，不允许混乱。但计算机在频繁地读写磁盘的过程中，由于各种原因（比如意外死机，断电等），会产生逻辑错误，例如，产生交叉链及丢失链，这些逻辑错误的存在将妨碍计算机对磁盘的正常访问，还会造成数据丢失和文件损坏，一旦磁盘有类似的错误应该马上加以修复。

五、系统属性对话框

调整系统性能可以使用“系统属性”对话框。右键单击“我的电脑”，弹出快捷菜单，执行“属性”命令，弹出“系统属性”对话框，如图 2-68b 所示，它是一个多选项卡对话框，可以综合地对系统性能进行设置。

【操作步骤】

1．优化虚拟内存

调出“系统属性”对话框，如图 2-68b 所示，选择“高级”选项卡，在“性能”框里单击“设置”按钮，弹出“性能选项”对话框，选择“高级”选项卡，单击“虚拟内存”框里的“更改”按钮，弹出“虚拟内存”对话框，如图 2-69 所示，根据具体情况设置个性化的虚拟内存。

对于 512 MB 及以下物理内存的机器，一般设置为其物理内存的 1～1.5 倍；对于物理内存容量更大的机器，一般设置为其物理内存的 0.5～1 倍。

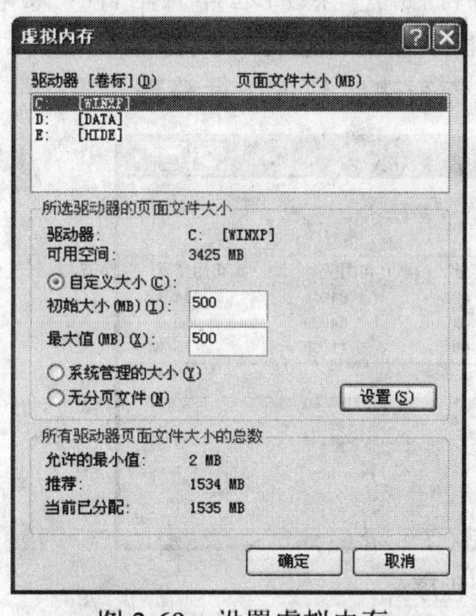

图 2-69　设置虚拟内存

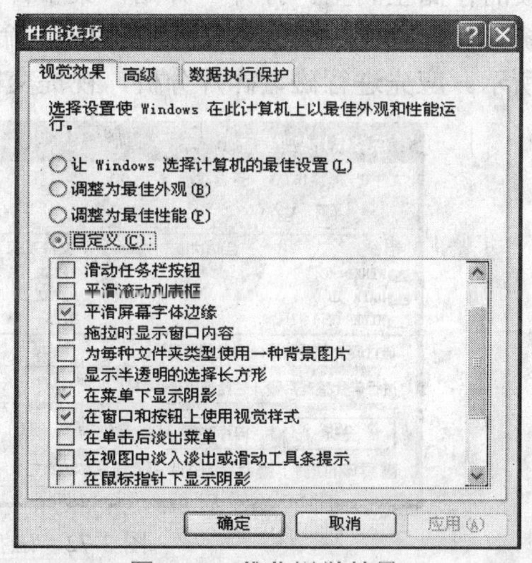

图 2-70　优化视觉效果

> ☞ 技巧点滴：要设置虚拟内存的磁盘，最好先进行磁盘清理与碎片整理，以保证最大程度地分配连续的存储空间。

2．优化视觉效果

美观的视觉效果，虽然能使桌面赏心悦目，但也将消耗系统内存。可以根据需要使用“最佳性能”或者“自定义”来使用较少的视觉效果。

同优化虚拟内存操作类似，调出“性能选项”对话框，选择“视觉效果”选项卡，如图 2-70 所示。如果选中“调整为最佳性能”单选项（按钮），则系统将以 Windows 2000 的风格来展示系统，当然释放了不少内存资源。通过“任务管理器”的“性能”选项卡，将明显地看到物理内存与使用最佳外观时相比有大幅的减少。不过整个系统风格以灰白色为主，有点单调，可以用“自定义”来指定部分的视觉效果，以达到视觉效果与释放内存的平衡。

3. 清理磁盘，释放空间

系统在各种频繁的操作中，留下了很多临时文件，有必要将它们删除以释放磁盘空间。打开“开始”菜单，选择“所有程序”，然后选择“附件”菜单下的“系统工具”，执行“磁盘清理”命令，选择要清理的盘符，系统开始分析计算后，弹出对话框，如图 2-71 所示。勾选要清理的项目，按“确定”按钮后，程序即开始真正的清理工作。被删除的文件并不会放入回收站，而是直接从磁盘上删除。“其他选项”页可执行卸载操作及系统还原等操作。

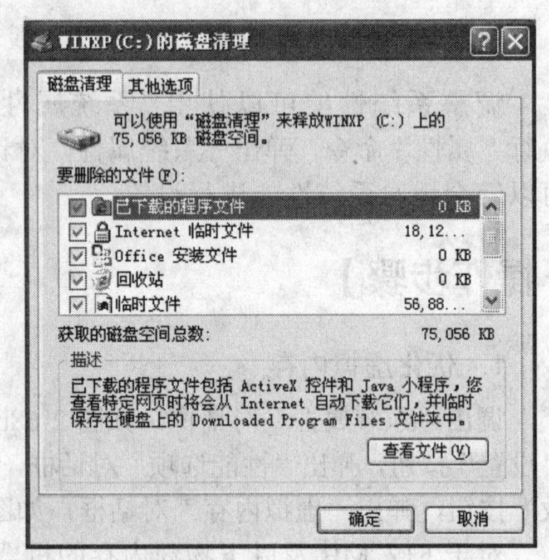

图 2-71 清理磁盘

4. 碎片整理

系统在各种频繁的操作中，文件要产生很多碎片，有必要对磁盘碎片进行整理，将文件存放到连续的存储空间里。打开“开始”菜单，选择“所有程序”然后选择“附件”菜单下的“系统工具”，执行“磁盘碎片整理程序”命令，选择要整理的盘符，执行整理任务。如图 2-72 所示。应先进行磁盘碎片分析，视提交的碎片报告来决定是否进行整理。

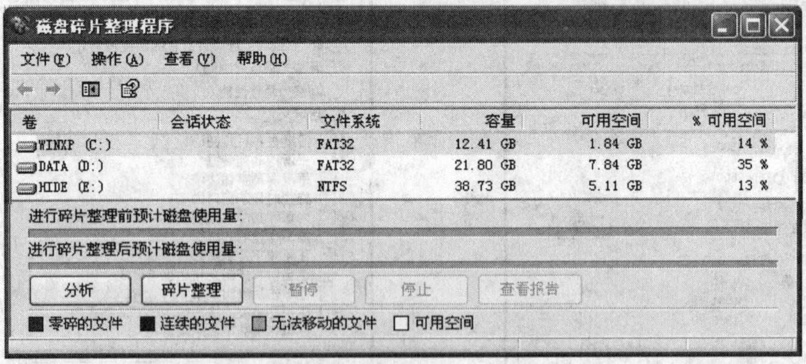

图 2-72 磁盘碎片整理程序

☞ 技巧点滴：磁盘碎片整理将耗费较长的时间，整理时间与磁盘的大小密切相关。最好在计算机空闲期间来进行碎片整理。

5. 关闭错误报告

当系统运行失败时，默认情况下，系统将进行“将事件写入系统日志”、“发送管理警报”、“自动重启电脑”等操作以及发送错误报告，这时用户会发现硬盘读写灯不停闪烁，实际上是系统在写DUMP文件，这时系统将大量地调用资源，失去响应的程序迟迟不能退出。普通用户向微软提供这些报告并没有多大的实际意义，所以可以将其关闭，以便更快地结束应用程序。

调出“系统属性”对话框如图2-68b所示，单击“高级”选项卡，在“启动和故障恢复”框里单击“设置”按钮，弹出“启动和故障恢复”对话框，如图2-73所示。将相应复选框里的选择标记去掉。同时返回“高级”选项卡，单击“错误报告”按钮，启用“禁用错误汇报”，如图2-74所示。设置以后当再次出现未响应程序时，关闭程序时将可以很快地退出。

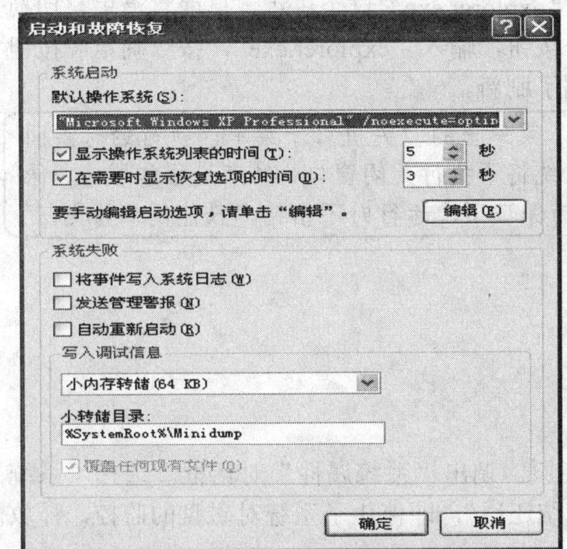

图2-73　“启动和故障恢复”对话框

图2-74　“错误汇报”对话框

6．终止没有响应的应用程序

在任务栏空白处单击鼠标右键，弹出快捷菜单，执行“任务管理器”命令即弹出“Windows任务管理器”窗口，如图2-68a所示，选择“应用程序”选项卡，单击“状态”栏里显示“未响应”的应用程序，单击“结束任务”按钮来终止没有响应的应用程序。

7．终止占用系统资源过多的进程

在“Windows任务管理器”窗口中选择“进程”选项卡，选择占有CPU或内存较多的非系统进程，单击“结束进程”按钮，即可将这个进程终止。

> 温馨提示：未响应的应用程序一般也会有相对应的进程，终止这个进程也能终止未响应的应用程序。

8．系统中数据的备份与恢复

备份就是将计算机上的文件或者配置以一个综合性文件的形式保存下来，使用这个备份文件可以将备份过的文件或者配置恢复到备份时的状态，这也是系统提供的数据安全保障手段。

打开“开始”菜单选择“所有程序”菜单下的“附件”子菜单，再选择“系统工具”，执行

"备份"命令即可启动操作向导，按向导提示一步一步操作就可以将选择的内容备份或者恢复。

温馨提示：通常只需要对系统盘和配置及个人文档进行备份。

9．利用任务管理器来刷新注册表

有时候安装软件后，总是提示要求重新启动计算机，以便使设置生效，这样做其实是为了刷新注册表，利用任务管理器可以动态地将注册表刷新。

在任务栏空白处单击鼠标右键，弹出快捷菜单，单击"任务管理器"即弹出对话框，如图 2-68a 所示，选择"进程"选项卡，终止"explorer.exe"这个进程，桌面将消失，切换到"应用程序"选项卡，单击"新任务"命令按钮，输入"explorer.exe"，按"确定"按钮则桌面又显示出来，这是由于系统注册表得到了刷新。

技巧点滴：在任务管理器的"关机"菜单里的"关机"子菜单，执行的时候同时按住<Ctrl>键，计算机将快速关机。因为系统将不执行关闭窗口、结束进程和服务、保存数据等操作，所以两三秒就可以关机。但为保证下次运行时不出错，只能偶尔为之。

【拓展提高】

一、进一步优化内存、释放空间

1．关闭系统还原

如果系统运行稳定，完全可以关闭系统还原。调出"系统属性"对话框，选择"系统还原"选项卡，勾选"在所有驱动器上关闭系统还原"，即停止了系统对磁盘的监控，释放部分内存和磁盘空间。

2．删除临时文件夹下的所有文件和文件夹

"磁盘清理"未必会将"WINDOWS\TEMP"这个文件夹下的内容清理干净，可以通过手动删除来释放磁盘空间。

3．删除一些不用的输入法

一些从不使用的输入法，只会占据磁盘空间而不能发挥任何作用。比如"WINDOWS\ime"文件夹下的日文、韩文输入法"imejp"和"IMKR6_1"等。

4．只建一个账号

每新建一个账号，将新建有关这个账号的许多配置文件及应用文档文件与文件夹，这样做会占用很大的磁盘空间，毫无疑问将使系统检索文件时花费更多的处理时间。

5．删除以"$"开头与结尾的 Windows 文件夹内的隐藏文件夹

这些文件夹都是系统升级补丁留着卸载的文件，如果确信补丁安装运行正常后，完全可以删除以释放磁盘空间。

实际上还可以删除一些系统备份文件来释放空间，关闭停止自动更新、时间同步、远程桌面、禁用休眠等来释放内存或磁盘空间，这里不再讨论。

二、使用 NTFS 文件系统格式

将文件系统转换为 NTFS 文件系统格式。NTFS 文件系统在安全性和稳定性，以及节省

硬盘空间方面比 FAT 文件系统要优越很多。可以打开“开始”菜单中“所有程序”项下的“附件”，单击“命令提示符”，运行“CONVERT.EXE”程序来进行转换。这是一个不可再逆转的操作，除非再重新分区或者格式化，否则总是使用 NTFS 文件系统。

【实战演练】

1．打开“Windows 任务管理器”窗口，查看各选项卡中的信息。新建一个任务，然后结束这个任务。

2．在“视觉效果”里使用自定义，将平滑、动画类的选项取消。

3．关闭系统盘以外的其他磁盘的还原功能。

4．将“我的文档”和设置进行备份。

5．关闭系统的自动更新功能。

习 题 二

一、填空题

1．桌面背景实质上显示的是________________________________。

2．任务栏可以改变______、移动______及自动隐藏。

3．要弹出快捷菜单，应该在对象上单击______。

4．在典型的键盘操作中，<Delete>键起______作用，<Ctrl+C>组合键起______作用，<Ctrl+X>组合键起______作用，<Ctrl+V>组合键起______作用，<Ctrl+Z>组合键起______作用。

5．“记事本”只能打开______类型的文档。

6．“写字板”使用的典型文件格式是______格式。

7．“写字板”中可以为文字设置______，为段落设置______，还可以添加______。

8．<Ctrl+空格键>可以______输入法，按______键在不同的输入法间切换，<Shift+空格键>可以在______间切换，按______键在中、英文标点间切换。

9．输入疑难杂字可以使用系统提供的______。

10．操作系统引用和管理数据信息集合使用的概念是______，包含若干文件等对象的是______。

11．被删除的文件和文件夹，一般先放入______。

12．为了删除不用的应用程序应该通过______来完成。

13．除了默认的快速启动栏，用户还可以建立______。

14．要安装打印机，一是要通过______正确地连接到计算机，二是要准备好相应打印机的______。

15．打印机也可以像文件夹一样在网络中______。

16．画图程序默认的图片格式是______。

17．为了大幅度地减小图片文件的大小，可以使用______图片格式。

18．Windows Movie Maker 是______软件。

19．磁盘碎片的存在将增加访问硬盘的______，降低系统的______。

20．计算机上的文件越多，计算机运行的______，占用的磁盘空间______。

21．可以通过设置______来增加系统运行时的内存容量。

22．资源管理器中，文件夹图标前有“+”号，表示该文件夹下面还有______。

23．快速地启动资源管理器，可按______键。

24．要快速调出搜索窗口，可按______键。

25．要描述文件在计算机上的准确位置，应该______________________________。

二、选择题

1．运行“清理桌面向导”时，可以在桌面上右击所弹出的快捷菜单，执行______命令，从桌面上清理掉的快捷方式将被放入______中。

A．“回收站” B．“未使用的桌面快捷方式”文件夹
C．排列图标 D．属性

2．在任务栏上不需要进行添加而在系统中默认存在的工具栏是______。

A．地址工具栏 B．链接工具栏
C．语言工具栏 D．快速启动工具栏

3．若想直接删除文件或文件夹，而不将其放入“回收站”中，可在拖到“回收站”图标上时按住______键。

A．Shift B．Alt C．Ctrl D．Delete

4．在“共享名”文本框中更改的名称是______，而______。

A．更改其他用户连接到此共享文件夹时看到的名称
B．不更改其他用户连接到此共享文件夹时看到的名称
C．更改文件夹的实际名称
D．不更改文件夹的实际名称

5．设置的“文件夹图片”只可在“查看”下的“______”视图中显示。

A．平铺 B．缩略图 C．列表 D．图标

6．“文件夹选项”对话框中的“文件类型”选项卡是用来设置______。

A．文件夹的常规属性 B．文件夹的显示方式
C．更改已建立关联的文件的打开方式 D．网络文件在脱机时是否可用

7．在Windows Movie Maker中设置的播放品质越高，文件大小______。

A．不变 B．变小
C．变大 D．根据用户的设置而定

8．在Windows Movie Maker中，项目文件以______格式保存。

A．MSWMM B．WMV C．AVI D．MPGE

9．使用______可以帮助用户释放硬盘驱动器空间，删除临时文件、Internet缓存文件和不需要的文件，腾出它们占用的系统资源，以提高系统性能。

A．格式化 B．磁盘清理程序
C．整理磁盘碎片 D．磁盘查错

10．使用______可以重新安排文件在磁盘中的存储位置，将文件的存储位置整理到一起，同时合并可用空间，实现提高运行速度的目的。

A．格式化 B．磁盘清理程序

C．整理磁盘碎片　　D．磁盘查错

11．“附件”中的“画图”程序是可以用来绘制编辑______的程序，在绘图的过程中，如果需要改变前景色的颜色，可以在颜料盒中选择所需要的颜色后______。

A．位图　　B．矢量图　　C．右击　　D．左击

12．“写字板”中，希望使用活泼一点的字体，可以执行______，在打开的对话框中进行字体的设置，其中，用汉语表示的字号越大，字体显示越______。如果想在其中插入一些小图片，______命令可实现。

A．“插入”菜单中的“对象”命令　　B．大

C．“格式”菜单中的“字体”命令　　D．小

13．为了在资源管理器中快速浏览某种类型的文件，最好的显示方式是______。

A．按名称　　B．按日期　　C．按类型　　D．按大小

14．资源管理器不能进行的操作是______。

A．修改系统时间　　B．改名（重命名）

C．格式化磁盘　　D．复制

15．对文件夹进行复制时______。

A．只复制文件夹，不复制其内容

B．只复制文件夹和其下的文件，不复制其下的子文件夹

C．复制文件夹和其下的所有文件和子文件夹

D．复制文件夹其下的所有文件和子文件夹，但不复制子文件下的文件

16．在桌面的空白处单击鼠标右键，执行“属性”命令，打开的是______窗口。

A．系统属性　　B．显示属性

C．文件属性　　D．资源管理器属性

17．在文字编辑中，如果拖动选择文字时按住<Ctrl>键，则执行______操作。

A．移动　　B．剪切　　C．删除　　D．复制

18．鼠标右键单击“我的电脑”图标弹出快捷菜单，执行“属性”命令，打开的是______窗口。

A．网络连接属性　　B．显示属性

C．系统属性　　D．文件夹属性

19．要快速地锁住计算机，可按组合键______。

A．<WinKey+E>　　B．<WinKey+F>

C．<WinKey+L>　　D．<WinKey+D>

20．在 Windows XP 操作系统中，按住鼠标左键，在同一驱动器的不同文件夹之间拖动某一对象，完成的操作是______。

A．移动该对象　　B．复制该对象

C．无任何结果　　D．删除该对象

21．在 Windows XP 操作系统中，同时按住 Ctrl 键和鼠标左键，在同一驱动器的不同文件夹之间拖动某一对象，完成的操作是______。

A．移动该对象　　B．复制该对象

C．无任何结果　　D．删除该对象

22．在 Windows XP 操作系统中，按住鼠标左键，在不同驱动器的不同文件夹之间拖动

某一对象，完成的操作是______。

A．移动该对象　　　　B．复制该对象

C．无任何结果　　　　D．删除该对象

23．鼠标右键单击“网上邻居”图标弹出快捷菜单，执行“属性”命令，打开的是______窗口。

A．网络连接属性　　　　B．显示属性

C．系统属性　　　　D．文件夹属性

24．要使桌面图标的文字透明显示，应该在“视觉效果”里勾选______。

A．在鼠标指针下显示阴影　　　　B．在菜单下显示阴影

C．在桌面上为图标标签使用阴影　　　　D．视觉样式

25．关于快捷方式，下列叙述中有误的是______。

A．是指向一个程序或文档的指针　　　　B．是该对象的本身

C．包含了指向对象的信息　　　　D．可以删除、复制和移动

三、简答题

1．系统对话框中典型的构成元素及操作方法。

2．如何更改“我的电脑”的显示图标？

3．如何查看快捷方式的相关信息？

4．如何清理桌面图标？

5．如何将消息对话框的显示文字更改为红色显示？

6．简述如何在“写字板”中插入对象？

7．如何为输入法指定热键？

8．在资源管理器中如何选择对象？

9．如何建立新的快速启动工具栏？

10．在画图中如何绘制规整的线条或形状？

11．简述在 Windows Movie Maker 中制作小影片的过程。

12．如何设置虚拟内存？

13．如何关闭系统错误报告？

14．如何卸载应用程序？

15．如何设置屏幕保护程序？

16．如何更改默认打印机？

模块三

Word 2003 应用与操作

课题一　简单 Word 文档的制作

【课题效果】

本课题要达到的效果，如图 3-1 所示。

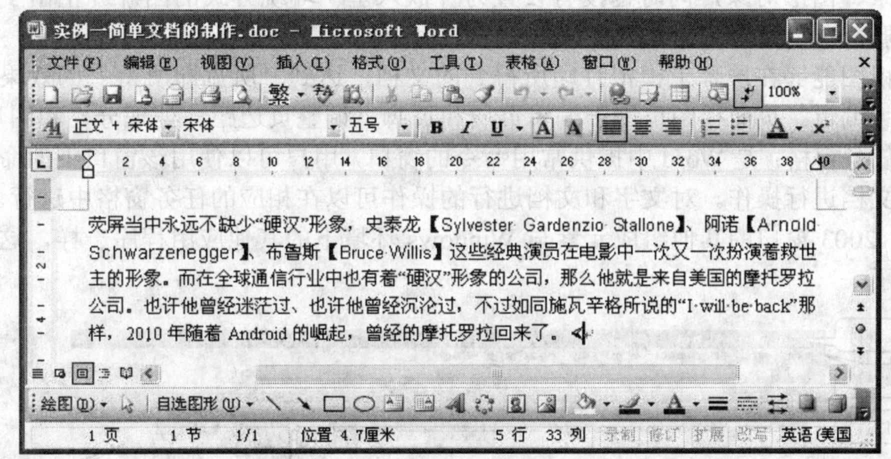

图 3-1　简单文档效果图

【课题分析】

本课题主要内容是新建一个简单的 Word 文档，如图 3-1 所示。包括的知识要点有新建 Word 文档、输入文本，保存文档。重点操作是中英文输入、特殊字符输入及光标的定位等操作。

【知识链接】

一、Word 2003 简介

Word 2003 是微软公司出品的 Office 2003 系列办公软件中的一个组件，它是一个文字处理软件，可以完成文字符号的录入、文本的编辑、文本及页面格式的设置、表格的制作等操作，此外它还能在文本中插入图片和艺术字等，使文档更加生动美观。它是 Windows 平台下最受欢迎的、市场占有率最高的软件之一。

二、Word 2003 的操作窗口

启动 Word 2003 后，将打开一个 Word 2003 的操作窗口，窗口的组成如图 3-2 所示。窗口中包含了 Word 工作所需的基本元素，主要由标题栏、菜单栏、工具栏、文本编辑区、任务窗格和状态栏等部分组成，其中，任务窗格是 Office 2003 新增的一个功能，它列出了一些常用功能，能使操作更加简捷。

（1）文本编辑区：是 Word 中录入文字和编辑文本的区域。

（2）视图方式切换按钮：控制屏幕上显示文档的方式。Word 2003 提供了普通视图、Web 版式视图、页面视图、大纲视图和阅读版式视图五种文档屏幕显示方式供用户选用。不同的视图方式适应不同的工作特点，用于不同的工作情况。常用的视图方式是普通视图方式和页面视图方式。

在普通视图中可以输入、编辑和设置文本格式。普通视图可以显示文本格式，但简化了页面的布局，可便捷地进行输入和编辑等操作。在普通视图中，不显示页边距、页眉和页脚、背景、图形对象，同时也没有设置为“嵌入型”环绕方式的图片。正由于该视图功能相对较弱，所以适合编辑内容、格式都相对简单的文章。

页面视图能够在屏幕上模拟打印所得到的文档，达到“所见即所得”的效果，常用于文档的排版编辑。页面视图可用于编辑页眉和页脚、调整页边距、处理分栏和图形对象。

（3）任务窗格：是 Word 中提供常用命令的窗口，用户可以使用该窗口中的命令快捷地对文字和文档进行操作。对文字和文档进行的操作可以在相应的任务窗格中进行。

Word 2003 窗口的其他组成元素与 Windows 环境下的其他应用程序一样，这里就不再重复描述了。

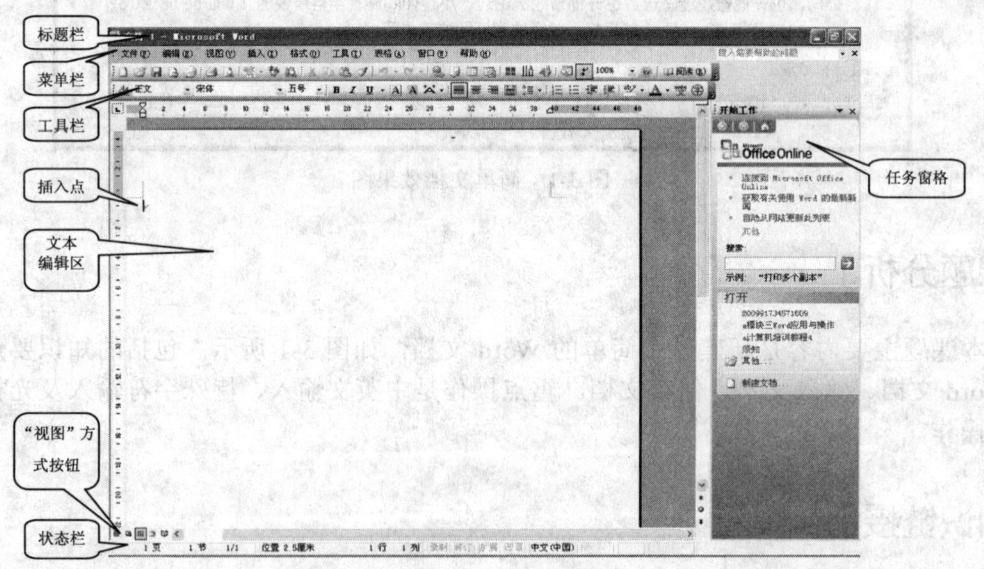

图 3-2 Word 2003 的操作窗口

三、Word 2003 中输入状态的切换

文本由字母（分大小写）、数字、标点符号（分中文和英文）、汉字和特殊符号等组成。字母、数字和标点符号还有全角和半角之分。字母、数字、标点符号和汉字输入法的切换可以使用前面讲过的快捷键，也可以通过鼠标来单击语言栏图标进行输入法切换。可以在

显示输入法的状态栏中，单击相应按钮进行对应功能的切换，如图 3-3 所示。

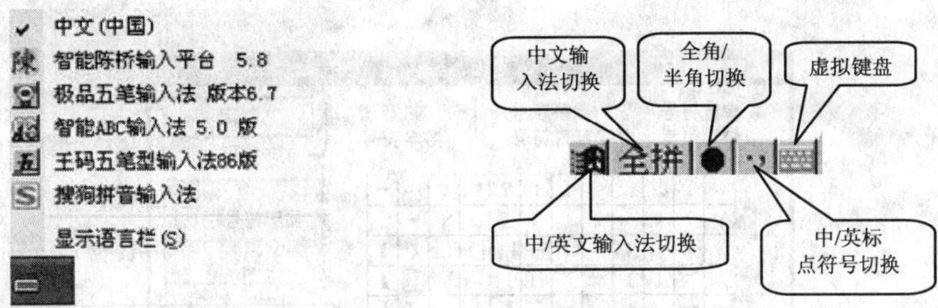

图 3-3 使用鼠标切换输入状态

【操作步骤】

1. 启动 Word 2003

打开“开始”菜单，选择“所有程序”项中的“Office 2003”菜单，执行“Word 2003”命令，即可启动 Word 2003，进入操作窗口，如图 3-2 所示。

温馨提示：双击桌面上的“Word 2003”快捷方式图标可以快速启动 Word；打开“我的电脑”或“资源管理器”窗口，双击 DOC 类型的文件也可启动 Word。

2. 新建 Word 文档

每次启动 Word 时，Word 会自动打开一个空文档，标题栏上则会出现名为“文档 1”的标题，用户可以直接在该文档中输入文本。

温馨提示：执行“文件”菜单下的“新建”命令或在“开始工作”任务窗格下拉列表框中单击“新建文档”项，弹出“新建文档”任务窗格，可建立一个新的文档；也可以单击常用工具栏中的按钮，直接创建一个新文档。

3. 输入文本

启动 Word 2003 后，在当前活动的文档窗口里，有一个闪烁的竖形光标“|”被称为“插入点”，它标识着文字输入的位置，用户可以在此位置输入文本，文本内容如图 3-1 所示。

录入文本时，“插入点”不断右移，当到达文档的右边界时，“插入点”会自动移到下一行，不需要按<Enter>键换行。如果要开始新的段落，或者在文档中建立一个空行，才需要按<Enter>键。

温馨提示：按<Insert>键可实现插入状态与改写状态的切换。启动 Word 2003 后，默认为插入状态，即在插入点录入内容，后面的字符依次后退。若切换到改写状态，则键入的内容将覆盖插入点右侧的字符。

4. 输入特殊符号

在输入文本过程中，有些特殊符号是无法直接从键盘输入的，如：【】、∢等符号，类似这样的符号可用以下方法输入。

（1）常用的特殊符号的录入。在 Word 2003 中，执行“插入”菜单下的“特殊符号”

命令，然后在弹出的“插入特殊符号”对话框中选择所需的符号，单击“确定”按钮，如图 3-4 所示。

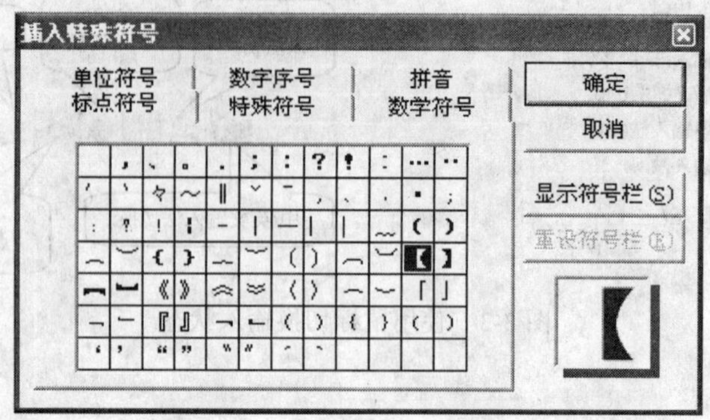

图 3-4　常用特殊符号的录入

（2）特殊符号的录入。

1）执行“插入”菜单下的“符号”命令，弹出“符号”对话框，如图 3-5 所示。

2）单击“字体”下拉列表框，选择合适的字体。

3）在字符框中选择所需的符号。

4）单击“插入”按钮。

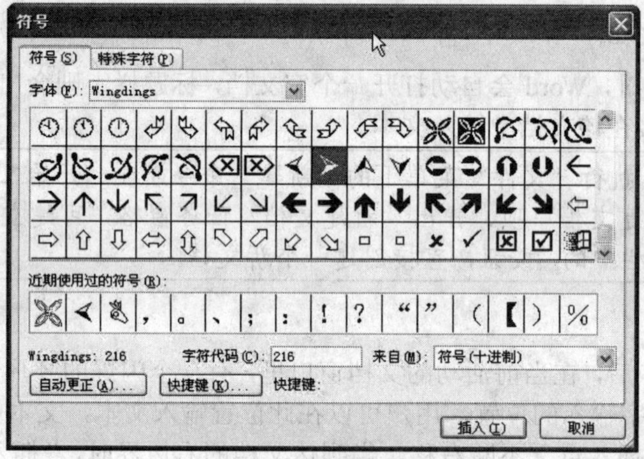

图 3-5　特殊符号的录入

> ☞ 技巧点滴：在输入文本过程中，为提高录入速度，在中文标点状态下可以采取一些快捷组合键，如：按<Shift+2>输入“@”，按<Shift+4>输入“¥”，按<Shift+6>输入“……”，按<Ctrl+Alt+ C>输入“©”，按<Ctrl+Alt+R>输入“®”。

5．修改文本

在录入过程中，按<Backspace>键，可以删除“插入点”左侧的一个字符；按<Delete>键，可以删除“插入点”右侧的一个字符。

当发现输入的内容有遗漏时，可以将“插入点”光标移动到遗漏位置，在“插入”方式（Word 默认的文字录入方式）下，录入新的文本。即可将新文本插入到指定位置。

当发现操作步骤有错误时，可以使用“撤销”操作进行更正。单击常用工具栏上的“撤销”按钮，可以“撤销”前面进行的操作；完成“撤销”操作后，常用工具栏上的“撤销”按钮变得有效，此时可以使用“恢复”按钮对“撤销”过的操作进行恢复。

6．保存文档

如图3-1所示，文本输入、修改完毕后，可以永久保存在磁盘上。对于这类新的、未命名的文档，单击工具栏上的“保存”按钮，或执行“文件”菜单中的“保存”命令，将弹出“另存为”对话框，如图3-6所示。在对话框中选择文件的保存位置，输入文件名，选择保存类型为“Word文档”，单击“保存”按钮即可。

图3-6 “另存为”对话框

> ☞ 技巧点滴：在文档编辑过程中，Word 2003还有自动保存功能，用户可以在“工具”菜单中选择“选项”，然后在“选项”对话框的“保存”选项卡中设置自动保存的间隔时间，这样Word就可以根据用户设置的时间间隔保存文档，减小因断电而造成的损失。

7．退出Word

Word 2003退出时，将关闭所有的文档。如果某些打开的文档修改后没有保存，Word将询问用户是否在退出前保存文档。Word 2003的退出操作主要有以下几种：

（1）单击Word窗口标题栏右边的“关闭窗口”按钮。

（2）双击Word窗口标题栏左边的“应用程序”图标。

（3）执行“文件”菜单下的“退出”命令。

（4）按<Alt+F4>组合键。

【拓展提高】

一、打开Word文档

要编辑已经存在的Word文档，必须先打开该Word文档，操作步骤如下：

（1）执行“文件”菜单下的“打开”命令或单击“常用”工具栏中的“打开”按钮，会弹出“打开”对话框，如图3-7所示。

（2）在“打开”对话框中选择查找范围、文件类型（Word文档）和文件名后，单击“打开”按钮，即可打开指定的 Word 文档。

图 3-7 “打开”对话框

> ☞ 技巧点滴：最近使用过的文档，可以在“文件”菜单下面的列表中通过直接选择文件名来打开指定的 Word 文档。另外，还可以打开存放文档的文件夹，直接双击文档文件图标来打开指定的 Word 文档。

二、光标的定位

光标的定位即确定“插入点”的位置。除了使用<↑><↓><←><→>光标键在文档中移动光标外，Word 2003 还具有“即点即输”的功能，即鼠标在文档的任意位置单击就可以将光标定位到这个位置。除此还有几种快速定位光标的方法。

（1）按<Ctrl+Home>组合键，光标能快速定位到文档的开始，按<Ctrl+End>组合键，光标能快速定位到文档的末尾。

（2）当光标定位在一行的中间位置时，按<Home>键，可以使光标迅速定位到该行的开头，按<End>键可以使光标迅速定位到该行的末尾。

（3）按<Page Down>键，文档翻到下一页；按<Page up>键，文档便向上翻一页。

三、保存已有文档

对已有内容的文档进行修改、排版等操作时要及时保存文档。单击工具栏上的“保存”按钮，或执行“文件”菜单中的“保存”命令，或按<Ctrl+S>组合键都可以将当前活动文档按原文件名和原路径保存。

若用户想修改文件名或保存路径，可通过执行“文件”菜单中的“另存为”命令进行保存。

【实战演练】

输入下面文本，以“联想 ThinkPad X200 特价促销”为文件名保存在“E:\Word 作业”文件夹下。

作为 ThinkPad 主打高端轻薄笔记本市场的主力产品，联想 ThinkPad X200 笔记本采用了英特尔酷睿 2 双核 P8800 处理器，商家最新报价为 7400 元，优惠十分明显，喜欢的朋友不妨留意一下了。①在外形上，联想 ThinkPad X200 笔记本采用小黑经典的模具设计，以 ABS 塑料搭配镁铝合金为材质，坚固耐用，轻便，搭配 12.1in 液晶显示屏，整机总重量为 1.69 kg。②在配置上，联想 ThinkPad X200 笔记本采用了英特尔酷睿 2 双核 P8800 处理器，英特尔 GM45 主板芯片组，英特尔无线网卡；标配 2GB 内存、320GB 硬盘、英特尔 GMA X4500 集成显卡；预装 Windows Vista Business 操作系统。

课题二　感谢信的制作

【课题效果】

本课题要达到的效果，如图 3-8 所示。

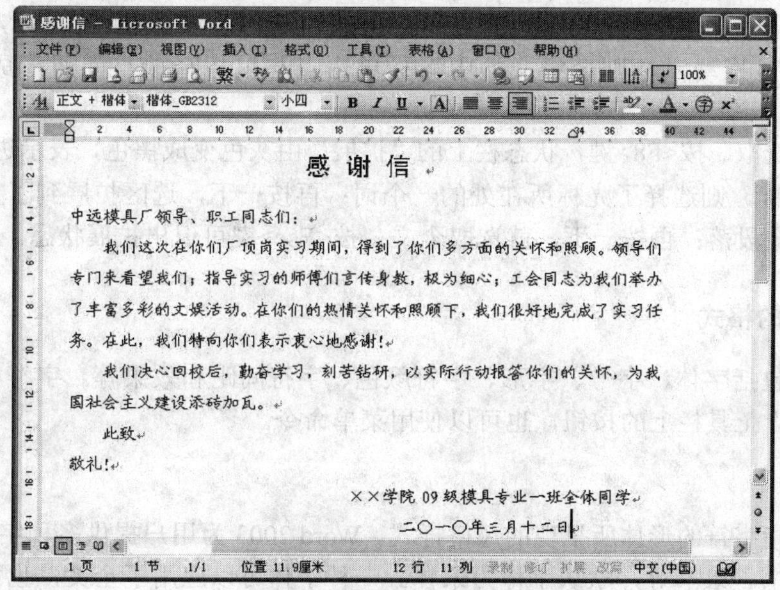

感 谢 信

中远模具厂领导、职工同志们：

我们这次在你们厂顶岗实习期间，得到了你们多方面的关怀和照顾。领导们专门来看望我们；指导实习的师傅们言传身教，极为细心；工会同志为我们举办了丰富多彩的文娱活动。在你们的热情关怀和照顾下，我们很好地完成了实习任务。在此，我们特向你们表示衷心地感谢！

我们决心回校后，勤奋学习，刻苦钻研，以实际行动报答你们的关怀，为我国社会主义建设添砖加瓦。

此致

敬礼！

××学院 09 级模具专业一班全体同学

二〇一〇年三月十二日

图 3-8　感谢信的效果图

【课题分析】

在完成文本的录入之后，为了使文档层次分明、版面美观，需要对文档进行必要的格式设置，也就是文档格式化，本课题主要内容是制作一封感谢信，如图 3-8 所示。包括的知识要点有文本的选定、字体格式化及段落格式化。重点操作是设置字体与字号，设置字符间距，设置段落缩进，设置段落间距等。

【知识链接】

一、选定文本的方法

在 Word 中，编辑或排版文本之前，首先要选定文本。最常用的是通过按住鼠标左键来选定文本，这样可以随意选定连续的文本，其方法是：在所选定文字的起始位置按住鼠标左键不放，将鼠标移动到所选文字的结束位置后松开，这种方法俗称“拖动法选定”。选中的文本呈“反白显示”(白底黑字)。此外还有以下方法可以选定文本：

（1）选取全文。按<Ctrl+A>组合键选取全文。另外将光标定位到文件的开始位置，再按<Shift+Ctrl+End>组合键也可以选取全文。

（2）选取一行。把鼠标移动到某行的左边，当鼠标变成一个斜向右上方的箭头时，单击鼠标左键，即可选中该行。

（3）选取一整句。按住<Ctrl>键，单击文档中任意一个地方，鼠标单击处的整个句子就被选中。

（4）选取段落。在所选段落的任意位置连续三次单击鼠标左键，即可选中整个段落。

（5）选取矩形区域文本。按<Shift+Alt>组合键，单击鼠标左键并同时拖动鼠标，则会将文档中光标插入点与鼠标释放点间所形成的矩形区域选中；按住<Alt>键，单击鼠标左键并同时拖动鼠标则会将文档中鼠标单击点与鼠标释放点间所形成的矩形区域选中。

（6）扩展选取。按<F8>键，状态栏上的“扩展”由灰色变成黑色，表示进入扩展状态；再按一下<F8>键，则选择了光标所在处的一个词；再按一下，选区扩展到了整句；再按一下，就选取一个段落；再按一下，就选取全文；按<Esc>键可退出扩展状态。

二、字符的格式

字符格式包括字体、字号、字形、字符颜色、字符间距和效果等。字符格式的设置可以使用“格式”工具栏上的按钮，也可以使用菜单命令。

1．字体

字体就是指字符的形体所呈现的风格样式。Word 2003 为用户提供多种字体，例如，宋体、楷体、行书、隶书等，默认字体为宋体。一种字体可以应用于全文，也可以只应用于文档的一部分。

2．字号

字号是指字符的大小，默认字号为五号。字符的大小有两种表示方法。一种是以打字机字号表示，多用于中文字符，从初号到八号，号码越大，字符越小。另一种是以磅值表示，72 磅=1 英寸，多用于西文字符。

3．字形

字形是指附加于文字的一些属性，如粗体、斜体、下划线等，设置字形可突出显示某些文本。

4．字符修饰

在 Word 中，用户还可以对字符进行修饰，包括给字符加边框、设置颜色、加删除线等。此外还可设置字符间距、字符效果等。

三、段落的格式

在 Word 中，段落是一个文档的基本组成单位。段落可以由任意数量的文字、图形、对象及其他内容组成。每次按下<Enter>键时，就产生一个段落标记。段落是指两个回车符之间的文本（可以是简单字符和图形，也可以是按<Enter>键产生的空行），每个段落后都跟一个段落标记“↵”，段落标记不仅标识一个段落的结束，还保存段落的格式信息，包括段落对齐方式、缩进设置、段落间距等。

当需要对某一段落进行格式设置时，首先应该选中该段落，或者将光标放在该段落中，然后再开始对此段落进行格式设置。

1. 段落缩进

段落缩进是指段落文本相对于左、右页边距的位置。段落缩进的目的是使文档的段落显示得更加条理清晰。Word 2003 有以下四种缩进方式：

首行缩进：段落首行文本的左边界向右缩进一段距离，其余各行不变。

悬挂缩进：段落中除首行文本不变外，其余各行的左边界向右缩进一段距离。

左缩进：整个段落的左边界向右缩进一段距离。

右缩进：整个段落的右边界向左缩进一段距离。

四种缩进方式中，除首行缩进和悬挂缩进不能并用外，其余方式可以组合使用。

2. 行间距

行间距是指一个段落内行与行之间的距离。行间距的设置有单倍行距、1.5 倍行距、2 倍行距、多倍行距、最小值和固定值等六个选项。其中，单倍行距、1.5 倍行距和 2 倍行距是根据字符的高度大致设置的行距，多倍行距、最小值和固定值是精确设置的行距，要输入磅值。Word 中默认的行距是单倍行距。

3. 段落间距

段落间距是指文档中段落与段落之间的间隔距离，段落间距分为段前间距和段后间距。

4. 对齐方式

段落的对齐方式是指段落中每一行文本的水平对齐方式。Word 2003 有以下五种对齐方式：

左对齐：将段落中的各行左边对齐，右边允许不对齐。

居中：使所选的文本居中排列，距页面的左、右边距离相等。

右对齐：将段落中的各行右边对齐，左边允许不对齐。

两端对齐：将所选段落的每行文本首尾同时对齐，但未录满的行保持左对齐。

分散对齐：通过调整字符间距，使所选段落的各行首尾对齐。

Word 2003 默认的对齐方式是两端对齐。

【操作步骤】

1. 新建一个 Word 文档

启动 Word 后，执行“文件”菜单中的“新建”命令，再在右侧的“新建文档”栏中单击“新建”项下面的“空白文档”，就新建立了一个空白文档，如图 3-9 所示。

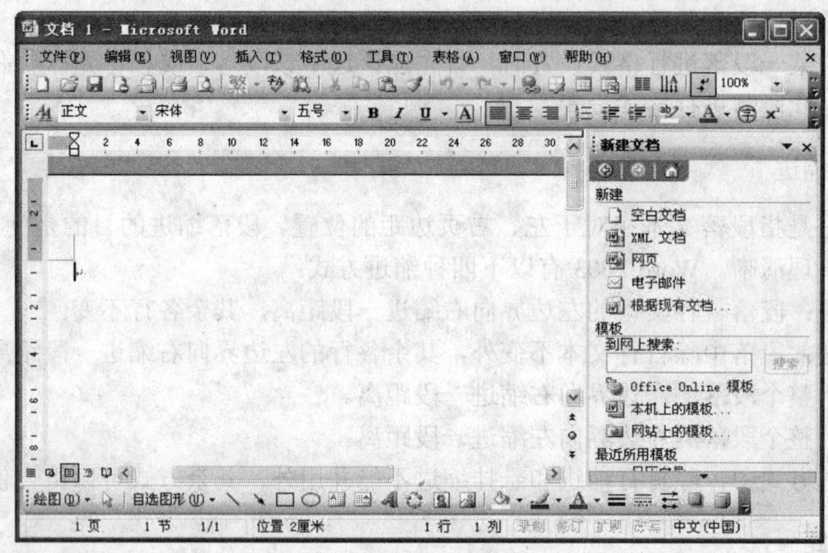

图 3-9 新建一个 Word 文档

2. 输入文本

如图 3-10 所示，输入感谢信的内容。输入日期时，可单击“插入”菜单中的“日期和时间”，在弹出的“日期和时间”对话框中选择一种格式的日期，如图 3-11 所示。

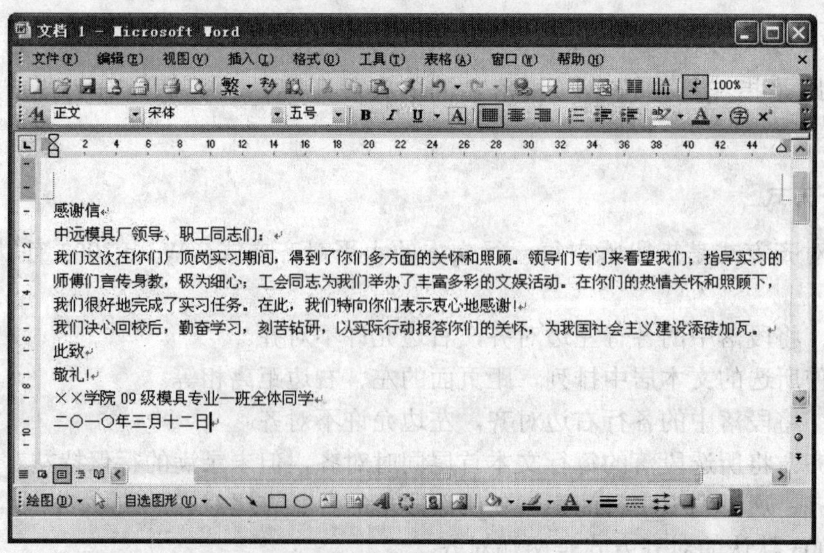

图 3-10 输入文本

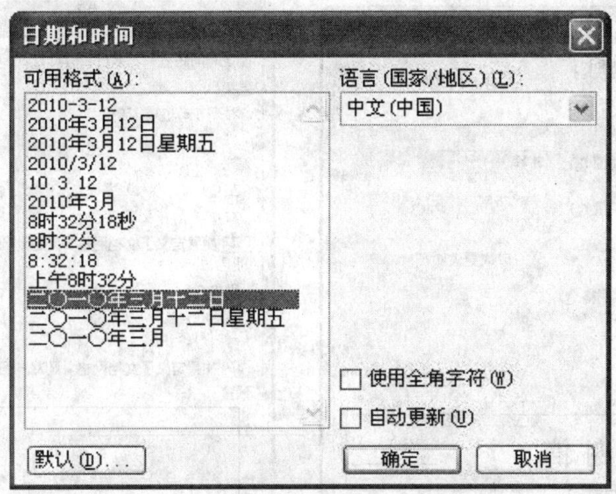

图 3-11 “日期和时间”对话框

3．设置标题格式

（1）设置标题字体、字号、对齐方式。选定标题文字，在常用工具栏的字体下拉列表框 黑体 中选择“黑体”，再在字号下拉列表框 小二 中选择“小二”，然后单击“居中对齐”按钮，使标题居中，如图 3-12 所示。

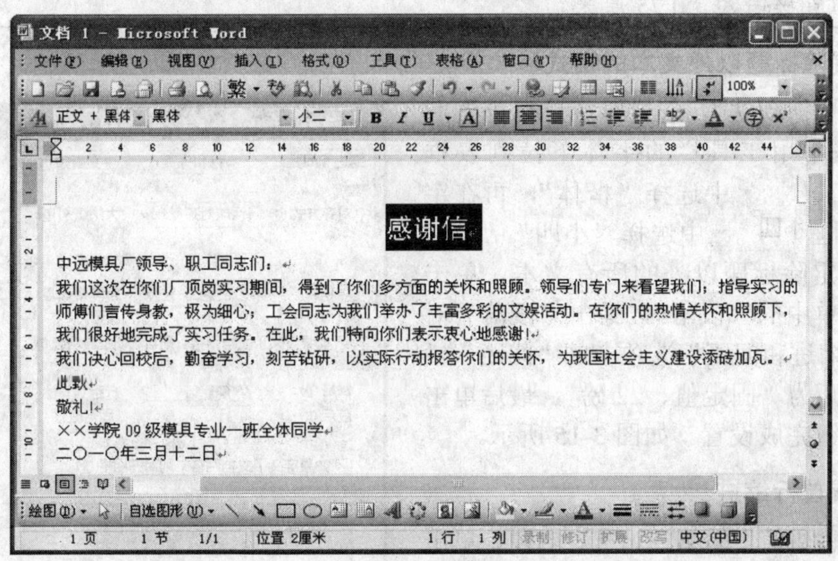

图 3-12 设置标题格式

（2）设置标题字符间距。选定标题文字，单击“格式”菜单中的“字体”，在弹出的“字体”对话框中，选择“字符间距”选项卡，设置“间距”为“加宽”，“磅值”为“5 磅”，最后单击“确定”按钮完成设置。如图 3-13 所示。

（3）设置标题段落格式。选定标题文字，单击“格式”菜单中的“段落”，在弹出的“段落”对话框中，在“缩进和间距”选项卡的“间距”栏中，设置“段前”、“段后”均为“0.5 行”，最后单击“确定”按钮完成设置。如图 3-14 所示。

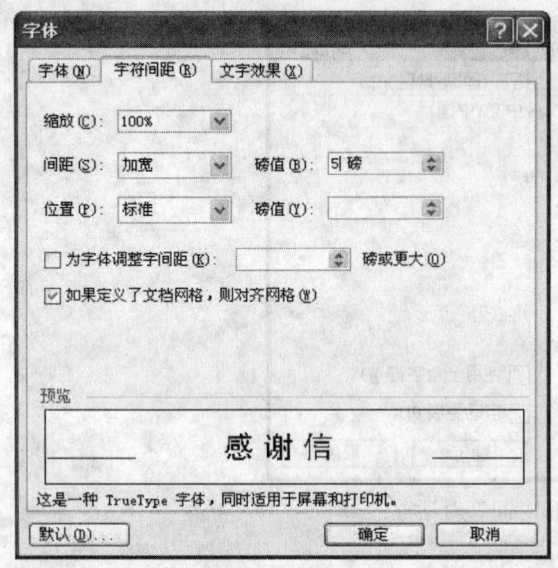

图 3-13　设置标题字符间距

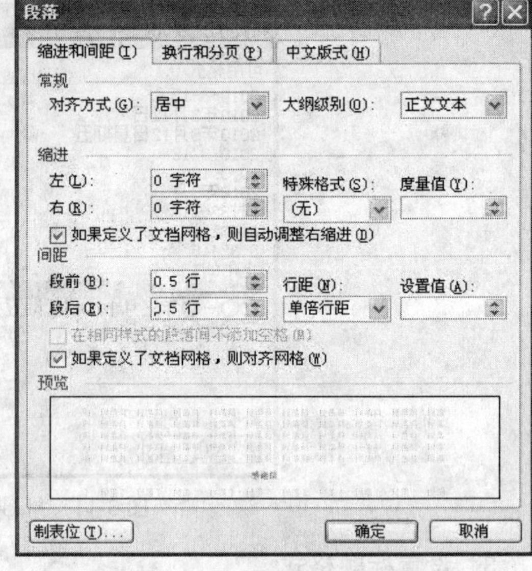

图 3-14　设置标题段落间距

☞ 技巧点滴：如果要求设置的段落格式单位与 Word 系统给出的单位不相同，例如，要求设置首行缩进"0.75 厘米"，而系统默认的是"2 字符"，此时可以手动修改文本框中的单位，即直接输入"0.75 厘米"。

4．设置除标题以外文本的格式

用"鼠标拖动法"，选定除标题以外的所有文本，在常用工具栏的字体下拉列表框 楷体_GB2312 中选择"楷体"，再在字号下拉列表框 小四 中选择"小四"。

仍然选定除标题以外的所有文本，单击"格式"菜单中的"段落"，弹出"段落"对话框，在"缩进和间距"选项卡的"间距"栏中，设置行距为"固定值、22 磅"，最后单击"确定"按钮完成设置。如图 3-15 所示。

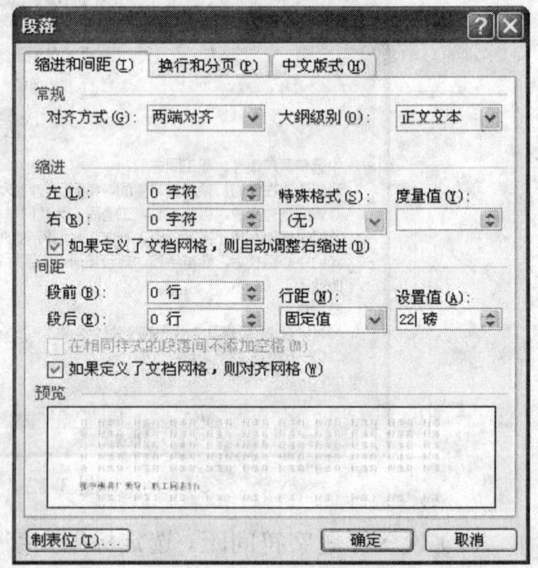

图 3-15　设置行距

5．设置首行缩进

选定"感谢信"的第二、三、四段，单击"格式"菜单中的"段落"，弹出"段落"对话框，在"缩进和间距"选项卡的"缩进"栏中，设置特殊格式为"首行缩进、2 字符"，最后单击"确定"按钮完成设置。如图 3-16 所示。

6．设置第五段署名部分对齐方式

选定"感谢信"的第五段，单击"格式"菜单中的"段落"，弹出"段落"对话框，在"缩进和间距"选项卡的"常规"栏中，设置对齐方式为"右对齐"，在"缩进"栏中，设置右缩进为“2 字符”，最后单击“确定”按钮完成设置。如图 3-17 所示。

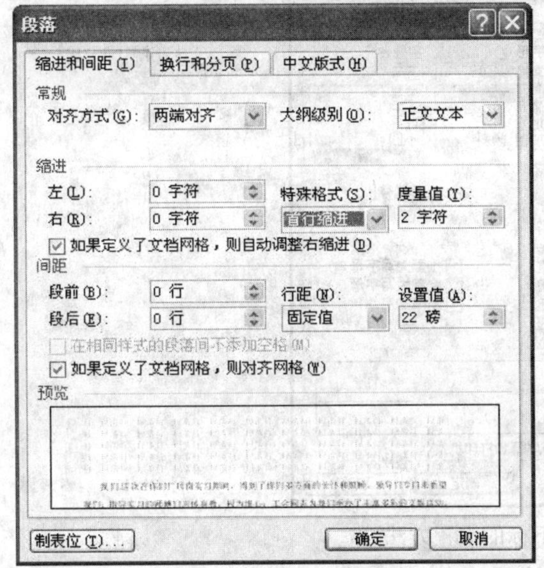

图 3-16 设置首行缩进

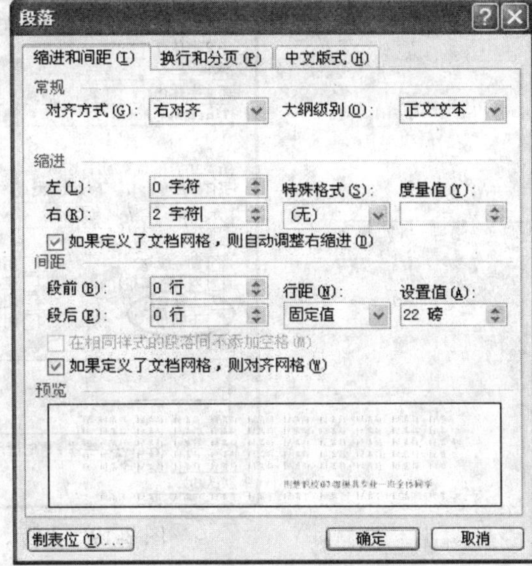

图 3-17 设置署名部分的对齐方式

按同样的方法，设置日期部分缩进格式为“右对齐、6 字符”。整个文档排版完毕，最终效果图如图 3-8 所示，保存文档即可。

【拓展提高】

一、工具栏的显示和隐藏

启动 Word 文档后，默认状况下，Word 窗口中只会显示“常用”和“格式”工具栏，其他的则被隐藏在菜单中。可以通过“视图”菜单中的“工具栏”命令打开其他工具栏。或者将鼠标指向工具栏上的任意一位置，单击鼠标右键，即可调出工具栏菜单，如图 3-18 所示，其中，带有“√”标记的工具栏将显示在 Word 的工作窗口中。

此外用户还可以根据自己的需要，建立自己的工具栏。

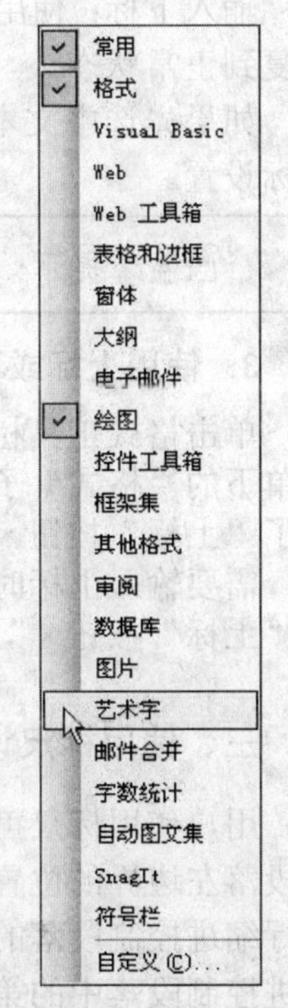

图 3-18 工具栏的显示和隐藏

二、上标和下标的设置

在文字处理中，经常会遇到有上标、下标的文本，如 $a^2+b^2=c^2$，$S_1=S_2+S_3$ 等，常用的上标、下标的设置方法有如下几种：

1. 常用方法

首先选定要设置为上标或下标的文本，然后单击“格式”菜单中的“字体”，弹出“字体”对话框中，在“字体”选项卡的“效果”栏中选择“上标（P）”或“下标（B）”复选框，如图 3-19 所示，最后单击“确定”按钮。

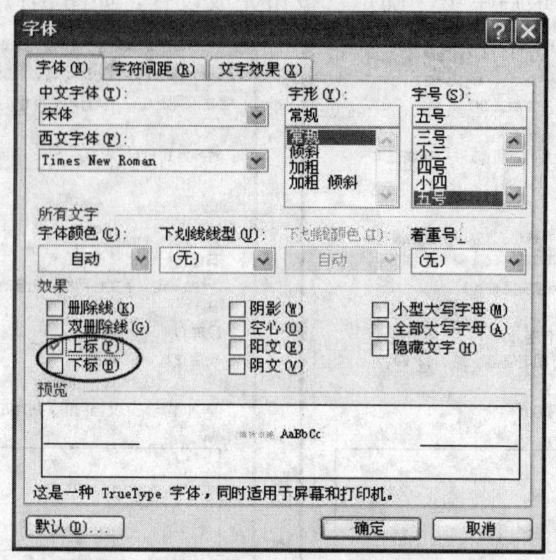

图 3-19　上标、下标的设置方法

2．使用快捷键

在 Word 中使用快捷键进行输入，既方便又快捷。

输入上标：使用<Ctrl+Shift+=>组合键，按一次后就可进入上标输入状态，再按一次可恢复到正常状态。

输入下标：使用<Ctrl+=>组合键，同样按一次后就可进入下标输入状态，再按一次就可恢复到正常状态。

如果先选中文本再按这两个快捷键，则直接把选中的文本设置为上、下标或取消上、下标设置。

> 温馨提示：在智能 ABC 输入法下，此快捷键无效。

3．使用上标或下标工具按钮

单击格式工具栏最右端的“工具栏选项”，在弹出的列表中选择“添加或删除按钮”菜单下的“格式”子菜单，从子菜单列表选中“上标”和“下标”，此时格式工具栏上就出现了“上标”按钮和“下标”按钮。

需要输入上标时，先点击格式工具栏的“上标”按钮，再输入上标字符，最后再按一下“上标”按钮，就恢复到正常状态。按照同样的方法，可输入下标。

三、使用标尺设置段落缩进

用户使用标尺可以方便地设置段落缩进。左缩进控制段落左边界的位置；右缩进控制段落右边界的位置；首行缩进控制段落的首行第一个字符的起始位置；悬挂缩进控制段落中的第一行以外的其他行的起始位置，如图 3-20 所示。

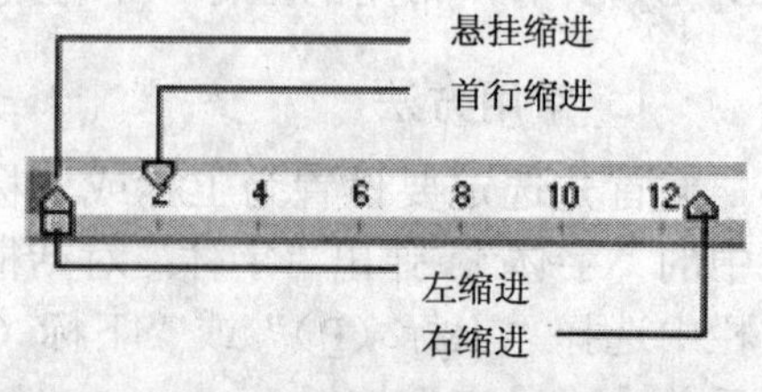

图 3-20　段落缩进标志

【实战演练】

先输入下面文字，然后按要求设置其格式，以“水调歌头”为文件名保存在“E:\Word作业”文件夹下。

（1）第一行黑体、小三号、粗体、居中对齐；第二行楷体、五号、下划线（波浪线）、居中对齐、字体为红色；正文隶书、四号；最后一行仿宋、小四、斜体、右对齐；

（2）全文左、右各缩进 1 厘米，行距固定值 18 磅；

（3）第二行段前、段后各 0.5 行，最后一行段前 0.5 行。

水 调 歌 头

丙辰中秋欢饮达旦，大醉作此篇，兼怀子由

明月几时有，把酒问青天，不知天上宫阙，今夕是何年？我欲乘风归去，又恐琼楼玉宇，高处不胜寒。起舞弄清影，何似在人间？

转朱阁，低绮户，照无眠。不应有恨，何事长向别时圆？人有悲欢离合，月有阴晴圆缺，此事古难全。但愿人长久，千里共婵娟。

【宋】苏轼

课题三 家书的制作

【课题效果】

本课题要达到的效果，如图 3-21 所示。

【课题分析】

本课题的主要内容是制作一封家书，如图 3-21 所示。包括的知识要点有文本的复制、移动，查找和替换，边框和底纹的设置等。重点操作是不同文档之间文本的复制、替换操作、页面边框的设置、底纹的设置等。

【知识链接】

一、文本的复制和移动操作

在进行文本编辑时，往往会对重复出现的文字进行复制操作以节省时间，通过移动操作调整文字的顺序。文本的复制和移动可以在同一文档中进行，也可以在不同文档中进行。

在 Word 中，文本的复制和移动与 Windows 中文件的复制和移动一样。首先将选定的文本复制到剪贴板上，然后再从剪贴板上将文本复制到目标位置。

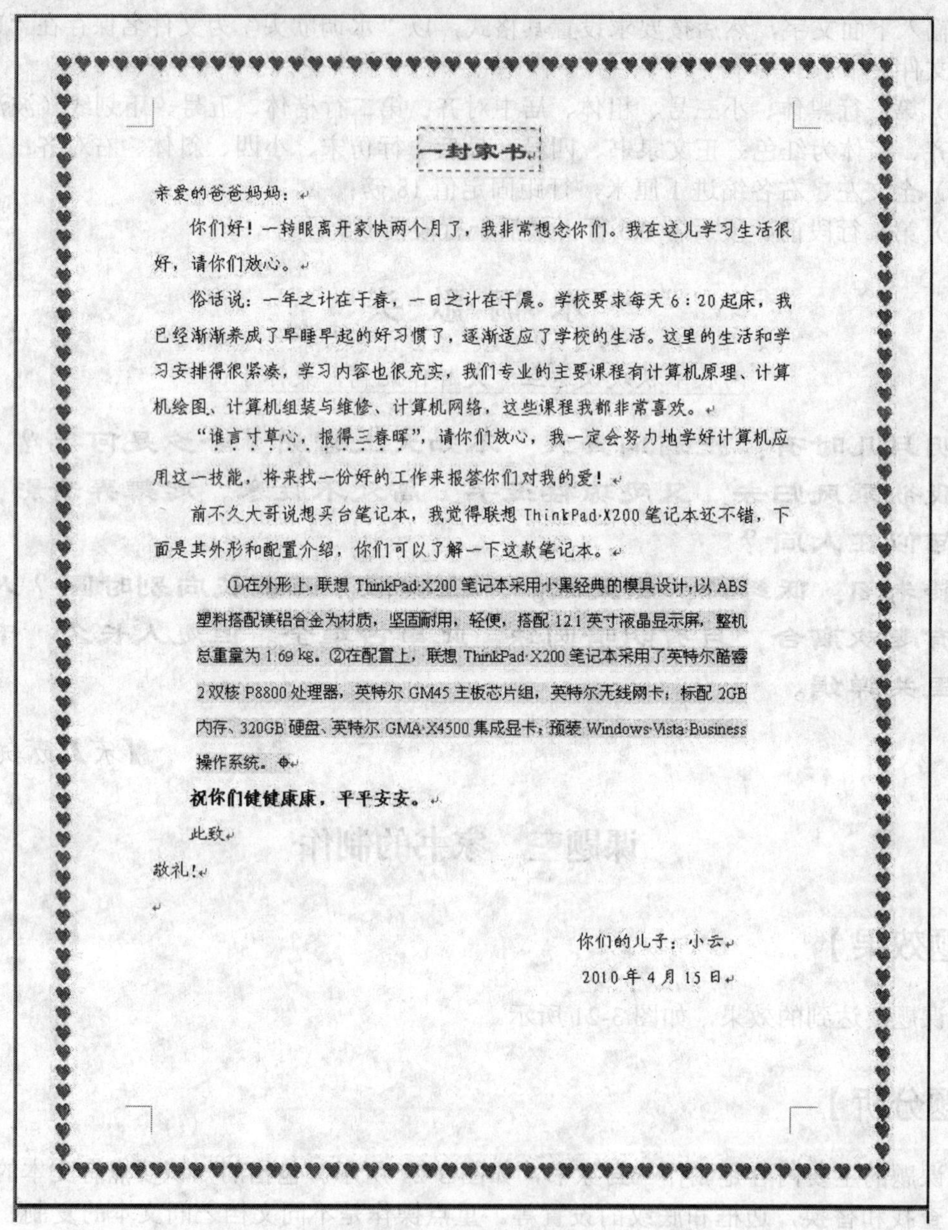

一封家书

亲爱的爸爸妈妈：

你们好！一转眼离开家快两个月了，我非常想念你们。我在这儿学习生活很好，请你们放心。

俗话说：一年之计在于春，一日之计在于晨。学校要求每天 6：20 起床，我已经渐渐养成了早睡早起的好习惯了，逐渐适应了学校的生活。这里的生活和学习安排得很紧凑，学习内容也很充实，我们专业的主要课程有计算机原理、计算机绘图、计算机组装与维修、计算机网络，这些课程我都非常喜欢。

“谁言寸草心，报得三春晖”，请你们放心，我一定会努力地学好计算机应用这一技能，将来找一份好的工作来报答你们对我的爱！

前不久大哥说想买台笔记本，我觉得联想 ThinkPad X200 笔记本还不错，下面是其外形和配置介绍，你们可以了解一下这款笔记本。

①在外形上，联想 ThinkPad X200 笔记本采用小黑经典的模具设计，以 ABS 塑料搭配镁铝合金为材质，坚固耐用，轻便，搭配 12.1 英寸液晶显示屏，整机总重量为 1.69 kg。②在配置上，联想 ThinkPad X200 笔记本采用了英特尔酷睿 2 双核 P8800 处理器，英特尔 GM45 主板芯片组，英特尔无线网卡；标配 2GB 内存、320GB 硬盘、英特尔 GMA X4500 集成显卡；预装 Windows Vista Business 操作系统。

祝你们健健康康，平平安安。

此致

敬礼！

你们的儿子：小云

2010 年 4 月 15 日

图 3-21　家书的效果图

1．用菜单、工具栏或快捷键来复制、移动文本

（1）复制文本。首先选定要复制的文本，然后执行“编辑”菜单下的“复制”命令，再将插入点“｜”形光标置于要插入的目标位置，最后执行“编辑”菜单下的“粘贴”命令。

（2）移动文本。首先选定要移动的文本，然后执行“编辑”菜单下的“剪切”命令，再将插入点“｜”形光标置于要插入的目标位置，最后执行“编辑”菜单下的“粘贴”命令。

用户还可以通过单击常用工具栏中的“复制”按钮和“粘贴”按钮进行文本的复制粘贴，或使用快捷键<Ctrl+C>（复制）和<Ctrl+V>（粘贴）完成。

也可以通过单击常用工具栏中的“剪切”按钮和“粘贴”按钮进行文本的移动，或使用快捷键<Ctrl +X>（剪切）和<Ctrl +V>（粘贴）完成。

2．用拖动法来复制或移动文本

（1）左键拖动。复制：选定要复制的文本，将鼠标指针指向选定的文本，按住<Ctrl>键，再按住鼠标左键拖动文本到目标位置，然后释放左键。移动：选定要复制的文本，将鼠标指针指向选定的文本，按住鼠标左键拖动文本到目标位置，然后释放左键。

（2）右键拖动。选定要复制的文本，将鼠标指针指向选定的文本，按住鼠标右键拖动文本到目标位置，然后释放右键，此时会弹出一个快捷菜单，如图3-22所示。

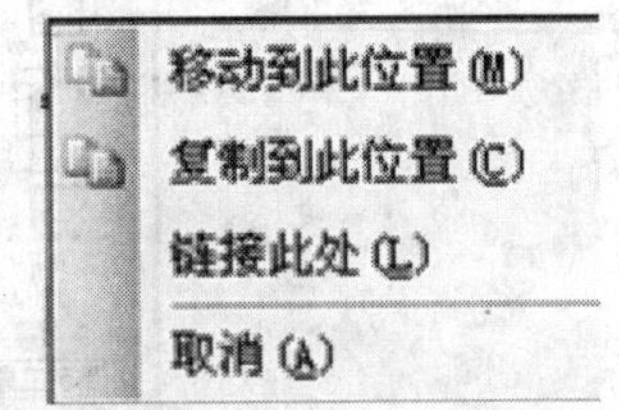

图3-22 右键拖动快捷菜单

在菜单中选择“移动到此位置”，即完成移动文本操作。

在菜单中选择“复制到此位置”，即完成复制文本操作。

二、查找和替换

查找和替换是Word中两个非常有用的功能，它能帮助用户快速查找并定位于指定的文本处或批量地进行相同文字的修改。当文档很长，要查找和替换的内容很多时，用Word的查找和替换功能就很有必要了。比如要更改文档中重复出现的相同的文本，如果逐个进行修改，不仅速度慢，还可能会有遗漏，使用替换功能就可以十分方便、快速地完成。

1．查找

查找功能可以快速搜索每一处指定单词或词组。该功能可通过“编辑”菜单中的“查找”命令来完成。

2．替换

替换功能可以自动查找到指定的文字并替换成指定的文字。该功能可通过“编辑”菜单中的“替换”命令来完成。

温馨提示：无论是“查找”还是“替换”，其目标对象不但可以是简单的文字，还可以是带有格式信息的文字，例如，字体、字号、颜色等。

三、边框和底纹

在Word中对文档中选定的文本、段落添加边框或底纹效果，可以突出这些文字和段落，使文档更加美观、醒目。同时还可使用页面边框为整个页面添加上自己喜爱的边框。

执行“格式”菜单下的“边框和底纹”命令，弹出“边框和底纹”对话框，该对话框包括“边框、页面边框、底纹”三个选项卡，如图3-23所示。

（1）边框：选择“边框”选项卡，可以对选中的文字、段落或表格等加边框，也可以对边框的线型、颜色、宽度等进行设置。

（2）页面边框：可设置艺术型边框。

（3）底纹：选择“底纹”选项卡，如图3-24所示，可以对选中的文字、段落或表格设置填充图案、颜色等。

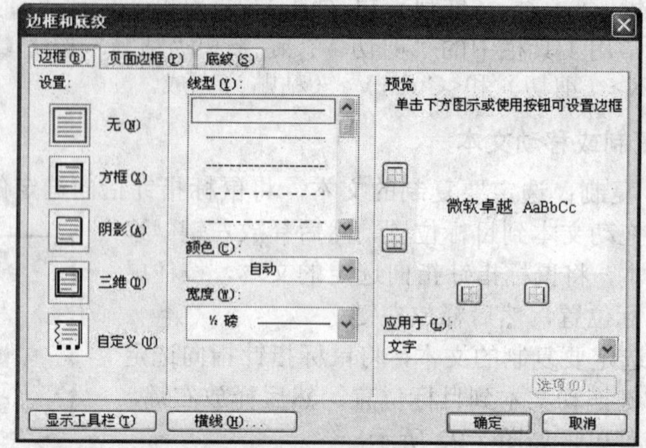

图 3-23 “边框和底纹”对话框

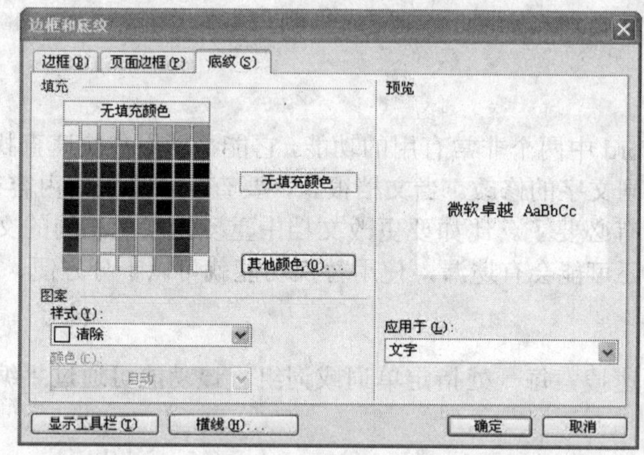

图 3-24 “底纹”选项卡

【操作步骤】

1. 输入文本

输入下列文本，以“一封家书”为文件名保存在“E:\Word 作业”文件夹下。

一封家书

亲爱的爸爸妈妈：

你们好！

一转眼离开家快两个月了，我非常想念你们。我在这儿学习生活很好，请你们放心。

俗话说：一年之计在于春，一日之计在于晨。学校要求每天 6:20 起床，我已经渐渐养成了早睡早起的好习惯了，逐渐适应了学校的生活。这里的生活和学习安排得很紧凑，学习内容也很充实，我们专业的主要课程有电脑原理、电脑绘图、电脑组装与维修、电脑网络，这些课程我都非常喜欢。

前不久大哥说想买台笔记本，我觉得联想 ThinkPad X200 笔记本还不错，下面是其外形和配置介绍，你们可以了解一下这款笔记本。

“谁言寸草心，报得三春晖”，请你们放心，我一定会努力地学好电脑应用这一技能，将来找一份好的工作来报答你们对我的爱！

祝你们健健康康，平平安安。

此致

敬礼！

你们的儿子：小云

2010 年 4 月 15 日

2．将文档中的“电脑”替换成“计算机”

（1）将光标移到文档开头。

（2）执行“编辑”菜单下的“替换”命令，弹出“查找和替换”对话框，如图 3-25 所示。

（3）在“查找内容”中输入“电脑”，在“替换为”中输入“计算机”，如图 3-25 所示。

（4）再单击“全部替换”按钮，就将文档中所有的“电脑”替换成了“计算机”。弹出一个完成替换的提示，如图 3-26 所示，单击“确定”按钮，返回到“查找和替换”对话框，单击“关闭”按钮返回文档。

图 3-25 “查找和替换”对话框

图 3-26 完成替换提示

3．移动文本

选定“前不久大哥说想买台笔记本”这一段，单击常用工具栏中的“剪切”按钮，然后将光标移至“祝你们健健康康”这一段的段首，单击常用工具栏中的“粘贴”按钮，完成文本的移动。

4．复制文本

（1）打开“E:\Word 作业”文件夹下的文件名为“联想 ThinkPad X200 特价促销”文档。

（2）选定从“①在外形上”开始的全部文本。

（3）执行“编辑”菜单下的“复制”命令，关闭“联想 ThinkPad X200 特价促销”文档。

（4）切换到“一封家书”文档，再将插入点“｜”形光标置于“祝你们健健康康”这一段的段首位置，最后执行“编辑”菜单下的“粘贴”命令。

修改后的文档如图 3-21 所示，接下来进行格式设置。

5．设置页面边框

执行“格式”菜单下的“边框和底纹”命令，弹出“边框和底纹”对话框，选择“页面边框”选项卡，设置页面边框为艺术型的第 16 种，如图 3-27 所示。

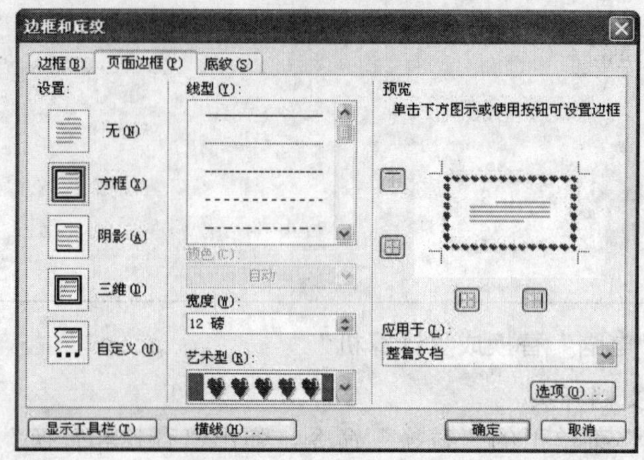

图 3-27　设置页面边框

6．设置标题格式

选定标题“一封家书”，设置其格式为：隶书、小二、红色，文字效果为“赤水情深”，对齐方式为居中对齐。

7．设置第一段格式

选定第一段“亲爱的爸爸妈妈:”，设置其格式为：楷体、小四。

8．设置第二至五段格式

选定第二至五段，设置其格式为：仿宋体、小四，首行缩进 2 字符，给“谁言寸草心，报得三春晖”加上着重号，字体颜色为蓝色。

9．设置第六段格式

选定第六段，设置其格式为：左、右缩进各 1 厘米，首行缩进 2 字符；设置其底纹，填充“浅青绿色”；图案样式：15%；颜色“金色”；应用范围：文字。设置底纹方法如下：

执行“格式”菜单下的“边框和底纹”命令，弹出“边框和底纹”对话框，在“底纹”选项卡中按上述要求设置底纹格式，如图 3-28 所示，最后单击“确定”按钮。

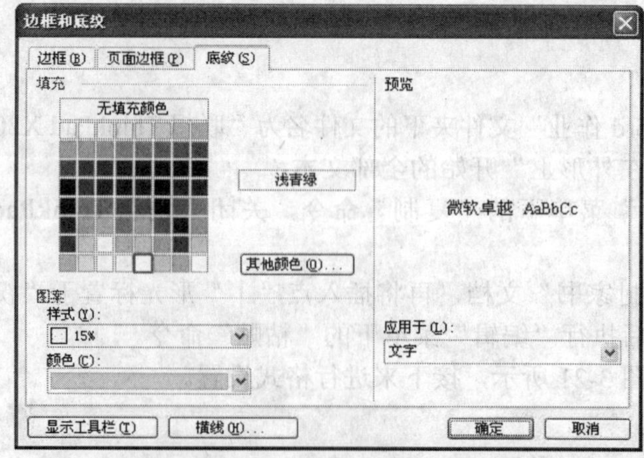

图 3-28　设置底纹格式

10．设置第七段格式

选定“祝你们健健康康，平平安安。”，设置其格式为：仿宋体、小四、加粗，首行缩进2字符。

11．设置第八至十一段格式

选定第八至十一段，设置其格式为：楷体、小四；其缩进、对齐方式如图3-21所示。

12．设置整个文档的行距

选定整个文档，设置行距为1.5倍行距。

【拓展提高】

一、格式刷的使用

在Word中提供了“格式刷”按钮，它不复制内容，只复制格式，功能非常强大。对实际工作非常有用。“格式刷”按钮的使用方法如下：

单击格式刷：首先选择某种格式，单击格式刷，然后单击想设置格式的某个内容，则两者格式完全相同，单击完成之后格式刷就没有了，鼠标恢复正常形状。

双击格式刷：首先选择某种格式，双击格式刷，然后单击选择想设置格式的某个内容，则两者格式完全相同，单击完成之后格式刷依然存在，可以继续单击选择想设置格式的下一个内容。单击“格式刷”按钮或者按<Esc>键可退出此操作。

二、查找与替换的高级功能

在“查找与替换”对话框中单击“高级”按钮，出现如图3-29所示的对话框。使用“高级”选项，可以设定替换的格式及特殊字符。替换的格式包括字体、段落和样式等；替换的特殊字符包括段落标记、分栏符和省略号等。

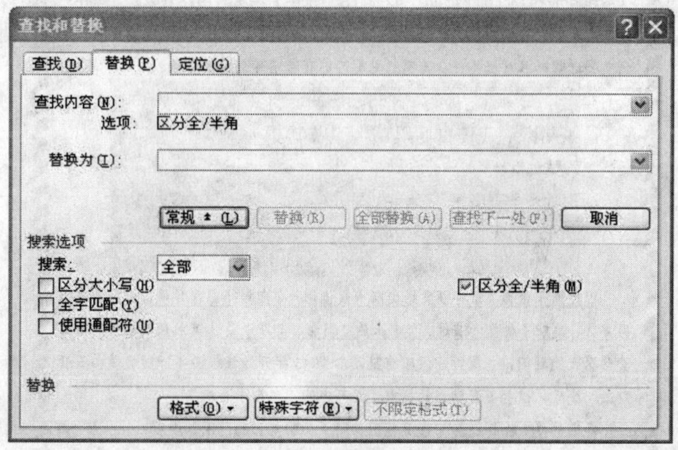

图3-29 查找与替换的高级功能

三、页面边框的高级设置

如图3-27所示，若要指定边框只显示在页面的指定边缘（例如，只显示在页面的顶部边缘），可单击对话框上“设置”栏下的“自定义”，然后在“预览”栏下单击，显示边框的位置。

如图 3-27 所示，若要指定边框在页面中的精确位置，单击对话框上“选项”按钮，再单击所需选项。

【实战演练】

打开素材中文件名为“奥斯卡金像奖 00.doc”的文档，进行下列操作，最终效果如图 3-30 所示。

1．将文档中所有“OSCAR”替换成“奥斯卡”；

2．设置页面边框：宽度为 15 磅，艺术型为第 11 种，边框与文字上、下、左、右间距均为 5 磅；

3．第一行格式：隶书、二号、绿色、居中，段前、段后各 6 磅；

4．全文小四号、两端对齐；第一段英文字体为 Arial、中文字体为楷体；第二段宋体；第三、四段仿宋体；

5．全文首行缩进 0.85 厘米，行距为固定值：24 磅；

6．第二段左、右各缩进 1.4 厘米；图案样式：5%；颜色：蓝色；填充：玫瑰红；应用范围：段落；

7．第三段第一句话：蓝色单波浪线；

8．第四段最后一句话：斜体；

9．将文档以“奥斯卡金像奖 .doc”为文件名保存在“E:\Word 作业”文件夹下。

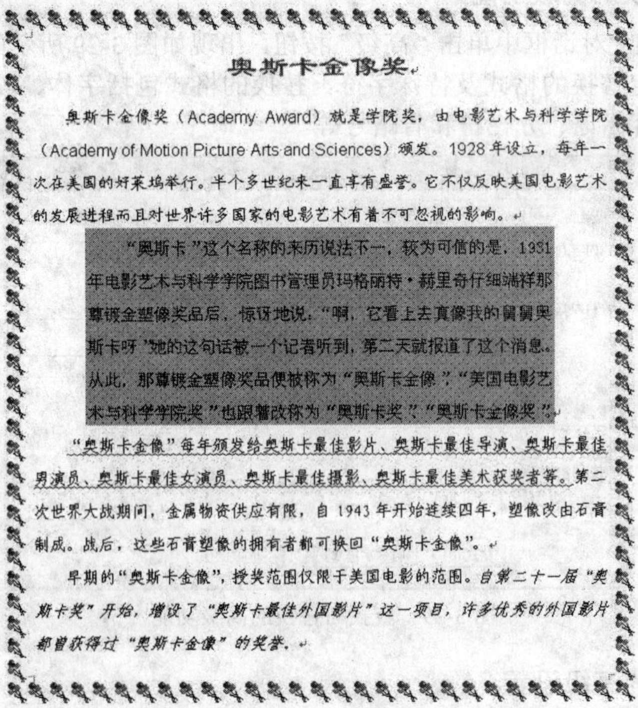

奥斯卡金像奖

奥斯卡金像奖（Academy Award）就是学院奖，由电影艺术与科学学院（Academy of Motion Picture Arts and Sciences）颁发。1928 年设立，每年一次在美国的好莱坞举行。半个多世纪来一直享有盛誉。它不仅反映美国电影艺术的发展进程而且对世界许多国家的电影艺术有着不可忽视的影响。

“奥斯卡”这个名称的来历说法不一，较为可信的是，1931 年电影艺术与科学学院图书管理员玛格丽特·赫里奇仔细端详那尊镀金塑像奖品后，惊讶地说：“啊，它看上去真像我的舅舅奥斯卡呀”她的这句话被一个记者听到，第二天就报道了这个消息。从此，那尊镀金塑像奖品便被称为“奥斯卡金像”，“美国电影艺术与科学学院奖”也跟着改称为“奥斯卡奖”、“奥斯卡金像奖”。

“奥斯卡金像”每年颁发给奥斯卡最佳影片、奥斯卡最佳导演、奥斯卡最佳男演员、奥斯卡最佳女演员、奥斯卡最佳摄影、奥斯卡最佳美术获奖者等。第二次世界大战期间，金属物资供应有限，自 1943 年开始连续四年，塑像改由石膏制成。战后，这些石膏塑像的拥有者都可换回“奥斯卡金像”。

早期的“奥斯卡金像”，授奖范围仅限于美国电影的范围。*自第二十一届“奥斯卡奖”开始，增设了“奥斯卡最佳外国影片”这一项目，许多优秀的外国影片都曾获得过“奥斯卡金像”的奖誉。*

图 3-30 实战演练效果图

课题四　名片的制作

【课题效果】

本课题要达到的效果，如图 3-31 所示。

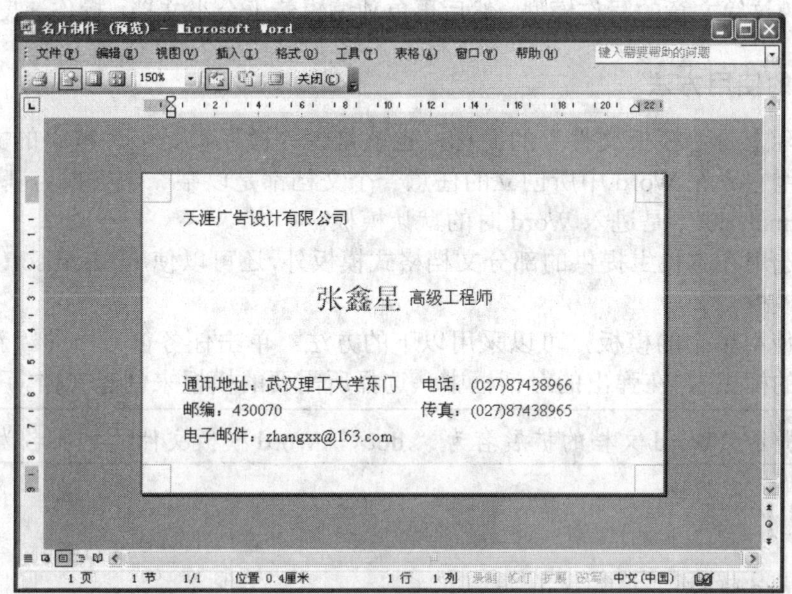

图 3-31　名片效果图

【课题分析】

谈及名片，很多人会以为要使用很专业的图片处理软件去制作，其实不然，名片的制作并非像想象中的那么难，制作普通的名片，可以用 Word 中的向导来轻松完成。本课题的主要内容是使用“名片制作向导”制作普通的名片，如图 3-31 所示。包括的知识要点有使用模板来创建文件。重点操作是“名片制作向导”的使用。

【知识链接】

一、模板

在日常处理的各种文字资料中，很多文档都具有相同或相类似的格式。例如，使用相同的页面格式、相同的样式、相同的文字格式等。由于文档在编辑时有很多类似之处，因此在 Word 中提供了对这种情况的解决方法：用模板构造出建立这种文件的基础，在此基础之上去编辑某个具体的文档。

什么是模板？模板实际上就是某种文档的式样和模型，利用模板可以生成一个具体的文档。因此，模板就是一种文档的模型，使用不同的模板，就会生成不同格式的文档。在模板中包含了某种文档中默认的正文和图形、文档中的所有样式、样式和样式之间的关系、宏、自动图文集、定制的工具栏、重复使用的正文和图形、域等。

二、模板的作用

利用模板可以方便、快速地建立一个文档，尤其是对于一些常用的、具有固定格式和内容的文档，使用模板，可避免很多重复的劳动。

当编辑一篇长达上百页的文章时，如果把全部的内容都放在一个文档中，则文档操作起来速度会很慢。可以把这篇文章分成若干个小文档，每个文档具有相同的格式，这样事先使用一个模板作为这篇文章的写作模型，然后再单独编辑若干个小文档，操作速度会大大提高。

三、模板的使用方法

模板，实际上是“模板文件”的简称，也就是说“模板”是一种特殊的文件，在其他文件创建时使用它。在 Word 中所创立的任意一个文档都是以某一个模板为基础的，其中，模板文件“normal. dot”是进入 Word 时的默认模板。

用户除了选用在本机上提供的部分文档格式模板外，还可以使用 Microsoft Office Online 下载网站上的模板。

如果想要使用单个的模板，可以采用以下的方法：单击任务窗格中的“新建文档”项下的“本机上的模板”，在弹出的对话框中，选择所需要的模板来创建文档。

温馨提示：Word 文档的扩展名为“.doc”，Word 模板文件的扩展名为“.dot”。

【操作步骤】

1. 启动 Word 软件

双击桌面上的 Word 图标，启动 Word 软件。

2. 打开“模板”对话框

执行任务窗格中的“新建文档”项下的“本机上的模板”命令，在弹出的“模板”对话框中，选择“其他文档”选项卡，如图 3-32 所示。

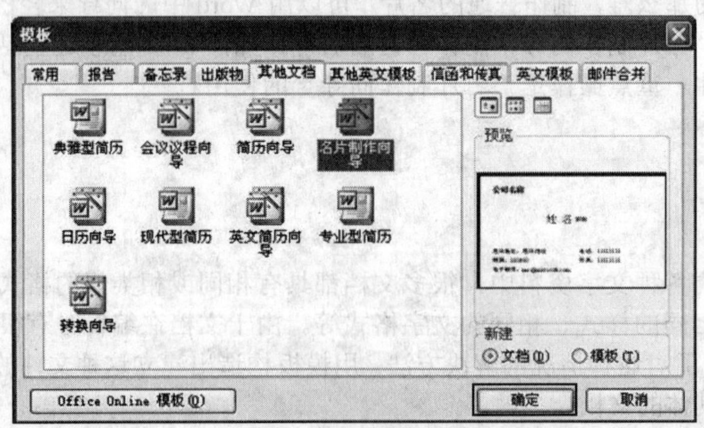

图 3-32 “模板”对话框

温馨提示：在“模板”对话框中的模板还可以轻松制作方格文稿纸、个人简历、日历、实用文（介绍信、聘书、协议书）、公文、传真等。

3．打开“名片制作向导”对话框

在“其他文档”选项卡中，单击“名片制作向导”，再单击“确定”按钮，打开“名片制作向导”对话框，如图 3-33 所示。

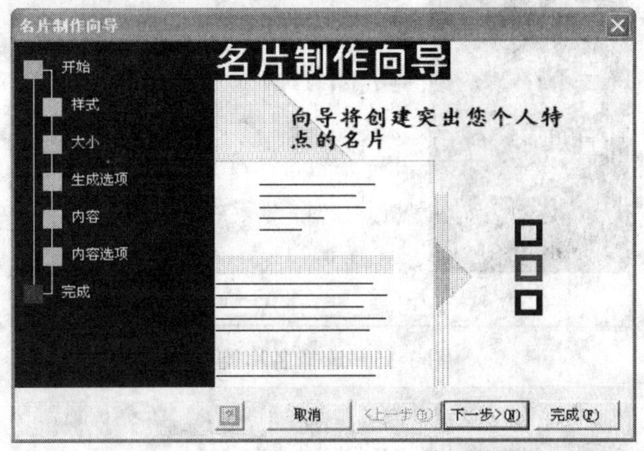

图 3-33 “名片制作向导”对话框

4．选择名片样式

单击“下一步”按钮，选择名片样式，在“名片样式”下拉列表框下选择“样式 1”，在下拉列表框下面可以看到所选择名片样式的效果，如图 3-34 所示。

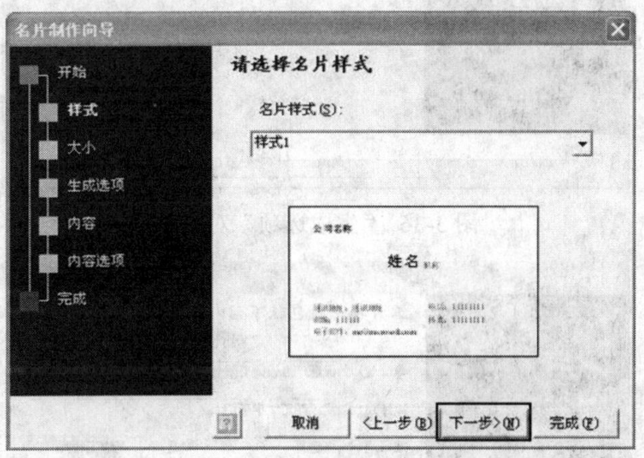

图 3-34 选择名片样式

5．选择名片类型

单击“下一步”按钮，进行名片类型的选择，在“名片类型”下拉列表框下选择“标准大小”，如图 3-35 所示。

6．设置名片的生成选项

单击“下一步”按钮，在弹出的对话框中选择“生成单独的名片”和“单面”，如图 3-36 所示。

7．输入名片内容

单击“下一步”按钮，在弹出的对话框中输入名片的各项内容，如图 3-37 所示。

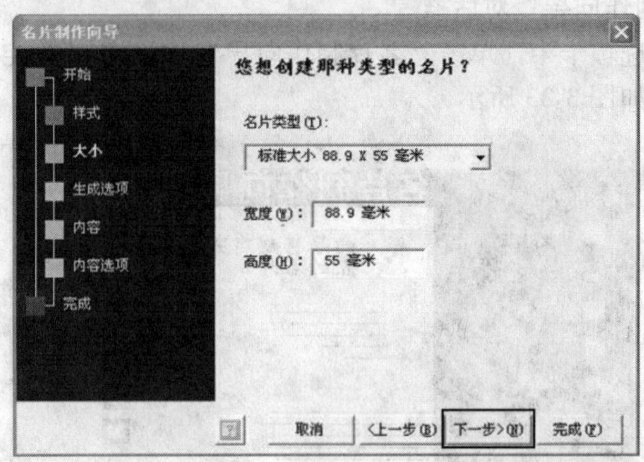

图 3-35 选择名片类型

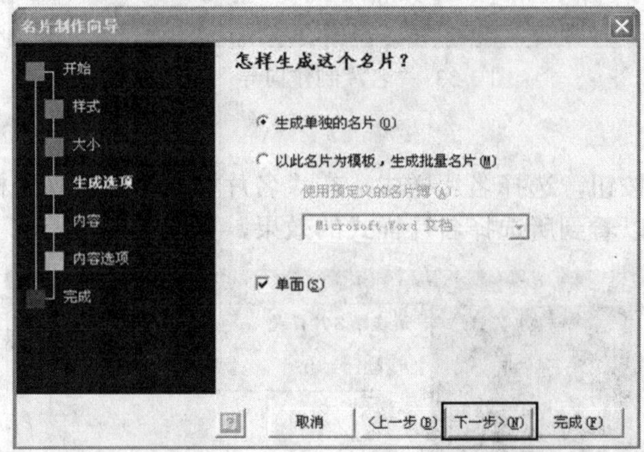

图 3-36 “生成选项”对话框

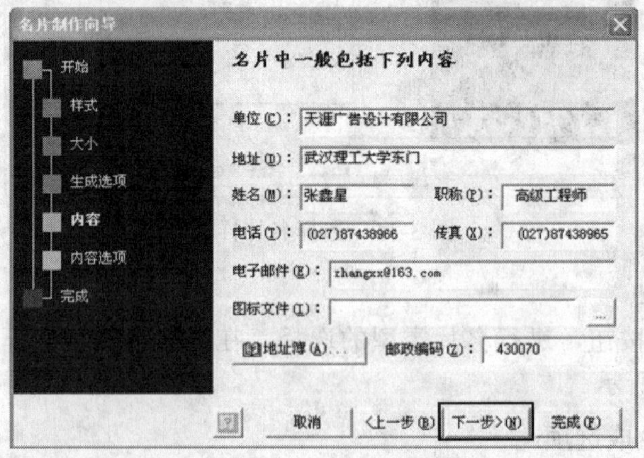

图 3-37 输入名片内容

8．完成名片制作

单击“下一步”按钮，弹出对话框，如图 3-38 所示，单击“完成”按钮，Word 就按刚才设置的格式生成了一张名片。

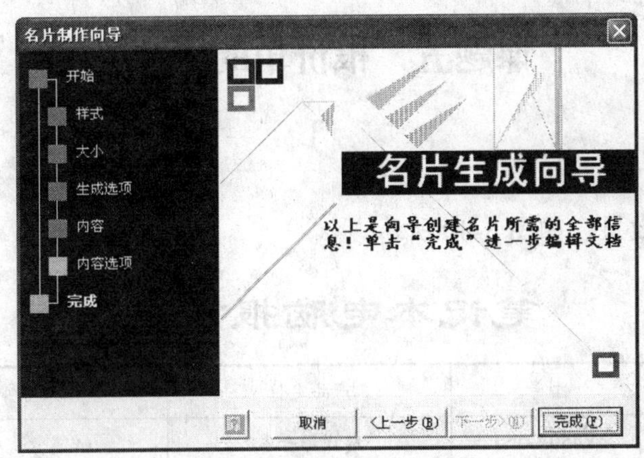

图 3-38 名片制作完成

9．保存名片

以“名片”为文件名将该文档保存在“E:\Word 作业”文件夹下。

【拓展提高】

一、在名片上添加公司标志

如图 3-37 所示，输入名片内容时单击“图标文件”框右边的 ... 按钮，选择公司的图标文件，可以在名片上添加公司标志。

二、修改和新建模板

虽然 Word 提供了许多标准模板，但实际应用中用户可根据自己的情况修改模板，还可以建立新的模板。其方法和修改、新建文档基本类似，但应该注意保存模板时文件类型要选择“文档模板”。

【实战演练】

如图 3-39 所示，使用日历向导制作日历，以“日历”为文件名保存在“E:\Word 作业”文件夹下。

图 3-39 日历效果图

课题五　报价单的制作

【课题效果】

本课题要达到的效果，如图 3-40 所示。

笔记本电脑报价单

序号	品牌	型号	产品定位	屏幕尺寸	报价
1	联想	Y450A-TSI	游戏影音本	14 英寸	￥5150
2	惠普	CQ40-612T	全能学生本	14.1 英寸	￥4800
3	华硕	X85E66Se	全能学生本	14 英寸	￥4750
4	苹果	Mac Book	时尚丽人本	13.3 英寸	￥6000
5	神舟	优雅 A550	游戏影音本	15.6 英寸	￥6999
6	Acer	4736ZG	全能学生本	14 英寸	￥3800

图 3-40　笔记本电脑报价单效果图

【课题分析】

本课题的主要内容是制作一张笔记本电脑报价单，该表是一张 6 列、7 行的简单规则表，制作时先创建一个规则表，然后输入文本，最后进行相关格式设置。本课题包括的知识要点有创建表格、格式化文本、调整行高与列宽、设置对齐方式、设置边框。重点操作是规则表的创建、设置行高与列宽、设置表格单元格对齐方式、添加边框等。

【知识链接】

一、表格

表格由行和列的单元格组成，可以在单元格中填写文字和插入图片。表格是创建文档时常见的文字组织形式，它具有结构严谨、效果直观的特点。一张简单的表格往往就可以代替大篇的文字叙述，而且表达的意思更加直接、明了。Word 2003 为用户提供了方便快捷的表格创建和编辑功能。

二、创建表格

建立规则表格的常用方法有以下三种：

（1）使用“常用”工具栏上的“插入表格”按钮。

（2）使用“表格”菜单下“插入”子菜单中的“表格”命令。

（3）使用“表格和边框”工具栏上的“插入表格”按钮。

此外还可以使用下面两种方法绘制表格：

（1）使用“表格”菜单中的“绘制表格”命令。

（2）使用“表格和边框”工具栏上的“绘制表格”按钮。

三、在表格中输入文本

表格中的某一格被称为单元格，要在单元格中输入文本，只要单击某一单元格，将光标置于单元格中，即可完成文本的输入。如果输入内容过多，单元格的高度会根据输入内容自动调整。

在表格中按<Tab>键可将光标向右移一个单元格，按<↑><↓><←><→>键可使光标向相应方向的单元格移动。

默认情况下，Word将表格中的文字与单元格的左上角对齐。可以更改单元格中文字的对齐方式：垂直对齐（顶端对齐、居中或底端对齐）和水平对齐（左对齐、居中或右对齐）。单击某一单元格，在“表格和边框”工具栏上选择所需的水平对齐或垂直对齐选项可以设置单元格中文字的对齐方式。

四、设置表格属性

执行“表格”菜单下的“表格属性”命令，在打开的“表格属性”对话框中可设置表格的属性。

1. “表格”选项卡

用于指定表格的尺寸、对齐方式（左对齐、居中、右对齐）、文字环绕、表格定位，设定默认单元格边距、默认单元格间距，以及是否允许自动重调尺寸以适应输入的内容。

2. “行”选项卡

用于指定行的高度、是否允许跨页断行、是否在各页顶端以标题行形式重复出现。

3. “列”选择卡

用于指定列的宽度。

4. “单元格”选项卡

用于指定单元格的宽度、垂直对齐方式，设定默认单元格边距并指定文本适应单元格的方式。

五、设置边框与底纹

表格制作好后，可以对它的边框进行处理，或给它的部分单元格或整个表格添加底纹，以突出所要强调的内容或增加表格的美观性。使用“格式”菜单中的“边框和底纹”命令可完成此设置。另外还可以使用“表格”菜单中的“表格自动套用格式”命令来进行表格边框和底纹的设置。

【操作步骤】

1. 新建“笔记本电脑报价单”文档

启动Word 2003，新建一个空白文档，输入表格标题“笔记本电脑报价单”。单击“常用”工具栏上的“保存”按钮，以“笔记本电脑报价单.doc”为文件名保存文档在“E:\Word作业”文件夹下，如图 3-41 所示。

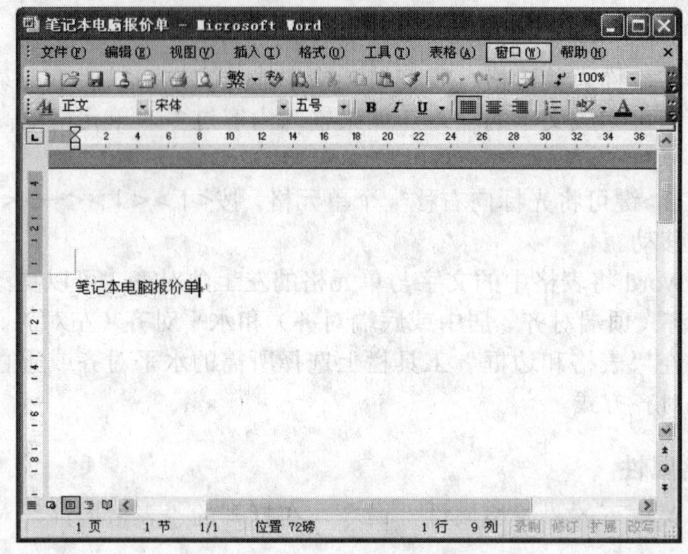

图 3-41　输入表格标题

2．创建 6 列×7 行的规则表

按 Enter 键换行，打开“表格”菜单，执行“插入”子菜单下的“表格”命令，弹出“插入表格”对话框，如图 3-42 所示，在“表格尺寸”栏中设置列数为 6，行数为 7，选择“根据窗口调整表格”单选按钮自动调整表格，最后单击“确定”按钮完成表格插入，创建的规则表，如图 3-43 所示。

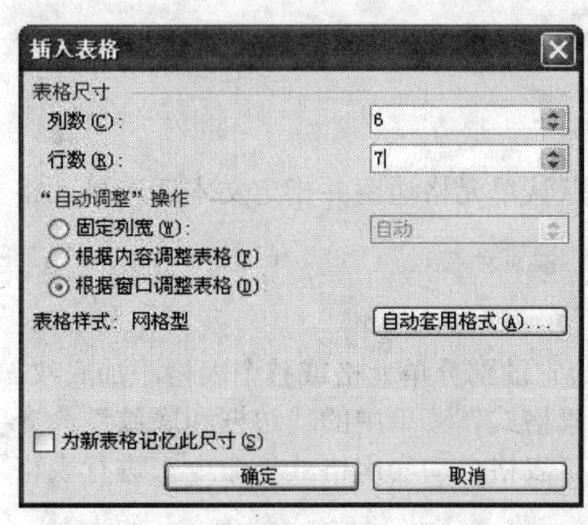

图 3-42 “插入表格”对话框

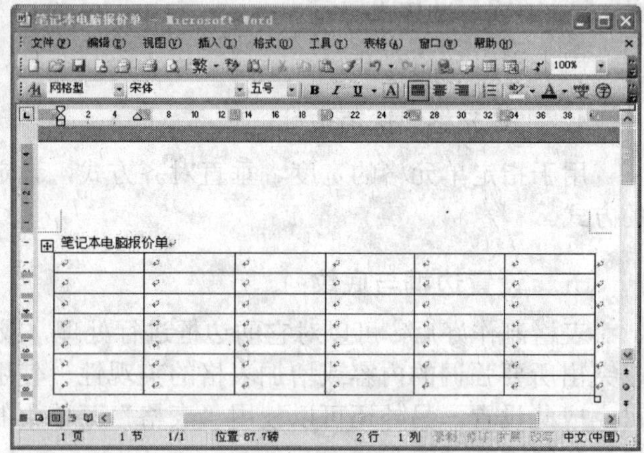

图 3-43　创建规则表

3．输入表格内容

将光标移到第一个单元格，按课题效果图（见图 3-40）分别输入文本，输入内容后的表格如图 3-44 所示。

笔记本电脑报价单

序号	品牌	型号	产品定位	屏幕尺寸	报价
1	联想	Y450A-TSI	游戏影音本	14 英寸	￥5150
2	惠普	CQ40-612T	全能学生本	14.1 英寸	￥4800
3	华硕	X85E66Se	全能学生本	14 英寸	￥4750
4	苹果	Mac Book	时尚丽人本	13.3 英寸	￥6000
5	神舟	优雅 A550	游戏影音本	15.6 英寸	￥6999
6	Acer	4736ZG	全能学生本	14 英寸	￥3800

图 3-44 在表格中输入文本内容

> 技巧点滴：选定需要编号的单元格，单击“格式”工具栏上的“编号”按钮，可对所选定的单元格进行自动编号。

4．设置文本格式

选定文本“笔记本电脑报价单”，设置表格标题格式：字体为隶书，字号为小二，字体颜色为蓝色，对齐方式为居中对齐。在页面视图上，将指针停留在表格的左上角上，直到“表格移动控点”出现，单击该按钮即选定了整个表格，设置表格中所有文本的字体为楷体，字号为小四，效果如图 3-45 所示。

笔记本电脑报价单

序号	品牌	型号	产品定位	屏幕尺寸	报价
1	联想	Y450A-TSI	游戏影音本	14 英寸	￥5150
2	惠普	CQ40-612T	全能学生本	14.1 英寸	￥4800
3	华硕	X85E66Se	全能学生本	14 英寸	￥4750
4	苹果	Mac Book	时尚丽人本	13.3 英寸	￥6000
5	神舟	优雅 A550	游戏影音本	15.6 英寸	￥6999
6	Acer	4736ZG	全能学生本	14 英寸	￥3800

图 3-45 设置文本格式后的效果

5．调整行高、列宽

选定整个表格，执行“表格”菜单中的“表格属性”命令，弹出“表格属性”对话框，如图 3-46 所示，在“表格”选项卡中选择表格对齐方式为“居中”，在“行”选项卡中指定行高度固定值为 1 厘米，在“列”选项卡中指定列宽度第 1 列到第 6 列分别为固定值 1.5 厘米、2.5 厘米、2.5 厘米、4 厘米、3 厘米、3 厘米，调整行高、列宽后的效果如图 3-47 所示。

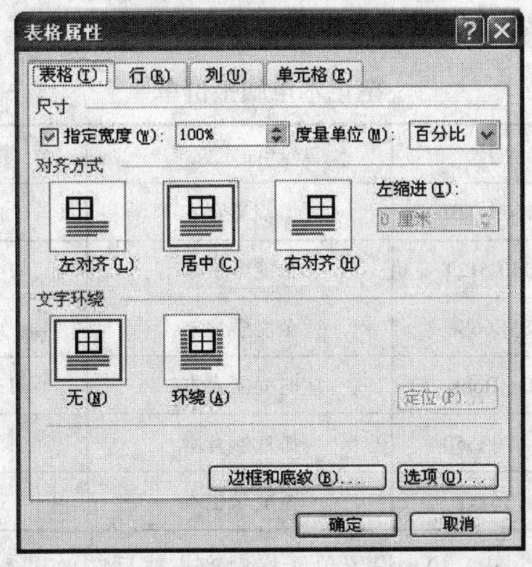

图 3-46

笔记本电脑报价单

序号	品牌	型号	产品定位	屏幕尺寸	报价
1	联想	Y450A-TSI	游戏影音本	14 英寸	￥5150
2	惠普	CQ40-612T	全能学生本	14.1 英寸	￥4800
3	华硕	X85E66Se	全能学生本	14 英寸	￥4750
4	苹果	Mac Book	时尚丽人本	13.3 英寸	￥6000
5	神舟	优雅 A550	游戏影音本	15.6 英寸	￥6999
6	Acer	4736ZG	全能学生本	14 英寸	￥3800

图 3-47　调整行高、列宽后的效果

6．设置单元格对齐方式

选定整个表格，单击鼠标右键，弹出快捷菜单，如图 3-48 所示，在“单元格对齐方式”子菜单下列出了 9 种对齐方式，这里选取中部居中对齐方式，设置后的效果如图 3-49 所示。

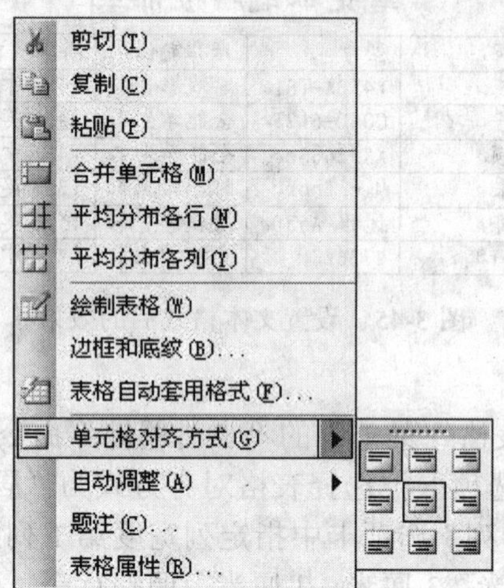

图 3-48　单元格对齐方式菜单命令

笔记本电脑报价单

序号	品牌	型号	产品定位	屏幕尺寸	报价
1	联想	Y450A-TSI	游戏影音本	14 英寸	￥5150
2	惠普	CQ40-612T	全能学生本	14.1 英寸	￥4800
3	华硕	X85E66Se	全能学生本	14 英寸	￥4750
4	苹果	Mac Book	时尚丽人本	13.3 英寸	￥6000
5	神舟	优雅 A550	游戏影音本	15.6 英寸	￥6999
6	Acer	4736ZG	全能学生本	14 英寸	￥3800

图 3-49　设置单元格对齐方式后的效果

7．添加边框

选定整个表格，执行“格式”菜单下的“边框和底纹”命令，弹出“边框和底纹”对话框，选择“边框”选项卡，如图 3-50 所示，在“设置”栏中选择“网络”，设置外框线宽度为“1 1/2 磅”，内部格线仍为默认细实线，最后单击“确定”按钮，得到最终的制作效果，如图 3-40 所示。

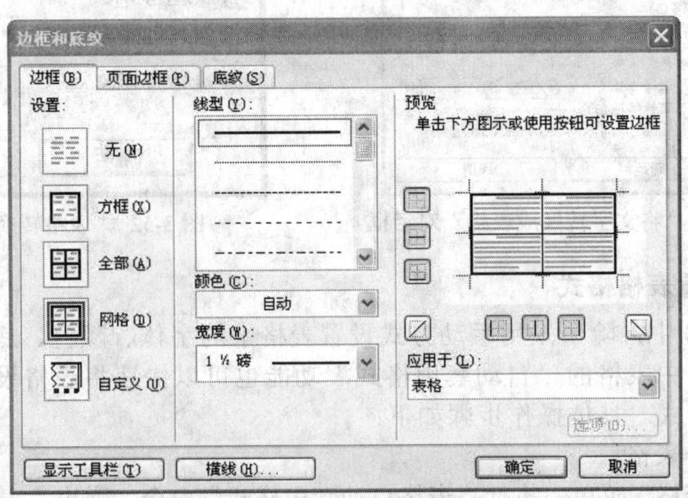

图 3-50 “边框和底纹”对话框

8．保存文档

单击“保存”按钮，将制作的表格仍以原文件名保存。

【拓展提高】

一、文本与表格之间相互转换

在 Word 2003 中可以将文本转换成表格，也可将表格转换为文本，方法如下。

1．将文本转换成表格

如果在输入文字或数据时，每个项目之间有规则地用符号（逗号、制表符或空格键）分隔开，就可以把这些文字或数据转换成表格来显示了。

选择要转换的文本，然后打开“表格”菜单，执行“转换”子菜单下的“文本转换成表格”命令，弹出“将文字转换成表格”对话框，如图 3-51 所示，在“文字分隔位置”栏下，选择所使用的分隔符选项，还可以选择其他所需选项，最后单击“确定”按钮将文字转换成表格。

2．将表格转换成文本

选择要转换为段落的行或表格，打开“表格”菜单中的“转换”子菜单，然后执行“表格转换成文本”命令，弹出“表格转换成文本”对话框，如图 3-52 所示，在“文字分隔符”栏下，选择所使用的字符，作为替代列边框的分隔符，最后单击“确定”按钮将表格转换成文本。

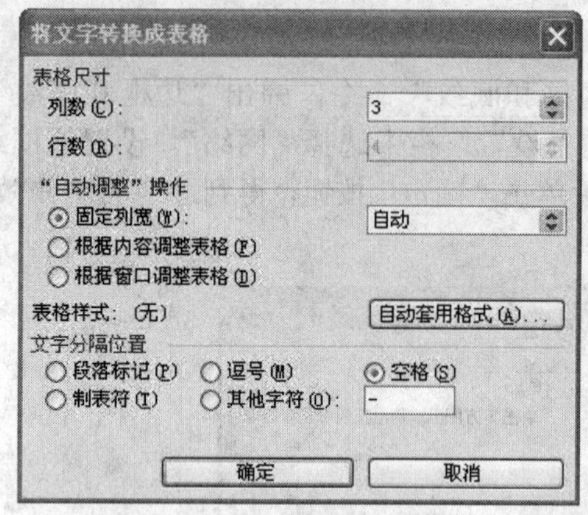

图 3-51 “将文字转换成表格”对话框

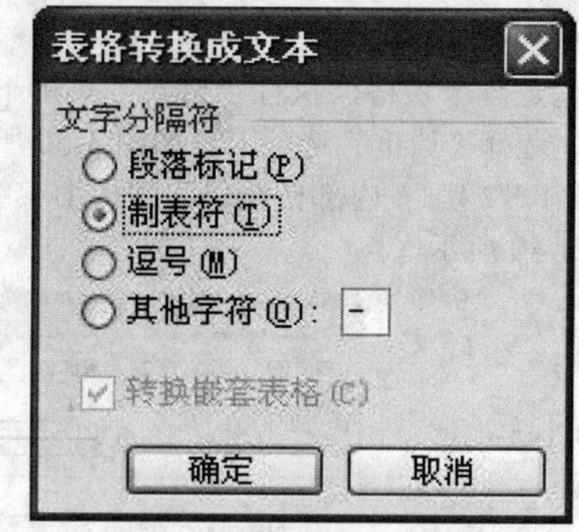

图 3-52 “表格转换成文本”对话框

二、自动设置表格格式

在 Word 2003 中，除了采用手动方式设置表格中的字体、颜色、底纹等格式以外，使用 Word 2003 中表格的“自动套用格式”功能也可以快速将表格设置为较为专业的 Word 2003 表格格式。具体操作步骤如下：

（1）选中整个表格。

（2）打开“表格”菜单，执行“表格自动套用格式”命令，弹出“表格自动套用格式”对话框，如图 3-53 所示，在“类别”下拉列表框中选择“所有表格样式”选项，这时会在“表格样式”列表框中看到系统提供的多种 Word 表格专业格式。从“表格样式”列表框中单击所需要的格式，在“预览”区域中将显示该格式的预览效果。

（3）单击“应用”按钮返回 Word 表格中，则表格就应用刚才所选取的表格格式了。

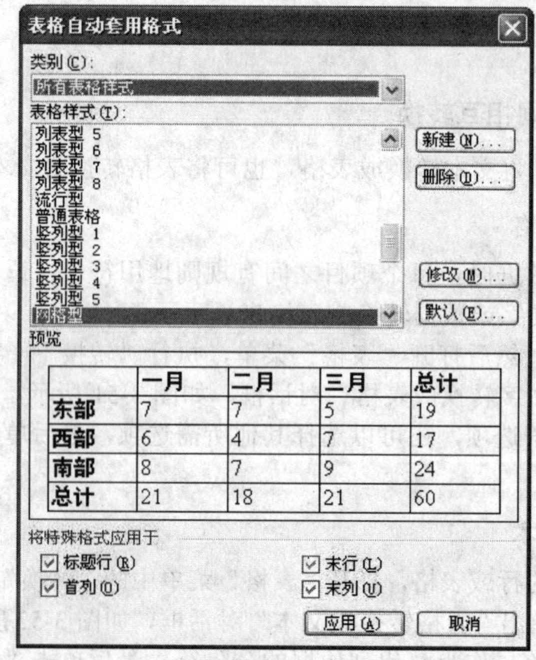

图 3-53 “表格自动套用格式”对话框

【实战演练】

制作如图 3-54 所示的课程表，以“课程表 0”为文件名保存在“E:\Word 作业”文件夹下。

2009 级计算机专业课程表

节次	星期一	星期二	星期三	星期四	星期五
第 1 节	网页制作	Photoshop	Flash	数据库	Flash
第 2 节	网页制作	Photoshop	Flash	数据库	Flash
第 3 节	Flash	数据库	礼仪修养	Photoshop	体育
第 4 节	Flash	数据库	网页制作	Photoshop	Photoshop
第 5 节	数据库	体育	网页制作	音乐欣赏	Photoshop

图 3-54 课程表

课题六 课程表的制作

【课题效果】

本课题要达到的效果，如图 3-55 所示。

2009 级计算机专业课程表

<table>
<tr><td colspan="2">星期
课程
节次</td><td>星期一</td><td>星期二</td><td>星期三</td><td>星期四</td><td>星期五</td></tr>
<tr><td rowspan="4">上午</td><td>第 1 节</td><td>网页制作</td><td>Photoshop</td><td>Flash</td><td>数据库</td><td>Flash</td></tr>
<tr><td>第 2 节</td><td>网页制作</td><td>Photoshop</td><td>Flash</td><td>数据库</td><td>Flash</td></tr>
<tr><td>第 3 节</td><td>Flash</td><td>数据库</td><td>礼仪修养</td><td>Photoshop</td><td>体育</td></tr>
<tr><td>第 4 节</td><td>Flash</td><td>数据库</td><td>网页制作</td><td>Photoshop</td><td>Photoshop</td></tr>
<tr><td colspan="7">午 休</td></tr>
<tr><td rowspan="2">下午</td><td>第 5 节</td><td>数据库</td><td>体育</td><td>网页制作</td><td>音乐欣赏</td><td>Photoshop</td></tr>
<tr><td>第 6 节</td><td>数据库</td><td>网页制作</td><td>Photoshop</td><td>体育</td><td>Photoshop</td></tr>
</table>

图 3-55 课程表的制作效果图

【课题分析】

本课题的主要内容是制作一张课程表，如图 3-55 所示，这是一张在规则表的基础上编辑修改而得到的稍微复杂的表格。本课题包括的知识要点有插入行与列、插入单元格、合并单元格、插入斜线表头、调整行高与列宽、更改文字方向、设置边框和底纹。重点操作是插入行与列、用拖动法调整行高与列宽、设置单元格内文字的方向、添加单元格及表格边框和底纹等。

【知识链接】

一、插入单元格、行或列

在 Word 2003 中，表格绘制好后，如果要继续插入单元格、行或列，不需要重新创建，只要在原表格中插入就行了。

1. 插入单元格

（1）将要插入单元格位置处的单元格选中。

（2）打开“表格”菜单执行“插入”下拉菜单中的“单元格”命令，弹出“插入单元格”对话框，如图 3-56 所示。

（3）在“插入单元格”对话框中选择一个单选按钮后，单击“确定”按钮。

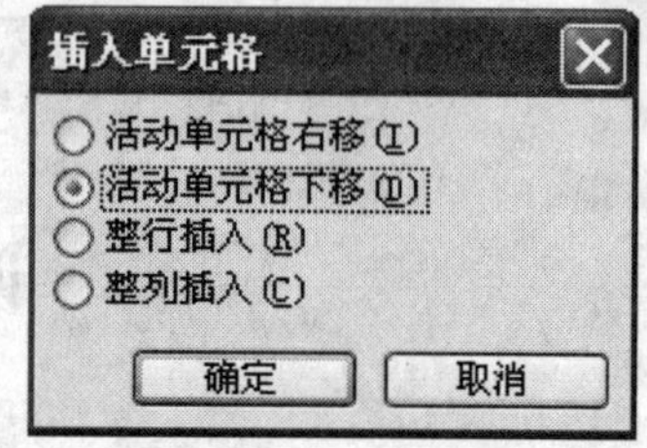

图 3-56 “插入单元格”对话框

2. 插入行

（1）将要插入单元格位置处的单元格选中。

（2）打开“表格”菜单执行“插入”下拉菜单中的“行（在上方）”或“行（在下方）”命令，即可将新的行插入到指定单元格的上方或下方。

3. 插入列

（1）将要插入单元格位置处的单元格选中。

（2）打开“表格”菜单执行“插入”下拉菜单中的“列（在左侧）”或“列（在右侧）”命令，即可将新的列插入到指定单元格的左侧或右侧。

二、合并和拆分单元格

在 Word 2003 中，用户可以通过合并或拆分单元格来调整表格的结构。

1. 合并单元格

（1）选择要合并的单元格。

（2）执行“表格”菜单下的“合并单元格”命令。

2. 拆分单元格

将表格中的一个单元格拆分为多个单元格。操作方法如下：

（1）选择要拆分的单元格。

（2）执行“表格”菜单下的“拆分单元格”命令。弹出“拆分单元格”对话框，如图3-57所示。

（3）在“拆分单元格”对话框中，设置将要拆分单元格的行、列数后，单击“确定”按钮。

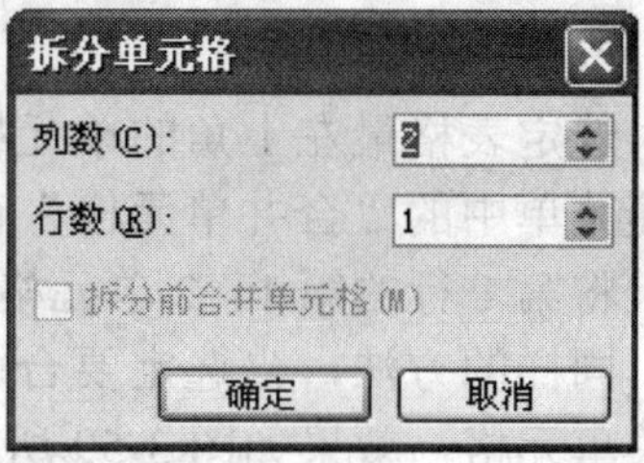

图3-57 “拆分单元格”对话框

三、绘制斜线表头

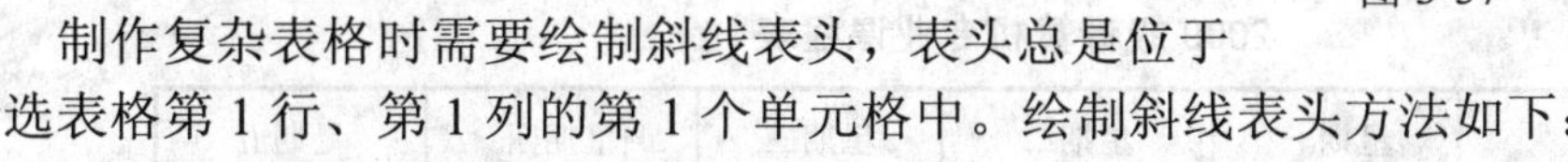

制作复杂表格时需要绘制斜线表头，表头总是位于所选表格第1行、第1列的第1个单元格中。绘制斜线表头方法如下：

（1）单击要添加斜线表头的表格。

（2）打开“表格”菜单执行“绘制斜线表头”命令。

（3）在“表头样式”列表框中，选择所需样式。一共有5种样式可供选择，使用“预览”框来预览所选的表头从而确定自己所需的样式。在各个标题框中输入所需的行、列标题。

（4）最后单击“确定”按钮即可插入斜线表头。当需要调整表头大小时，选中斜线表头，然后选中表头中的组合对象的任一句柄，拖动句柄直到斜线表头合适处为止。

【操作步骤】

1. 打开文档

打开“E:\Word作业”文件夹下的文件名为“课程表0”的文档。

2. 插入行、列

把光标移到第1列的上界，光标变成向下的黑色实心箭头，单击鼠标选定第1列；然后打开“表格”菜单，执行“插入”子菜单下的“列（在左侧）”命令，此时就在“节次”一列的前面插入了一空白列。

把光标移到第6行的某个单元格的左侧，光标变成右向的黑色实心箭头，双击鼠标选定第6行；然后打开“表格”菜单，执行“插入”子菜单下“行（在上方）”命令，此时就在该行的上方插入了一空白行。同样的方法，在表格的最后再插入一行。

插入行、列后，效果如图3-58所示。

2009级计算机专业课程表

节次		星期一	星期二	星期三	星期四	星期五
	第1节	网页制作	Photoshop	Flash	数据库	Flash
	第2节	网页制作	Photoshop	Flash	数据库	Flash
	第3节	Flash	数据库	礼仪修养	Photoshop	体育
	第4节	Flash	数据库	网页制作	Photoshop	Photoshop
	第5节	数据库	体育	网页制作	音乐欣赏	Photoshop

图3-58 插入行、列后的效果

3. 合并单元格

选定表格最左上角的单元格，按住鼠标左键拖动到“节次”单元格，单击右键，选择快捷菜单中的“合并单元格”命令，或单击“表格和边框”工具栏中的“合并单元格”按钮，将第 1 行的第 1、2 单元格合并，删除其中的文字“节次”。

同样的方法，先选定要合并的单元格，然后单击“合并单元格”按钮，合并表格中的有关单元格，效果如图 3-59 所示。

2009 级计算机专业课程表

		星期一	星期二	星期三	星期四	星期五
	第 1 节	网页制作	Photoshop	Flash	数据库	Flash
	第 2 节	网页制作	Photoshop	Flash	数据库	Flash
	第 3 节	Flash	数据库	礼仪修养	Photoshop	体育
	第 4 节	Flash	数据库	网页制作	Photoshop	Photoshop
	第 5 节	数据库	体育	网页制作	音乐欣赏	Photoshop

图 3-59　合并单元格后的效果

4. 插入斜线表头

将光标定位于第 1 行第 1 列，执行“表格”菜单中的“绘制斜线表头”命令，弹出“插入斜线表头”对话框，如图 3-60 所示，在左边的“表头样式”下拉列表框中选择“样式二”，“字体大小”选择“小五”，在“行标题”中输入“星期”，“数据标题”中输入“课程”，“列标题”中输入“节次”，单击“确定”按钮，弹出“提示表头单元太小，无法包含所有标题内容……”的消息框，如图 3-61 所示，若单击“确定”按钮则继续插入表头，插入的表头内容可能因单元格太小而无法全部显示出来，此时可通过拖动调整单元格大小，使得表格中插入的表头合适，如图 3-62 所示。

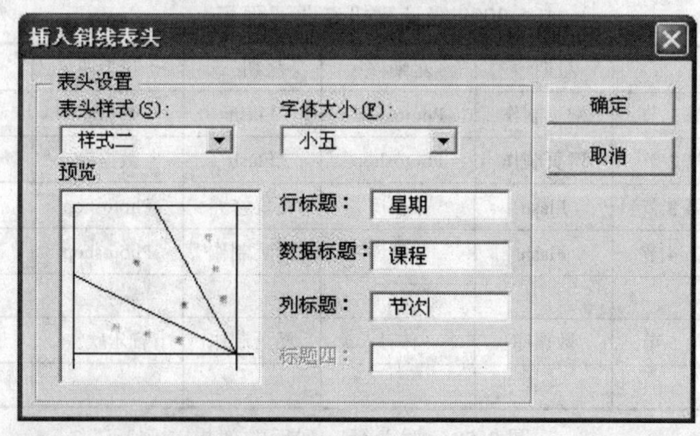

图 3-60　“插入斜线表头”对话框

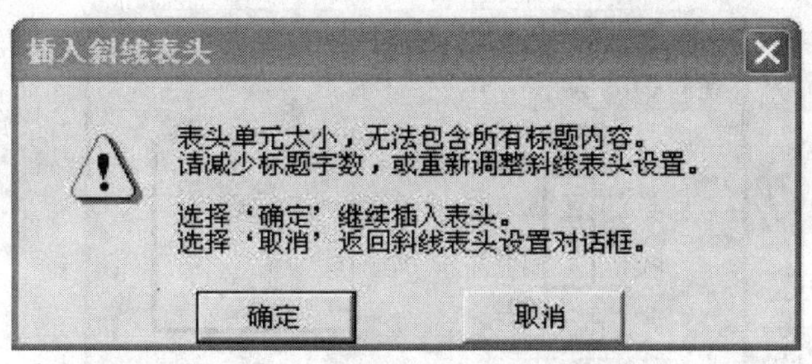

图 3-61 “插入斜线表头”消息框

☞ 技巧点滴：打开“表格”菜单，执行“绘制表格”命令，或单击“表格和边框”工具栏最左边的“绘制表格”按钮，此时鼠标变成一支铅笔的形状，在左上角的那个单元格中从左上向右下拖动鼠标，可画表头斜线。画好后再单击一下“绘制表格”按钮，把这个功能取消。另外单击“绘图”工具栏中的“直线”按钮也可画出表头斜线。

2009 级计算机专业课程表

星期 课程 节次		星期一	星期二	星期三	星期四	星期五
	第 1 节	网页制作	Photoshop	Flash	数据库	Flash
	第 2 节	网页制作	Photoshop	Flash	数据库	Flash
	第 3 节	Flash	数据库	礼仪修养	Photoshop	体育
	第 4 节	Flash	数据库	网页制作	Photoshop	Photoshop
	第 5 节	数据库	体育	网页制作	音乐欣赏	Photoshop

图 3-62 插入斜线表头后的效果

5. 输入垂直方向文字

输入文字时，文字默认为水平显示，但在表格中有些单元格需要使文字垂直显示，如该表格中的“上午”、“下午”，其输入方法如下：

（1）输入文字“上午”。

（2）单击“上午”单元格。

（3）在“格式”菜单上，执行“文字方向”命令，弹出“文字方向”对话框，如图 3-63 所示，在对话框中选择“垂直”方向，最后单击“确定”按钮即可使文字垂直显示。

（4）单击“表格和边框”工具栏上的对齐方式下拉列表框中的“中部居中”按钮，使其居中对齐。

同样的方法，输入“下午”文字并使其垂直显示。

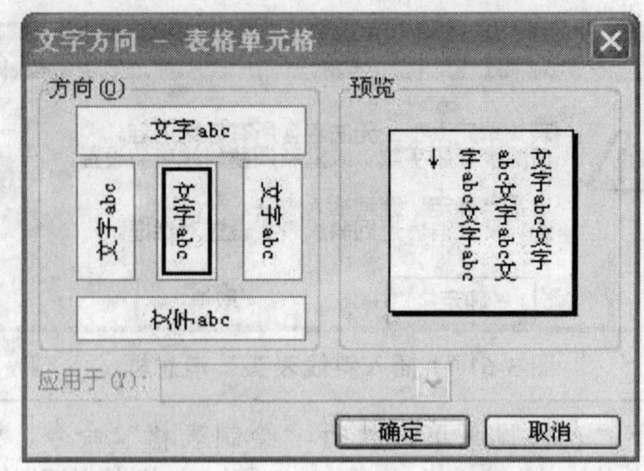

图 3-63 “文字方向”对话框

6. 通过复制操作填充表格文字

选定要复制的单元格、行或列，按住<Ctrl>键，再拖动到新的位置上。按此方法可输入“第 6 节”这一行的课程。

> 温馨提示：移动或复制的单元格、行或列，也可以使用“剪切”、“复制”、“粘贴”命令来完成。

7. 调整行高、列宽

制作表格时，往往要根据内容调整行高、列宽，使表格协调、美观。

调整行高、列宽，除了前面介绍的使用“表格属性”对话框设置外，还可以使用“鼠标拖动法”。具体方法是：调整行高时将指针移到该行的下线上，当指针变成上下箭头的形状时，按住鼠标上、下拉动就可以调整该行行高；调整列宽时将指针移到列线上，这时指针就会变成左右箭头的形状，此时左、右拉动就可以调整列宽了，此时表格的效果图如图 3-64 所示。

> 温馨提示：把“插入点”定位在单元格中，垂直标尺中将出现行标记，将鼠标指针指向行标记，左、右拖动行标记，可以调整行高。把插入点定位在单元格中，水平标尺中将出现列标记，将鼠标指针指向列标记，等它变成双向箭头后，左、右拖动列标记，就可以调整列宽。

2009 级计算机专业课程表

星期 课程 节次		星期一	星期二	星期三	星期四	星期五
上午	第 1 节	网页制作	Photoshop	Flash	数据库	Flash
	第 2 节	网页制作	Photoshop	Flash	数据库	Flash
	第 3 节	Flash	数据库	礼仪修养	Photoshop	体育
	第 4 节	Flash	数据库	网页制作	Photoshop	Photoshop
午 休						
下午	第 5 节	数据库	体育	网页制作	音乐欣赏	Photoshop
	第 6 节	数据库	网页制作	Photoshop	体育	Photoshop

图 3-64 调整行高、列宽后的效果

8．设置边框和底纹

选定第一行，在“表格和边框”工具栏的线型中选择，在边框中选择；选定整个表格，将其外框线线型设置为。

使用“表格和边框”工具栏上的底纹颜色按钮，分别为同一课程的单元格设置相同的底纹颜色。

最后表格效果图如图 3-55 所示。

9．保存文档

打开“文件”菜单执行“另存为”命令，将修改后的表格命名为“课程表”并保存在“E:\Word 作业”文件夹下。

【拓展提高】

一、删除单元格、行或列

用户如果对创建的表格不满意，可以将一部分单元格、行或列删除，以调整表格的结构，使表格达到最佳效果。

1．删除单元格

（1）选定要删除的单元格或单元格区域。

（2）打开“表格”菜单，执行“删除”下拉菜单中的“单元格”命令，此时会弹出“删除单元格”对话框，如图 3-65 所示。

（3）在“删除单元格”对话框中选择所需选项后，单击“确定”按钮。

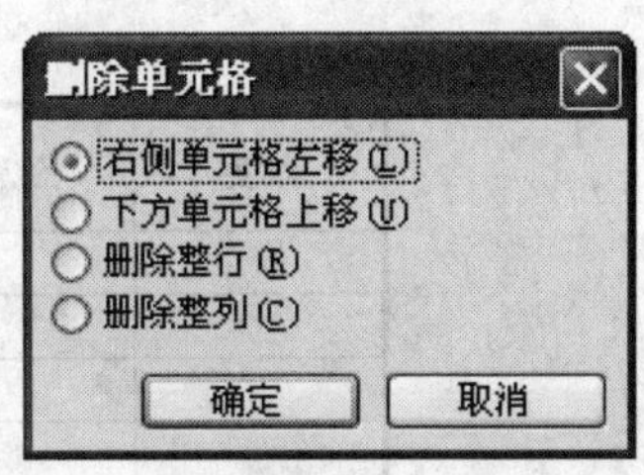

图 3-65 “删除单元格”对话框

如在“删除单元格”对话框中选择“删除整行”或“删除整列”选项，则将删除单元格所在的行或列。

2．删除行或列

（1）选定要删除的行或列。

（2）打开“表格”菜单，执行“删除”下拉菜单中的“行”或“列”命令。

> 温馨提示：删除行后，下面的行向上移动。删除列后，右面的列向左移动。

二、拆分表格

要将一个表格分成两个表格，单击要成为第二个表格的首行的行。执行“表格”菜单中的“拆分表格”命令。

三、复制表格

在页面视图上，将指针停留在表格的左上角上，直到“表格移动控点”出现。按住<Ctrl>键，将副本拖动到新的位置，即可完成表格的复制。还可以通过先选择，然后复制，最后粘贴来复制表格。

四、Word 表格排序

Word 2003 可以按笔画、数字、日期和拼音等对表格内容进行升降排序。实现排序的方法有两种。

方法一：将光标定位于作为排序依据的列中，然后单击“表格和边框”工具栏中的“升序”或“降序”按钮，即可快速完成排序。

方法二：执行“表格”菜单中的“排序”命令，在弹出的“排序”对话框中，可详细设置排序的主要和次要依据。

五、Word 表格简单计算

在 Word 2003 中，可以进行比较简单的四则运算和函数运算。方法是利用“表格”菜单中的“公式”命令或“表格和边框”工具栏中的“自动求和”按钮。

【实战演练】

如图 3-66 所示，按样表制作收款凭证，以文件名“收款凭证”保存在“E:\Word 作业”文件夹下。

收款凭证

年　月　日　　　　第　　号

摘要	贷方总账科目	明细科目	符号	金额									
				千	百	十	万	千	百	十	元	角	分
合计													
财务总管		记账		出纳			审核			制单			

图 3-66　收款凭证

课题七　五星红旗的制作

【课题效果】

本课题要达到的效果，如图 3-67 所示。

图 3-67　五星红旗的效果图

【课题分析】

本课题的主要内容是制作一面五星红旗，如图 3-67 所示，五星红旗由一个红色的大长方形、一个黄色的大五角星和四个小五角星组成。本课题包括的知识要点有自选图形的绘制、自绘图形的格式设置及相关编辑操作。重点操作是长方形的绘制、五角星的绘制、线条颜色及填充颜色的设置、位置和大小的设置、图形的组合等。

【知识链接】

一、Word 2003 的绘图功能

在文档中添加一些图片，可以使文档更加生动形象。Word 2003 中既可以在文档中手工绘制图形，又可以在文档中插入图片。

（1）手工绘图（自选图形）：绘制线条、基本形状、箭头总汇、流程图、星与旗帜、标注等。

（2）插入图片：插入来自剪贴画、文件、扫描仪或相机的图片。

二、手工绘图

Word 2003 有很强的图形图像处理能力，除能在文档中添加一些图片和艺术字外，还可以手工绘制常见的线条、几何图形、常用箭头、流程图、星与旗帜、标注等，Word 2003 还能以图形的方式来建立、处理文本框和图形框，以利于文档的图文混合排版。

1．“绘图”工具栏

通过“绘图”工具栏上的绘图工具按钮，可方便地实现在文档中绘制简单图形。如图 3-68 所示，在“绘图”工具栏上，单击所需要的绘图工具按钮，拖动鼠标即可绘制出所需要的图形来。

图 3-68 “绘图”工具栏

温馨提示：打开“视图”菜单，执行“工具栏”子菜单下的“绘图”命令，可使绘图工具栏显示或隐藏。

2．绘制直线和箭头线段

在“绘图”工具栏上单击“直线”按钮时，鼠标指针呈十字形，在文档的绘图画布中按住鼠标左键并拖动鼠标，即可绘制出一条直线。

在工具栏上单击“箭头”按钮时，鼠标指针呈十字形，在文档中按住鼠标左键并拖动鼠标，即可绘制出一条带有箭头的线段。如果拖动鼠标时按住<Shift>键，可绘制水平或垂直直线。

单击选定绘制的直线或箭头，通过“绘图”工具栏上的“线型”、“虚线线型”、“箭头样式”列表，可设置直线的粗细、虚线样式和箭头样式。

3．绘制矩形和椭圆

在“绘图”工具栏上，单击“矩形”或“椭圆”按钮时，鼠标指针呈十字形，在文档的绘图画布中拖动鼠标即可绘制矩形或椭圆形，如果按住<Shift>键拖动鼠标，即可绘制正方形和圆形。

4．绘制其他图形

在“绘图”工具栏上打开“自选图形”菜单，可打开“自选图形”列表，单击需要的形状按钮，再在文档的绘图画布中拖动鼠标，即可绘制出相应的形状。如图 3-69 所示，即为“自选图形”菜单中“基本形状”的绘图工具列表。

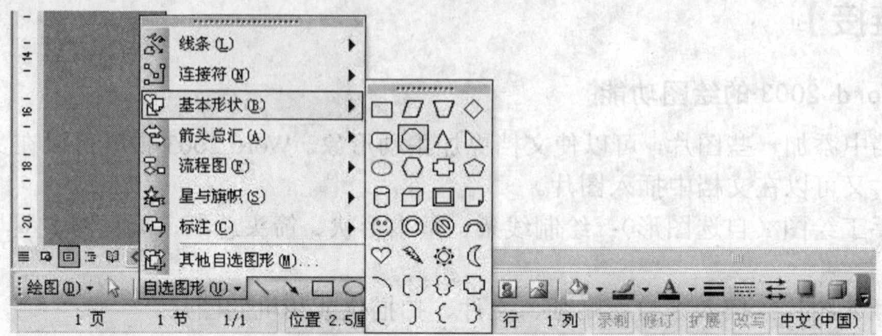

图 3-69 “自选图形”菜单

> 温馨提示：插入自选图形时若不出现绘图画布可单击“工具”菜单中的“选项”命令，在“常规”选项卡中勾选“插入‘自选图形’时自动创建绘图画布”。

三、自绘图形的格式设置

在 Word 2003 中绘制的图形，对它进行格式设置后，可以使其更加美观，更适合对文档进行图文混排。设置自绘图形的格式可使用“绘图”工具栏上的相关工具按钮，也可以在“设置自选图形格式”对话框中进行。自绘图形的格式设置主要包括改变图形的线型、线条颜色、填充颜色、阴影效果和三维效果等，填充颜色示例，如图 3-70 所示。线条颜色示例，如图 3-71 所示。阴影效果和三维效果示例，如图 3-72 所示。

1．填充颜色示例

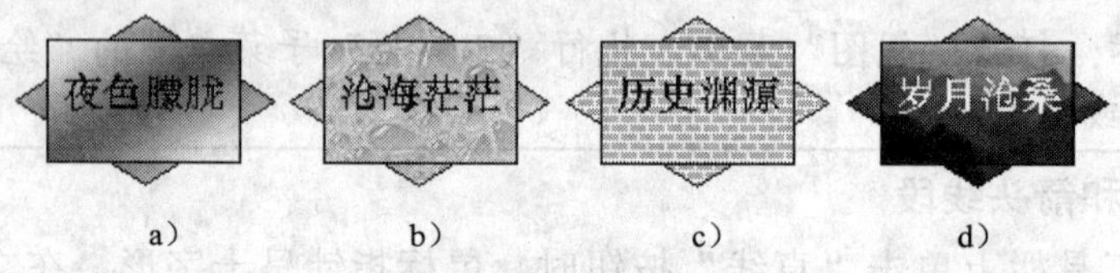

图 3-70 填充颜色示例

a）过渡填充色 b）纹理填充色 c）图案填充色 d）图片填充色

2．线条颜色示例

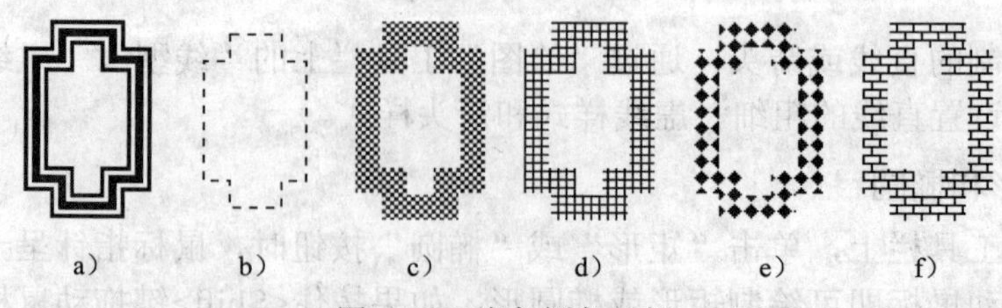

图 3-71 线条颜色示例

a）三线蓝色 b）黑色单虚线 c）前景白背景蓝 d）前景蓝背景白 e）实心菱形 f）横向砖墙

3．阴影、三维效果示例

a） b）

图 3-72 阴影、三维效果示例

a）阴影设置 b）三维设置

四、自绘图形的相关操作

1．选定自选图形

在文档中单击自绘的图形，即可选定图形。

选定的图形四周会显示控制框，有的还会显示调整点。

2．移动和调整大小

选定图形后，将鼠标指针放在图形上呈十字形状时，拖动鼠标即可移动图形的位置。如果按住<Alt>键拖动图形，即可实现图形位置的微小移动。

选定图形后，用鼠标拖动控制框，即可调整图形的大小，如果拖动图形四个角上的控制框，则调整的图形大小将保持原有宽高比。

3．在图形上添加文字

如果需要在图形上添加文字，则可将鼠标指针放在图形上右击，在快捷菜单中执行“添加文字”命令，此时图形上出现一个文本框，并进入编辑状态，即可在图形上输入文字。

4．多个图形的组合

如果在文档中插入了多个图形，需要将这些图形组合成一个图形，则可在选定一个图形后，按住<Shift>键或用“绘图”工具栏中的“选择对象”按钮依次选定要组合的图形，然后将鼠标指针放在选定区域并右击鼠标键，在快捷菜单中执行“组合”命令。

已组合的图形也可以用同样的方法撤销组合。

☞ 技巧点滴：在需要微调图形时，先按住<Alt>键再用鼠标进行调整或用<Ctrl>+光标进行微移动。

【操作步骤】

1．新建文档

启动 Word 2003，新建一个空白文档。

2．显示“绘图”工具栏

如果屏幕上没有“绘图”工具栏，打开“视图”菜单中的“工具栏”子菜单，执行“绘图”命令，显示“绘图”工具栏，其默认位置在状态栏的上面一行。

3．绘制长方形

单击“绘图”工具栏上的“矩形”按钮□，这时鼠标形状变成了“＋”字形，表明画布区域现在处于绘图状态。在绘图画布区域，按住鼠标左键，从左上方拉至右下方，松开左键，一个长方形就绘制好了，如图 3-73 所示，图形周围有 8 个空白小圆圈和一个绿圆圈，把鼠

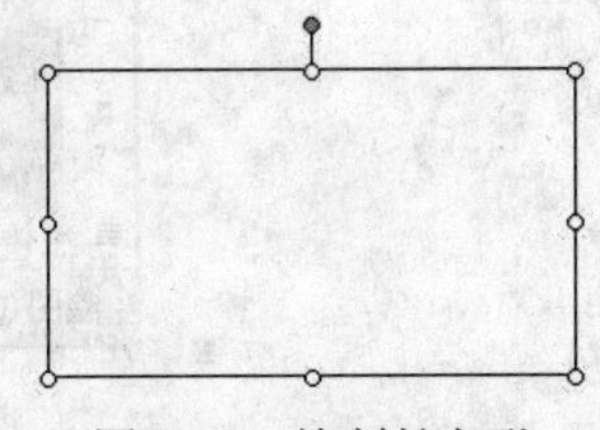
图 3-73 绘制长方形

标指针移到这些圆圈上，鼠标指针的形状也随之发生变化。空白小圆圈是用来调整图形大小的，小绿圆圈是用来旋转图形的。

> 温馨提示：打开“插入”菜单中的“图片”子菜单，执行“自选图形”命令，可以打开“自选图形”工具栏中，在单击“自选图形”工具栏中的“基本形状”里也可以调用“矩形”命令。

4．设置长方形的属性

在长方形中间双击鼠标左键，打开“设置自选图形格式”对话框，如图 3-74 所示，在“大小”选项卡中设置高度为 10 厘米，宽度为 15 厘米。再切换到“颜色与线条”选项卡中，如图 3-75 所示，把“填充”颜色和“线条”颜色都设为红色；最后到“版式”选项卡中把“在画布上的位置”选项卡中的“水平”和“垂直”项都设为 0 厘米，为下一步五颗星的定位做准备。

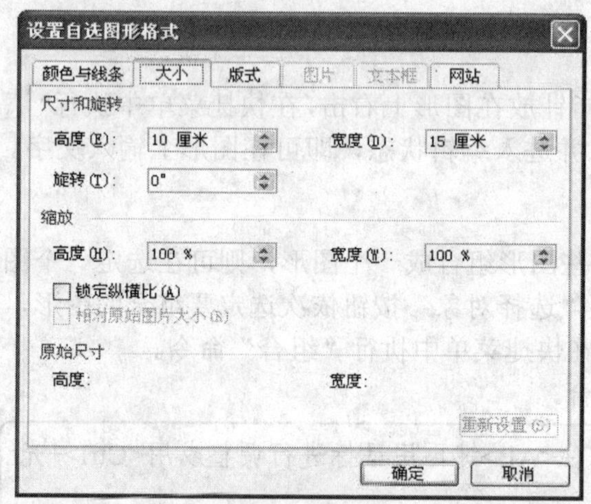

图 3-74 “大小”选项卡

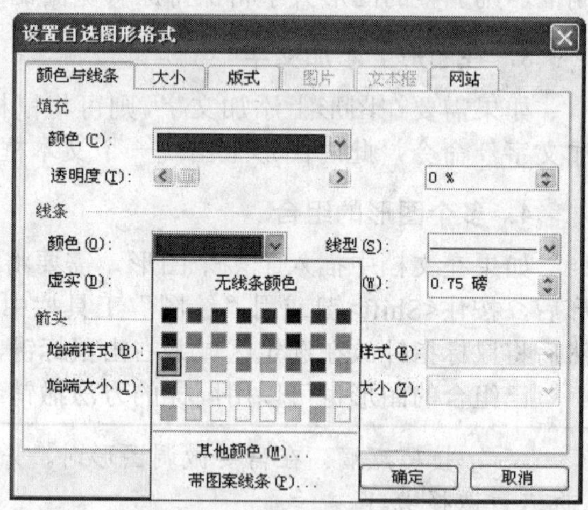

图 3-75 “颜色与线条”选项卡

5．绘制五角星

如图 3-76 所示，在“绘图”工具栏“自选图形”工具栏中，执行“星与旗帜”子菜单下的“五角星”命令，然后在画好的旗面上，按住鼠标左键拖动画出 1 颗五角星。

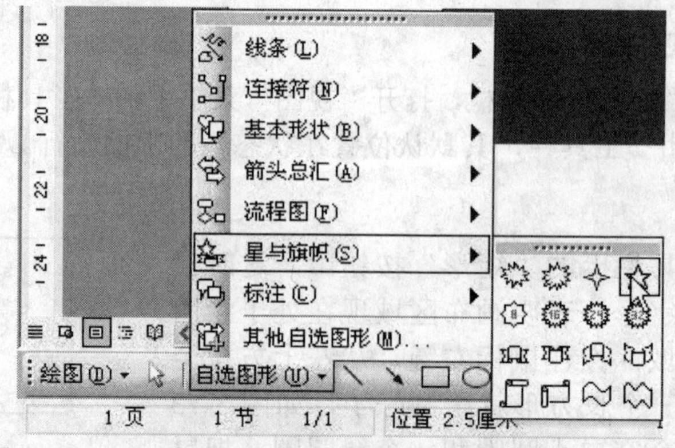

图 3-76 “星与旗帜”子菜单

6. 设置大五角星的属性

设置大五角星的属性与设置长方形的属性方法类似。双击刚才绘制的五角星中间区域，在打开的“设置自选图形格式”对话框中的“颜色与线条”选项中，把“填充”颜色和“线条”颜色都设为黄色；在“大小”选项卡中把高度设为 3 厘米，宽度也设为 3 厘米；最后再到“版式”选项卡中，把“在画布上的位置”水平和垂直都设为 1 厘米。这样大五角星的位置、大小和颜色就设置好了。

7. 复制五角星

右键单击大五角星，在弹出的快捷菜单中执行“复制”命令，再右键单击旗面空白区域，执行“粘贴”命令，复制出 1 颗五角星，再按此方法粘贴出 3 颗，这样就会出现 5 颗有一部分重叠的五角星。为了调整方便，按住鼠标左键把复制出的 4 颗星在旗面上进行移动，分别拖开一定距离。

8. 调整小五角星的大小和位置

双击复制出的 1 颗五角星的中间区域，在“设置自选图形格式”对话框的“大小”选项卡中把高度设为 1 厘米，宽度设为 1 厘米，旋转 246°，如图 3-77 所示；再到“版式”选项卡中，把“在画布上的位置”水平设为 4.5 厘米，垂直设为 0.5 厘米，如图 3-78 所示。

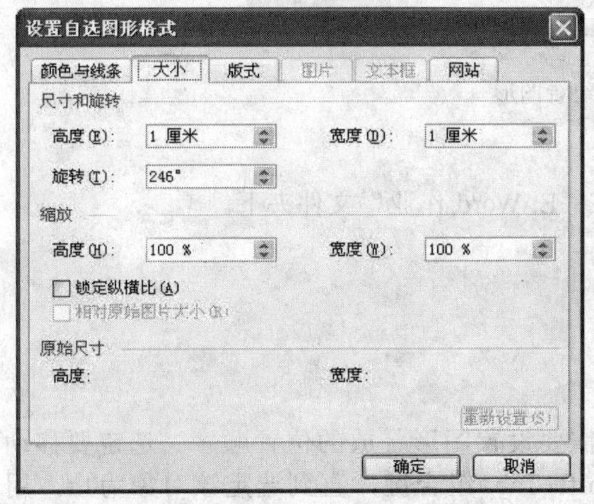

图 3-77　调整小五角星的大小

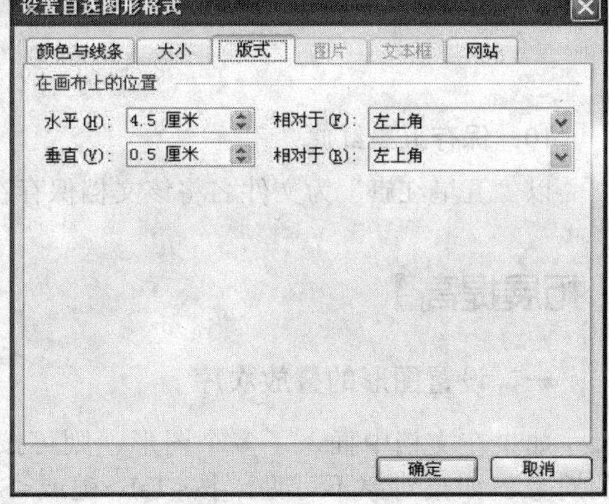

图 3-78　调整小五角星的位置

用同样的方法，把第 2 颗小五角星的高度设为 1 厘米，宽度设为 1 厘米，旋转 261°；“在画布上的位置”水平设为 5.5 厘米，垂直设为 1.5 厘米。第 3 颗小五角星高度设为 1 厘米，宽度设为 1 厘米，旋转 288°；“在画布上的位置”水平设为 5.5 厘米，垂直设为 3 厘米。第 4 颗小五角星的高度设为 1 厘米，宽度设为 1 厘米，旋转 313°；“在画布上的位置”水平设为 4.5 厘米，垂直设为 4 厘米。

> 温馨提示：这里的“旋转的角度”是根据国旗上五角星分布和 4 颗小五角星必须有一角尖正对大五角星的中心点的要求计算出来的。因为不能输入小数，所以稍微有点误差。

9．组合图形

如图 3-79 所示，按住<Ctrl>键，再分别单击大、小 5 颗五角星和红色旗面，也就是把它们都选中，放开<Ctrl>键。然后把鼠标指针指向红色旗面或任意一颗五角星，右击鼠标，在弹出的快捷菜单中执行“组合”菜单下的“组合”命令，就把这 6 个图形对象组合成一个整体，这样就不怕拖动某颗星或旗面时打乱了它们的排列位置。

温馨提示：使用“绘图”工具栏上绘图菜单中的“组合”命令也可以组合图形。

图 3-79　组合图形

10．保存五星红旗

以“五星红旗”为文件名将该文档保存在“E:\Word 作业”文件夹下。

【拓展提高】

一、设置图形的叠放次序

如果在文档中插入了多个图形，则可按需要设置图形叠放的位置顺序。选定要移动的对象。如果对象不可见，按<Tab>键或<Shift+Tab>组合键，直到选定该对象为止，用鼠标右击要调整顺序的图形，在弹出的快捷菜单中打开“叠放顺序”子菜单，然后单击所需要的次序，如：置于顶层、置于底层、上移一层、下移一层、浮于文字上方、衬于文字下方。

二、图形的旋转与翻转

在 Word 中可将图形和图形组合向左或向右旋转 90°，也可以是其他任意角度，还可以水平或垂直翻转图形对象。旋转或翻转图形对象的操作步骤如下：

（1）选定需要旋转的图形对象。

（2）在图形上方会出现一个绿色的控制点，将光标移到该控制点上，当光标变成旋转形状时，拖动控制点并按任意方向旋转。

（3）若需要将图形逆时针旋转 90°、顺时针旋转 90°、水平翻转或垂直翻转，则可以单击工具栏上方的“绘图”按钮，然后执行“旋转或翻转”中的相应命令。

☞ 技巧点滴：若要以 15° 为单位旋转对象，可在使用“自由旋转”工具时按住<Shift>键。要使对象绕着控制点进行旋转，可在使用“自由旋转”工具时按住<Ctrl>键。

【实战演练】

利用自选图形工具制作禁烟标志，如图 3-80 所示。

提示：禁止符的绘制可以使用“自选图形”中“基本形状”子菜单下的“禁止符”命令。香烟由过滤嘴、主体、燃烧、烟雾四部分组成，香烟的主体部分将其填充色设置为“白色”，过滤嘴部分设置其填充色为“填充效果→纹理→纸莎草纸”。燃烧部分选择“基本图形”中的“十六角星”，其线条颜色设置为“红色”，填充色选择“花岗岩”的纹理效果。烟雾的制作，选择“自选图形”中的“星与旗帜”下的“双波形”，设置其填充色为“灰度-25%”。

简易禁止吸烟标志，可以在 Word 中用字母的转换来实现：输入一个英文小写字母“z”，将其字体设置为“Webdings”，即出现一个禁烟标志符号，调整其字号大小可以改变标志的大小，如图 3-81 所示。

图 3-80　禁烟标志

图 3-81　简易禁烟标志

课题八　古诗画卷的制作

【课题效果】

本课题要达到的效果，如图 3-82 所示。

【课题分析】

本课题的主要内容是制作一幅古诗画卷，如图 3-82 所示，该画卷主要由横卷形、文本框、图片等组合而成。本课题包括的知识要点有页面设置、文本框的插入、文本框的格式设置及相关编辑操作、图片的插入等。重点操作是页面大小和页边距的设置、文本框的插入、文本框位置和大小的调整、文本框线条颜色和填充颜色的设置、图片的插入等。

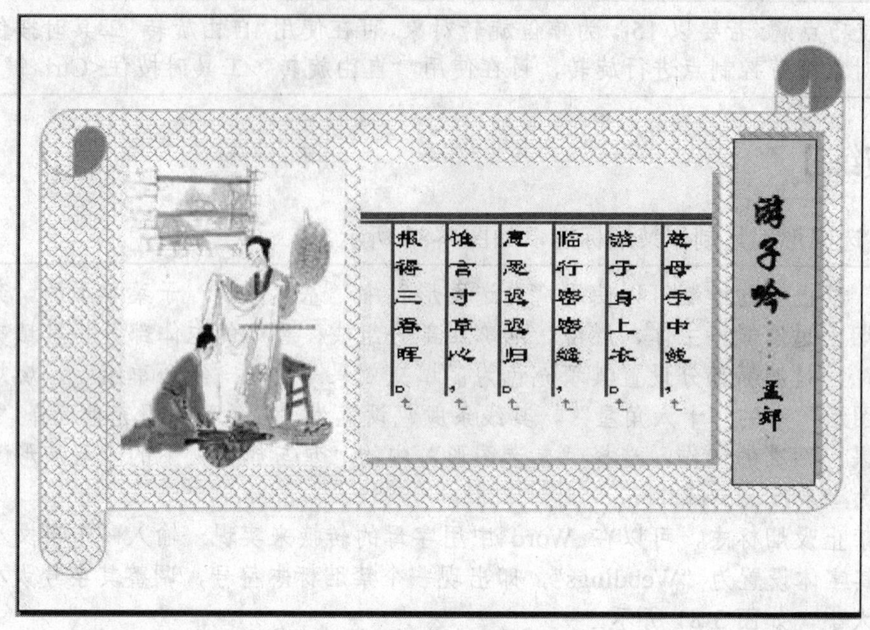

图 3-82 古诗画卷效果图

【知识链接】

一、纸张大小和方向

打印文档之前，首先要考虑的是打印纸张的大小。Word 默认的纸张大小是 A4（宽度 210mm，高度 297mm）、页面方向是纵向。如果用户设置的纸张和实际打印纸张的大小或方向不一样，那么打印时就会出现错误。

在日常工作中，常用的纸型有 A4、B5、16 开。通常，打印公文用 A4 纸，打印普通文档可用稍小一些的 B5 和 16 开纸，Word 文档中纸张大小的设置，应根据打印用纸进行选择。

执行“文件”菜单下的“页面设置”命令，弹出“页面设置”对话框，选择“纸张”选项卡，单击“纸张大小”下拉列表框右边的下拉箭头，从下拉列表框中选择要使用的打印纸张；也可以在下拉列表框中选择“自定义大小”，在高度和宽度中输入精确值。

二、页边距

页边距是指打印出的文本与纸张周边之间的距离。Word 都是在页边距以内打印文本，而页眉、页脚及页码等都打印在页边上。在页面视图或打印预览模式下，水平标尺有左、右页边距标志，垂直标尺有上、下页边距标志，页边距标志显示为标尺两端的一段灰色区域。要改变页边距，可用鼠标指针拖动标尺的页边距标志区到指定位置。在“页边距”选项卡中，则可根据需要精确设置页边距，纸张方向有“纵向”和“横向”两种选择。

三、文本框的相关操作

文本框一般用于文档标题的修饰，可以使文字以竖排的方式在版面上出现，使版面更加活跃。有时需要在一个段落、页边距等受限制的页面内自由移动文本，而文本框将承担这项功能。

Word 2003 提供了强大且方便的文本框功能，可插入一个空的文本框，然后向其中放置一些内容。也可选取一些内容，然后将其放置在文本框中。文本框中可放置文本、图片、表格等内容。

1．插入文本框

单击“绘图”工具栏中的“文本框”按钮或打开“插入”菜单，执行“文本框”子菜单下的“横排”命令，Word 将在文档插入点位置建立一个空白的绘图画布，鼠标指针变成十字形。在绘图画布中单击或拖动鼠标指针，便插入一个文本框。

如果要插入竖排文本框，打开“插入”菜单，执行“文本框”子菜单中的“竖排”命令或单击工具栏上的“竖排文本框”按钮。

2．在文本框中输入文本或插入图片

将光标置于文本框内，此时插入点在文本框中闪烁着，可以向文本框中输入文本或图片，也可对文本框内的文本或图片进行编辑排版。

3．用鼠标调整文本框的大小

向文本框中输入文本，当输入的文本到达文本框的边界时会自动换行，文本框不会随着输入文本的增加而自动扩展，如果文本框不能容纳所输入的文本，则有一部分内容将无法看到。

可用鼠标调整文本框的大小以看到全部的内容。即用鼠标单击文本框将其选中，然后将鼠标指针放到文本框的任一控制点上，按住并拖动控制点以增加文本框的宽度和高度。

可以使用“绘图”工具栏上的相应选项来增强文本框的效果，如更改其填充颜色，操作方法与自绘图形对象的设置类似。

四、插入图片与格式设置

1．插入图片

合适的图片在文档中往往可以起到画龙点睛的作用，能美化文档、使形象更加生动。在 Word 中可以打开“插入”菜单，执行“图片”子菜单中的命令来插入图片，也可以通过剪贴板来复制其他应用程序中的图片。

图片插入到文档后，它的大小及所在位置应根据排版需要加以修改。

2．调整图片大小

单击所要操作的图片，这时图片的四周会出现 8 个实心的小方块，这表示此图片已经被选定，可以进行修改操作。实心的小方块叫控制点。把鼠标指针放置在控制点上，这时鼠标指针的形状变成双箭头形。拖动四个角上的控制点可成比例地改变图片的大小，拖动上、下边中间的控制点可改变图片的高度，拖动左、右边中间的控制点可改变图片的宽度。

3．调整图片位置

单击所要操作的图片，选定图片，把鼠标指针放置在图片上，这时鼠标指针形状变成十字箭头形，拖动鼠标指针可调整图片的位置。

4．环绕方式

图片插入到文档后，文字与图片的位置关系叫做文字对图片的环绕。文字对图片的环绕有嵌入型、四周型、紧密型、穿越型、上下型等方式，用户可根据排版需要加以选用。

选定图片，右击图片，在弹出的快捷菜单中执行“设置图片格式”命令，将出现“设置图片格式”对话框，在对话框的“版式”选项卡中选择所需要的环绕方式。

【操作步骤】

1．新建以“古诗画卷”为文件名的文档

新建一个空白文档，以“古诗画卷”为文件名保存在“E:\Word 作业”文件夹下。以后在制作过程中随时单击“常用”工具栏上的“保存”按钮保存文档。

2．页面设置

执行“文件”菜单中的“页面设置”命令，弹出“页面设置”对话框，在“纸张”选项卡中设置纸张大小为“16 开”，如图 3-83 所示；在“页边距”选项卡中设置上、下、左、右页边距均为“0 厘米”，选择方向为“横向”，如图 3-84 所示。

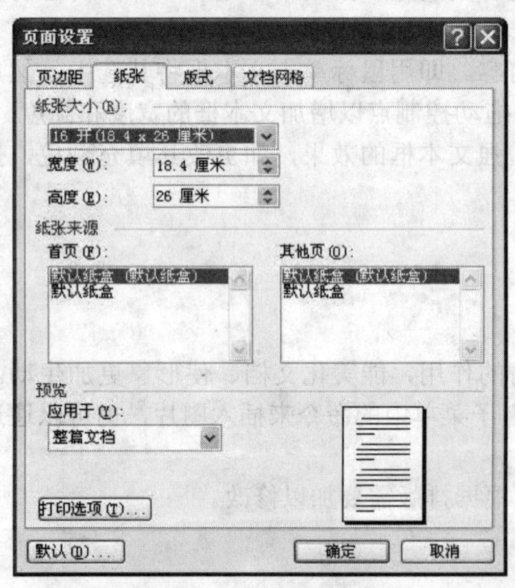

图 3-83 “纸张”选项卡

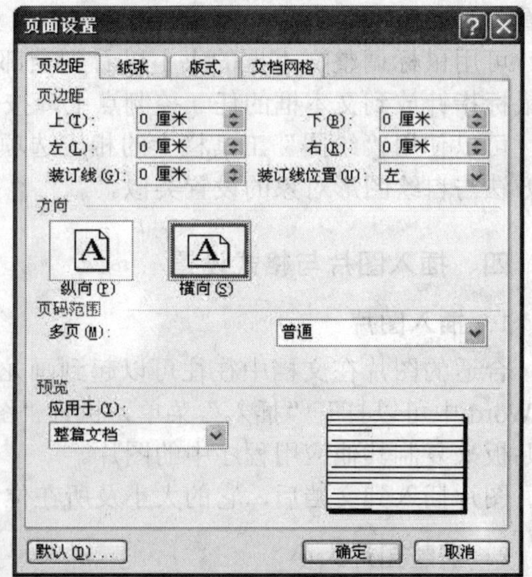

图 3-84 “页边距”选项卡

3．绘制横卷形图案

调用“绘图”工具栏上的“横卷形”工具，如图 3-85 所示，在页面中插入横卷形的图案，调整图案大小与页面相适应，如图 3-86 所示。

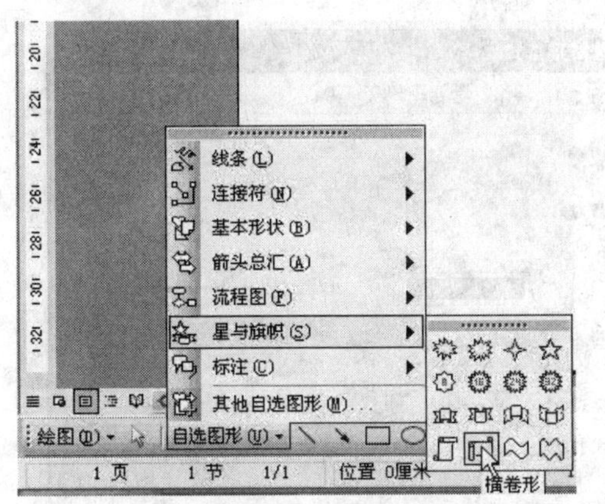

图3-85 “横卷形”工具

图3-86　横卷形图案

4．设置横卷形图案的线条颜色和填充颜色

单击横卷形图案所在区域，即可选定它，单击“绘图”工具栏上的“线条颜色”按钮右边的小三角形，在弹出的颜色列表中选取“玫瑰红”，即可将其边框颜色设置为玫瑰红；单击“绘图”工具栏上“填充颜色”按钮右边的小三角形，在弹出的颜色列表中选择“填充颜色”，弹出“填充效果”对话框，选择“图案”选项卡，如图3-87所示。选取图案为“瓦形”，前景为“玫瑰红”，背景为“白色”，最后单击“确定”按钮即可为其填充上玫瑰红颜色的瓦形图案，效果如图3-88所示。

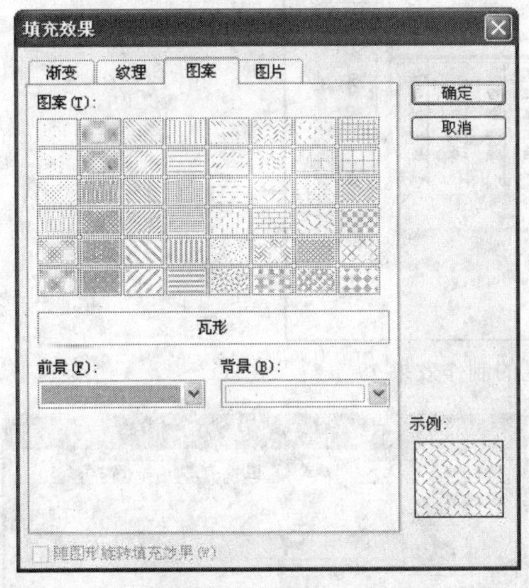

图3-87 “填充效果”对话框的“图案”选项卡

图3-88　横卷形图案填充后的效果

5．输入标题

单击“绘图”工具栏上的“竖排文本框”按钮，插入一个竖排文本框，并在文本框中输入标题文字。设置文本框填充色为“茶色”，线条颜色为“褐色”，阴影样式为“阴影样式2”；设置标题“游子吟”的字体为“行楷”、字号为“小初”；“孟郊”字体为“魏碑”、字号为“小一”。调整标题文本框的大小和位置。

6. 输入正文

按照输入标题的方法，先插入一个竖排文本框，然后输入文字，再设置其格式，最后调整标题文本框的大小和位置。

设置文本框填充色为“浅黄色”，线条颜色为“无线条颜色”，阴影样式为“阴影样式 6”；设置正文字体为“隶书”、字号为“小一”、下划线为“粗实线”、颜色为“褐色”。

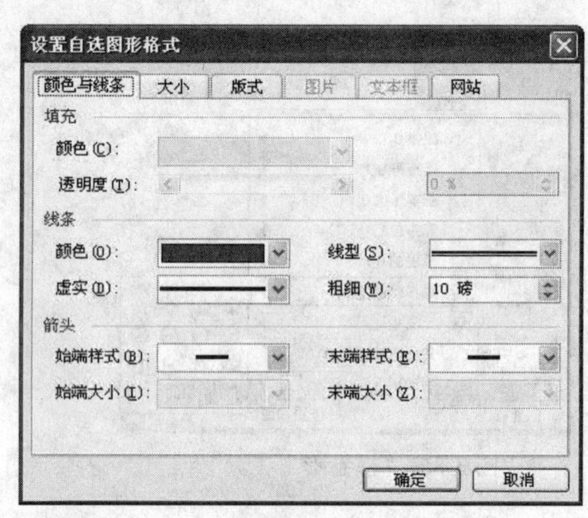

图 3-89 “设置自选图形格式”对话框

7. 绘制正文区装饰线条

单击“绘图”工具栏上的“直线”按钮，在正文区绘制一条水平直线。选取该直线，单击鼠标右键，在弹出的快捷菜单中执行“设置自选图形格式”命令，弹出“设置自选图形格式”对话框，如图 3-89 所示，在“颜色与线条”选项卡中，选择颜色为“褐色”、线型为、虚实为“实线”、粗细为“10 磅”，最后单击“确定”按钮，制作的效果如图 3-90 所示。

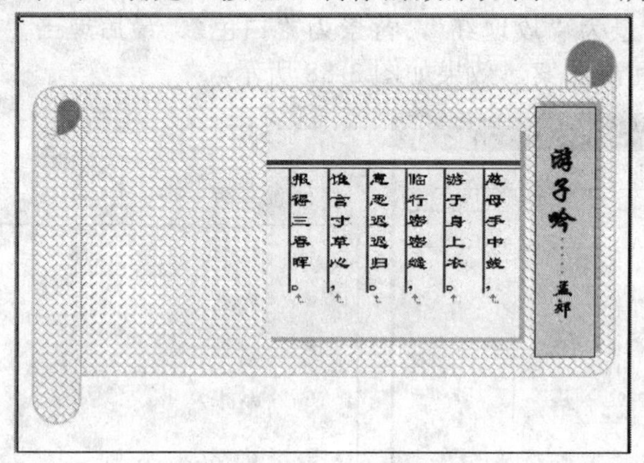

图 3-90 标题和正文区的制作效果

8. 插入图片

打开“插入”菜单，执行“图片”子菜单下的“来自文件”命令，弹出“插入图片”对话框，选择与此诗意境接近的图片插入到文档中来。

选取图片，单击鼠标右键，在弹出的快捷菜单中执行“设置图片格式”命令，弹出“设置图片格式”对话框，如图 3-91 所示，在“版式”选项卡中，设置环绕方式为“浮于文字上方”，最后单击“确定”按钮。

接下来，调整图片的大小和位置，完成古诗画卷的制作，效果如图 3-82 所示。

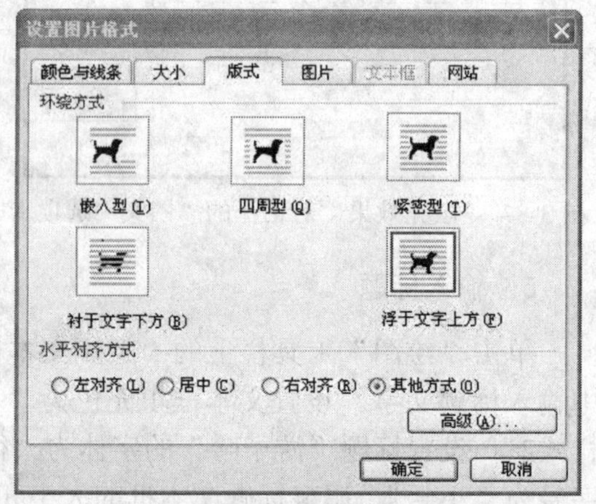

图 3-91 设置环绕方式

9. 保存文档

单击常用工具栏上的“保存”按钮，保存文档。

【拓展提高】

一、异形文本框

默认的文本框是一个矩形框，也可用下列方法改变其外形。选中插入的文本框，然后点击“绘图”工具栏中的“绘图→改变自选图形”，然后在给出的类别中选一个合适的自选图形，文本框的外形就改变了。

另外，也可以先添加一个自选图形，然后选中它，单击鼠标右键，在快捷菜单中选择“添加文字”，也可以把这个自选图形改成文本框。

二、裁剪图片

插入图片后，除了可以对图片的大小进行调整之外，还可以将不需要的图片区域进行裁剪。

使用鼠标对图片进行裁剪的基本操作步骤如下：

（1）选择需要裁剪的图形或图片，必要时打开“图片”工具栏。

（2）单击“图片”工具栏中的“裁剪”按钮。

（3）按住鼠标左键，拖动鼠标指针并向图片内部移动时，可以隐藏图片的部分区域；当鼠标指针向图片外部拖动时，可以增大图片周围的空白区域。

（4）松开鼠标左键，完成图片裁剪。

此外，还可以使用菜单对图片进行精确裁剪，其基本步骤如下：

（1）选中要进行裁剪的图片，打开“设置图片格式”对话框。

（2）在“图片”选项卡中的“裁剪”区有“左”、“右”、“上”、“下”四个文本框，它们分别表示选中图片四周将裁剪的厘米数。

（3）在裁剪文本框中输入需要裁剪的数值后，单击“确定”按钮，完成精确裁剪。

图片被裁剪的部分不是真正被裁剪掉了，只是被隐藏起来了，只要单击“图片”工具栏中的“重设图片”按钮 ，或者在“设置图片格式”对话框的“图片”选项卡内单击“重新设置”按钮，就能将图片恢复到原来的尺寸。

三、调整图片色调

用户可以调整插入图片的对比度和亮度，或将图形颜色转换为灰度、冲蚀、黑白等效果。调整图形色调的步骤如下：

（1）选择要编辑的图片，必要时打开“图片”工具栏。

（2）单击“图片”工具栏中的“增加对比度”按钮或“降低对比度”按钮来调整图片的对比度。

（3）单击“增加亮度”按钮或“降低亮度”按钮来调整图片亮度。

（4）单击“颜色”按钮，在下拉菜单中选择“灰度”、“冲蚀”或“黑白”等菜单命令来改变图片的色彩。

【实战演练】

制作如图 3-92 所示的诗画卷，以“江雪”为文件名保存在“E:\Word 作业”文件夹中。

图 3-92 诗画卷效果图

课题九 荣誉证书的制作

【课题效果】

本课题要达到的效果，如图 3-93 所示。

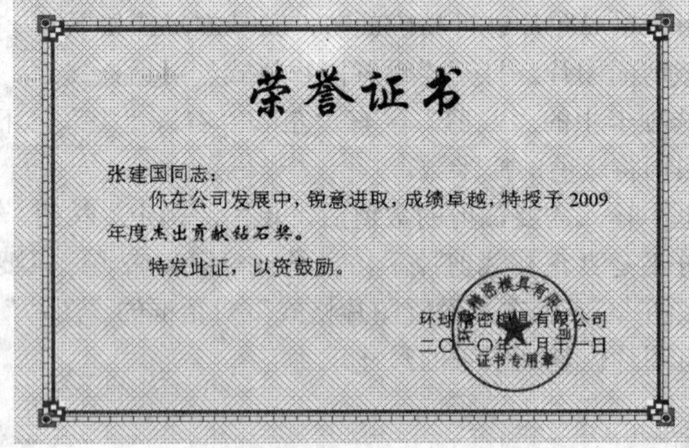

图 3-93 荣誉证书效果图

【课题分析】

本课题的主要内容是制作一张典型的荣誉证书，如图 3-93 所示，该荣誉证书主要由页面背景、页面边框、文本框、印章等组合而成。本课题包括的知识要点有页面设置、背景设置、文本框的插入、艺术字的插入、格式设置及相关编辑操作等。重点操作是自定义页面大小、页面背景设置、艺术字插入及调整等。

【知识链接】

一、创建艺术字

艺术字是一种特殊的文字，它表面上是文字，实质上是图形。在编辑文档的时候，为了表达特殊的效果，需要对文字进行一些修饰处理。利用 Word 的“艺术字”功能，可以将文字设置成艺术字的效果。创建艺术字的方法如下：

(1)单击“艺术字”工具栏或“绘图”工具栏的“插入艺术字”按钮，或打开“插入”菜单选择“图片”中的“艺术字”；

(2) 在“艺术字库”对话框中选定所需的样式；

(3) 单击“艺术字库”对话框中的“确定”按钮，弹出“编辑艺术字文字”对话框；

(4) 在对话框中输入要设置成艺术字的文本，单击对话框中的“确定”按钮，则屏幕上出现艺术字。

二、编辑艺术字

艺术字创建好后，还可以对它进行各种修饰，如改变艺术字的样式、字体、大小和形状，设置艺术字自由旋转、阴影和三维效果等。对艺术字进行修饰之前必须先选定艺术字。

1. 选定艺术字

对艺术字编辑操作的前提是选定艺术字，选定艺术字的方法是：将鼠标指针置于艺术字上，当指针变形为十字箭头时，单击左键即可。此时，艺术字四周会出现 8 个方形控制点，同时弹出“艺术字”工具栏。

2. 改变艺术字样式

先选定要改变样式的艺术字，然后单击“艺术字“工具栏上的“‘艺术字’库”按钮，在弹出的“‘艺术字’库”对话框中选择新的艺术字样式，再单击“确定”按钮。

3. 改变艺术字的形状

先选定要改变形状的艺术字，然后单击“艺术字”工具栏上的“艺术字形状”按钮，在弹出的“艺术字形状”列表中，共有 40 种形状可供选择，选择相应的艺术字形状即可。

4. 为艺术字设置阴影、三维效果

选定要设置效果的艺术字，单击“绘图”工具栏上的“阴影样式”按钮或“三维效果样式”按钮，在弹出的样式列表中，选择适当的样式即可。

艺术字的位置、大小、旋转和环绕等设置操作与图形的操作相同，这里不再赘述。

【操作步骤】

1. 新建以“荣誉证书”为文件名的文档

新建一个空白文档，以“荣誉证书”为文件名保存在“E:\Word 作业”文件夹下。以后在制作过程中随时单击“常用”工具栏上的“保存”按钮，保存已完成的内容。

2．页面设置

执行“文件”菜单中的“页面设置”命令，弹出“页面设置”对话框，在“页边距”选项卡中设置上、下、左、右页边距均为“3 厘米”，选择方向为“横向”，如图 3-94 所示。在“纸张”选项卡中设置纸张大小为“自定义大小”，宽度为“28 厘米”，高度为“19 厘米”，如图 3-95 所示。

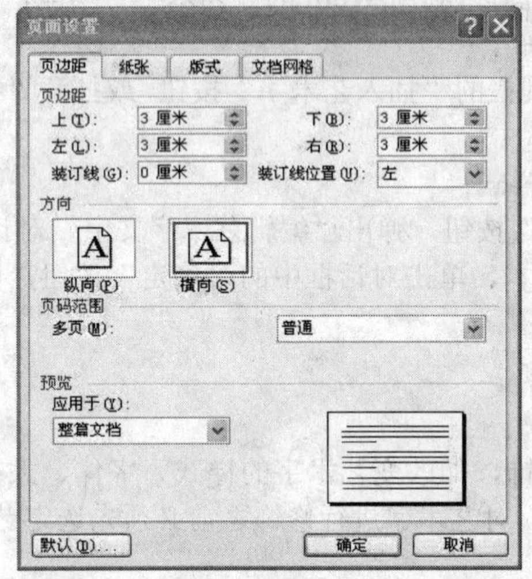

图 3-94 “页面设置”对话框“页边距”选项卡

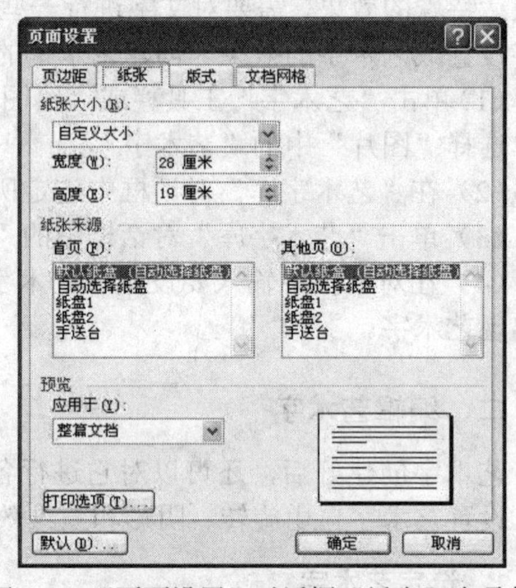

图 3-95 “页面设置”对话框“纸张”选项卡

3．设置荣誉证书背景

在页面上插入一个矩形，调整矩形大小使它和页面大小相同，双击矩形弹出“设置自选图形格式”对话框，在“颜色与线条”选项卡中设置线条颜色为“无线条颜色”，然后选择填充颜色框下的“填充效果”，弹出“填充效果”对话框，如图 3-96 所示，在“图案”选项卡中选择“点式菱形”的图案，选择图案前景色为“褐色”，背景色为“淡黄色”，单击“确定”按钮完成页面背景设置。设置矩形的叠放层次为“置于底层”。

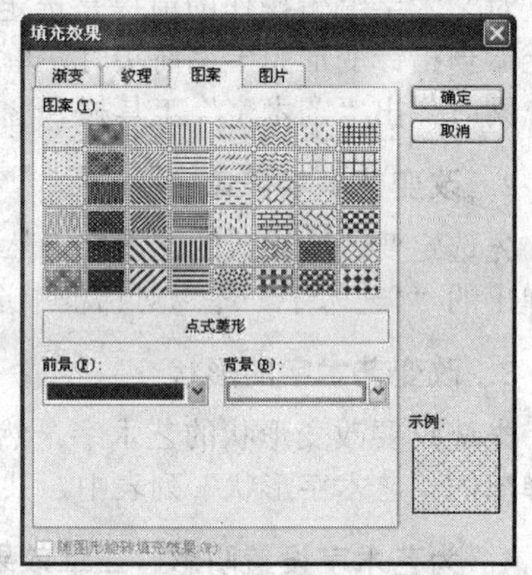

图 3-96 “填充效果”对话框

温馨提示：也可用 Word 2003“格式”菜单中“背景”子菜单下的“填充效果”和“背景颜色”等功能设置页面背景，但文档背景和填充效果不能在普通视图和大纲视图中显示，若要显示，需切换到其他视图;默认情况下，不能预览和打印用“背景”创建的文档背景，要预览或打印背景效果，可执行“工具”菜单中的“选项”命令，在弹出的对话框中选择“打印”选项卡，选中“背景色和图像”复选框。

4．设置页面边框

执行“格式”菜单中的“边框和底纹”命令，弹出“边框和底纹”对话框，如图 3-97 所示，在“页面边框”选项卡中设置页面边框为“方框”，颜色为“红色”，宽度为“31 磅”，选择所需的艺术型；然后单击对话框中的“选项”按钮，弹出“边框和底纹选项”对话框，如图 3-98 所示，设置上、下、左、右边距均为“30 磅”，度量依据为“页边”，单击“确定”按钮返回“边框和底纹”对话框，最后单击“确定”按钮完成页面边框的设置。

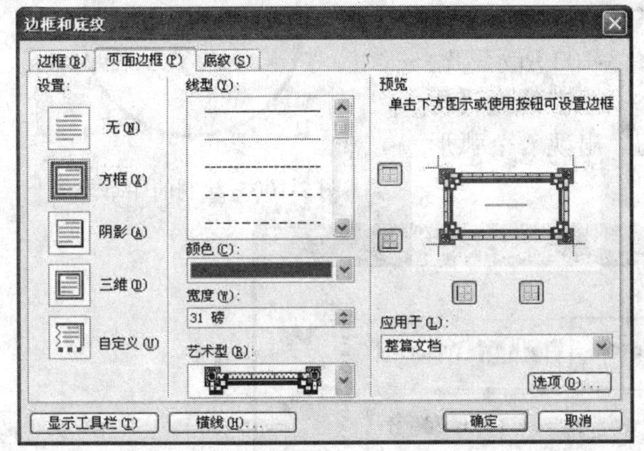

图 3-97　“边框和底纹”对话框

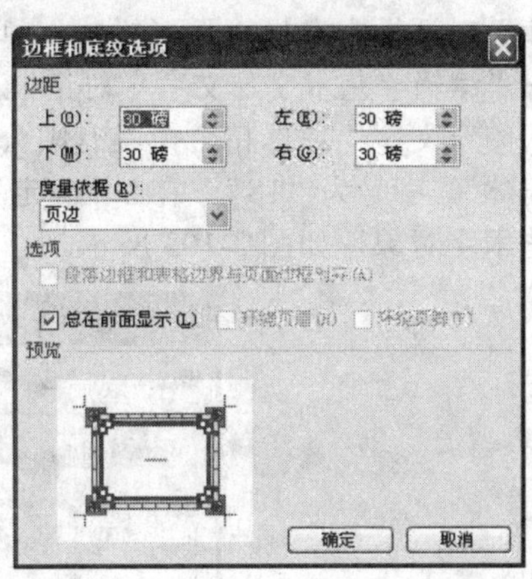

图 3-98　“边框和底纹选项”对话框

5．添加荣誉证书内容

通过“绘图”工具栏的“文本框”按钮插入一个文本框，将文本框格式设置成“无填充颜色”、“无线条颜色”，调整文本框的大小和位置。在文本框中输入文本，并设置文本格式，效果如图 3-99 所示。

6．制作印章外形

印章外形一般是圆形。绘制方法如下：

单击“绘图”工具栏上的“椭圆”按钮，同时按住<Shift>键拖动鼠标画出一个标准的圆形，圆的大小根据印章的大小来定。

然后选定刚画出的圆形，分别单击“绘图”工具栏里的“线条颜色”和“线型”按钮来设置圆形的颜色和粗细，将圆的线条颜色改为“红色”，粗细设为“3 磅”，填充透明度为“100%”，环绕方式为“四周型”，如图 3-100 所示。

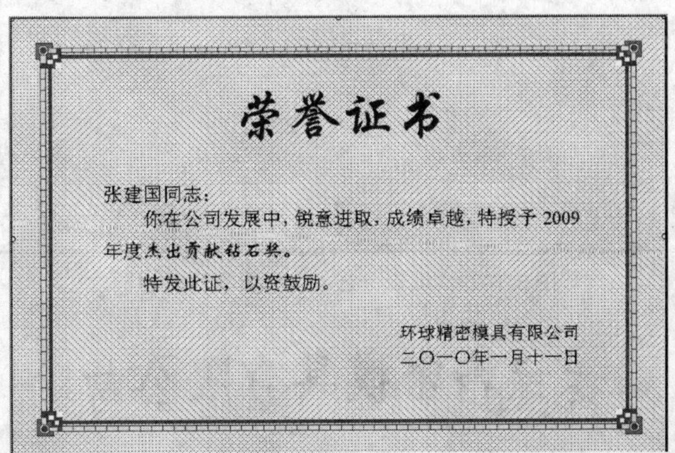

图 3-99　添加文字内容的荣誉证书

7. 制作印章上方文字

单击“绘图”工具栏上的“插入艺术字”按钮，弹出“艺术字库”对话框，如图3-101所示，在“艺术字库”对话框中选择“弧形样式”，单击“确定”按钮，弹出“编辑‘艺术字’文字”对话框，如图3-102所示，输入印章文字“环球精密模具有限公司”，设置字体为“仿宋体”、字号为“18”，单击“确定”按钮，出现一个弧形艺术字对象，如图3-103所示。

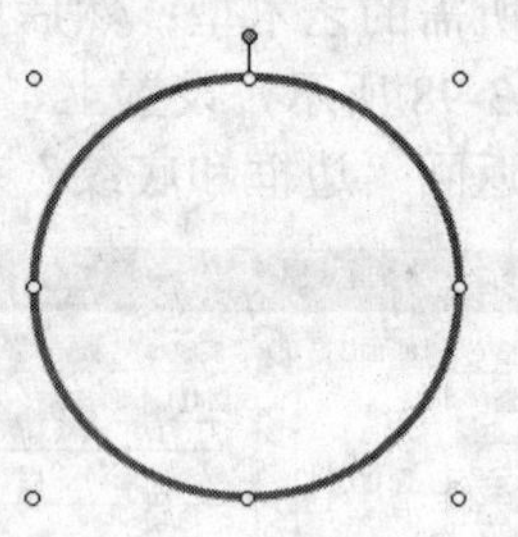
图3-100 绘制的印章外形

图3-101 “艺术字库”对话框

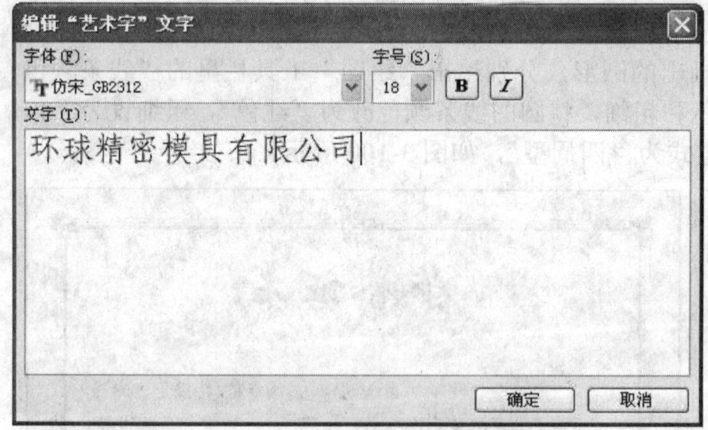

图3-102 “编辑‘艺术字’文字”对话框

环球精密模具有限公司

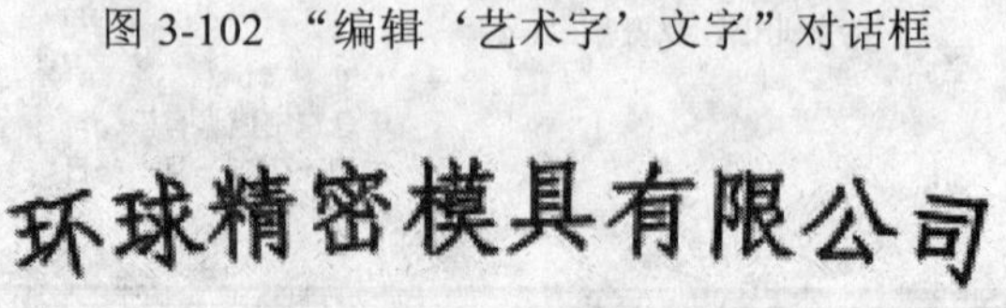

图3-103 弧形艺术字对象

选中刚插入的弧形艺术字对象，出现“艺术字”工具栏，单击“设置艺术字格式”按钮，将艺术字填充色和线条颜色设为“红色”，环绕方式设为“浮于文字上方”。拖动艺术字图形的大小控制点，调整艺术字的宽度和高度，拖动弧形调整控制点（黄色菱形点），调整艺术字的圆弧度，使其接近标准圆的圆弧。将调整后的文字移动到圆形内，如图 3-104 所示。

按类似的方法，制作印章下方艺术字“证书专用章”。

图 3-104 制作弧形文字

8. 制作印章中间的五角星

如图 3-105 所示，单击“自选图形”中“五角星”工具图标，插入一个五角星，调整好大小后放在圆形的中间，设置填充颜色和线条颜色均为“红色”，最后把五角星移动到印章中央。

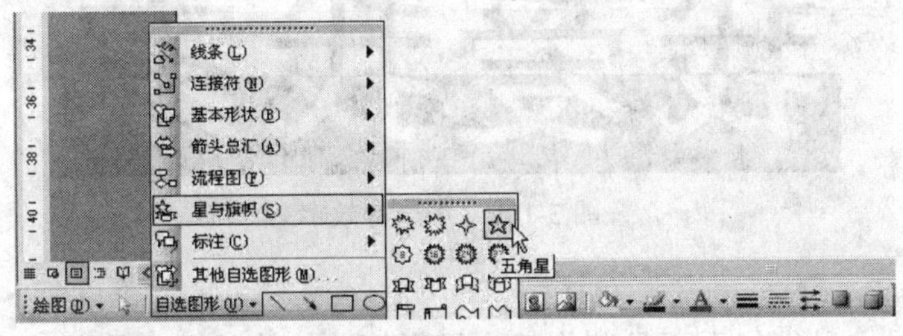

图 3-105 “五角星”工具图标

9. 组合组成印章的图形

调整好圆形、印章文字、五角星的位置，若位置不准，可按<Ctrl+↑>、<Ctrl+↓>、<Ctrl+←>、<Ctrl+→>来微调。相互间的位置和大小调整完全满意后，按住<Shift>键，用“绘图”工具栏上的选择对象按钮把组成印章的文字和图形全部选上，右击印章，在快捷菜单中执行“组合”子菜单的“组合”命令，把组成印章的各个图形组合成一个整体，便于移动和调整。制作好的印章如图 3-106 所示。

图 3-106 制作好的印章

10. 组合印章和荣誉证书的文字内容

将制作好的印章移动到荣誉证书中，根据情况调整好其大小和位置，最后进行组合。制作好的荣誉证书的效果如图 3-93 所示。

【拓展提高】

常见特效字的制作

1. 水淹特效字

水淹特效字具有端庄、严肃、对比强烈等特点，被广泛应用于图书、报纸、杂志的栏目及标题文字中。水淹特效字的制作方法如下：

（1）新建一个 Word 文档，输入两排相同的文字“我爱我家”，设置字体为“黑体”，字号为“75 磅”、加粗，第一排文字为黑色，第二排文字为白色，并单击“格式”菜单中“边框和底纹”命令项，在弹出的对话框中选择“底纹”选项卡，为第二排文字设置黑色底纹。

（2）选中第一排黑色文字并将其“剪切”下来，执行“编辑→选择性粘贴”命令，选择“Microsoft Word 文档 对象”后单击“确定”按钮；将粘贴对象的环绕方式设置为“浮于文字上方”，选择“图片”工具栏上的“裁剪”工具将其下半部分裁剪掉（裁剪时可按住<Alt>键进行精细调整）。

（3）选中第二排黑色文字并将其“剪切”下来，单击“编辑”菜单中的“选择性粘贴”命令项，选择“Microsoft Word 文档 对象”后单击“确定”按钮。将粘贴对象的环绕方式设置为“浮于文字上方”，单击“图片”工具栏上的“裁剪”工具将其上半部分裁剪掉。

（4）将裁剪剩下的两部分组合起来，最终效果如图 3-107 所示。

图 3-107　水淹特效字

2．渐变颜色字

渐变颜色字是一种很好看而且制作起来又很简单的特效字，具有活泼漂亮等特点。渐变颜色字的制作方法如下：

（1）新建一个 Word 文档，插入艺术字，选第一种样式并输入文字内容“渐变颜色字”，设置字体为“华文行楷”，字号为“72 磅”、加粗。

（2）设置艺术字格式，设定线条颜色为“无线条颜色”，在填充颜色中选择“填充效果”，在“填充效果”对话框中选择“过渡”选项卡，设置“颜色”为“双色”，“底纹样式”为“纵向（垂直）”，选择颜色 1 为“淡紫色”，颜色 2 为“金色”，选择左下方的变形效果，单击“确定”按钮。

（3）为达到较好的视觉效果，可以给艺术字加上阴影。选定艺术字对象，单击“绘图”工具栏上的“阴影”按钮，选择“阴影样式 14”，还可选择“阴影设置”来设置阴影的颜色和偏移量。最终效果如图 3-108 所示。

图 3-108　渐变颜色字

3．双色特效字

双色特效字是一款非常大方、活泼、醒目的特效字。双色特效字的制作方法如下：

（1）新建一个文档，输入文字“上下两种颜色”，设置字体为“琥珀体”，大小为“75 磅”，颜色为“蓝色”，选中文字后执行“编辑”菜单中的“剪切”命令。

（2）执行“编辑”菜单中的“选择性粘贴”命令，选择“Microsoft word 文档 对象”后单击“确定”按钮，重复进行“选择性粘贴”操作，被粘贴进的两个对象将会重复叠放在一起。

（3）用鼠标左键双击对象，Word 将新建一个窗口编辑对象，选中文字，设置文字颜色为“红色”，执行“文件”菜单中的“关闭并返回”命令。

（4）选中红色对象，注意观察对象的四边共有 8 个小方框，这是对象的尺寸控制点。执行“视图”菜单中的“工具栏”命令，打开“图片”工具栏，单击“图片”工具栏上的“裁剪”按钮，按住对象底边中间的一个尺寸控制点，向上拖动到对象高度一半的位置后放开（拖动时可按住<Alt>键进行精细调整），便见到特效字了，如图 3-109 所示。

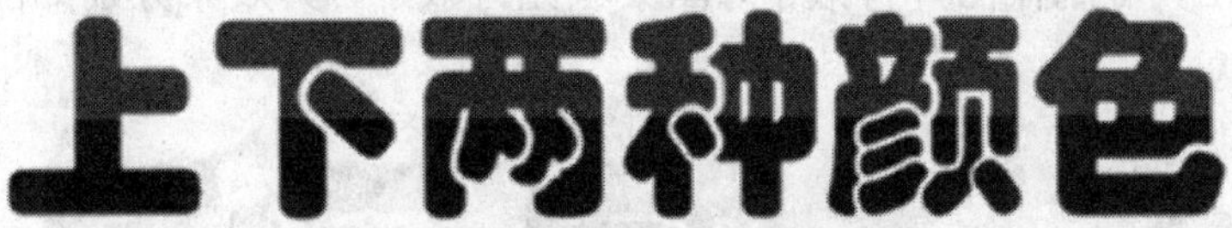

上下两种颜色

图 3-109　双色特效字

（5）为方便特效的应用，可将所有对象组合起来。单击绘图工具栏上的“选择对象”按钮（即鼠标指针形状的那个按钮），框选上面的对象，并右键单击对象后执行“组合”菜单下的“组合”命令，所有对象便被组合成一个对象了。最终效果如图 3-109 所示。

4．礼花特效字

Word 的动态文字效果只能在屏幕上观看，无法打印出来，不过可以利用屏幕复制技术捕捉其某一时刻的静态画面，制作成漂亮的特效字。

（1）新建一个 Word 文档，输入文字内容“礼花绽放”，设置字体为“隶书”，颜色为“蓝色”，字号为“72 磅”。

（2）选中输入的文字，执行“格式”菜单中的“字体”命令，在“字体”对话框中选择“文字效果”选项卡，选择“礼花绽放”动态效果，单击“确定”按钮。

（3）这时出现的是“礼花绽放”动态效果，此时按下<Alt>键观看此效果的静态画面，当看到满意的静态画面时按下键盘的<Print Screen SysRq>键进行屏幕复制。

（4）执行“编辑→粘贴”命令，将刚才复制的整个屏幕图像粘贴到页面中，单击“图片”工具栏中的“裁剪”按钮，依次拖动图片的上、下、左、右四处控制点，将图片中不需要的多余部分裁剪掉。最终效果如图 3-110 所示。

图 3-110　礼花特效字

5．纹理填充字

（1）新建一个 Word 文档，插入艺术字，选第一种样式并输入文字内容“纹理填充字”，设置字体为“华文行楷”，字号为“72 磅”、加粗。

（2）设置艺术字格式，设定线条颜色为“无线条颜色”，在填充颜色中选择“填充效果”，在“填充效果”对话框中选择“纹理”选项卡，选择“白色大理石”，然后单击“确定”按钮。

（3）为艺术字设置阴影，选择“阴影样式 14”。最终效果如图 3-111 所示。

图 3-111　纹理填充字

按同样的方法，可制作图片特效字、图案填充特效字，其效果分别如图 3-112、图 3-113 所示。

图 3-112　图片特效字

图 3-113　图案填充特效字

【实战演练】

如图 3-114 所示，制作奖状，以“奖状”为文件名保存在“E:\Word 作业”文件夹中。背景填充效果设置为“轮廓式菱形”，前景色为“茶色”，背景色为“白色”。

图 3-114　奖状效果图

课题十　书刊页面的编排

【课题效果】

本课题要达到的效果，如图 3-115 所示。

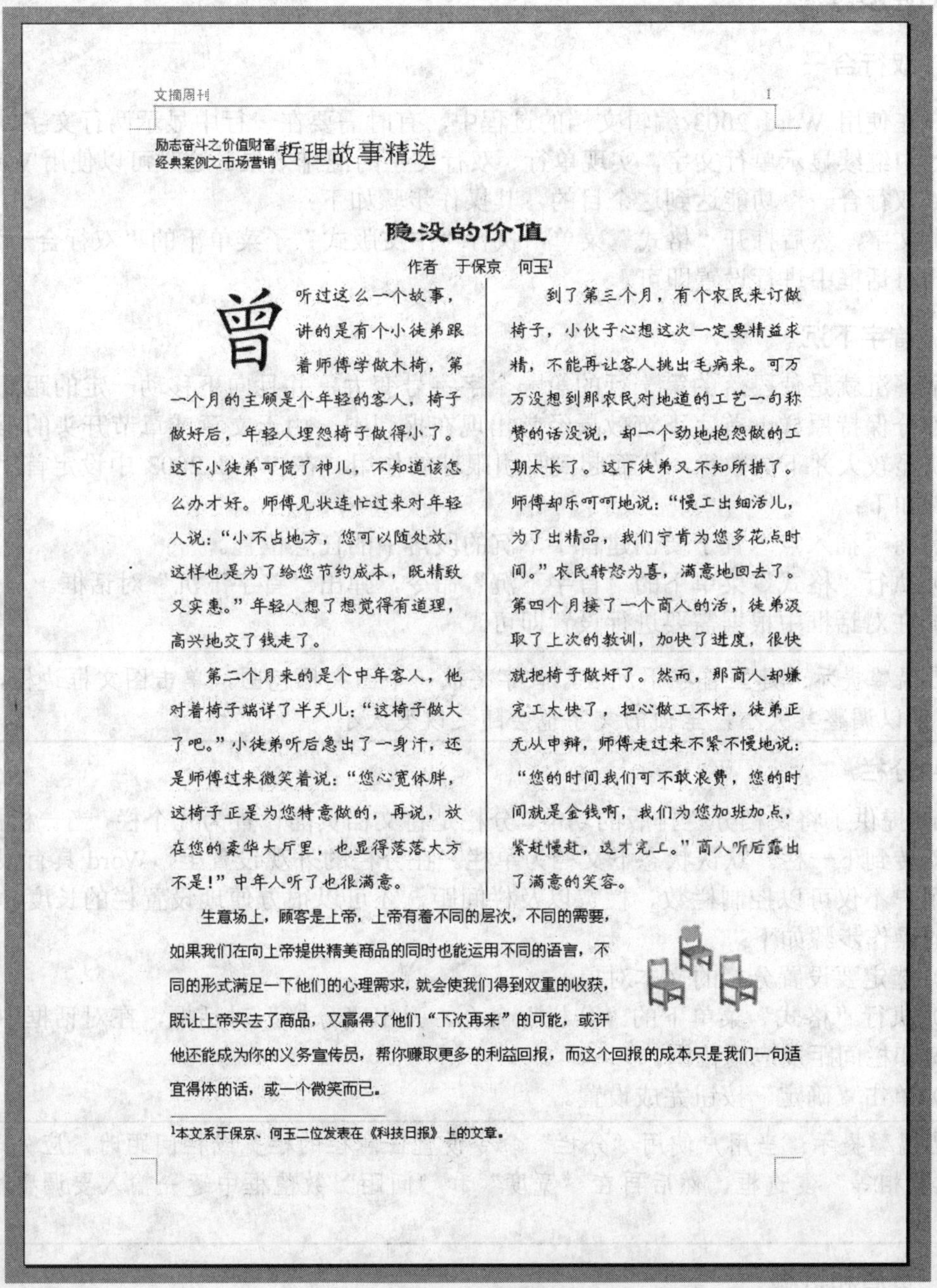

文摘周刊　1

励志奋斗之价值财富
经典案例之市场营销 哲理故事精选

隐没的价值

作者　于保京　何玉[1]

曾听过这么一个故事，讲的是有个小徒弟跟着师傅学做木椅，第一个月的主顾是个年轻的客人，椅子做好后，年轻人埋怨椅子做得小了。这下小徒弟可慌了神儿，不知道该怎么办才好。师傅见状连忙过来对年轻人说："小不占地方，您可以随处放，这样也是为了给您节约成本，既精致又实惠。"年轻人想了想觉得有道理，高兴地交了钱走了。

第二个月来的是个中年客人，他对着椅子端详了半天儿："这椅子做大了吧。"小徒弟听后急出了一身汗，还是师傅过来微笑着说："您心宽体胖，这椅子正是为您特意做的，再说，放在您的豪华大厅里，也显得落落大方不是！"中年人听了也很满意。

到了第三个月，有个农民来订做椅子，小伙子心想这次一定要精益求精，不能再让客人挑出毛病来。可万万没想到那农民对地道的工艺一句称赞的话没说，却一个劲地抱怨做的工期太长了。这下徒弟又不知所措了。师傅却乐呵呵地说："慢工出细活儿，为了出精品，我们宁肯为您多花点时间。"农民转怒为喜，满意地回去了。第四个月接了一个商人的活，徒弟汲取了上次的教训，加快了进度，很快就把椅子做好了。然而，那商人却嫌完工太快了，担心做工不好，徒弟正无从申辩，师傅走过来不紧不慢地说："您的时间我们可不敢浪费，您的时间就是金钱啊，我们为您加班加点，紧赶慢赶，这才完工。"商人听后露出了满意的笑容。

生意场上，顾客是上帝，上帝有着不同的层次，不同的需要，如果我们在向上帝提供精美商品的同时也能运用不同的语言，不同的形式满足一下他们的心理需求，就会使我们得到双重的收获，既让上帝买去了商品，又赢得了他们"下次再来"的可能，或许他还能成为你的义务宣传员，帮你赚取更多的利益回报，而这个回报的成本只是我们一句适宜得体的话，或一个微笑而已。

[1]本文系于保京、何玉二位发表在《科技日报》上的文章。

图 3-115　书刊页面编排的效果图

【课题分析】

本课题的主要内容是编排一张书刊页面，由页眉、正文等组成，如图 3-115 所示。本课题包括的知识要点有页面设置、分栏、中文版式、首字下沉、页眉和页脚、脚注和尾注等。重点操作是双行合一、分栏操作、添加页眉、设置尾注等。

【知识链接】

一、双行合一

用户在使用 Word 2003 编辑文档的过程中，有时需要在一行中显示两行文字，然后在相同的行中继续显示单行文字，实现单行、双行文字的混排效果。这时可以使用 Word 2003 提供的“双行合一”功能达到这个目的，其操作步骤如下：

选中文字，然后打开“格式”菜单，执行“中文版式”子菜单下的“双行合一”命令，在弹出的对话框中进行设置即可。

二、首字下沉

首字下沉就是使段落的第一行的第一个字字号变大，并且向下移动一定的距离，段落的其他部分保持原样。首字下沉效果经常出现在报刊中，由于文章或章节开头的第一个字的字号明显较大并下沉数行，从而起到吸引眼球的作用。在 Word 2003 中设定首字下沉的操作步骤如下：

（1）将“插入点”置于要创建首字下沉的段落中的任意位置。

（2）执行“格式”菜单下的“首字下沉”命令，弹出“首字下沉”对话框。

（3）在对话框中根据需要进行设置即可。

温馨提示：建立首字下沉后，首字将被一个图文框包围，单击图文框边框，拖动控制点可以调整其大小，里面的文字也会随之改变大小。

三、分栏

Word 提供了将文档分栏排版的功能。分栏是将文档页面设置为几个栏，当一栏排满后，文档自动转到下一栏。默认状态下文档为单栏。在分栏的外观设置上，Word 具有很强的灵活性，用户不仅可以控制栏数、栏宽以及栏间距，还可以很方便地设置栏的长度。设置文档分栏的操作步骤如下：

（1）选定要设置分栏的文本对象。

（2）执行“格式”菜单下的“分栏”命令，弹出“分栏”对话框，在对话框中设置栏数、栏宽和栏间距及应用范围。

（3）单击“确定”按钮完成设置。

温馨提示：当用户使用“分栏”命令设置任意栏的栏宽或栏间距时，应先取消选择“栏宽相等”复选框，然后再在“宽度”和“间距”数值框中逐一输入要调整栏的宽度和间距。

四、页眉和页脚

一些比较正式的文稿都需要设置页眉和页脚。得体的页眉和页脚，会使文稿显得更加规范，也会给阅读带来方便。Word 提供了强大的文档页眉和页脚设置功能，完全可以制作出内容丰富、个性十足的页眉和页脚。

页眉和页脚通常显示文档的附加信息，常用来插入时间、日期、页码、单位名称、徽标等。其中，页眉在页面的顶部，页脚在页面的底部。

在 Word 中，页眉和页脚的内容跟主文档是分开的，必须执行“视图”菜单中的“页眉和页脚”命令才能进入页眉和页脚编辑区，这时会自动打开“页眉和页脚”工具栏。通过这个工具栏可以快速插入页码并设置页码的显示格式。单击“关闭”按钮则可以快速返回主文档，继续编辑正文内容。

五、脚注和尾注

脚注和尾注是对文本的补充说明。脚注一般位于页面的底部，可以作为文档某处内容的注释；尾注一般位于文档的末尾，用于列出引文的出处等。

脚注和尾注由两个关联的部分组成，包括注释引用标记和其对应的注释文本。用户可让 Word 自动为标记编号或创建自定义的标记。在添加、删除或移动自动编号的注释时，Word 将对注释的引用标记重新编号。插入脚注和尾注的操作步骤如下：

（1）将“插入点”移动到要插入脚注和尾注的位置。

（2）打开“插入”菜单中，执行“引用”子菜单下的“脚注和尾注”命令，弹出“脚注和尾注”对话框。

（3）选择“脚注”选项，可以插入脚注；如果要插入尾注，则选择“尾注”选项。

（4）如果选择了“自动编号”选项，Word 就会给所有脚注或尾注连续编号，当添加、删除、移动脚注或尾注的引用标记时将重新编号。

（5）如果要自定义脚注或尾注的引用标记，可以选择“自定义标记”，然后在后面的文本框中输入作为脚注或尾注的引用符号。如果键盘上没有这种符号，可以单击“符号”按钮，从“符号”对话框中选择一个合适的符号作为脚注或尾注即可。

（6）单击“确定”按钮后，就可以开始输入脚注或尾注文本。输入脚注或尾注文本的方式会因文档视图的不同而有所不同。

【操作步骤】

1．打开源文件

打开“E:\Word 作业”文件夹中的文件名为“隐没的价值（未排版）”的文档。

2．页面设置

执行“文件”菜单下的“页面设置”命令，弹出“页面设置”对话框，如图 3-116 所示，在“页边距”选项卡中设置上边距（天头）为“3 厘米”，下边距（地脚）为“2 厘米”，左边距和右边距均为“2.5 厘米”，装订线为“1 厘米”，纸张方向为“纵向”；在“纸张”选项卡中设置纸张大小为“A4”；在“版式”选项卡中设置页眉距边界“1.6 厘米”，页脚距边界“1.5 厘米”。

3．制作双行合一文字

（1）选中要进行双行合一的文本“励志奋斗之价值财富经典案例之市场营销”。注意：只能在一个段落中选择。

（2）打开“格式”菜单，执行“中文版式”子菜单下的“双行合一”命令，弹出“双行合一”对话框，如图 3-117 所示。在“文字”框中，显示出了选定的文本，可以进行修改。在没有选中文本的情况下，可以直接在此框中录入文本，最多可输入 255 个字节的字符。

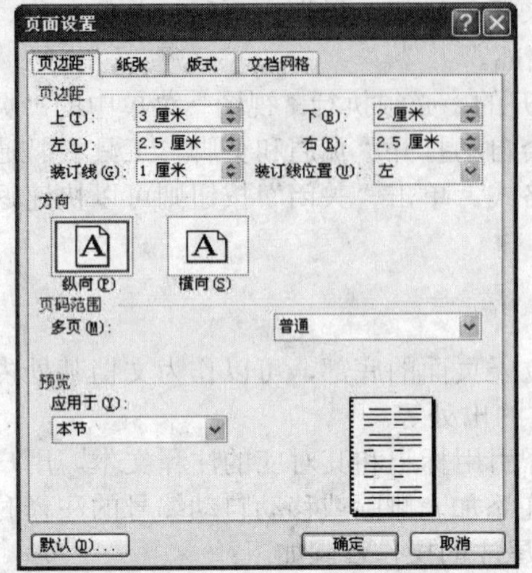

图 3-116 “页面设置”对话框

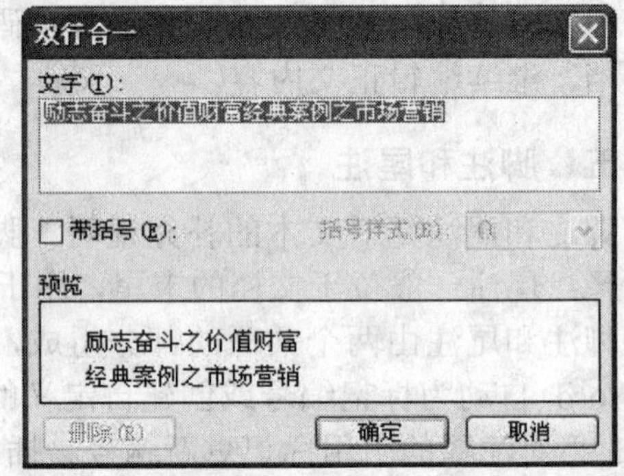

图 3-117 “双行合一”对话框

温馨提示：选中“带括号”复选项，在右边的“括号类型”下拉列表框中选择，为双行合一的文本首尾添加一种括号。

（3）在“预览”中查看效果，如符合要求则单击“确定”按钮。

（4）选定双行合一的这一段文字，设置其字体为“宋体”，字号为“小二”，两端对齐，其效果如图 3-118 所示。

励志奋斗之价值财富
经典案例之市场营销 哲理故事精选

图 3-118 双行合一版式效果

温馨提示：如果要删除双行合一的格式，可将插入点定位到该文本块中并单击它，然后在弹出的“双行合一”对话框中单击“删除”按钮。

4．设置标题行和作者行格式

选定标题文字“隐没的价值”，设置其字体为“隶书”，字号为“二号”，居中对齐。作者行仍为默认字体、字号，居中对齐。

5．设置正文格式

选定四段正文文字，设置段落格式为首行缩进 2 字符，1.5 倍行距；前三段字体为“楷体”，字号为“小四”；最后一段字体为默认的“宋体”，字号为“五号”。

6．分栏

选定正文前三段，执行“格式”菜单下的“分栏”命令，弹出“分栏”对话框，如图 3-119 所示，设置栏数为“2”，间距为“3 字符”，选中“栏宽相等”和“分隔线”，最后单击“确定”按钮。

7．设置首字下沉

将光标置于第一段，打开“格式”菜单下的“首字下沉”命令，弹出“首字下沉”对话框，如图 3-120 所示，选择位置为“下沉”，字体仍为“楷体”，下沉行数为“3”，距正文为“0 厘米”，最后单击“确定”按钮完成设置，文档进行分栏和首字下沉设置后的效果如图 3-121 所示。

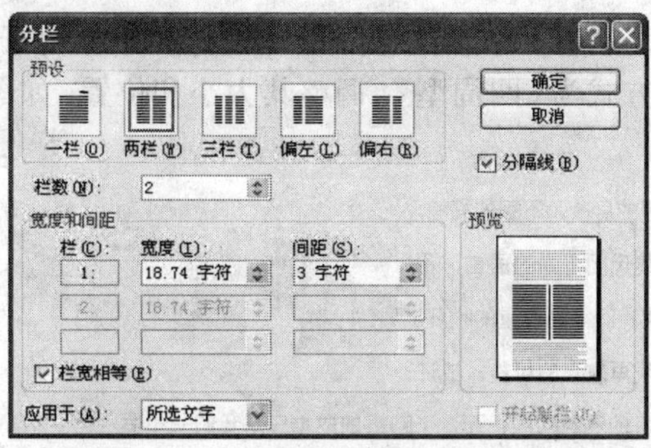

图 3-119 “分栏”对话框

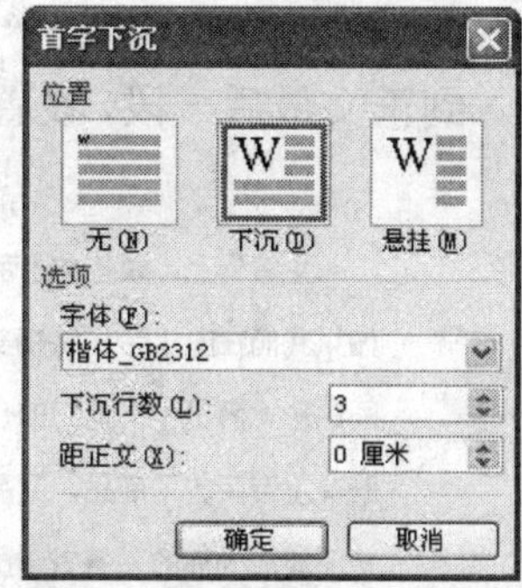

图 3-120 “首字下沉”对话框

励志奋斗之价值财富
经典案例之市场营销 哲理故事精选

隐没的价值

作者 于保京 何玉

曾听过这么一个故事，讲的是有个小徒弟跟着师傅学做木椅，第一个月的主顾是个年轻的客人，椅子做好后，年轻人埋怨椅子做得小了。这下小徒弟可慌了神儿，不知道该怎么办才好。师傅见状连忙过来对年轻人说：“小不占地方，您可以随处放，这样也是为了给您节约成本，既精致又实惠。”年轻人想了想觉得有道理，高兴地交了钱走了。

第二个月来的是个中年客人，他对着椅子端详了半天儿：“这椅子做大了吧。”小徒弟听后急出了一身汗，还是师傅过来微笑着说：“您心宽体胖，这椅子正是为您特意做的，再说，放在您的豪华大厅里，也显得落落大方不是！”中年人听了也很满意。

到了第三个月，有个农民来订做椅子，小伙子心想这次一定要精益求精，不能再让客人挑出毛病来。可万万没想到那农民对地道的工艺一句称赞的话没说，却一个劲地抱怨做的工期太长了。这下徒弟又不知所措了。师傅却乐呵呵地说：“慢工出细活儿，为了出精品，我们宁肯为您多花点时间。”农民转怒为喜，满意地回去了。第四个月接了一个商人的活，徒弟汲取了上次的教训，加快了进度，很快就把椅子做好了。然而，那商人却嫌完工太快了，担心做工不好，徒弟正无从申辩，师傅走过来不紧不慢地说：“您的时间我们可不敢浪费，您的时间就是金钱啊，我们为您加班加点，紧赶慢赶，这才完工。”商人听后露出了满意的笑容。

生意场上，顾客是上帝，上帝有着不同的层次，不同的需要，如果我们在向上帝提供精美商品的同时也能运用不同的语言，不同的形式满足一下他们的心理需求，就会使我们得到双重的收获，既让上帝买去了商品，又赢得了他们“下次再来”的可能，或许他还能成为你的义务宣传员，帮你赚取更多的利益回报，而这个回报的成本只是我们一句适宜得体的话，或一个微笑而已。

图 3-121 文档分栏和首字下沉的效果

8. 插入图片

打开“插入”菜单，执行“图片”子菜单下“来自文件”命令，选择“木椅子”图片文件，插入到正文最后一段，设置图片环绕方式为“四周型”，调整其大小和位置，如图 3-122 所示。

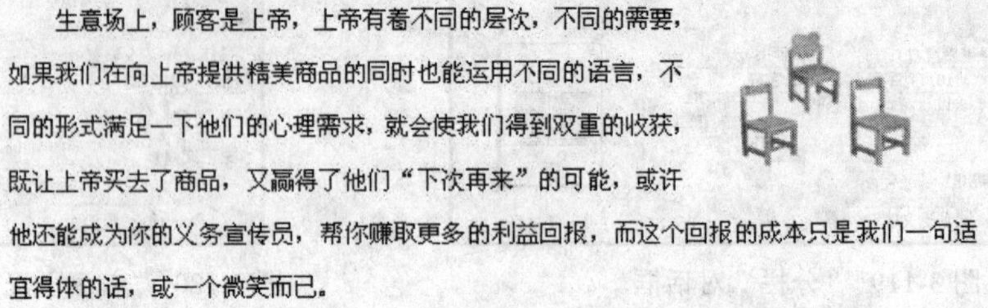

生意场上，顾客是上帝，上帝有着不同的层次，不同的需要，
如果我们在向上帝提供精美商品的同时也能运用不同的语言，不
同的形式满足一下他们的心理需求，就会使我们得到双重的收获，
既让上帝买去了商品，又赢得了他们“下次再来”的可能，或许
他还能成为你的义务宣传员，帮你赚取更多的利益回报，而这个回报的成本只是我们一句适
宜得体的话，或一个微笑而已。

图 3-122　插入“木椅子”图片

9. 设置尾注

将光标移至作者“何玉”后，打开“插入”菜单，执行“引用”子菜单下的“脚注和尾注”命令，弹出“脚注和尾注”对话框，如图 3-123 所示。单击“插入”按钮，进入编辑尾注文本区，输入文字“本文系于保京、何玉二位发表在《科技日报》上的文章。”，并设置其字体为“宋体”，字号为“小五”。

脚注和尾注
位置
脚注(F):
页面底端
尾注(E):
文档结尾
转换(C)...
格式
编号格式(N):
1, 2, 3, …
自定义标记(U):
符号(Y)...
起始编号(S):
1
编号方式(M)
连续
应用更改
将更改应用于(P):
本节
插入(I)
取消
应用(A)

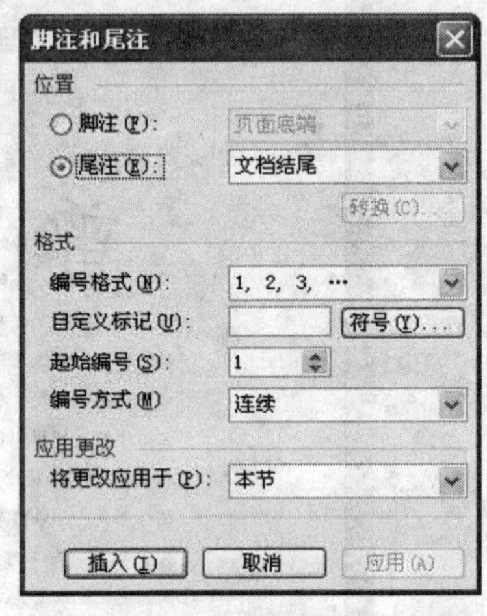

图 3-123　“脚注和尾注”对话框

10. 设置页眉和页码

添加页眉和页码的操作步骤如下：

（1）将光标放在要添加页眉的文档中。

（2）执行“视图”菜单下的“页眉和页脚”命令，这时窗口会自动切换到“页面”视图方式，且显示出页眉区以及“页眉和页脚”工具栏。如图 3-124 所示。

页眉和页脚
插入“自动图文集”(S)
关闭(C)
页眉 - 第 1 节 -
文摘周刊
1
励志奋斗之价值财富
经典案例之市场营销
哲理故事精选

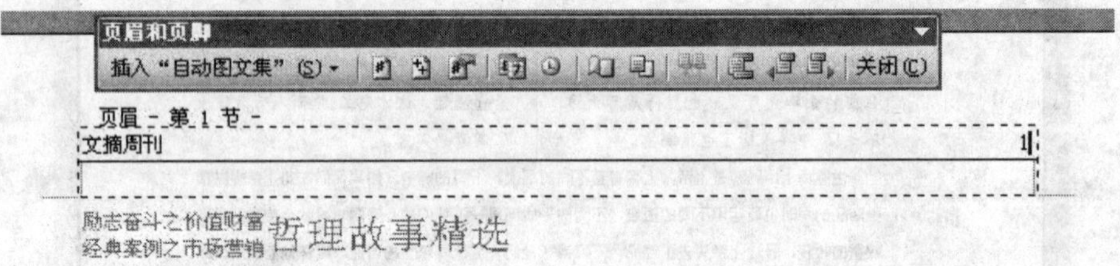

图 3-124　设置页眉和页码

（3）在页眉区输入页眉文本“文摘周刊”，单击“页眉和页脚”工具栏中的“插入页码”按钮插入页码，设置其格式，最后单击“页眉和页脚”工具栏中的“关闭”按钮，在“页面”视图方式下就可以看到输入的页眉文档了。

> 温馨提示：如果要为文档添加页脚，可单击“页眉和页脚”工具栏中的“在页眉和页脚间切换”按钮，屏幕上将显示页脚区，然后在页脚区输入页脚文字即可。

11．保存文档

至此排版工作完成，其效果如图3-115所示。最后以“隐没的价值（排版）”为文件名保存在“E:\Word作业”文件夹中。

【拓展提高】

一、插入分隔符

在进行分栏时，需要根据情况插入分隔符。分隔符的作用是指定划分文档的方式。

1．分隔符的类型

（1）分页符：在“插入点”处插入手动分页符。

（2）分栏符：在“插入点”处插入手动分栏符。它是对文档进行强行分栏，而不是由Word按照文档的长短自动分栏。

（3）分节符：为表示节的结尾而插入的标记。分节符包含格式设置元素（页边距、页面的大小和方向、页眉和页脚、页码的顺序等）。

2．分节符类型

（1）下一页：插入分节符并分页，下一节从下一页顶端开始。

（2）连续：插入分节符并开始新节，不插入分页符。

（3）偶数页：插入分节符并在下一偶数页开始下一节。如果分节符落入偶数页，则Word 将下一奇数页留为空白。

（4）奇数页：插入分节符并在下一奇数页开始下一节。如果分节符落入奇数页，则Word 将下一偶数页留为空白。

当文档不满一页时，Word会把它分成一个不等长的栏。为了使栏等长，可以在文档结尾插入一个连续的分节符。

3．插入分隔符的方法

将光标置于要插入分隔符的位置，执行“插入”菜单下的“分隔符”命令，在弹出的“分隔符”对话框中选择要插入的分隔符，最后单击“确定”按钮。

二、批注

批注是给文档中某些内容添加的注释文字。它是提供给作者或审阅者参考的内容，而不是提供给读者的。在文档中插入批注的方法如下：

（1）将光标插入到要添加批注文字的后面。

（2）执行“插入”菜单下的“批注”命令，打开批注框。

（3）在批注框中输入批注文字。输入完文字后，双击空白处即可。

【实战演练】

打开“E:\Word作业”文件夹中的文件名为“捕猎需要两只狗0”文档，按下列要求进行排版，效果如图 3-125 所示。

1．设置纸张大小为“16 开”，纸张方向为“横向”；上边距“2.8 厘米”，下边距、左边距、右边距均为“2.5 厘米”，页眉“1.5 厘米”，页脚“1.5 厘米”；文字排列：垂直。

2．设置标题“捕猎需要两只狗”居中对齐、字体为“魏碑”、字号为“小二”，段前、段后间距均为 0.5 行。

3．所有正文首行缩进 2 字符，行间距为固定值 20 磅。

4．除正文第 1 段之外，其他段落设置为两栏格式，栏间距为 3 字符，加分隔线。

5．搜索一张猎狗图片，插入到文档中。

6．在“作者：译/沈湘”添加尾注“来源：《讽刺与幽默》”，自定义标志为符号：“🔊”。

7．添加页眉文字“人生哲理”，插入页码，并设置页眉文字左对齐，页码居右侧。

8．保存文档，以“捕猎需要两只狗”为文件名保存在“E:\Word 作业”文件夹中。

人生哲理　第1页

捕猎需要两只狗

作者：译/沈湘🔊

猎人史蒂夫有两只狗，罗斯和汤姆。因为每次都有不小的收获，所以史蒂夫经常奖励它们。罗斯和汤姆平分两只兔子或者两只野鸡。数年来一直都是这样。

史蒂夫的儿子戴维，是一家公司的职员，他是个实干家，为公司出了不少力，可是，公司领导却从来没有多给他一些奖励，他感到气愤。这两天就是因为气愤，才请假回家散心的。当他得知父亲也是这么一个“领导”时，很不理解：难道这两只狗就没有一只更强，一只稍微差一点？有竞争才有进步嘛，何不让它们竞争一下，看谁捕得多，谁得到的奖励也就多。

戴维认真地研究了罗斯和汤姆这两只狗的习性，发现罗斯在捕猎时喜欢一个劲地狂吠，但不敢向前冲，而汤姆则一声不吭，只管往前冲。这不是明摆着的吗，罗斯肯定是一个夸夸其谈不干实事的家伙，而汤姆才是一个不说话只会做事的实干家。

戴维决定带两只狗出猎，他要对父亲的工作进行改革。他将汤姆放在东边山头上捕猎，而将罗斯放在西边山头上捕猎，这样两只狗捕多捕少不就很清楚了吗？一个小时过去了，两只狗都一无所获；两个小时过去了，当两只狗得到指令气喘吁吁地来到戴维身边时，戴维连只兔子也没看到。

这时史蒂夫才哈哈大笑着站在了他的面前。史蒂夫跟儿子戴维说：孩子，其实我也很清楚罗斯是只会叫的狗，而汤姆则是一只会捕捉猎物的狗，在两只狗的合作中，汤姆有可能多出了一些力气，而罗斯则少出了点力，但当它们一旦分开，则往往一事无成。因为在捕猎时一般都需要一只狗叫唤，当猎物吓得失去了方向不知所措时，另一只狗则不动声色地绕到猎物的身后将其捕获，两者缺一不可啊。世上没有绝对的公平，只有不计较个人得失大家齐心协力，才能干出一番成绩。小到一个家庭，大到一个国家都是这样。戴维终于惭愧得低下了头。

🔊来源：《讽刺与幽默》

图 3-125　捕猎需要两只狗

课题十一　图书目录的制作

【课题效果】

本课题要达到的效果，如图 3-126 所示。

目　录

图 3-126　目录效果图

【课题分析】

杂志、书刊都有目录，如果方法不当，制作会十分困难。本课题的主要内容是制作一个简单的图书目录，主要由目录文字、多级符号、页码、制表位前导符等组合而成，如图 3-126 所示。本课题包括的知识要点有项目符号和编号、制表位等操作。重点操作是多级符号的自定义、制表位的设置等。

【知识链接】

一、自动创建编号和项目符号

在 Word 2003 中可以快速地给列表添加项目符号和编号，使文档更有层次感，内容更清晰，层次更分明，更易于阅读和理解。在 Word 2003 中，增加了在输入时自动产生带项目符号和编号的列表这一功能，更便于用户使用。

1．自动功能的设置

执行“工具”菜单的“自动更正选项”命令，弹出“自动更正选项”对话框，如图 3-127

所示，再选择“键入时自动套用格式”选项卡，在“键入时自动应用”区中选取“自动编号列表”复选框和“自动项目符号列表”复选框，单击“确定”按钮即可。

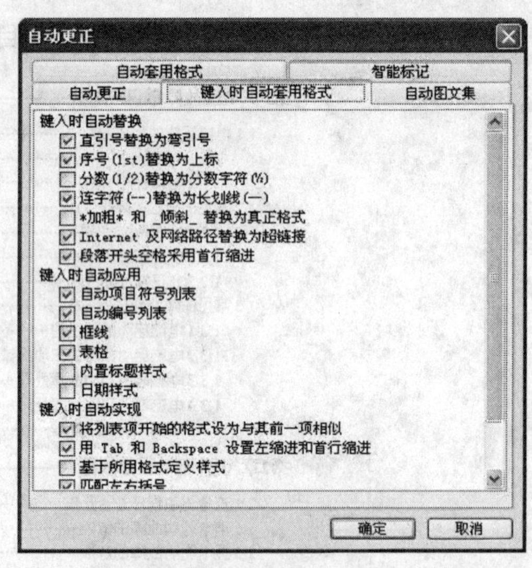

图 3-127 “自动更正选项”对话框

2. 自动创建编号

先输入一个数字或字母，后面输入一个句点和空格，注意句点一定要是英文的句号，如“1.”、“a.”、“一.”等，后跟一个空格；也可以是如“(1)”、“1)”等格式，后跟一个空格；或插入“①”、“I”等符号，后跟一个空格，然后输入文本。在按<Enter>键时，在新的一段开头会自动接着上一段进行编号。同时“格式”工具栏上的“编号”按钮就会凹陷，表示此行是编号格式。

3. 自动创建项目符号

先输入一个星号“*”或一个连字符“-”，后输入一个空格，然后输入文本。按<Enter>键时，星号自动转换成黑色的圆点，连字符会转换成黑色的方块，并且在新的一段中会自动添加该项目符号。同时“格式”工具栏上的“项目符号”按钮就会凹陷，表示此行是项目符号格式。

4. 停止编号和项目符号

如果想停止编号和项目符号，在新的一行开始时，按若干次<Backspace>键，使光标回到左边界。也可直接按两次<Enter>键。还可以用鼠标单击“格式”工具栏上的“编号”按钮和“项目符号”按钮，使它们处于凸起的状态。

二、添加编号和项目符号

不仅可以在输入文本时自动创建编号和项目符号，还可以对已经输入的文本添加编号和项目符号。

1. 添加编号

首先选择需要添加编号的若干行，然后单击“格式”工具栏的“编号”按钮。如果添加的编号格式不符合要求，可以使用“格式”菜单中的“项目符号和编号”命令，对编号的格式、样式和起始编号进行修改设置。

2. 添加项目符号

首先选择需要添加项目符号的若干段落，然后单击“格式”工具栏的“项目符号”按钮。如果对添加的项目符号不满意，也可以使用“格式”菜单中的“项目符号和编号”命令进行自定义。

(1) 项目符号是一种特殊的段落缩进格式，一般情况下，经常采用常规段落的首行缩进格式或悬挂缩进格式。

（2）设置多级项目符号格式时，下一级项目相对于上一级项目的缩进量可以自由设置，这样，可以使段落的层次感更加明显。

（3）项目符号也有继承性，换行后，下一段落将继承上一段落的项目符号格式，如果要中止上段的项目符号格式，可以在“项目符号和编号”选项卡中，选择“无”选项。

在实际中，往往出现编号段落和不编号段落混合使用，多种编号和项目符号混合使用、多次使用等比较复杂的情况，为了避免多次设置格式，也为了格式的统一，可以使用“格式刷”按钮；对于编辑长篇文档的情况，如一本书籍，各种编号和项目符号反复多次使用，为了提高工作效率，可以把常用的编号和项目符号设置成样式，用这些设置好的样式就能更加快速高效地编辑文档。

三、制表位

在文档进行排版的过程中，经常要用到文本的垂直对齐，如果手动调整效果不是很理想，可以使用制表位来轻松实现。

制表位是在一行内实现多种对齐方式的工具，它指定了文字缩进的距离或一栏文字开始的位置，使用户能够向左、向右或居中对齐文本行；或者将文本与小数字符或竖线字符对齐。用户可以在制表符前自动插入特定字符，如句号或下划线等。默认情况下，按一次<Tab>键，Word 将在文档中插入一个制表符，其间隔为 0.74 厘米。

设置制表位可使用水平标尺，也可使用“格式”菜单下的“制表位”命令。

【操作步骤】

1. 打开文件

打开源文件“图书目录源文件.doc”，单击“文件”菜单中的“另存为”以“图书目录.doc”为文件名保存在“E:\Word 作业”文件夹中。

2. 设置页面

执行“文件”菜单下的“页面设置”命令，在弹出的对话框中设置纸张大小为“16 开”，纸张方向为“纵向”，上、下、左、右边距均为“2 厘米”。

3. 设置标题格式

选定标题文字“目录”，设置其格式，字体为“黑体”、字号为“小二”、居中对齐，段前、段后间距均为“1 行”。

4. 自定义多级符号

执行“格式”菜单下的“项目符号和编号”命令，弹出“项目符号和编号”对话框，如图 3-128 所示。在“多级符号”选项卡中选中图中所示的符号项，然后单击“自定义”按钮，弹出“自定义多级符号列表”对话框，如图 3-129 所示，选择“级别”为“1”，在“编号格式”框中将光标移到“1”之前输入“第”，再移到“1”之后输入“章”，在“编号样式”、“起始编号”中分别选择图中的样式和编号，在“编号之后”下拉列表框中选择“空格”。同样选择级别为“2”、“3”，仅在“编号之后”下拉列表框中选择“空格”，其他不必设置。

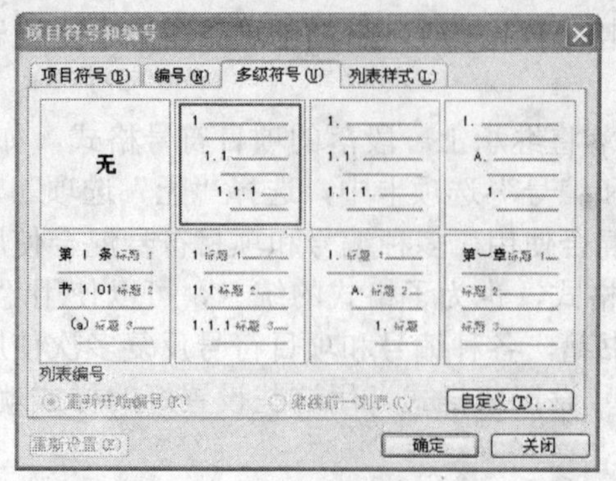

图 3-128 “项目符号和编号”对话框

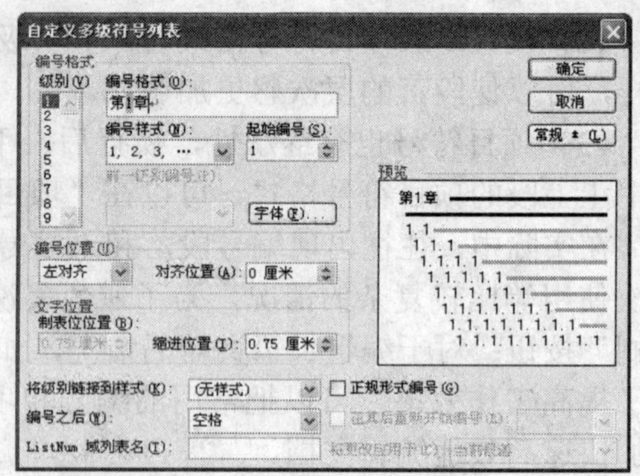

图 3-129 “自定义多级符号列表”对话框

温馨提示：在“编号位置”这一项中，“对齐位置”指的是与页左边距线的距离，可以根据自己的需要选定。对齐方式中，分“左对齐”、“右对齐”和“居中”，它们的意思分别是指编号自身的“左边”、“右边”或“中间”位置与其前面选定的对齐位置的对齐。一般情况下选择“左对齐”方式即可。在“文字位置”这一项中，这里的“缩进位置”指的是第二行以后行的缩进位置，即是悬挂缩进的位置。而编号和项目符号与它们后面的文本的距离在这个对话框中不能调节，要想调节它们，可以使用前面说明的用鼠标拖动左对齐制表位标记的方法。

5．设置第 1 章标题的多级符号

选中正文第一段“电脑故障常识”，单击“格式”工具栏上的“编号”按钮，自动添加一级符号“第 1 章”；选中第二段“电脑系统的构成”，单击“格式”工具栏上的“编号”按钮，再单击“增加缩进量”按钮一次，自动添加二级符号“1.1”；同时选中第三级标题文字，即第三、四段“电脑硬件、电脑软件”，单击“格式”工具栏上的“编号”按钮，再单击“增加缩进量”按钮两次，自动添加三级符号“1.1.1”、“1.1.2”。按同样的方法，分别为第 1 章的其他内容设置多级符号。效果如图 3-130 所示。

目　录

第1章　电脑故障常识
1.1 电脑系统的构成
1.1.1 电脑硬件
1.1.2 电脑软件
1.2 常见的电脑故障现象
1.2.1 硬件系统故障
1.2.2 软件系统故障
1.2.3 非正常损坏故障
1.3 常见故障处理
1.3.1 电脑启动故障处理
1.3.2 电脑启动故障的主动报错信息
1.3.3 电脑硬件启动故障处理
1.3.4 电脑软件启动故障处理
1.3.5 电脑关机故障处理

图 3-130 设置多级符号后的效果

6. 设置第 2、3 章标题的多级符号

选中第 2 章标题“硬件驱动程序故障”，单击“格式”工具栏上的“编号”按钮，自动添加一级符号“第 2 章”；选中第 2 章下 6 个二级标题，单击“格式”工具栏上的“编号”按钮，再单击“增加缩进量”按钮一次，自动添加二级符号“2.1、2.2、2.3、2.4、2.5、2.6”。

按同样的方法设置第 3 章标题的多级符号。

7. 输入页码

将光标移到第一段的末尾，按<Tab>键一次，输入对应页码“1”，再下移光标，依次输入目录中的所有页码，如图 3-131 所示。

目　　录

第1章 电脑故障常识→1
1.1 电脑系统的构成→1
1.1.1 电脑硬件→1
1.1.2 电脑软件→3
1.2 常见的电脑故障现象→5
1.2.1 硬件系统故障→5
1.2.2 软件系统故障→8
1.2.3 非正常损坏故障→10
1.3 常见故障处理→12
1.3.1 电脑启动故障处理→12
1.3.2 电脑启动故障的主动报错信息→14
1.3.3 电脑硬件启动故障处理→18
1.3.4 电脑软件启动故障处理→23
1.3.5 电脑关机故障处理→26
第2章 硬件驱动程序故障→28
2.1 查看驱动程序是否正确→28
2.2 声卡驱动故障的解决→30
2.3 显卡驱动故障的解决→32
2.4 主板驱动故障的解决→35
2.5 网卡驱动故障的解决→38
2.6 其他驱动故障→40
第3章 操作系统安装与重装的方法→41
3.1 系统安装前的准备工作→41
3.1.1 BIOS 设置→41
3.1.2 从旧版本升级至 Windows XP→43
3.2 全新安装 Windows XP→47
3.3 安装多操作系统→50
3.4 系统备份与系统还原→54

图 3-131　输入页码后的效果

8. 设置制表位

选定目录内容，执行“格式”菜单中的“制表位”命令，弹出“制表位”对话框，如图 3-132 所示，在“制表位位置”的文本框中输入“14.5 厘米”或“39.15 字符”（通常 16 开的图书的版心宽度为 14.5 厘米），并在“对齐方式”选项组中选择“右对齐”单选按钮，同时在“前导符”选项组中选择“5……”单选按钮；单击“设置”按钮，然后再单击“确定”按钮。此时在目录中都有“………………”这样的圆点虚线连接章节内容摘要和对应的页码，而且章节内容摘要和页码都在一列上对得十分整齐规范。

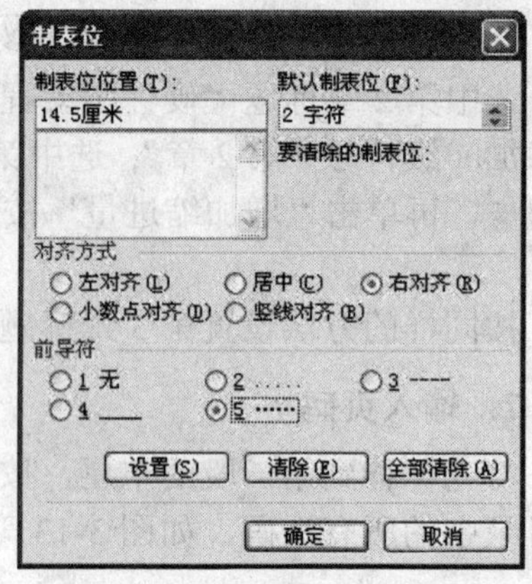

图 3-132 “制表位”对话框

9. 设置目录格式

分别设置三个章标题的格式，字体为“宋体”、字号为“小四”，段前、段后间距均为“0.5 行”。

10. 保存文档

目录制作完成，效果如图 3-126 所示。

【拓展提高】

Word 中自动创建目录方法

在 Word 中编制目录最简单的方法是对要显示在目录中的标题使用内置的标题样式或大纲级别格式。即从标题样式创建目录，使用“插入”菜单中的“引用”子菜单下的“索引和目录”命令来完成。该方法在此就不详细介绍了。

【实战演练】

如图 3-133 所示，制作该文档，以“专业介绍”为文件名保存在“E:\Word 作业”文件夹中。

各专业开设课程简介

- ➧ **电子技术专业开设的部分课程有：**
  - ✧ 电子技术
  - ✧ 脉冲与数字电路
  - ✧ 电子 CAD
  - ✧ 电视机原理与维修
  - ✧ 电子技能训练
- ➢ **财务会计专业开设的部分课程有：**
  - ⌘ 会计学原理
  - ⌘ 统计学原理
  - ⌘ 会计电算化
  - ⌘ 市场营销学
  - ⌘ 初级会计实务
  - ⌘ 财务管理
- ➢ **物流管理专业开设的部分课程有：**
  1. 物流学导论
  2. 采购理论与策略
  3. 运输与包装
  4. 国际市场营销
  5. 配送中心营运与管理
  6. 供应链管理
  7. 物流财务成本管理
  8. 物流企业管理

图 3-133 专业介绍排版效果图

课题十二　数学试卷的制作

【课题效果】

本课题要达到的效果，如图 3-134 所示。

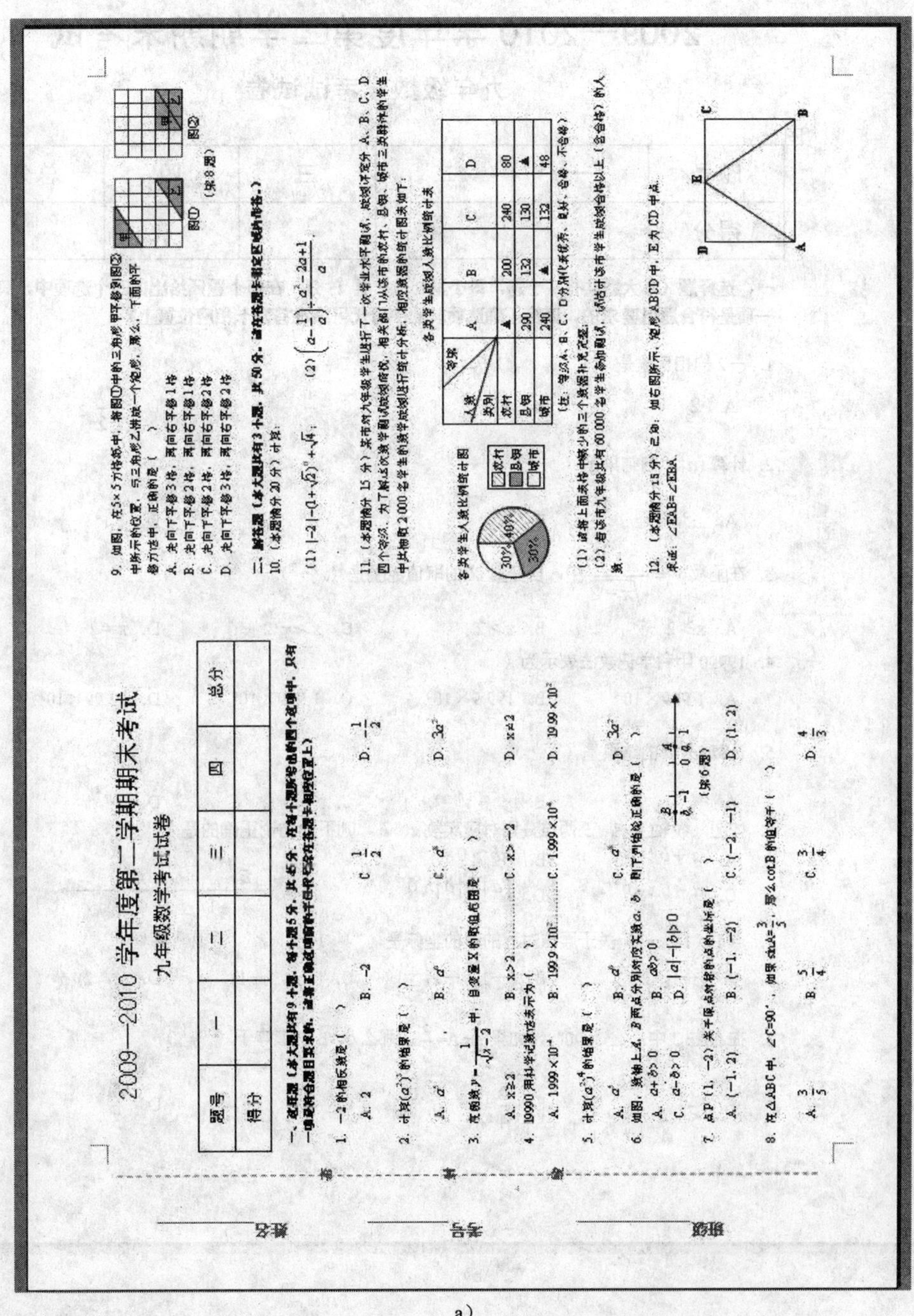

2009—2010 学年度第二学期期末考试

九年级数学考试试卷

题号	一	二	三	四	总分
得分					

姓名______ 考号______ 班级______

密　封　线

一、选择题（本大题共有 9 小题，每小题 5 分，共 45 分．在每小题所给出的四个选项中，只有一项是符合题目要求的，请将正确选项前的字母代号涂在答题卡相应位置上）

1. -2 的相反数是（　）

A. 2　B. -2　C. $\frac{1}{2}$　D. $-\frac{1}{2}$

2. 计算 $(a^2)^3$ 的结果是（　）

A. a^5　B. a^6　C. a^8　D. $3a^2$

3. 在函数 $y=\frac{1}{\sqrt{x-2}}$ 中，自变量 X 的取值范围是（　）

A. $x\geq 2$　B. $x>2$　C. $x>-2$　D. $x\neq 2$

4. 19990 用科学记数法表示为（　）

A. 1999×10^{-4}　B. 199.9×10^{2}　C. 1.999×10^{4}　D. 19.99×10^{2}

5. 计算 $(a^2)^4$ 的结果是（　）

A. a^6　B. a^6　C. a^8　D. $3a^2$

6. 如图，数轴上 A、B 两点分别对应实数 a、b，则下列结论正确的是（　）

A. $a+b>0$　B. $ab>0$　C. $a-b>0$　D. $|a|-|b|>0$

（第 6 题）

7. 点 P（1，−2）关于原点对称的点的坐标是（　）

A. (−1，2)　B. (−1，−2)　C. (−2，−1)　D. (1，2)

8. 在△ABC 中，∠C=90°，如果 $\sin A=\frac{3}{5}$，那么 cotB 的值等于（　）

A. $\frac{3}{5}$　B. $\frac{5}{4}$　C. $\frac{3}{4}$　D. $\frac{4}{3}$

9. 如图，在 5×5 方格纸中，将图①中的三角形甲平移到图②中所示的位置，与三角形乙拼成一个矩形，那么，下面的平移方法中，正确的是（　）

A. 先向下平移 3 格，再向右平移 1 格

B. 先向下平移 2 格，再向右平移 1 格

C. 先向下平移 2 格，再向右平移 2 格

D. 先向下平移 3 格，再向右平移 2 格

图①　图②

（第 8 题）

二、解答题（本大题共有 3 小题，共 50 分．请在答题卡指定区域内作答．）

10.（本题满分 20 分）计算：

（1）$|-2|-(1+\sqrt{2})^0+\sqrt{4}$；　（2）$\left(a-\frac{1}{a}\right)\div\frac{a^2-2a+1}{a}$．

11.（本题满分 15 分）某市对九年级学生进行了一次学业水平测试，成绩评定分 A、B、C、D 四个等级．为了解这次数学测试成绩情况，相关部门从该市的农村、县镇、城市三类群体的学生中共抽取 2 000 名学生的数学成绩进行统计分析，相应数据的统计图表如下：

各类学生人数比例统计图

各类学生成绩人数比例统计表

等级 人数 类别	A	B	C	D
农村	▲	200	240	80
县镇	290	132	130	▲
城市	240	▲	132	48

（注：等级 A、B、C、D 分别代表优秀、良好、合格、不合格）

（1）请将上面表格中缺少的三个数据补充完整；

（2）若该市九年级共有 60 000 名学生参加测试，试估计该市学生成绩合格以上（含合格）的人数．

12.（本题满分 15 分）已知：如右图所示，矩形 ABCD 中，E 为 CD 中点．

求证：∠EAB=∠EBA．

a）

图 3-134　数学试卷

a）数学试卷的整体效果

姓名________ 考号________ 班级________

密 封 线

2009—2010学年度第二学期期末考试

九年级数学考试试卷

题号	一	二	三	四	总分
得分					

一、选择题（本大题共有9小题，每小题5分，共45分．在每小题所给出的四个选项中，只有一项是符合题目要求的，请将正确选项前的字母代号涂在答题卡相应位置上）

1. −2的相反数是（　　）

A. 2　　B. −2　　C. $\frac{1}{2}$　　D. $-\frac{1}{2}$

2. 计算$(a^2)^3$的结果是（　　）

A. a^5　　B. a^6　　C. a^8　　D. $3a^2$

3. 在函数$y=\frac{1}{\sqrt{x-2}}$中，自变量X的取值范围是（　　）

A. x≥2　　B. x>2　　C. x>−2　　D. x≠2

4. 19990用科学记数法表示为（　　）

A. 1.999×10^{-4}　　B. 199.9×10^{2}　　C. 1.999×10^{4}　　D. 19.99×10^{2}

5. 计算$(a^2)^4$的结果是（　　）

A. a^5　　B. a^6　　C. a^8　　D. $3a^2$

6. 如图，数轴上A、B两点分别对应实数a、b，则下列结论正确的是（　　）

A. $a+b>0$　　B. $ab>0$

C. $a-b>0$　　D. $|a|-|b|>0$

B　　A
b　−1　0　a　1

（第6题）

7. 点P（1，−2）关于原点对称的点的坐标是（　　）

A.（−1，2）　　B.（−1，−2）　　C.（−2，−1）　　D.（1，2）

8. 在△ABC中，∠C=90°，如果$\sin A=\frac{3}{5}$，那么cotB的值等于（　　）

A. $\frac{3}{5}$　　B. $\frac{5}{4}$　　C. $\frac{3}{4}$　　D. $\frac{4}{3}$

b）

图3-134　数

b）数学试卷的密封线及第一栏的效果

9. 如图，在5×5方格纸中，将图①中的三角形甲平移到图②中所示的位置，与三角形乙拼成一个矩形，那么，下面的平移方法中，正确的是（　）

A. 先向下平移3格，再向右平移1格

B. 先向下平移2格，再向右平移1格

C. 先向下平移2格，再向右平移2格

D. 先向下平移3格，再向右平移2格

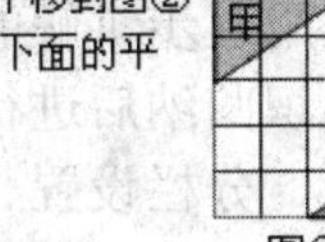

图①

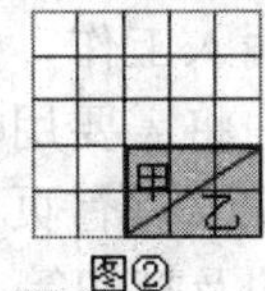

图②

（第8题）

二、解答题（本大题共有3小题，共50分。请在答题卡指定区域内作答。）

10.（本题满分20分）计算：

（1）$|-2|-(1+\sqrt{2})^0+\sqrt{4}$；（2）$\left(a-\frac{1}{a}\right)\div\frac{a^2-2a+1}{a}$.

11.（本题满分15分）某市对九年级学生进行了一次学业水平测试，成绩评定分A、B、C、D四个等级. 为了解这次数学测试成绩情况，相关部门从该市的农村、县镇、城市三类群体的学生中共抽取2 000名学生的数学成绩进行统计分析，相应数据的统计图表如下：

各类学生人数比例统计图

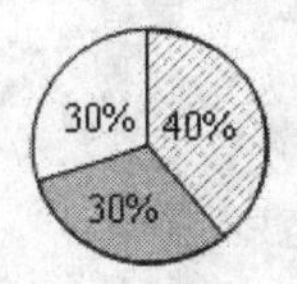

各类学生成绩人数比例统计表

等级 人数 类别	A	B	C	D
农村	▲	200	240	80
县镇	290	132	130	▲
城市	240	▲	132	48

（注：等级A、B、C、D分别代表优秀、良好、合格、不合格）

（1）请将上面表格中缺少的三个数据补充完整；

（2）若该市九年级共有60 000名学生参加测试，试估计该市学生成绩合格以上（含合格）的人数.

12. （本题满分15分）已知：如右图所示，矩形ABCD中，E为CD中点.

求证：∠EAB=∠EBA.

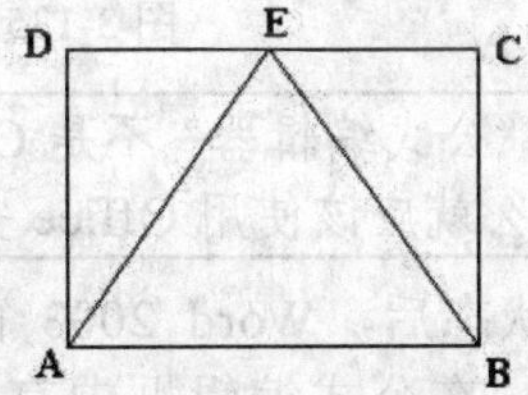

c）

学试卷（续）

c）数学试卷的第二栏的效果

【课题分析】

本课题的主要内容是制作一份数学试卷，图 3-134a 为数学试卷的整体效果，图 3-134b 为数学试卷的密封线及第一栏的效果，图 3-134c 为数学试卷的第二栏的效果。因为本例需要作大量的文本输入工作，如果采用逐步讲解的方法会导致重点不突出，思路不清晰，所以本例制作过程中将需要用到的知识归纳后进行讲解，然后举一反三，完成试卷的制作。本课题包括的知识要点有页面设置、分栏设置、文本框的插入、制表位的设置、公式的插入、文档密码保护及打印等。重点操作是公式的插入、密码保护、打印等。

【知识链接】

一、公式编辑器

Microsoft Office 中有个“公式编辑器”应用程序，其实它不是微软公司开发的，它是 Design Science 公司开发的 Math Type“公式编辑器”的特别版，是为 Microsoft 应用程序而定制的。

单击“插入”菜单中的“对象”命令，弹出“对象”对话框，如图 3-135 所示，在对话框中选择“Microsoft 公式 3.0”，单击“确定”按钮，就可进入公式编辑器的窗口。

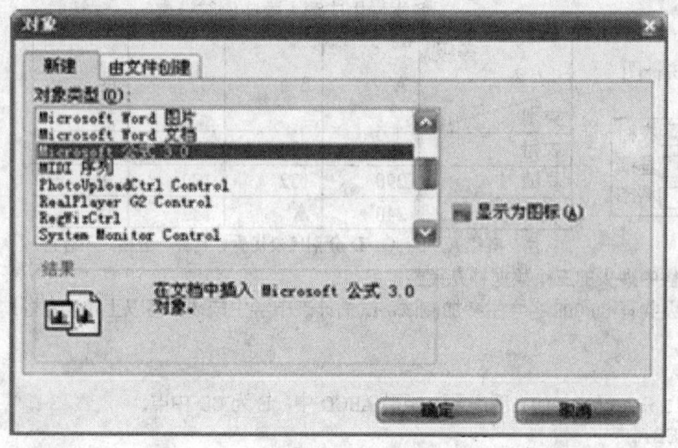

图 3-135　启动公式编辑器

> 温馨提示:“公式编辑器”不是 Office 默认安装的组件，如果在图 3-135 对话框中没有这个对象，那么就应该使用 Office 安装盘安装“公式编辑器”。

进入公式插入状态后，Word 2003 窗口的菜单栏变成公式操作的菜单，文档中会出现一个公式编辑框，在公式编辑框中有一个虚线的方框，称为公式插槽，“插入点”在公式插槽内。新插入的公式中都默认包含一个空公式插槽。

进入公式插入状态后，窗口上同时出现“公式”工具栏。“公式”工具栏中包含符号按钮和模板按钮两类按钮。

创建公式主要是由“公式编辑器”工具栏来完成的，在工具栏上排列着两行共 19 个按钮，将鼠标箭头停留在按钮上，会自动显示各按钮的提示信息。

用顶行的按钮可插入 150 多个数学符号，其中许多符号在“标准 Symbol”字体中没有，如果需要输入特殊符号，尽管在这里查找好了。

底行的按钮用于插入模板或结构，它们包括分式、根式、求和、积分、乘积和矩阵等符号，以及各种围栏。许多模板包含插槽（输入文字和插入符号的区域）。工具栏上的模板大约有 120 个（分组显示），可以通过嵌套模板（把模板插入另一个模板的插槽中）来创建复杂的多级化公式，但嵌套的模板不能超过 10 层。

若要在公式中插入符号或模板，可单击工具栏上的相应按钮，然后在显示的工具板中单击特定符号模板。

二、对文档进行加密保护

对文档进行保护的最常用方法是对文档进行加密，Word 也一样可以通过对文档进行加密来保护文档。

具体的方法是：执行“文件”菜单中的“另存为”命令，在弹出的“另存为”对话框中单击“工具”按钮，选择“安全措施选项”，在弹出的“安全性”对话框中的密码栏中输入密码，确认密码后即可。

Word 提供了两种类型的密码用于文件保护：“打开权限密码”，要输入正确的密码才能够打开。“修改权限密码”，用户可以对文档进行查看，但是要输入正确的密码才能对其进行修改。这两种密码是相互独立的，可以根据自己的需要分别设定。密码的最大长度为 15 个字符，并区分字母大、小写。另外，选中“建议以只读方式打开文档”选项，这样文档被打开前会出现建议用户以只读方式打开的提示，如果选择“否”则不接受建议，文档仍以常规方式被打开。网络上有许多破解 Word 文档密码的软件，所以在设置密码的时候尽量设置得复杂一些，这样会更安全。

温馨提示：Word 2003 的“保护文档”功能较以前的版本有较大的改观，除沿袭了以前版本的修订保护、批注保护、窗体保护之外，还新增了对文档格式的限制、对文档的局部进行保护等功能。执行“工具”菜单中的“保护文档”命令，进入“保护文档”任务窗口可进行相关的保护设置。

【操作步骤】

1. 页面设置

启动 Word 2003 新建文档，执行“文件”菜单中的“页面设置”命令，在“页边距”选项卡中，设置上、下页边距分别为“2.5 厘米”和“2 厘米”，内侧“4.5 厘米”，外侧“1.5 厘米”。装订线“0 厘米”，装订线位置“左”，纸张方向为“横向”，页码范围选择“对称页边距”，并应用于整篇文档。在“纸张”选项卡中，选择纸张大小为“8K”，设置完成后单击“确定”按钮，完成页面的设置。

2. 制作密封线

密封线可以通过文本框和页眉、页脚来实现。先单击绘图工具栏上的“文本框”按钮，在窗口中拖拉出大小合适的文本框。在文本框内单击，然后执行“格式”菜单中的“文字方向”命令，弹出“文字方向”对话框，如图 3-136a 所示，选中第二行左边那种方向，单击“确定”按钮后，在文本框内输入 “班级”、“学号”、“姓名”。

双击文本框的边框，打开“设置文本框格式”对话框，在“颜色与线条”选项卡中设置文本框的填充颜色和线条颜色均为“无颜色”。点击绘图工具栏上的“直线”按钮，按住<Shift>键，画出一条从上到下的直线，调整其线型及位置。复制文本框，将其内容改为“密封线”，将文字方向改为第二行中间那种方向。调整这两个文本框和直线的大小、位置及叠放层次，将直线与两个文本框组合成一个对象。

选中组合好的对象，按下<Ctrl+X>键，将其剪切。然后执行“视图”菜单中的“页眉和页脚”命令，将鼠标定位于页眉处，按下<Ctrl+V>组合键，将做好的对象粘贴过来，并移至左侧合适的位置即可。添加页眉后在页面上方出现的横线，把光标定位于页眉处，然后选择“格式”工具栏中的“样式”下拉列表框，将“页眉”改为“正文”即可将其消除。至此密封线就制作好了，如图 3-136b 所示。

a）

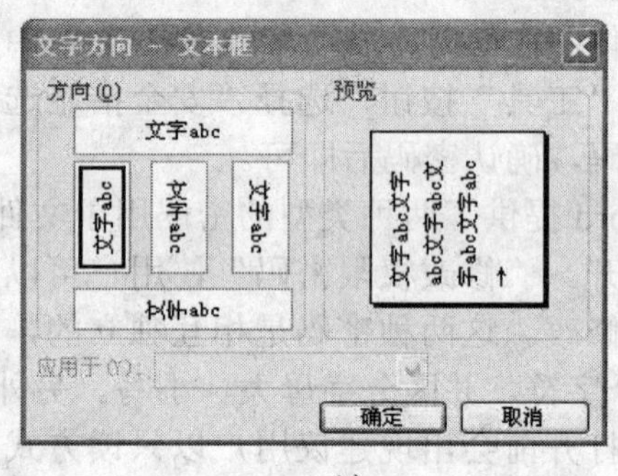

b）

图 3-136 制作密封线

a）“文字方向”对话框 b）密封线的效果

3. 分栏

试卷排版的一个特点就是分栏设置，也就是将页面上的试卷内容分成左、右两部分。执行“格式”菜单中的“分栏”命令，弹出“分栏”对话框，如图 3-137 所示，设置栏数为“2”，栏间距为“6 字符”，最后单击“确定”按钮。

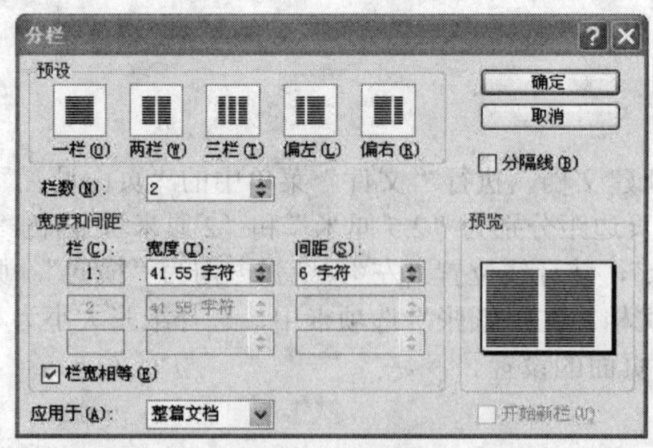

图 3-137 “分栏”对话框

4. 制作卷头

第一行输入“2009—2010 学年度第二学期期末考试”，格式设置：字体为“黑体”，字号为“二号”，居中；第二行输入“九年级数学考试试卷”，格式设置：字体为“黑体”，字号为“三号”，居中。然后在下一行插入一个2行5列的表格，并输入“题号”等信息。

5．用制表位制作选择题

试卷中选择题四个选项的对齐用制表位可以轻松实现，方法如下：

（1）执行“工具”菜单中的“选项”命令，弹出“选项”对话框，在“视图”选项卡的“格式标记”栏中选择“制表符”复选项，单击“确定”按钮。

（2）输入选择题题干，按<Enter>键。

（3）将鼠标定位于选项所在段落，在水平标尺上单击鼠标左键，插入4个制表位，分别对应A、B、C、D四个选项的开始位置。具体方法是：用鼠标在水平标尺上第一个答案需要对齐的位置上单击，标尺上就设置了制表位，按一下<Tab>键，光标与刚才所设的制表位对齐，这时输入选项A的内容“A．2”。用同样的方法在标尺上再设置其余3个答案的制表位的位置，按键盘上的<Tab>键使“插入点”移至下一制表符所在位置后输入选项B的内容，其余两选项依此类推。为了简便，可以先设置好一个选择题，然后将其复制后用来制作下一题，如图3-138所示。

如果一行当中只要两个选项，可以在C选项前按下<Enter>键，并在B选项和D选项处分别再按一次<Tab>键。

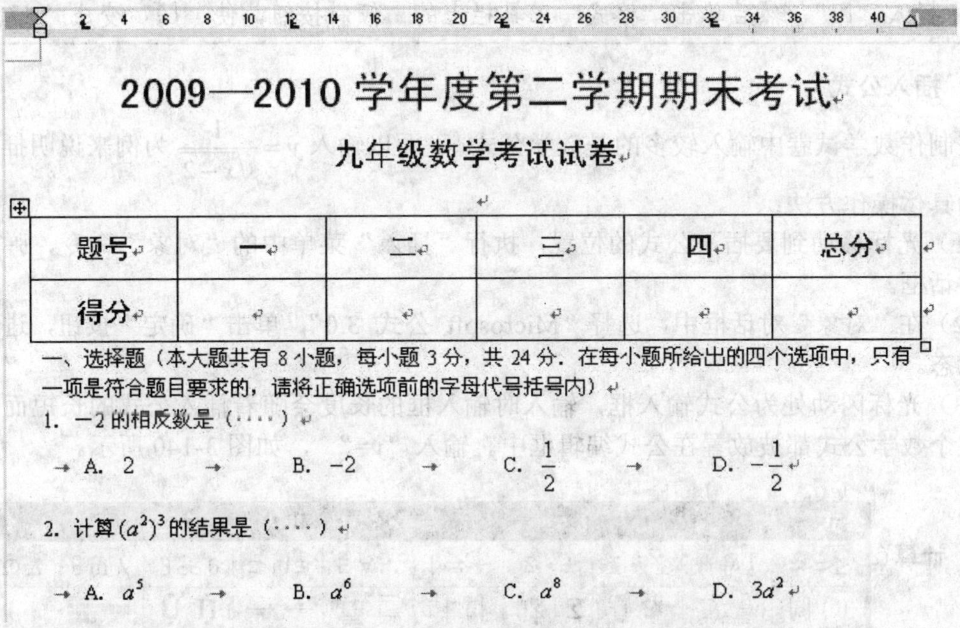

2 4 6 8 10 12 14 16 18 20 22 24 26 28 30 32 34 36 38 40

2009—2010学年度第二学期期末考试

九年级数学考试试卷

题号	一	二	三	四	总分
得分					

一、选择题（本大题共有8小题，每小题3分，共24分．在每小题所给出的四个选项中，只有一项是符合题目要求的，请将正确选项前的字母代号括号内）

1．−2的相反数是（····）

A．2　　B．−2　　C．$\frac{1}{2}$　　D．$-\frac{1}{2}$

2．计算$(a^2)^3$的结果是（····）

A．a^5　　B．a^6　　C．a^8　　D．$3a^2$

图3-138　制作选择题的效果

☞ 技巧点滴：对齐选择题选项还可利用表格，即将各选项放置于偶数行的1、2、3、4列。题干则放置于奇数行（先将奇数行各列进行“合并单元格”操作）。最后将表格的内、外边框线均设置为“无”就可以了。

6．插入特殊符号

在数学试卷中往往会用到一些特殊符号，如“△”、“//”、“⊥”、“∠”、“⊙”、“log”、

“①”、“⑴”等，可执行“插入”菜单下的“插入特殊符号”命令，弹出“插入特殊符号”对话框，如图 3-139 所示，在该对话框中除了可插入一些常用的数学符号外，还可插入一些单位符号、数字序号及特殊符号等。

插入特殊符号还可以使用软键盘，或“插入”菜单中的“符号”选项。

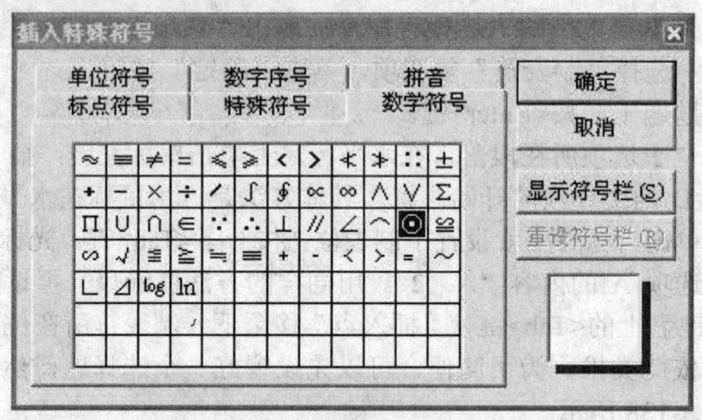

图 3-139 “插入特殊符号”对话框

> ☞ 技巧点滴：要插入“▱”时，可先在如图 3-139 所示的对话框的“特殊符号”选项卡中插入“□”，然后单击“格式”工具栏上的 *I* 倾斜按钮，使“□”变成“▱”。

7．插入公式

在制作数学试卷中输入较多的是数学公式，下面以输入 $y=\dfrac{1}{\sqrt{x-2}}$ 为例来说明插入数学公式的具体操作方法：

（1）光标移动到要插入公式的位置，执行“插入”菜单中的“对象”命令，弹出“对象”对话框。

（2）在“对象”对话框中，选择“Microsoft 公式 3.0”，单击“确定”按钮，进入公式插入状态。

（3）光标闪动处为公式输入框，输入时输入框的长度会随着插入公式的长短而发生变化，整个数学公式都被放置在公式编辑框中。输入“*y*=”，如图 3-140 所示。

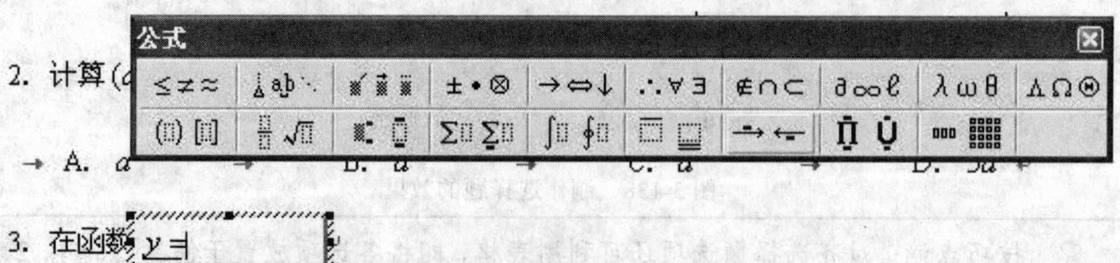

图 3-140 输入公式

（4）单击“公式”工具栏上的“分式和根式模板”按钮，出现列表后，选择带虚线框的“分式”样式，然后在公式编辑框中的分子框中输入“1”，如图 3-141 所示。

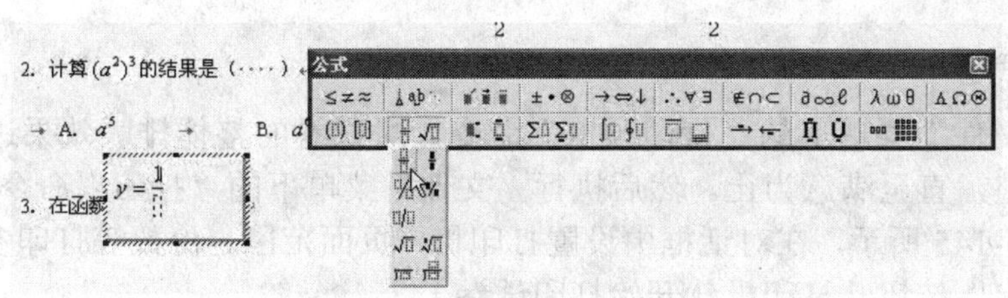

图 3-141 输入分式

（5）将光标移动到分母框中，单击“公式”工具栏中的“分式和根式模板”按钮，出现列表后，选择“根式”样式，在根号内的虚线框中输入“$x-2$”，公式就输入完了。单击公式编辑器外的任意位置，即可退出公式编辑环境，返回到文档编辑环境中，输入好的公式将以图形的方式显示在试卷中，如图 3-142 所示。

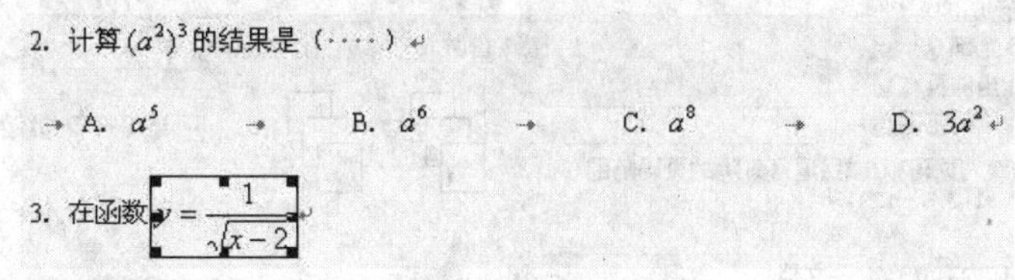

图 3-142 输入根式

8．绘制坐标轴及几何图形

数学试卷中的坐标轴、抛物线以及几何图形也可以在 Word 中进行绘制，其方法是使用直线、箭头以及自选图形等工具进行绘制，然后根据需要设置其格式；使用文本框绘制图形中的标注字母，然后把它们组合起来形成一个整体。

9．设置密码保护

执行“文件”菜单中的“另存为”命令，弹出“另存为”对话框，如图 3-143 所示，在弹出的对话框中单击“工具”按钮，选择“安全措施选项”，就会弹出“安全性”对话框，如图 3-144 所示，可设置“打开文件密码”和“修改文件密码”，再单击“确认”按钮，弹出“确认密码”对话框，再确认密码，返回“安全性”对话框，再单击“确认”按钮即可返回“另存为”对话框，最后单击“保存”按钮，密码设置成功，下次使用该文档时系统就会要求用户输入密码，这样就起到了保护文档的作用。

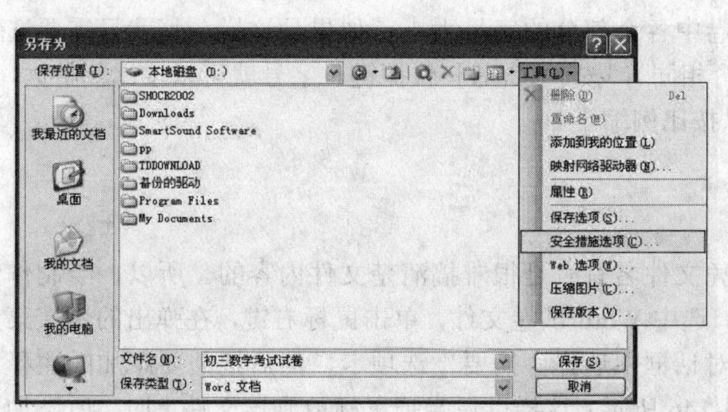

图 3-143 “另存为”对话框

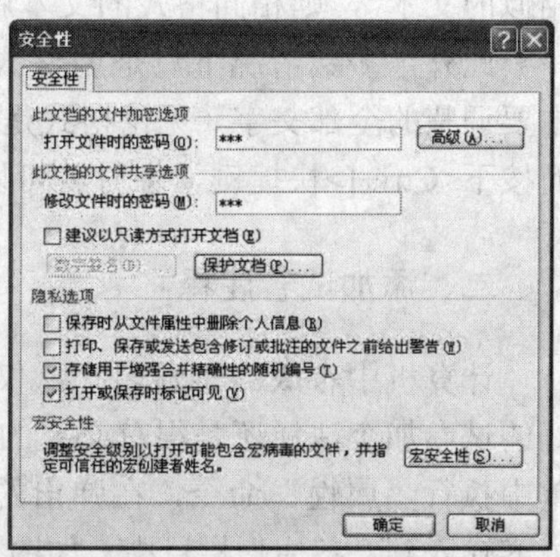

图 3-144 “安全性”对话框

10．打印试卷

先执行“文件”菜单下的“打印预览”命令，对试卷的整体排版效果进行预览，如有不妥再进行调整，直至满意为止。然后执行“文件”菜单下的“打印”命令，弹出“打印”对话框，如图 3-145 所示，在对话框中设置打印机、页面范围、份数等打印参数，设置完毕后，单击“确定”按钮，打印机就开始打印试卷了。

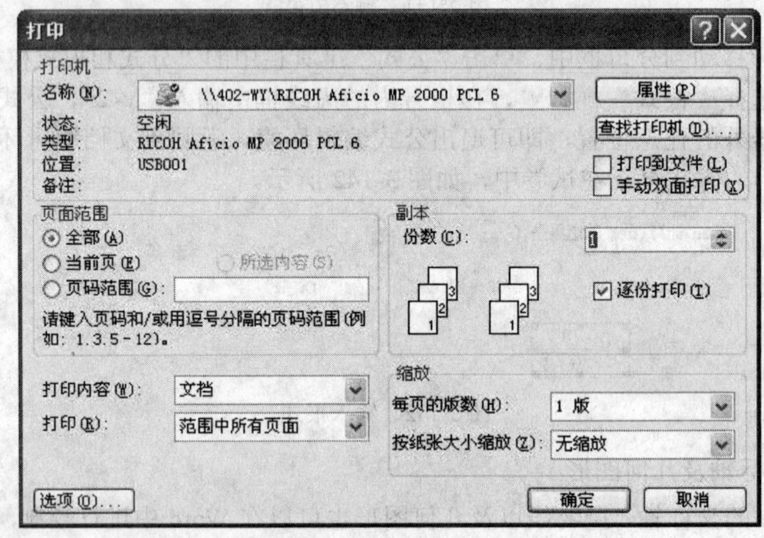

图3-145 “打印”对话框

【拓展提高】

一、快速调整文本格式

试卷的试题说明、题干、分值等内容往往有不同的格式。如果只需要对某一种内容做格式上的调整，就会显得比较麻烦。不过，如果是在 Word 2003 中问题就简单了：把鼠标定位于要做调整的任意一段文字中，单击鼠标右键，在弹出的快捷菜单中选择“选择格式相似的文本”，则相同格式的文本就会同时被选中了，调整格式只需要操作一次。

此外，多数情况下只是调整试卷中各个部分的字号大小。如果是这样，那就只需要选中要调整的全部文字（无论格式是否相同），按下<Ctrl+]>快捷键，字号就可以按比例扩大，而按下<Ctrl+[>快捷键，字号就可以按比例缩小。

二、添加试卷注释

计算机中存放的试卷多了，仅凭文件名有时是很难搞清楚文件内容的。所以，给制作好的试卷加个注释还是很有必要的。选中 Word 试卷文件，单击鼠标右键，在弹出的快捷菜单中执行“属性”命令，在弹出的对话框中选择“摘要”选项卡，然后把需要添加的注释内容输入到“备注”栏目中，如图 3-146 所示。这样以后当把鼠标放到该文件上时，所添加的备注内容就会即时显示出来，那么文件内容也就更容易弄清楚了。

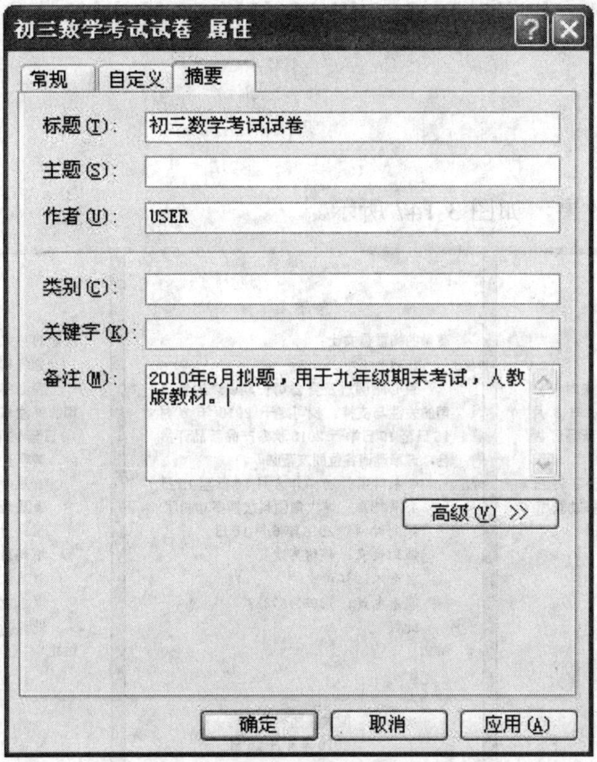

图 3-146 “属性”对话框

三、调整公式的行距

如果试卷中添加了数学公式，那么行距就会变大许多，这样会给排版带来很多不便。此时使用“单倍行距”也不能减少行距。不过，解决此问题的方法还是有的，选中要调整的段落，执行“格式”菜单下的“段落”命令，在弹出的“段落”对话框中，选择“缩进和间距”选项卡，然后设置“段前”、“段后”均为“0 行”，行距设为“单倍行距”，不要选择下方的“如果定义了文档网格，则对齐网格”复选项。这样，就可以把行距调整至最小。

【实战演练】

新建 Word 文档，插入下列公式。

$$\pm \quad {}^{\xi}\!/_{\psi} \quad \sum_{n-1}^{m} \quad \partial \quad \frac{kp}{n} \quad \int_{a}^{b} f(x)dx \quad \frac{|A-a|}{|a|}$$

课题十三　批量邀请函的制作

【课题效果】

本课题要达到的效果，如图 3-147 所示。

邀请函

尊敬的李晓先生：

您好！

衷心感谢您及贵公司长期以来对我公司的关注与支持。我司定于 2010 年 6 月 16 日至 19 日举行 2010 秋冬产品新品订货会，诚挚邀请各位朋友莅临！

会展时间：2010 年 6 月 16 日至 19 日

会展地点：博大集团科技楼多功能厅

报到时间：2010 年 6 月 15 日

报到地点：锦绣宾馆

联系人：江诗文

联系电话：13023567888

此致

敬礼！

博大集团有限公司

2010 年 4 月 26 日

邀请函

尊敬的杨雪雪女士：

您好！

衷心感谢您及贵公司长期以来对我公司的关注与支持。我司定于 2010 年 6 月 16 日至 19 日举行 2010 秋冬产品新品订货会，诚挚邀请各位朋友莅临！

会展时间：2010 年 6 月 16 日至 19 日

会展地点：博大集团科技楼多功能厅

报到时间：2010 年 6 月 15 日

报到地点：锦绣宾馆

联系人：江诗文

联系电话：13023567889

此致

敬礼！

博大集团有限公司

2010 年 4 月 26 日

邀请函

尊敬的孙大成经理：

您好！

衷心感谢您及贵公司长期以来对我公司的关注与支持。我司定于 2010 年 6 月 16 日至 19 日举行 2010 秋冬产品新品订货会，诚挚邀请各位朋友莅临！

会展时间：2010 年 6 月 16 日至 19 日

会展地点：博大集团科技楼多功能厅

报到时间：2010 年 6 月 15 日

报到地点：江南宾馆

联系人：李忠

联系电话：13356563232

此致

敬礼！

博大集团有限公司

2010 年 4 月 26 日

邀请函

尊敬的张冬先生：

您好！

衷心感谢您及贵公司长期以来对我公司的关注与支持。我司定于 2010 年 6 月 16 日至 19 日举行 2010 秋冬产品新品订货会，诚挚邀请各位朋友莅临！

会展时间：2010 年 6 月 16 日至 19 日

会展地点：博大集团科技楼多功能厅

报到时间：2010 年 6 月 15 日

报到地点：江南宾馆

联系人：李忠

联系电话：13356563233

此致

敬礼！

博大集团有限公司

2010 年 4 月 26 日

邀请函

尊敬的胡纯积总经理：

您好！

衷心感谢您及贵公司长期以来对我公司的关注与支持。我司定于 2010 年 6 月 16 日至 19 日举行 2010 秋冬产品新品订货会，诚挚邀请各位朋友莅临！

会展时间：2010 年 6 月 16 日至 19 日

会展地点：博大集团科技楼多功能厅

报到时间：2010 年 6 月 15 日

报到地点：国际大酒店

联系人：刘杨芝

联系电话：13356563234

此致

敬礼！

博大集团有限公司

2010 年 4 月 26 日

邀请函

尊敬的钱菲菲女士：

您好！

衷心感谢您及贵公司长期以来对我公司的关注与支持。我司定于 2010 年 6 月 16 日至 19 日举行 2010 秋冬产品新品订货会，诚挚邀请各位朋友莅临！

会展时间：2010 年 6 月 16 日至 19 日

会展地点：博大集团科技楼多功能厅

报到时间：2010 年 6 月 15 日

报到地点：国际大酒店

联系人：刘杨芝

联系电话：13356563235

此致

敬礼！

博大集团有限公司

2010 年 4 月 26 日

图 3-147　批量邀请函的效果图

【课题分析】

本课题的主要内容是制作批量邀请函，如图 3-147 所示。邀请函的主要内容基本相同，但被邀请人等不同，若用手工处理，工作量大，也容易出错，使用 Word 的邮件合并功能就可以轻松解决此类问题。为了表达简洁、明了，本课题中没有对邀请函进行格式美化，仅使用了 6 条数据记录。本课题包括的知识要点有邮件合并的概念、应用及操作。重点操作是邮件合并的具体操作。

【知识链接】

一、邮件合并

邮件合并就是将一系列信息输入到固定格式的主文档中去，从而生成多个不同的子文档。邮件合并首先要建立两个文档：一个是主文档，它包括报表、信件或录取通知书等文档所共有的内容；另一个是数据源，它包含需要变化的信息，如姓名、地址等。然后利用 Word 提供的邮件合并功能，即在主文档中需要加入变化信息的地方，插入称为合并域的特殊指令，指示 Word 在何处打印数据源中的信息，以便将两者结合起来。这样 Word 便能够从数据源中将相应的信息插入到主文档中。用户可以把合成后的文件保存为 Word 文档，这些文档不但可以打印出来，还可以以邮件的形式发出去。

二、邮件合并的步骤

邮件合并通常包含以下四个步骤：

（1）创建主文档，输入内容不变的共有文本。

（2）创建或打开数据源，存放可变的数据。

（3）在主文档所需的位置插入合并域名称。

（4）执行合并操作，将数据源中的可变数据和主文档的共有文本进行合并，生成合并文档。

【操作步骤】

1．创建主文档

启动 Word 后，执行“文件”菜单下的“页面设置”命令，在“页面设置”对话框中选择“纸张”选项卡，自定义纸张大小，高为“11 厘米”，宽为“19 厘米”，上、下、左、右页边距均为“1 厘米”。

输入邀请函文字内容。输入文本、设置格式，“邀请函”主文档就做好了，如图 3-148 所示。

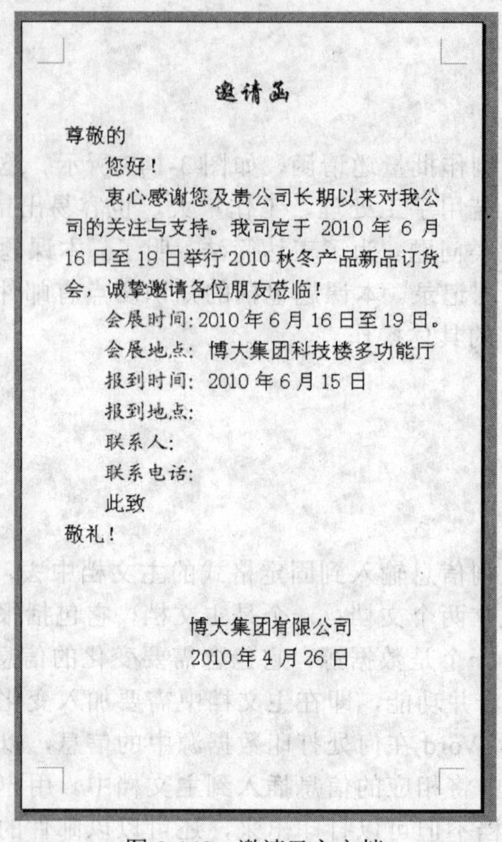

邀请函

尊敬的

您好！

衷心感谢您及贵公司长期以来对我公司的关注与支持。我司定于 2010 年 6 月 16 日至 19 日举行 2010 秋冬产品新品订货会，诚挚邀请各位朋友友莅临！

会展时间：2010 年 6 月 16 日至 19 日。

会展地点：博大集团科技楼多功能厅

报到时间：2010 年 6 月 15 日

报到地点：

联系人：

联系电话：

此致

敬礼！

博大集团有限公司

2010 年 4 月 26 日

图 3-148　邀请函主文档

2．创建邮件合并用的数据源

数据源可以是 Excel 工作表也可以是 Access 文件，还可以是 Microsoft SQL Server 数据库文件。如图 3-149 所示，这是一个名为“客户信息”的 Excel 文件，工作表里面有 6 条数据记录，邮件合并的任务就是把这 6 条记录合并到主文档中，生成一批内容相似、邀请客户不同的邀请函。

	A	B	C	D	E	F
1	单位	姓名	称呼	业务联系人	联系人电话	拟住酒店
2	广州花旗电子有限公司	李骁	先生	江诗文	13023567888	锦绣宾馆
3	重庆西南科技公司	杨雪雪	女士	江诗文	13023567889	锦绣宾馆
4	深圳众联电子公司	孙大成	经理	李忠	13356563232	江南宾馆
5	南方迈亚科技公司	张冬	先生	李忠	13356563233	江南宾馆
6	奥梅兰科技集团	胡纯积	总经理	刘杨芝	13356563234	国际大酒店
7	中南光谷电子集团	钱菲菲	女士	刘杨芝	13356563235	国际大酒店
8						

图 3-149　数据源“客户信息.xls”

3．邮件合并

利用“邮件合并”工具栏，将现有的主文档“邀请函”和数据源“客户信息.xls”合并。操作步骤如下：

（1）打开主文档：打开前面制作的“邀请函.doc”，从“工具”菜单中选择“信函和邮件”子菜单下的“显示邮件合并工具栏”，然后工具栏上会多出一栏，这就是“邮件合并”

工具栏。

（2）打开相应数据源：单击“邮件合并”工具栏上的“打开数据源”按钮，在弹出的“选取数据源”对话框中选择已有的“客户信息.xls”文件作为数据源，如图3-150所示，单击“打开”按钮，弹出“选择表格”对话框。如图3-151所示，选择“Sheet1$”，最后单击“确定”按钮，完成数据源的选取。

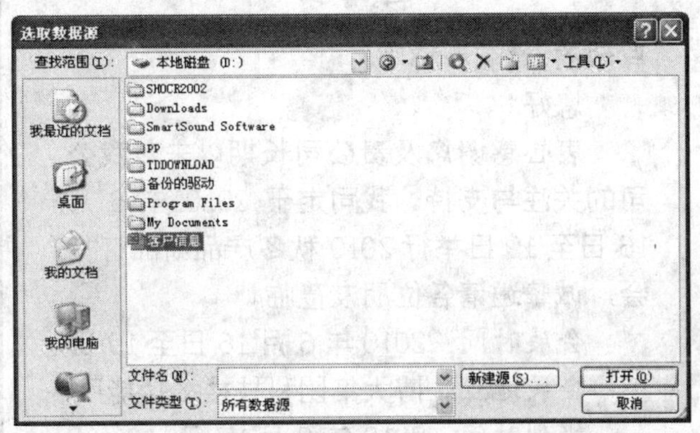

图3-150 “选取数据源”对话框

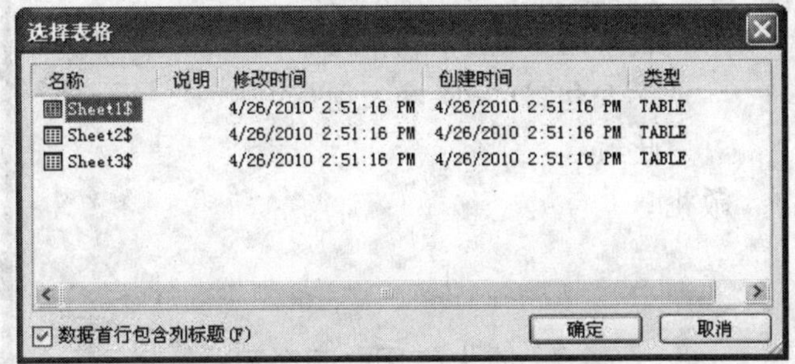

图3-151 “选择表格”对话框

（3）插入数据域：将光标定位到要插入数据的地方，即“尊敬的”和“：”之间，单击“邮件合并”工具栏上的“插入域”按钮，弹出“插入合并域”对话框，如图3-152所示，选择“姓名”，然后单击“插入”按钮，单击“关闭”按钮。

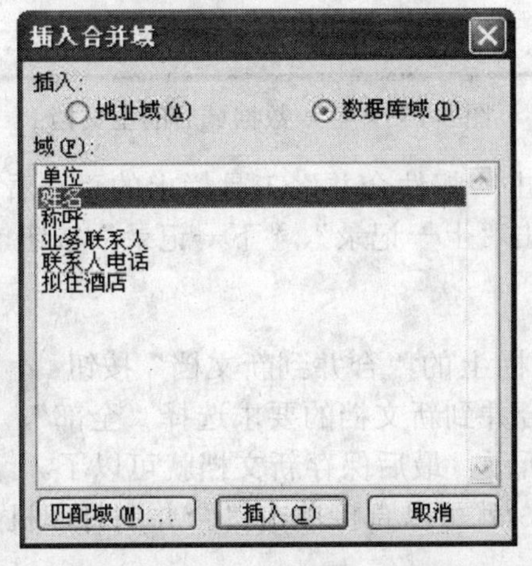

图3-152 “插入合并域”对话框

重复上述操作，分别在文档的相应位置插入其他元素（称呼、联系人、联系人电话、拟住酒店等）。全部完成之后，主文档如图 3-153 所示。

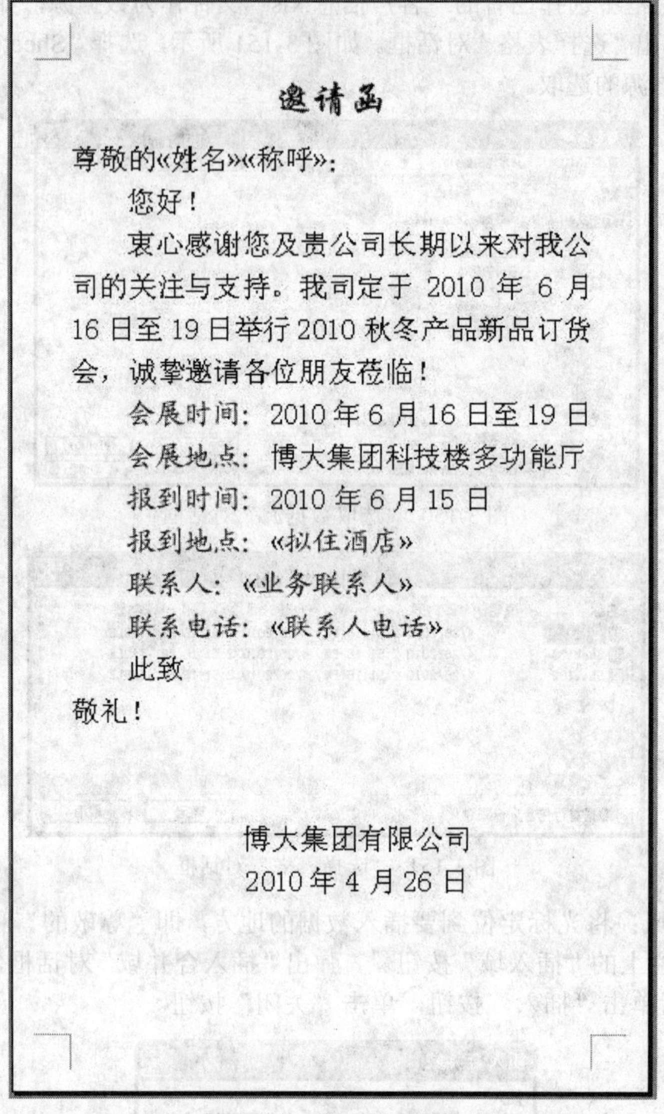

邀请函

尊敬的«姓名»«称呼»：

您好！

衷心感谢您及贵公司长期以来对我公司的关注与支持。我司定于 2010 年 6 月 16 日至 19 日举行 2010 秋冬产品新品订货会，诚挚邀请各位朋友莅临！

会展时间：2010 年 6 月 16 日至 19 日

会展地点：博大集团科技楼多功能厅

报到时间：2010 年 6 月 15 日

报到地点：«拟住酒店»

联系人：«业务联系人»

联系电话：«联系人电话»

此致

敬礼！

博大集团有限公司

2010 年 4 月 26 日

图 3-153　插入数据域后的主文档

（4）查看合并数据：单击“邮件合并”工具栏上的“查看合并数据”按钮，即可看到邮件合并之后的数据，单击“上一记录”、“下一记录”按钮，查看当前数据源中的记录。

4．合并成新文档

单击“邮件合并”工具栏上的“合并到新文档”按钮，弹出“合并到新文档”对话框，如图 3-154 所示，按要合并到新文档的要求选择“全部”，单击“确定”按钮，一批邀请函就生成了，如图 3-155 所示，最后保存新文档就可以了。

如果邀请函的数量较多，就可以直接单击“合并到打印机”按钮，将合并结果发送到打印机进行打印输出。

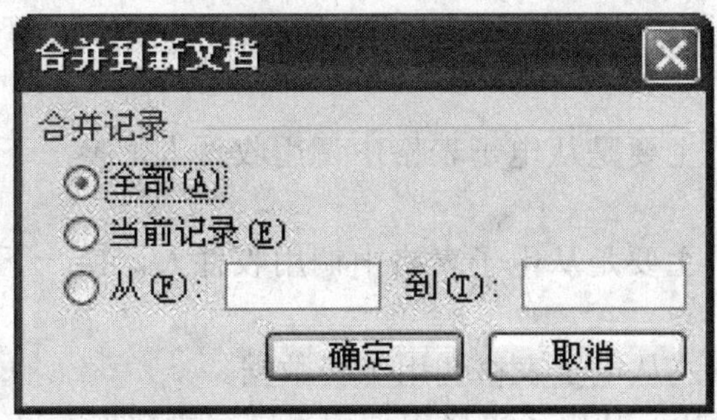

图 3-154

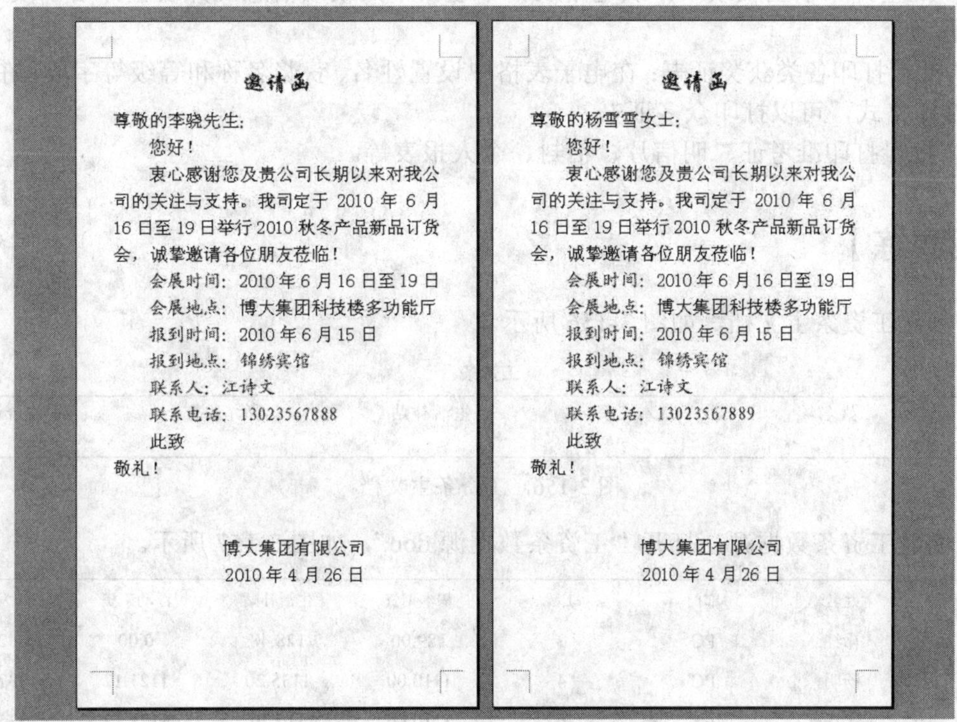

图 3-155 合成后的邀请函

5. 保存并打印文档

要对合并后的新文档进行保存，如果安装有打印机，就可以把制作完成的文档打印出来邮寄给相应的客户。

【拓展提高】

邮件合并的应用领域

邮件合并功能用于创建套用信函、邮件标签、信封、目录以及大宗电子邮件和传真分发。例如，一个公司要向所有客户分发内容相同的邀请函，所不同的是每位客户的姓名和地址，要完成这项任务，应用常规的方法实现起来非常麻烦，工作效率太低，利用邮件合并就能很轻松地完成此类任务。

（1）批量打印信封：按统一的格式，将电子表格中的邮编、收件人地址和收件人姓名打印出来。

（2）批量打印信件：主要是从电子表格中调用收件人，换一下称呼，信件内容基本固定不变。

（3）批量打印请柬：主要是从电子表格中调用收件人，换一下称呼，请柬内容基本固定不变。

（4）批量打印工资条：从电子表格调用工资数据。

（5）批量打印个人简历：从电子表格中调用不同字段数据，每人一页，对应不同信息。

（6）批量打印学生成绩单：从电子表格中取出个人成绩信息，并设置评语字段，编写不同评语。

（7）批量打印各类获奖证书：在电子表格中设置姓名、获奖名称和等级等字段，在 Word 中设置打印格式，可以打印众多证书。

（8）批量打印准考证、明信片、信封、个人报表等。

【实战演练】

1．创建工资条主文档，如图 3-156 所示。

工资条

序号	姓名	基本工资	生活补贴	浮动工资	实发合计

图 3-156　工资条主文档

2．创建工资条数据源，打开“工资条数据源.doc”，如图 3-157 所示。

记录号	姓名	部门	工龄	基本工资	生活补贴	浮动工资	实发合计
1	祁红	PC	3	189.00	128.48	0.00	320.48
2	杨明	PC	4	1110.00	1135.20	1121.12	3370.32
3	江华	AY	6	1110.00	115.20	1121.12	2352.32
4	成燕	AY	8	1103.00	1132.96	1119.80	3363.76
5	达晶华	DF	7	1150.00	1148.00	1135.00	3440.00

图 3-157　工资条数据源

3．利用邮件合并功能，生成工资条，如图 3-158 所示。

工资条

序号	姓名	基本工资	生活补贴	浮动工资	实发合计
1	祁红	189.00	128.48	0.00	317.48

工资条

序号	姓名	基本工资	生活补贴	浮动工资	实发合计
2	杨明	1110.00	1135.20	1121.12	3366.32

图 3-158　生成的工资条

工资条

序号	姓名	基本工资	生活补贴	浮动工资	实发合计
3	江华	1110.00	115.20	1121.12	2346.32

工资条

序号	姓名	基本工资	生活补贴	浮动工资	实发合计
4	成燕	1103.00	1132.96	1119.80	3355.76

工资条

序号	姓名	基本工资	生活补贴	浮动工资	实发合计
5	达晶华	1150.00	1148.00	1135.00	3433.00

图 3-158 生成的工资条（续）

课题十四 世博会手抄报的制作

【课题效果】

本课题要达到的效果，如果 3-159 所示。

时 间：2010 年 5 月 1 日至 10 月 31 日
地 点：上海市中心黄浦江两岸，南浦大桥和卢浦大桥之间的滨江地区
主 题：城市，让生活更美好
副主题：城市多元文化的融合 城市经济的繁荣城市科技的创新 城市社区的重塑城市和乡村的互动
目 标：吸引 200 个国家和国际组织参展，7000 万人次的参观者

会 徽：中国 2010 年上海世博会会徽，以中国汉字"世"字书法创意为形，"世"字图形寓意三人合臂相拥，状似美满幸福、相携同乐的家庭，也可抽象为"你、我、他"广义的人类，对美好和谐的生活追求，表达了世博会"理解、沟通、欢聚、合作"的理念，突显出中国 2010 年上海世博会以人为本的积极追求。

EXPO 2010 SHANGHAI CHINA

吉祥物：上海世博会吉祥物海宝（HAIBAO）寓意为"四海之宝"，以"人"为核心创意，契合上海世博会的主题。

国际展览局：英文简称为 BIE，政府性质的国际展览机构，协调管理世界博览会，总部设在巴黎。

2010年上海世博会概况

2010 到上海 看世博

中国国家馆概况

展馆建筑外观以"东方之冠，鼎盛中华，天下粮仓，富庶百姓"的构思主题，表达中国文化的精神与气质。展馆的展示以"寻觅"为主线，带领参观者行走在"东方足迹"、"寻觅之旅"、"低碳行动"三个展区，在"寻觅"中发现并感悟城市发展中的中华智慧。展馆从当代切入，回顾中国三十多年来城市化的进程，凸显三十多年来中国城市化的规模和成就，回溯、探寻中国城市的底蕴和传统。随后，一条绵延的"智慧之旅"引导参观者走向未来，感悟立足于中华价值观和发展观的未来城市发展之路。

想一想 做一做

1. 世博会的历史比奥运会的历史长（ ）年。
A、44 B、45 C、46 D、47
2. 最早一届世博会是（ ）举办的。
A、1851 年 B、1852 年 C、1853 年 D、1854 年
3. 国际展览局有（ ）个成员国。
A、151 B、152 C、153 D、154
4. 上海世博会的吉祥物是（ ）正式揭晓的。
A、2007 年 12 月 18 日 B、2004 年 12 月 18 日
C、2007 年 11 月 30 日 D、2004 年 11 月 30 日
5. 上海世博会将于 2010 年（ ）至（ ）举行。
A、1 月 1 日、5 月 31 日 B、3 月 1 日、8 月 31 日
C、5 月 1 日、10 月 31 日 D、10 月 1 日、12 月 31 日
6. 上海世博演艺中心最多能容纳（ ）名观众。
A、15000 B、18000 C、20000 D、22000

主题馆概况

上海世博会设有五个主题馆，其中城市人馆、城市生命馆和城市地球馆三个主题馆位于浦东 B 片区的主题馆建筑内，展馆外形设计从"折纸"的创意出发，屋顶则模仿了上海里弄"老虎窗"正面开、背面斜坡的特点，显示上海传统石库门建筑的文化魅力。主题馆的南广场、北广场和下沉式广场将在世博会期间举办各类活动、庆典和仪式。城市足迹馆和城市未来馆分别位于浦西的 D 片区和 E 片区，两座展馆建筑利用原工业建筑进行设计改建，构成传统与现代相互呼应的崭新空间。

世界博览会的由来

世界博览会（World Exhibition or Exposition，简称 World Expo）又称国际博览会及世界博览会，简称世博会、世博，是一项由主办国政府组织或政府委托有关部门举办的有较大影响和悠久历史的国际性博览活动。参展者向世界各国展示当代的文化、科技和产业上正面影响各种生活范畴的成果。

最初以美术品和传统工艺品的展示为主，后来随着科学技术的进步，社会生产力的发展，逐渐变为荟萃科学技术与产业技术的展览会，同时展览会的规模也逐步扩大，参展的地域范围从一地扩大到全国，由国内延伸到国外，直至发展成为由许多国家参与的世界性博览会。1791 年捷克在首都布拉格首次举办了这样的国内展览会，而 1851 年在英国首都伦敦的海德公园举行万国工业博览会成为了全世界第一场世界博览会。

图 3-159 上海世博会手抄报效果图

【课题分析】

随着计算机应用的广泛普及，使用 Word 排版的各种简报、海报、手抄报、内部刊物越

来越广泛，简单的小报排版应用频繁。本课题的主要内容是制作一张关于上海世博会的手抄报，效果如图 3-159 所示。本课题包括的知识要点有艺术字的使用、段落格式的设置、文本框的使用、绘图工具的使用、带圈字符的制作、双行合一文字的制作等。重点操作是手抄报版面规则的掌握、艺术字的制作、插入图片操作、带圈字符的制作等。

【知识链接】

一、手抄报的版面

设计手抄报版面的规则是：根据纸张的大小，在纸面上留出标题文字的空间，把剩余的空间分割给各个稿件，每个稿件的标题和插图的大概位置都要心中有数。同时要注意布局的整体协调性和美观性。

手抄报的版面一般都很复杂，仅通过分栏、图文混排等操作是不能完成文字块的分割的，通常可用下面的方法来分割文字块。

1. 用文本框划分版面

在工具栏上单击鼠标右键，选择“绘图”项，调出“绘图”工具栏。单击工具栏上的“文本框”按钮，在屏幕上进行拖动就画出一个文档框。可以调节文本框的大小和位置，也可以设置文本框的背景和边框颜色。一般一个稿件用一个文本框，如果同一稿件有分栏情况，就用两个或两个以上的文本框。如果是竖排版文字，就用竖排文本框。

2. 用表格划分版面

在工具栏上单击鼠标右键，选择“边框和表格”项，调出“边框和表格”工具栏。

单击工具栏上的“绘制表格”按钮，就可以在屏幕上绘制表格线了。再次单击“绘制表格”按钮，则退出绘制表格状态。单击“擦除”按钮，可以直接在表格中擦除表格线。画好表格框线后，在各个单元格内输入稿件或在适当位置摆放插图。

二、输入带圈字符

在“格式”菜单的“中文版式”子菜单中有一个“带圈字符”的命令，通过这个命令可以输入带圈的字符。具体方法：首先输入字符，然后选择要加圈的字符，打开“格式”菜单，执行“中文版式”子菜单下的“带圈字符”命令，弹出“带圈字符”对话框，如图 3-160 所示，选择“增大圈号”，然后进行相应的设置就可以了。

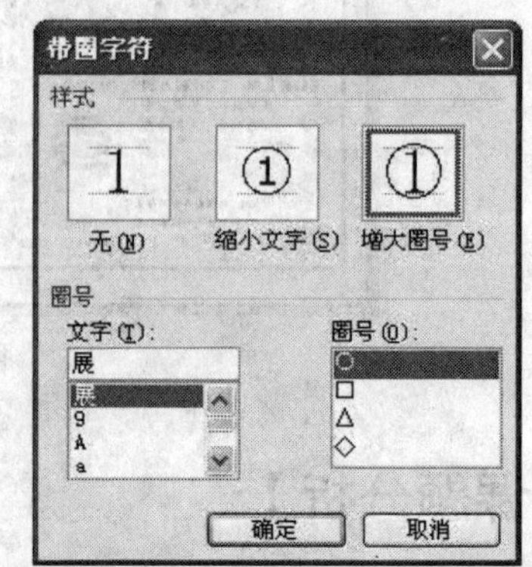

图 3-160 “带圈字符”对话框

按上述方法制作一个设置带圈的字符，如“展”，完成后，圆圈可能并没有刚好套在所选的字上，可以对其进行调整。选中这个字符，单击鼠标右键，执行“切换域代码”命令，这时字符变为域代码形式，即“{ eq \o\ac(○,展)}”，选中圆圈，可适当增大其字号，然后再单击“格式”菜单，选择“字体”，单击“字符间距”选项卡，单击“位置”下拉列表框，从列表中选择“降低”项，在右侧的“磅值”框中输入适当值，单击“确定”按钮。这时再单击鼠标右键，执行“切换域代码”命令，圆圈刚好套在了文字上，如“㊢”。

【操作步骤】

1．收集素材

制作一份关于上海世博会的手抄报，先要有一些素材，可以从报纸、杂志及网页上收集一些稿件，然后从题材、内容、文体等方面考虑，从中挑选出有代表性的稿件，进行修改。

作为一份比较好的手抄报，不但要有优秀的稿件，同时也要有合适的图片。一般来说，手抄报所配的题图，要为表现主题服务，因而图片内容要和主题相贴近或相关。图片可以扫描或从网页上下载。

2．新建文档

新建 Word 文档，用文件名“上海世博会手抄报”保存。

3．页面设置

进行“页面设置”中的“页边距”和“纸张”设置，“纸张大小”选择“A3”，上、下、左、右页边距为“1 厘米”，纸张方向为“横向”。在“版式”选项卡中，单击“边框”按钮，在弹出的“边框和底纹”对话框中设置页面边框，如图 3-161 所示。

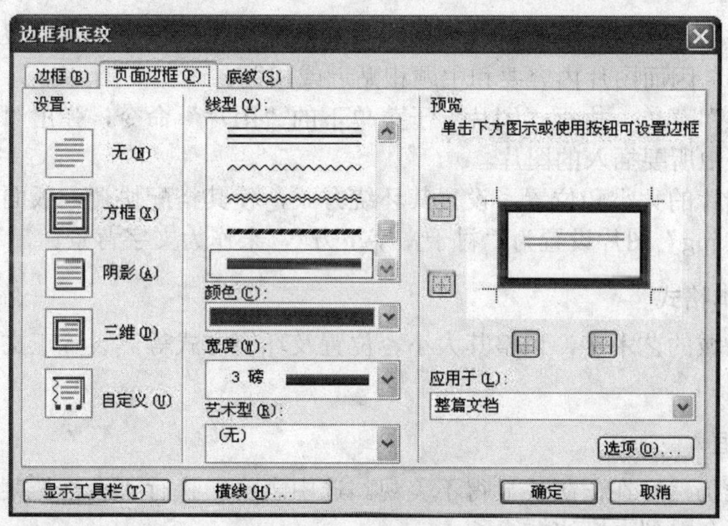

图 3-161 设置页面边框

4．版面规划

版面的划分可用表格也可以用文本框，此报用表格来划分区域。根据本手抄报所收集的素材和版面设计的规则，将版面划分为 1 个标题区，5 个内容区及 1 个署名区。如图 3-162 所示，注意布局的整体协调性和美观性。

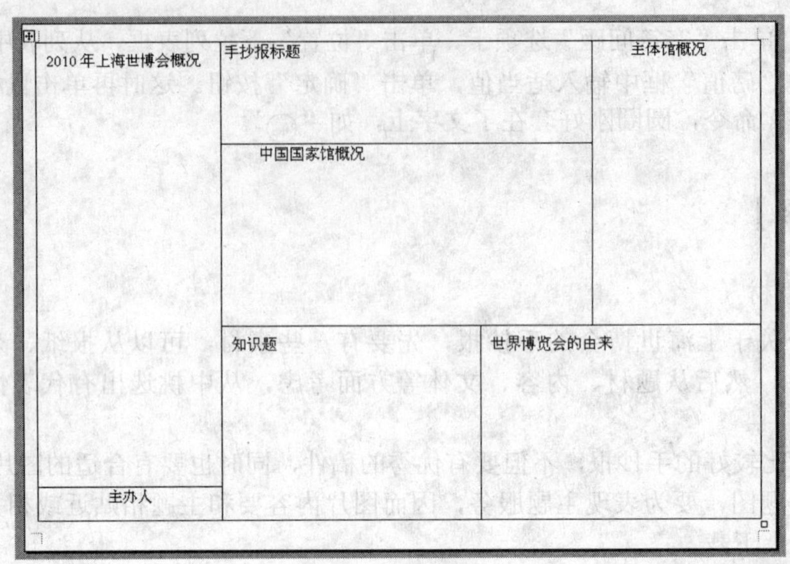

图 3-162　版面规划

版面中不规则的部分可以用文本框和线条进行分割，再用自选图形搭配和调整。

5．文本的输入

整体框架建立好后，就可以在相应的区域输入稿件的内容了。如果预留的空间小了，放不下稿件的所有内容，可以适当调整一下预留空间的大小，也可以对稿件进行适当的压缩。

6．插入图片

一份比较好的手抄报，要有合适的图片与其搭配。一般来说，手抄报所配的题图，要为表现主题服务，因而图片内容要和主题相贴近或相关。

打开“插入”菜单，执行“图片”子菜单下的“图片”命令，弹出“插入图片”对话框，选择手抄报中所要插入的图片。

适当调整图片的大小和位置，设置其环绕方式，使其搭配协调，版面美观。其中，把“海宝斗牛士装.jpg”图片设置为“衬于文字下方”，来作为文字背景。

7．设置文本格式

先制作各区域的艺术字，调整其大小、位置及环绕方式等。设置正文字体、字号，行间距等格式。

8．隐藏虚框

这时表格线仍然存在，版式显得不美观。选中表格，执行“表格”菜单下的“隐藏虚框”命令，就不会看到表格边框线了。

9．绘制线条

利用“绘图”工具栏上的“直线”工具，可以在不同区域间插入适当的线条进行间隔。用“绘图”工具栏上的直线命令，按住<Shift>键，绘制水平或垂直直线，然后设置其颜色、线型、粗细、环绕方式等，调整其长短，把它放在合适的位置。

10. 制作中文版式

打开“格式”菜单，执行“中文版式”子菜单下的“双行合一”命令来制作署名，使用其中的“带圈字符”命令制作带圈的文字。

11. 手抄报的整体协调

在文字和图形都排好后，手抄报基本上就完成了。检查一下文字有没有输错，图形是否与文字相对应，重点文字是不是很突出等。最后注意一下整体布局的合理性，色彩的平衡性。

执行“格式”菜单下的“边框和底纹”命令，可以给手抄报中一些文字或段落设置好看的边框和底纹，也可使用自选图形或文本框填充一些合适的图案或颜色以“衬于文字下方”的方式作为背景。这样，一份漂亮的手抄报就完成了，如图 3-159 所示。

12. 保存手抄报

单击“格式”工具栏上的“保存”按钮，保存手抄报。

【拓展提高】

一、制作水印

在打印一些重要文件时需要给文档加上水印，例如，“绝密”、“保密”的字样，可以让获得文件的人知道该文件的重要性。Word 2003 具有添加文字和图片两种类型水印的功能，水印将显示在打印文档文字的后面，它是可视的，不会影响文字的显示效果。

1. 添加文字水印

制作好文档后，在“格式”菜单下的“背景”中选择“水印”选项，选择“文字水印”，在“文字”菜单中选择水印的文字内容，也可自定义水印文字内容。设计好水印文字的字体、尺寸、颜色、透明度和版式后，确定应用，可以看到文本后面已经生成了设定的水印字样。

2. 添加图片水印

在“水印”对话框中选择“图片水印”，然后找到要作为水印图案的图片。添加后，设置图片的缩放比例、是否冲蚀。冲蚀的作用是让添加的图片在文字后面降低透明度显示，以免影响文字的显示效果。

Word 2003 只支持在一个文档中添加一种水印，若是添加文字水印后又定义了图片水印，则文字水印会被图片水印替换，在文档内只会显示最后制作的那个水印。

3. 打印水印

在“打印预览”中可预览制作的水印效果，然后设置“打印”选项。在“工具”菜单下打开“选项”对话框，在其中的“打印”选项内选中“背景色和图像”。再进行文档打印，水印才会一同打出。

二、为三位数字设置带圈字符的方法

正常情况下，只能制作两个字符在一个圆圈中，如果要制作三个以上的字符在一个圆

圈中可用以下方法：

1．两位数字设置带圈字符

按照正常的方法为“88”设置带圈字符，然后按<Alt+F9>或执行“单击鼠标右键→切换域代码”命令，切换到域代码方式。

2．扩大圈号

选定域代码中的圈号，按下<Ctrl+]>或<Ctrl+[>组合键或执行“格式→字体”命令，对圈号的大小进行调整，当觉得圈号差不多时，再将域代码中的“88”改为“888”。

3．调整数字的位置

再次按下<Alt+F9>切换到编辑模式，现在终于看到了三位数字带圈的效果，但数字此时未必正好处于圆圈的正中央，可以通过在域代码模式下为数字设置提升效果的方法来解决此问题。

带圈字符直接制作出来后，其效果一般都不会很理想，也可用上述方法调整。

多个字的带圈字符可分别选中域代码中的“○”或“圈内的文字”，执行“格式→字体”命令，打开“字体”对话框，在“字体”和“字符间距”选项卡中，通过反复调整“缩放”、“间距”和“位置”的相关数值，来调整“○”和“圈内的文字”的大小、间距及其上、下位置。在调整过程中，可以通过反复按<Alt+F9>组合键来查看效果，直到满意为止。

【实战演练】

制作一张国庆专刊。

习　题　三

一、填空题

1．在 Word 2003 中，水平标尺上有四个段落缩进标记，分别是________、________、________、________。

2．Word 2003 中段落的对齐方式有________、________、________和________四种。

3．在文本区内选定文本时，拖动鼠标，选定________，双击鼠标，选定________，快速单击鼠标三次，选定________，按住<Alt>键拖动鼠标，选定________。

4．选定文本后，把鼠标移动到选定的文本上，然后拖动鼠标会______选定的文本，把鼠标移动到选定的文本上，然后按住<Ctrl>键拖动鼠标会________选定的文本。

5．页边距是指________的距离。在 Word 中页边距的设置可以使用标尺来快速完成，也可以使用________对话框进行精确设置。

6．在 Word 2003 中，如果前一单元格的内容需要修改，可以按________键，使“插入点”跳到前一个单元格，也可以按________键来移动“插入点”。

7．字符格式设置好后，如果在其他的字符当中也要应用相同的字符格式，可以使用________将字符格式复制到其他字符中，而不需重新设置。

8．文本框的四周有 8 个“小圆圈”，叫做“句柄”，它们可以用来调整文本框的_____。

9．Word 2003 提供的显示方式称为视图，包括________、________、_______、______、_______5 种视图。

10．在字体格式中，“B”表示使用__________效果。

11．打印之前最好能进行 ________________，以确保取得满意的打印效果。

12．Office 套装软件的 3 个主要软件是____________、__________、____________。

13．文字的格式主要是指____________、__________、____________和颜色。

14．Word 2003 默认的字体是_____________、字号是_____________。

15．页眉和页脚是打印在一页____________和_________ 的注释性文字或图形。

16．在 Word 中，可以显示水平标尺的两种视图模式是____________和____________。

17．在 Word 中，页码是作为____________的一部分插入到文档中的。通过________菜单下的“页码”命令，既可以设置页码在页面上的位置，又可以设置页码的对齐方式。

18．在编辑较长文件时，为防止因突然停电而丢失已编辑的内容，常用____________命令将文件存盘，然后继续编辑，若将“插入”状态转换成“改写”状态，可按____________键来改变。

19．在 Word 文档中，对表格的单元格进行选择后，可以进行插入、移动、____________、合并和删除等操作。

20．在 Word 中不宜使用按<Enter>键增加空行的方法加大段落间距，而应该使用格式菜单下的____________命令的“缩进和间距”选项卡来设置。

二、选择题

1．Word 文档扩展名默认的类型是______。

A．*.doc　　B．*.wrd　　C．*.dot　　D．*.txt

2．在 Word 的编辑状态下，执行“编辑”菜单中的“剪切”命令后，______。

A．所选择的内容将被移到“插入点”处

B．所选择的内容将被移到剪贴板上

C．剪贴板上的内容将被复制到“插入点”处

D．剪贴板上的所有内容将被移到“插入点”处

3．Word 2003 中______视图方式使显示效果与打印预览基本相同。

A．普通　　B．页面　　C．大纲　　D．Web 版式

4．在 Word 的编辑状态下，打开一个文档，并对其做了修改，进行“关闭”文档操作后，______。

A．文档将被关闭，但修改后的内容不能保存

B．文档不能被关闭，并提示出错

C．文档将被关闭，并自动保存修改后的内容

D．将弹出对话框，并询问是否保存对文档的修改

5．在 Word 的默认状态下，有时会在某些英文文字下方出现红色的波浪线，这表示______。

A．语法错误　　B．该文字本身自带下划线

C．Word 字典中没有该单词　　D．该处有附注

6．如果已有页眉或页脚，则再次进入页眉页脚区只需双击______。

A．文本区　　B．菜单区　　C．工具栏区　　D．页眉页脚区

7．在 Word 的表格操作中，计算求和的函数是______。

A．Total　　B．Sum　　C．Count　　D．Average

8．在 Word 中，若要进行输入法之间的切换，以下办法错误的是：从下拉菜单中选择其他输入法______。

A．单击任务栏上的“En”　　B．<Ctrl + Shift>

C．<Ctrl + 空格键>　　D．<Alt + W>

9．关于 Word 文档窗口的说法，正确的是______。

A．只能打开一个文档窗口

B．可以同时打开多个文档窗口，被打开的窗口都是活动的

C．可以同时打开多个文档窗口，只有一个是活动窗口

D．可以同时打开多个文档窗口，只有一个窗口是可见文档窗口

10．在 Word 中选择一个矩形块时，应按住______键并拖动鼠标左键。

A．Ctrl　　B．Shift　　C．Alt　　D．Tab

11．使用 Word 编辑文本时执行了错误操作，______功能可以帮助用户恢复原来的状态。

A．复制　　B．粘贴　　C．撤销　　D．清除

12．与图形、图片、艺术字相比，______是文本框特有的设置。

A．边框颜色　　B．环绕　　C．阴影　　D．链接

13．Word 在正常启动之后会自动打开一个名为______的文档。

A．“1．doc”　　B．“1．txt”　　C．“DOC1．doc”　　D．“文档 1”

14．在 Word 的编辑状态下，执行“编辑”菜单下的“粘贴”命令后______。

A．文档中选择的内容被复制到当前“插入点”

B．文档中选择的内容被移动到剪贴板

C．将剪贴板的内容移到当前“插入点”

D．将剪贴板的内容复制到当前“插入点”

15．在 Word 中，选定表格中的一列时，“常用”工具栏上的“插入表格”按钮提示将会改变为______。

A．插入行　　B．插入列　　C．删除行　　D．删除列

16．在 Word 中，邮件合并的两个基本元素是______。

A．标签和信函　　B．信函和信封

C．主文档和数据源　　D．邮件地址和收件人姓名

17．在 Word 中，保存一个新建的文件后，要想此文件不被他人查看，可以在保存的“选项”中设置______。

A．修改权限口令　　B．建议以只读方式打开

C．打开权限口令　　D．快速保存

18．在 Word 2003 的编辑状态下，利用______可以快速且直接地调整文档的左、右边界。

A．格式栏　　B．工具栏　　C．菜单　　D．标尺

19．在 Word 2003 中对“视图”中的“显示比例”进行设置时，只能在______视图模式下，可选择“整页”。

A．全屏显示　　B．大纲显示

C．页面　　D．主控文档

20．在 Word 的编辑状态下，执行两次“剪切”操作后，则 Office 剪贴板中______。

A．有两次被剪切的内容　　B．仅有第二次被剪切的内容

C．仅有第一次被剪切的内容　　D．无内容

21．在 Word 表格中，将两个单元格合并，则原有两个单元格的内容____。

A．会完全合并　　B．不会合并

C．有条件的合并　　D．部分合并

22．在 Word 中无法实现的操作是______。

A．在页眉中插入剪贴画　　B．建立奇、偶页内容不同的页眉

C．在页眉中插入分隔符　　D．在页眉中插入日期

23．下列不能打印输出当前编辑文档的操作是______。

A．单击“常用”工具栏中的“打印”按钮

B．单击“文件”菜单下的“打印”选项

C．单击“文件”菜单下的“页面设置”选项

D．单击“文件”菜单下的“打印预览”选项，再单击工具栏中的“打印”按钮

24．Word 的“旋转或翻转”处理，只适用于______对象。

A．文本框　　B．表格　　C．图片　　D．图形

25．下列关于 Word 文本框的描述中，错误的是______。

A．文本框内的文字可以随文本框的移动而移动

B．文本框内的文字排列方式有竖排和横排两种

C．对于选定的文本框的格式，可以用“格式”菜单下的“边框和底纹”命令来设置

D．可以用“格式”菜单中的“文本框…”命令来设置文本框的格式

26．在打开的 Word 文档中，要想将光标迅速定位于第 35 页，通常最快的操作是______。

A．用鼠标连续点击垂直滚动条中的黑色三角形符号按钮，直到找到为止

B．用鼠标连续点击垂直滚动条中的黑色双三角形符号按钮，直到找到为止

C．用鼠标拖动垂直滚动条中的方块按钮，直到找到为止

D．执行“编辑”菜单下的“定位”命令，在对话框中输入页号并单击“定位”按钮

27．在 Word 中，段落的标记是在______之后产生的。

A．分页符　　B．句号　　C．<Enter>键　　D．<Shift+Enter>

28．下列叙述中，正确的是______。

A．页码是页眉和页脚的一部分，它不能用删除文本的方法来删除。

B．普通视图下可以显示页眉和页脚

C．普通视图下可以有垂直标尺

D．普通视图下可以插入图片

29. 在 Word 中，当拖动水平标尺上的列标记调整表格中单元格的宽度时，同时按住______键，则在标尺上会显示列宽的具体数值。

A. Shift　　B. Alt　　C. Ctrl　　D. Tab

30. 在 Word 中，文本被剪切后暂时保存在______。

A. 临时文档　　B. 自己新建的文档

C. 剪贴板　　D. 内存

31. 要在 Word 的封闭图形（如圆形）中添加文字，正确的操作是______。

A. 选定图形，执行“插入”菜单中的“符号”命令

B. 单击鼠标左键选择要添加文字的图形，执行快捷菜单中的“添加文字”命令

C. 单击鼠标右键选择要添加文字的图形，执行快捷菜单中的“添加文字”命令

D. 选定图形，用“编辑”菜单中的“复制”和“粘贴”命令将文字复制到图形中

32. 在 Word 编辑状态下，当前输入的文字显示在______。

A. 当前行尾部　　B. “插入点”　　C. 文件尾部　　D. 鼠标光标处

33. 要想在表格的底部增加一空白行，正确的操作是______。

A. 选定表格的最后一行，执行“表格”菜单下的“插入行”命令

B. 将“插入点”移到表格的右下角的单元格中，按<Tab>键

C. 将“插入点”移到表格的右下角的单元格中，按<Enter>键

D. 将“插入点”移到表格最后一行的任意单元格中，按<Enter>键

34. 要将一张大表格拆分成两张表格的正确操作是______。

A. 单击“窗口”菜单下的“拆分”命令

B. 在表格中选定拆分点，执行“表格”菜单下的“拆分单元格”命令

C. 将“插入点”移到表格外部，执行“表格”菜单下的“拆分表格”命令

D. 在表格中选定拆分点，执行“表格”菜单下的“拆分表格”命令

35. Word 程序允许打开多个文档，用______菜单可以实现文档窗口之间的切换。

A. 编辑　　B. 视图　　C. 工具　　D. 窗口

36. 在 Word 的编辑状态下，文档窗口显示出水平标尺，拖动水平标尺上沿的“首行缩进”滑块，则______。

A. 文档中各段落的首行起始位置都被重新确定

B. 文档中被选择的各段落首行起始位置都被重新确定

C. 文档中各行的起始位置都被重新确定

D. 插入点所在行的起始位置被重新确定

37. 在 Word 中，多人分工输入同一篇长文档，最后应使用哪种操作来形成一篇文档。

A. 邮件合并　　B. 比拟并合并文档

C. 剪切　　D. 插入文件

38. 在 Word 中，对于一段分散对齐的文字，如果只选定其中的几个字符，然后单击“居中”按钮，则______。

A. 整个文档变成居中格式　　B. 整个段落变成居中格式

C. 仅有被选定的文字变成居中格式　　D. 格式不变，操作无效

39. 在 Word 中，<Ctrl+A>快捷键的作用，等效于用鼠标在文本选择区中______。

A. 单击一下　　B. 连击两下　　C. 连击三下　　D. 连击四下

40．在 Word 的文档中插入数学公式，在“插入”菜单中应选的命令是______。

A．符号　　B．文件　　C．图片　　D．对象

41．在 Word 中，要想在文档区中显示段落标记，应在______菜单下选择“显示段落标记”选项。

A．编辑　　B．视图　　C．工具　　D．格式

42．在 Word 的编辑状态下，对当前文档中的文字进行“字数统计”操作时，应当使用的菜单是______。

A．“文件”菜单　　B．“编辑”菜单

C．“视图”菜单　　D．“工具”菜单

43．要在 Word 表格的某个单元格中，产生一条或多条斜线表头，应该使用______来实现。

A．“表格”菜单下的“拆分单元格”命令

B．“插入”菜单下的“符号”命令

C．“插入”菜单下的“分隔符”命令

D．“表格和边框”工具栏中的“绘制斜线表头”按钮

44．Word 常用工具栏中的“格式刷”按钮可用于复制文本或段落的格式，若要将选中的文本或段落格式重复应用多次，应______。

A．单击“格式刷”按钮　　B．双击“格式刷”按钮

C．右击“格式刷”按钮　　D．拖动“格式刷”按钮

45．在 Word 的图形编辑状态下，单击“椭圆”按钮后，按住______键的同时拖动鼠标，可以画出圆形。

A．Ctrl　　B．Shift　　C．Alt　　D．Ctrl+Alt

三、简答题

1．简述 Word 的“格式刷”的功能及其用法。

2．Word 2003 中几种视图方式的特点和主要使用范围是什么？

3．如何设置自动保存文档？

4．如何改变段落的行间距？如何使一个段落水平居中对齐？

5．试述三种创建表格的方法。

模块四

Excel 2003 应用与操作

课题一　通讯录的制作

【课题效果】

本课题要达到的效果，如图 4-1 所示。

序号	姓名	联系电话	工作单位	电话登记日期
1	高建生	0714-3825376	平安保险	2008-5-4
2	周彦芳	13530761656	建行市分行	2006-7-24
3	赵淑霞	13593735167	福耀玻璃	2006-5-12
4	沈智芬	13399395111	福耀玻璃	2007-9-25
5	刘红梅	13889431006	新华人寿保险	2009-6-30
6	任农辉	0714-3839038	交警支队	2009-11-16
7	贾志红	13530712915	市一医	2008-12-8
8	范光琪	13593770812	市实验中学	2006-6-11
9	张问利	13399373212	市医保局	2007-10-9
10	鲁采明	13639497370	市政府	2008-4-4

图 4-1　通讯录

【课题分析】

本课题主要内容是用 Excel 新建一个通讯录工作表，如图 4-1 所示。包括的知识要点有输入数据、调整列宽与行高、选定单元格、合并单元格及居中、设置字体及字号、保存工作簿等，重点操作是数据的输入方法和格式设置等操作。

【知识链接】

一、Excel 2003 简介

Excel 2003 是微软公司出品的 Office 2003 系列办公软件中的一个组件，它是一个功能强大的电子表格类软件，使用 Excel 2003 能够方便、高效地制作出各种类型的电子表格，它还拥有绘图、数据处理、数据库管理、立体商业统计图形，宏命令等功能，同时它还提

供强有力的决策支持工具，取代了过去多个系统才能够完成的工作，在日常工作和生活中起着越来越大的作用。

二、Excel 2003 的操作界面

启动 Excel 2003 后，将进入 Excel 2003 的操作界面，如图 4-2 所示。操作界面包含了 Excel 工作所需的基本元素，主要由标题栏、菜单栏、工具栏、名称框、编辑栏、工作表编辑区、列标、行号、工作表标签、任务窗格和状态栏等部分组成，其中，任务窗格是 Office 2003 新增的一个功能，它列出了一些常用功能，能使用户的操作更加简捷。

（1）工作表编辑区：是 Excel 中录入数据和编辑表格的区域。

（2）编辑栏：录入文本，编辑公式和函数的位置。

（3）名称框：显示当前单元格或单元格区域，并可为单元格或单元格区域命名。

（4）工作表标签：显示或切换当前工作表，并可为工作表命名。

（5）任务窗格：是 Excel 中提供常用命令的窗口，用户可以使用该窗口中的命令快捷地对文字和表格进行操作。

Excel 2003 窗口的其他组成元素与 Windows 环境下的其他应用程序一样，这里就不再赘述了。

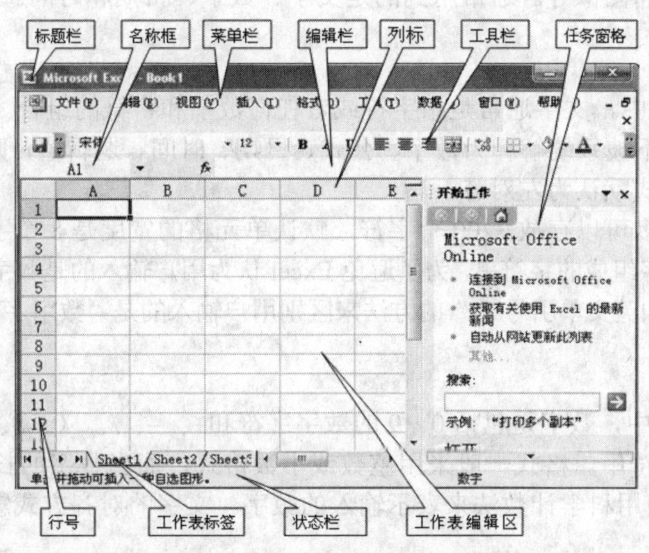

图 4-2 Excel 2003 的操作界面

三、Excel 2003 的基本概念

1．工作簿

工作簿是一个 Excel 文件，它由若干个工作表组成，其扩展名为“.xls”，名称是“book1”，“book2”，……一个工作簿由 255 个工作表组成，Excel 默认显示 3 个工作表“Sheet1”，“Sheet2”和“Sheet3”。

2．工作表

工作表是显示在工作簿窗口中的表格。一个工作表可以由 65536 行和 256 列构成。行

的编号是自上而下从 1 到 65536，列的编号是从左到右依次用字母 A，B，……，Z，AA，AB，……，AZ，BA，BB，……BZ，……IA，IB，……，IV 表示。

3．单元格

单元格是 Excel 最小的存储单位。单元格的名称用“列标+行号”表示。

四、输入数据

启动 Excel 2003 后，黑色边框的单元格为活动的单元格，它标识着当前单元格的位置，用户就可以在此位置输入文本或公式了。

在输入文本前，先选择要输入文本的单元格，即用鼠标单击此单元格，然后输入数据，最后按<Enter>键确认。输入数据时，编辑栏中会显示录入的数据。

> 温馨提示：按<Insert>键可实现插入状态与改写状态的切换。启动 Excel 2003 后，默认为插入状态，即在“插入点”输入内容，后面的字符依次后退。若切换到改写状态，则输入的内容将覆盖“插入点”的字符。

在 Excel 2003 中，对于每个单元格来说，可以存储多种格式的数据。包括文字、数字、日期、时间、声音和图像等。通常用到的是文字、数字、日期和时间。

1．输入文字

在 Excel 2003 中，文字通常是指字符或者任何数字和字符的组合。任何输入到单元格内的字符集，只要不被系统解释为数字、公式、日期、时间、逻辑值，则 Excel 一律视为文字。文字的对齐方式默认为左对齐。

一个单元格最多可以存放 3200 个字符，默认单元格的宽度是 8 个字符。

对于全部由数字组成的字符串，为了避免 Excel 认为用户输入的是数字型数据，Excel 提供了在这些输入项前加英文单引号“'”的方法来区别用户输入的是“数字字符串”还是“数字”。

2．输入数字

在 Excel 2003 中，数字是包括 0～9 的数字字符和+、–、/、（、$、）、，、￥、.、E 和 e 字符组成的字符串。格式一般采用整数或小数格式，而当数字的长度超过单元格宽度时，Excel 将自动使用科学计数法来表示输入的数字。文字的对齐方式默认为右对齐。

3．输入日期

在 Excel 2003 单元格中输入可识别的日期数据时，单元格的格式会自动从“通用”转换成相应的日期格式。输入日期数据时，可以用斜杠“/”或连字符“-”来分割年、月、日，如输入“10/3/20”或“10-3-20”。

4．输入时间

在 Excel 2003 单元格中输入时间数据时，单元格的格式会自动从“通用”转换成相应的时间格式。Excel 默认使用 24 小时制显示时间，如要使用 12 小时制显示时间，则需在数字后加 am 或 pm（也可以用 a 或 p 来代替 am 或 pm），但在时间和字母之间必须包括一个空格，如“5:00 PM”或“5:00 p”。

五、调整列宽

调整列宽的方法有以下三种：

（1）鼠标拖动列标右边界。

（2）执行“格式”菜单下“列”子菜单中的“列宽”命令，指定列宽的固定值。

（3）执行“格式”菜单下“列”子菜单中的“最适合的列宽”命令。

六、单元格的选定

Excel 2003 的工作主要是围绕单元格展开的。无论是在工作表中输入数据还是在使用大部分命令之前，都必须选定要操作的单元格或者操作对象。即遵循“先选定，后操作”的原则。单元格选定后，被选定的单元格或单元格区域将“反白”显示。具体选定方法如下：

1．选定一个矩形区域（连续单元格）

将鼠标指针指向矩形区域的第一个单元格，按住鼠标左键沿对角线拖动鼠标到最后一个单元格，释放左键。也可以单击矩形区域的第一个单元格，再按住<Shift>键，单击最后一个单元格。

2．选定不相邻的矩形区域

先选定一个矩形区域，然后按住<Ctrl>键，依次选定其他矩形区域。

3．选定整行

选定整行，只需单击“行号”即可。

4．选定整列

选定整列，只需单击“列标”即可。

5．选定整个工作表

选定整个工作表，只需单击工作表左上角的“选定全部工作表”按钮（行号与列标交界处的按钮）。

【操作步骤】

1．启动 Excel 2003

单击“开始”按钮，执行“程序”项中“Office 2003”菜单下的“Excel 2003”命令，即可启动 Excel 2003，进入操作窗口，如图 4-2 所示。

温馨提示：双击桌面上的“Excel 2003”快捷方式图标可以快速启动 Excel；打开“我的电脑”或“资源管理器”窗口，双击“.xls”类型的文件也可启动 Excel。

2．新建 Excel 工作簿

每次启动 Excel 时，Excel 会自动创建一个新工作簿，标题栏上出现名为“Book1”的标题，用户可以直接在该工作簿中输入数据。

> 温馨提示：执行“文件”菜单下的“新建”命令或在“开始工作”任务窗格下拉列表框中单击“新建文档”项，弹出“新建工作簿”任务窗格，可建立一个新的空白工作簿；也可以单击“常用”工具栏中的“新建”按钮，直接创建一个新工作簿。

3．输入行标题

选中单元格 A1，然后输入“序号”，然后按<Tab>键，依次在 B1 至单元格 E1 中输入“姓名”、“联系电话”、“工作单位”、“电话登记日期”，如图 4-3 所示。

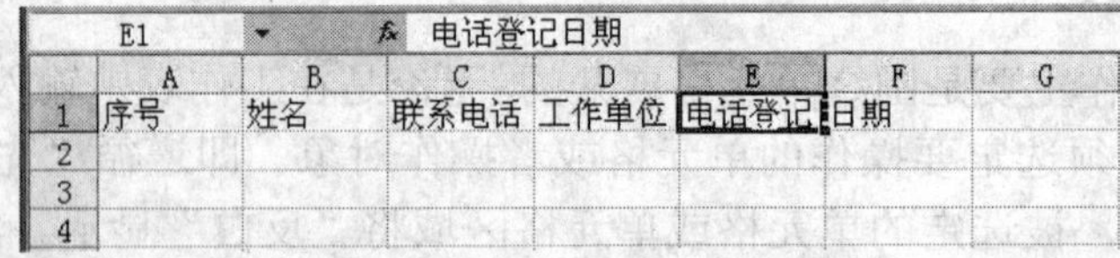

图 4-3　输入行标题

4．调整列宽

默认情况下每个单元格都有一个固定的长度和高度，“联系电话”、“工作单位”这两个字段显得比较挤，“电话登记日期”字段超出了单元格列宽，所以应该调整列宽使其显示比较美观。通常使用鼠标拖动法调整列宽，操作方法如下：

把光标放到 A 和 B 的列标之间，然后按住鼠标左键不放进行拖动，就可以改变列的宽窄，如图 4-4 所示。

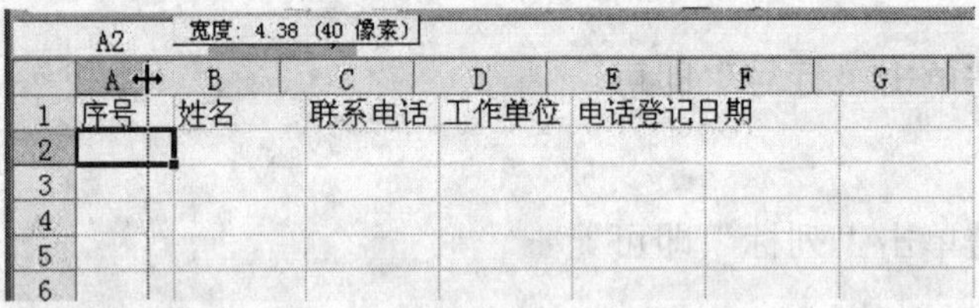

图 4-4　鼠标拖动法调整列宽

按此方法，大致估计各列的列宽，分别调整各列的宽度。也可以在输入数据时，根据内容的多少进行调整。

5．输入通讯录的具体信息

在列标题下面输入通讯录的具体信息，如图 4-5 所示。

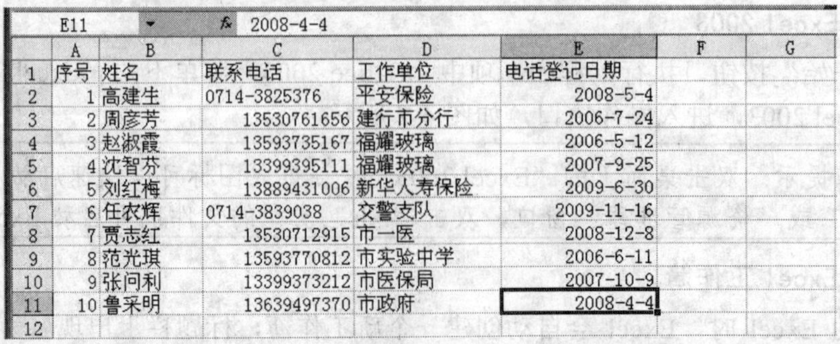

E11　2008-4-4

	A	B	C	D	E	F	G
1	序号	姓名	联系电话	工作单位	电话登记日期		
2	1	高建生	0714-3825376	平安保险	2008-5-4		
3	2	周彦芳	13530761656	建行市分行	2006-7-24		
4	3	赵淑霞	13593735167	福耀玻璃	2006-5-12		
5	4	沈智芬	13399395111	福耀玻璃	2007-9-25		
6	5	刘红梅	13889431006	新华人寿保险	2009-6-30		
7	6	任农辉	0714-3839038	交警支队	2009-11-16		
8	7	贾志红	13530712915	市一医	2008-12-8		
9	8	范光琪	13593770812	市实验中学	2006-6-11		
10	9	张问利	13399373212	市医保局	2007-10-9		
11	10	鲁采明	13639497370	市政府	2008-4-4		
12							

图 4-5　输入通讯录的具体信息

> 温馨提示：在输入“电话登记日期”时，注意日期的输入与分数的输入有区别。输入分数时，要以“0+空格”为前缀，如“0 1/5”；输入日期时不需加前缀，如“2008/5/4”。序号可以直接输入，也可以用自动填充快速输入，自动填充的操作方法将在下一个课题中介绍。

6．修改数据

Excel 在编辑栏中可以编辑输入的数据。修改数据过程中，按<Back Space>键，可以删除“插入点”左侧的一个字符；按<Delete>键，可以删除“插入点”右侧的一个字符。

当发现输入的内容有遗漏时，可以在编辑栏中将“插入点”光标移动到遗漏位置，直接输入文字。

当发现操作步骤有错误时，可以使用撤销操作进行更正。单击“常用”工具栏上的“撤销”按钮，可以撤销前面进行的操作；撤销操作后，“常用”工具栏上的“恢复”按钮变得有效，此时可以使用“恢复”按钮对撤销过的操作进行恢复。

7．插入行

在表格上方插入行，以便输入表格名称。单击行号 1，选中第一行，在“插入”菜单下单击“行”。重复此操作，再插入一行，如图 4-6 所示。

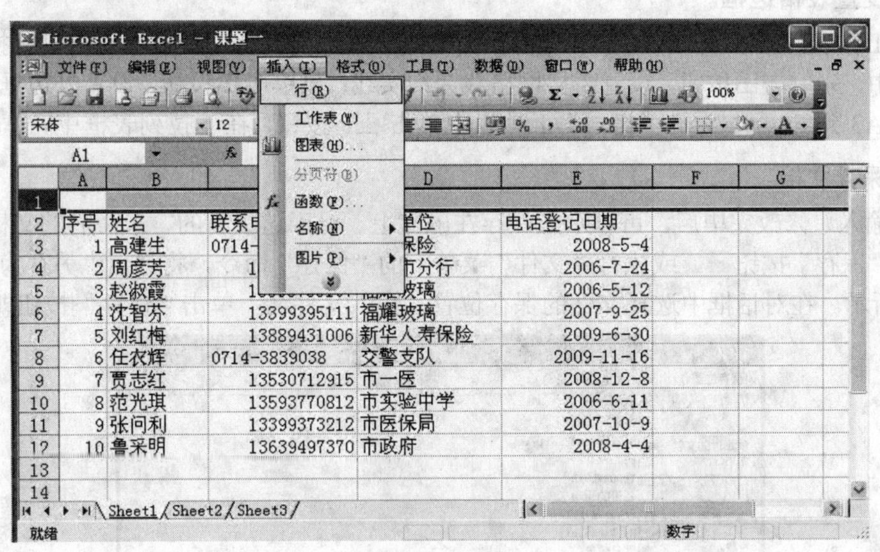

图 4-6　插入行

8．制作表格标题

将文字扩展到多个单元格并居中，以便输入和排列表格标题。选中 A1 到 E1 的单元格区域，在“格式”工具栏中单击“合并及居中”按钮，然后输入“通讯录”，如图 4-7 所示。

9．设置字体格式

选中表格标题，设置其字体格式为“黑体、18 磅”；然后再选中表格内容，设置其字体格式为“楷体，14 磅”。

10．调整行高与列宽

根据字体大小、内容多少，调整行高与列宽。

11．设置对齐方式

选中行标题，在“格式”工具栏中单击“居中对齐”按钮。

选中“序号”、“姓名”、“联系电话”三列数据，在“格式”工具栏中单击“居中对齐”按钮。

其他数据按默认方式对齐。

	A	B	C	D	E	F	G
1			通讯录				
2							
3	序号	姓名	联系电话	工作单位	电话登记日期		
4	1	高建生	0714-3825376	平安保险	2008-5-4		
5	2	周彦芳	13530761656	建行市分行	2006-7-24		
6	3	赵淑霞	13593735167	福耀玻璃	2006-5-12		
7	4	沈智芬	13399395111	福耀玻璃	2007-9-25		
8	5	刘红梅	13889431006	新华人寿保险	2009-6-30		
9	6	任衣辉	0714-3839038	交警支队	2009-11-16		
10	7	贾志红	13530712915	市一医	2008-12-8		
11	8	范光琪	13593770812	市实验中学	2006-6-11		
12	9	张问利	13399373212	市医保局	2007-10-9		
13	10	鲁采明	13639497370	市政府	2008-4-4		
14							

图 4-7　制作表格标题

12．设置表格边框

选中工作表数据区域（A3 到 E13 单元格区域），在“格式”工具栏中单击按钮，在下拉列表框中，先单击田按钮，设置表格网格线为细实线；再单击按钮，设置外边框为粗实线。

选中 A3 到 E3 区域，在“格式”工具栏中单击按钮，在下拉列表框中，单击按钮。

13．保存文档

文本输入、修改完毕后，可以永久保存在磁盘上。对于这类新的、未命名的文档，单击工具栏上的“保存”按钮，或执行“文件”菜单下的“保存”命令，将弹出“另存为”对话框，如图 4-8 所示。在对话框中选择文件的保存位置，输入文件名，单击“保存”按钮即可。

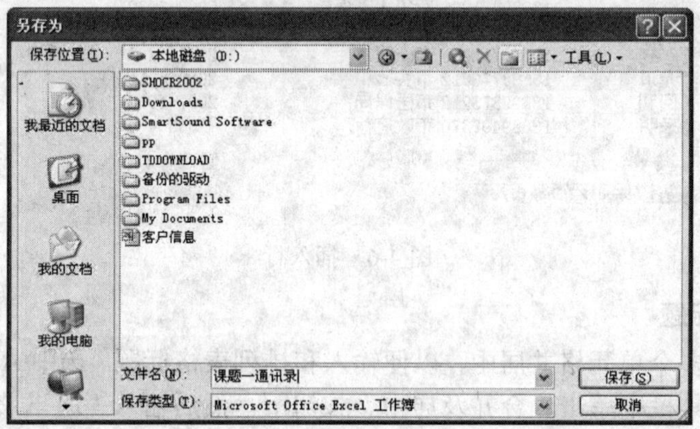

图 4-8　“另存为”对话框

> ☞ 技巧点滴：文档在编辑过程中，Excel 2003 还有自动保存功能，用户可以在“工具”菜单中选择“选项”，然后在“选项”对话框的“保存”选项卡中设置自动保存的间隔时间，这样 Excel 可以根据用户设置的间隔时间保存文档，减小因断电造成的数据丢失。

14．退出 Excel

退出 Excel 2003 时，将关闭所有的文档。如果某些打开的文档修改后没有保存，Excel 将询问用户是否在退出前保存文档。Excel 2003 的退出操作主要有以下几种方法：

（1）单击 Excel 窗口右上角关闭窗口按钮。

（2）双击 Excel 窗口左上角应用程序图标。

（3）执行“文件”菜单下的“退出”命令。

（4）按<Alt+F4>组合键。

【拓展提高】

一、表格的结构

表格就是由反映一组管理项目的“字段列”，以及针对“关键字段”而形成的一组“记录行”构成的二维数据组。

字段名是在上表头单元格创建的名称，确定了表格待管理数据的含义。记录是表格中每一行中相关联的数据，其中，位于左侧第一列位置的表格，称为左表头。它存放上表头管理的各个字段中最重要的字段，是数据管理中的主要监视对象。

二、打开 Excel 工作簿

要编辑已经存在的 Excel 工作簿，必须先打开该 Excel 工作簿。操作步骤如下：

（1）执行“文件”菜单下的“打开”命令或单击“常用”工具栏中的“打开”按钮，会弹出“打开”对话框，如图 4-9 所示。

（2）在“打开”对话框中选择“查找范围”、“文件类型”（Excel 文件）和“文件名”后，单击“打开”按钮，即可打开指定的 Excel 工作簿。

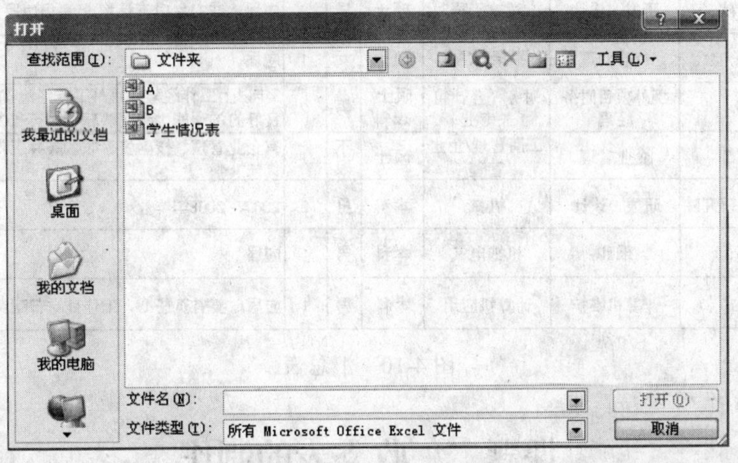

图 4-9 “打开”对话框

☞ 技巧点滴：如是最近使用过的文件，可以在“文件”菜单下面的列表中直接选择文件名来打开指定的 Excel 工作簿。另外，还可以在存放工作簿的文件夹中直接双击工作簿文件图标来打开指定的 Excel 工作簿。

三、活动单元格的切换

活动单元格就是指正在使用的单元格，在其外有一个黑色的方框。在 Excel 单元格中输入数据后，按下<Enter>键表示确认输入数据，同时单元格指针自动移到下一个单元格；按下<Shift+Enter>组合键表示确认输入数据，同时单元格指针自动移到上一个单元格；按下<Tab>键表示确认输入数据，同时单元格指针自动向右移一个单元格；按下<Shift+Tab>组合键表示确认输入数据，同时单元格指针自动向左移一个单元格。还可用“↑”、“↓”、“←”、“→”光标键进行切换。

Excel 2003 还具有“即点即输”的功能，即用鼠标单击工作表的任意单元格就可以将这个单元格切换为当前单元格。

四、保存已有文档

对已有内容的工作簿进行修改、重排等操作过程中要及时保存文档。单击工具栏上的“保存”按钮，或执行“文件”菜单下的“保存”命令，或按<Ctrl+S>组合键都可以将当前工作簿活动文档按原文件名和原路径保存。

用户若想修改文件名或保存路径，可通过“文件”菜单下的“另存为”命令进行保存。

【实战演练】

在 Excel 2003 中制作下列汇总表，如图 4-10 所示。

2011年各单位招聘员工计划汇总表

2010 年 11 月 6 日

序号	部门	岗位	专业	学历	性别	人数	要求条件（是否应届、有工作经验的说明年龄或其他要求）	工作地区
1	玻璃设计院	研发、设计	总图运输	本科	男	2	应届，或30岁以下社招,上海周边居住	上海
2	建筑设计院	研发、设计	建筑工程	硕士	男	2	应届，或35岁以下社招,上海周边居住	上海
3	总经理办公室	行政助理	英语/文秘	硕士	女	1	应届	上海
4	财务部	境外项目财务经理	财务、会计相关专业	硕士/本科	男	2	3年以上工作经验（境外工作经验优先）；良好的沟通能力和团队精神；英语CET6	上海
5	企业发展部	企业管理	工商管理/企业管理	硕士	不限	1	有企业管理、投融资、收购兼并工作经验者优先	苏州
6	机电设备开发研究院	研发、设计	机械	本科	男	2	2007、2008年毕业	杭州
7	采购部	采购	机械电气	本科	男	1	应届	上海
8	信息中心	计算机维护	计算机应用	本科	男	1	应届，要有责任心，工作能吃苦耐劳	上海

图 4-10　汇总表

课题二　收支表的制作

【课题效果】

本课题要达到的效果，如图 4-11 所示。

收支表

2001年4月

序号	日期	收支项目	收入	支出	余额
1	4月4日	工资	¥5,000.00		¥5,000.00
2	4月5日	月生活费		¥1,000.00	¥4,000.00
3	4月6日	水电费		¥150.00	¥3,850.00
4	4月7日	房租费		¥60.00	¥3,790.00
5	4月8日	煤气费		¥40.00	¥3,750.00
6	4月9日	超市购物		¥350.00	¥3,400.00
7	4月10日	奖金	¥300.00		¥3,700.00
8	4月11日	买烟		¥100.00	¥3,600.00
9	4月12日	买蔬菜		¥50.00	¥3,550.00
10	4月13日	买衣服		¥350.00	¥3,200.00
11	4月14日	请客		¥200.00	¥3,000.00
12	4月15日	送人情		¥300.00	¥2,700.00
13	4月16日	买皮鞋		¥368.00	¥2,332.00
14	4月17日	购粮		¥120.00	¥2,212.00
15	4月18日	加班费	¥180.00		¥2,392.00
16	4月19日	交话费		¥150.00	¥2,242.00
合计			¥5,480.00	¥3,238.00	

图 4-11 收支表效果图

【课题分析】

本课题主要内容是制作家庭收支表，如图 4-11 所示。包括的知识要点有自动填充、公式的输入、自动求和、单元格格式设置等。重点操作是数据的计算和复制填充等操作。

【知识链接】

一、Excel 2003 数据的自动填充

在 Excel 电子表格中，有时要输入很多有规律的数据，比如序号 1～15，或者是 2、4、6、8、10 等，可以使用 Excel 的自动填充功能来快速输入，而不用一个一个地输入。自动填充功能是 Excel 的一大特色。Excel 中的“填充柄”就是活动单元格右下方的黑色方块，用户可以用鼠标拖动它进行自动填充。

1．输入连续数字

方法一：在 A1 单元格中输入“1”，选中 A1 单元格，将鼠标指向填充柄，鼠标变成一个黑色的十字，按住鼠标左键向下拖动鼠标，在拖动过程中同时按住<Ctrl>键，它会在右边自动显示出连贯的数据，到出现“10”时松开鼠标，就自动在这一列各行中输入了 2～10，而不用一个一个地输入了。

方法二：在两个连续单元格中输入“1”和“2”后，选中这两个单元格，将鼠标指向填充柄，鼠标变成一个黑色的十字，拖动鼠标至某一单元格，则会以等差序列的方式进行填充，比如“3、4、5、6”；如果在拖动过程中按住<Ctrl>键，则会以复制的形式将数值复制到其他单元格，比如“1、2、1、2、1、2”。

2．输入日期

在单元格中输入“1 月 1 日”，按上面的方法拖动填充柄，拖动到需要的位置后松开鼠标，

填充的是“1 月 2 日”到“1 月 7 日”（这是默认的“以序列方式填充”），如图 4-12a 所示。

如果在弹出的“自动填充选项”菜单中选择“以月填充”，就会看到填充的是“2 月 1 日、3 月 1 日……”，如图 4-12b 所示。

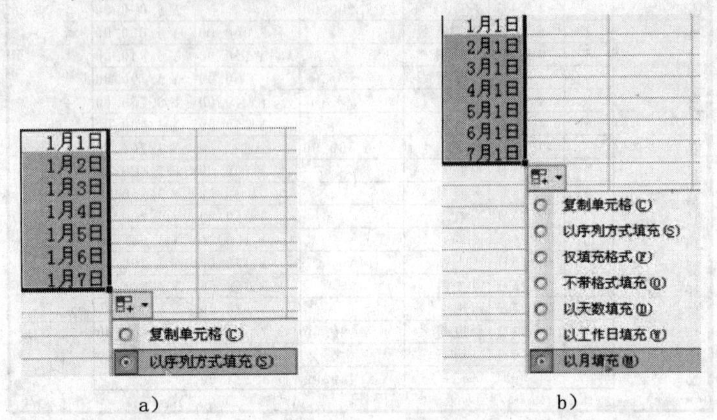

图 4-12　输入日期

a）以序列方式填充　b）以月填充

3. 使用“序列”对话框进行填充

执行“编辑”菜单下的“填充”子菜单中的“序列”命令，弹出“序列”对话框，如图 4-13 所示。在弹出的对话框中，可以选择“序列产生在”行或列，可以选择填充的类型是等差数列还是等比数列，是日期还是自动填充，还可以选择日期单位，用户可以根据特定的要求来设定步长值。

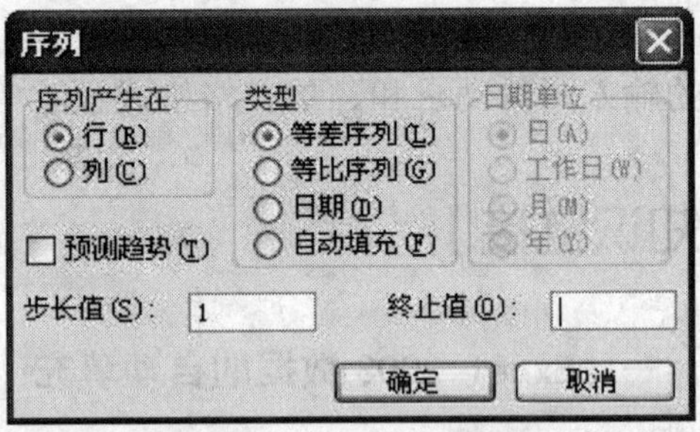

图 4-13 “序列”对话框

在 Excel 2003 中，用户还可以通过“工具”菜单下的“选项”命令自定义生成序列，输入时只需要输入第一个词组，拖动鼠标后即可实现所有词组的填充。

二、设置单元格和表格的格式

Excel 2003 在默认状态下为用户提供网格线，以方便用户制作表格。但网格线只作辅助制表用，并不打印输出，所以 Excel 2003 是“先输入数据，后绘制表格”。

Excel 2003 单元格数据的格式可以在数据录入前设置，也可以在数据录入完成后设置。单元格的格式包括数字的类型、对齐方式、字符的格式、单元格的底纹和单元格的保护设置等。

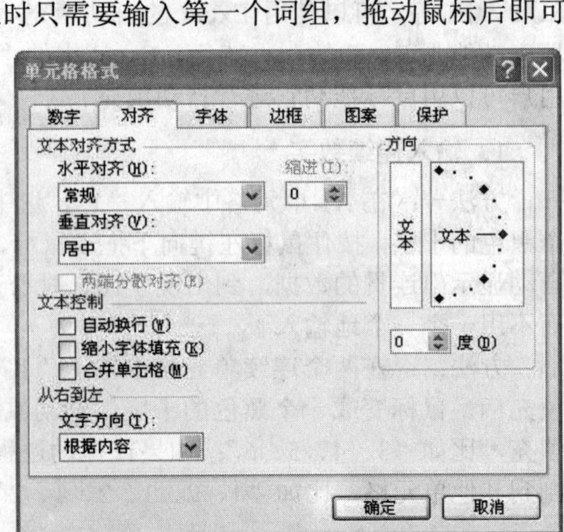

图 4-14 “单元格格式”对话框

首先选择要设置格式的单元格，然后在“格式”菜单下执行“单元格”命令，弹出“单元格格式”对话框，如图 4-14 所示，在该对话框中可进行以下一些设置。

1．数字格式的设置

在“单元格格式”对话框中的“数字”选项卡中设置。

2．对齐方式的设置

在“单元格格式”对话框中的“对齐”选项卡中设置。在该选项卡中，除了设置文字的水平和垂直方向的对齐方式外，还可以设置单元格中的文本旋转方向和角度、调整文本在单元格中的显示方式（自动换行、合并单元格等）。

3．字体格式的设置

为单元格中所选文本选择字体、字形、字号以及其他字体格式选项。

4．边框的设置

为了方便用户制表，Excel在打开的工作簿界面中，都默认显示有网格线。但显示的网格线只是用于辅助制作表格的，不能打印输出。要将边框和网格输出，必须进行设置。在“边框”选项卡中，可以为所选单元格设置边框和网格线（包括线型、宽度和颜色）。

5．图案的设置

在“图案”选项卡中，可以为选中的单元格设置底纹和图案，以突出显示这些单元格。

三、Excel 2003公式的输入方法

Excel具有对表格中的数据进行计算的功能，输入计算公式的方法如下：

（1）选中存放计算数据结果的单元格。

（2）输入“=”，在编辑栏中就会显示“=”。

（3）输入参与运算的单元格名称和运算符。

（4）在编辑栏中单击 ✔ 按钮，或按下<Enter>键。

> 温馨提示：单元格作为一个整体以单元格地址的形式参与运算称为单元格引用，单元格引用分为相对引用、绝对引用和混合引用。

四、Excel 2003的自动求和功能

使用“自动求和”按钮来输入求和公式的步骤如下：

（1）选定要求和的数值所在的行或者列中与数值相邻的单元格。

（2）单击“常用”工具栏上的“自动求和”按钮Σ；或者先选定目标单元格，用鼠标选定要汇总的单元格或者单元格区域。

（3）最后单击“确认”按钮。

对行或列相邻单元格的求和操作非常简便。只需先选定要求和的单元行或者列，在选定操作中要包含存放结果的目标单元格，最后单击“自动求和”按钮Σ即可完成。

【操作步骤】

1．新建Excel工作簿

启动Excel 2003，Excel会自动新建一个工作簿，标题栏上出现名为“Book1”的标题，

用户可以直接在该工作簿中输入数据。

2．输入标题

如图 4-15 所示，选中单元格区域 B1 到 G1，单击“格式”工具栏中的“合并及居中”按钮，输入“收支表”，设置标题字体为“黑体”、字号为“18 磅”。

选中 G2 单元格，输入“2001 年 4 月”，设置字体为“楷体”、字号为“14 磅”。

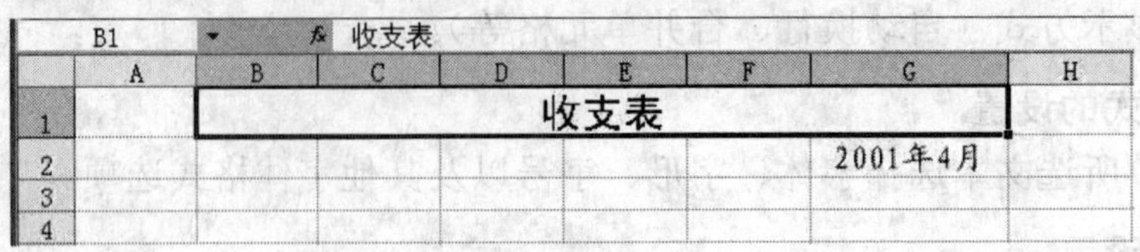

图 4-15　输入标题

3．输入行标题

从 B3 到 G3 的单元格中分别输入“序号”、“日期”、“收支项目”、“收入”、“支出”和“余额”，如图 4-16 所示。

4．复制填充序号

选中 B4 单元格，输入数字“1”，将鼠标指针指向 B4 单元格右下角的填充柄，按住 <Ctrl>键，同时按住鼠标左键向下拖拉到 B19 单元格，在拖动过程中会出现输入值的提示，如图 4-16 所示。

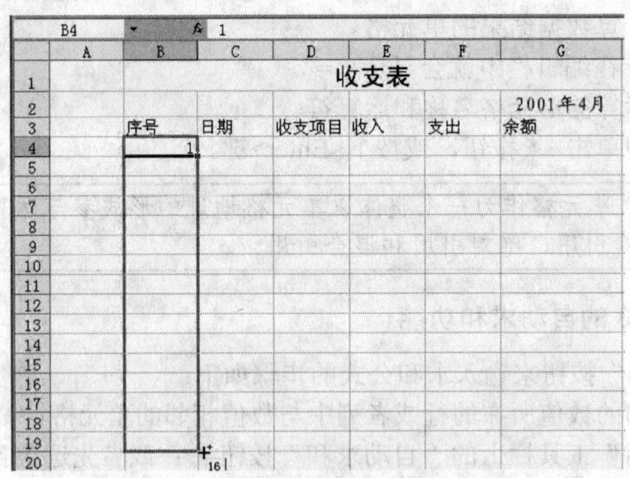

图 4-16　复制填充序号

5．输入日期

如图 4-17 所示，可以在 C4 到 C19 单元格中直接输入日期，日期的格式为“MM/DD”。对于连续日期的输入可以用填充的方法。

选中 C4 单元格，在 C4 单元格中输入日期“4 月 4 日”，然后将鼠标指针指向该单元格的填充柄，同时按住鼠标左键向下拖拉至 C19 单元格，这样就填充了连续的日期。

6．输入表格内容

如图 4-17 所示，输入表格内容。

F19 | 150

	A	B	C	D	E	F	G
1				收支表			
2							2001年4月
3		序号	日期	收支项目	收入	支出	余额
4		1	4月4日	工资	5000		
5		2	4月5日	月生活费		1000	
6		3	4月6日	水电费		150	
7		4	4月7日	房租费		60	
8		5	4月8日	煤气费		40	
9		6	4月9日	超市购物		350	
10		7	4月10日	奖金	300		
11		8	4月11日	买烟		100	
12		9	4月12日	买蔬菜		50	
13		10	4月13日	买衣服		350	
14		11	4月14日	请客		200	
15		12	4月15日	送人情		300	
16		13	4月16日	买皮鞋		368	
17		14	4月17日	购粮		120	
18		15	4月18日	加班费	180		
19		16	4月19日	交话费		150	
20							

图 4-17 输入表格内容

7. 保存工作簿

单击“保存”按钮，以“课题二收支表.xls”为文件名保存该工作簿。

8. 计算余额

（1）选中 G4 单元格，输入“=E4 –F4”，按<Enter>键，计算出了“4 月 4 日”的余额。

（2）选中 G5 单元格，输入“=G4+E5–F5”，按<Enter>键，计算出了“4 月 5 日”的余额。

> 温馨提示：公式中单元格地址可以用鼠标单击来选用。如单击 E4 单元格，在编辑栏公式中就会显示“E4”。

（3）将鼠标指针指向 G5 单元格的填充柄，按住鼠标左键向下拖拉至 G19 单元格，进行公式的复制来计算余额。

9. 计算合计

选中 D20 单元格，输入“合计”。选中 E20 单元格，单击“格式”工具栏中的 **Σ** 按钮，然后选中 E3 到 E19 单元格区域，最后按<Enter>键，计算出“收入”合计，如图 4-18 所示。

用同样的方法计算出“支出”合计。

SUM | =SUM(E4:E19)

	A	B	C	D	E	F	G
1				收支表			
2							2001年4月
3		序号	日期	收支项目	收入	支出	余额
4		1	4月4日	工资	5000		5000
5		2	4月5日	月生活费		1000	4000
6		3	4月6日	水电费		150	3850
7		4	4月7日	房租费		60	3790
8		5	4月8日	煤气费		40	3750
9		6	4月9日	超市购物		350	3400
10		7	4月10日	奖金	300		3700
11		8	4月11日	买烟		100	3600
12		9	4月12日	买蔬菜		50	3550
13		10	4月13日	买衣服		350	3200
14		11	4月14日	请客		200	3000
15		12	4月15日	送人情		300	2700
16		13	4月16日	买皮鞋		368	2332
17		14	4月17日	购粮		120	2212
18		15	4月18日	加班费	180		2392
19		16	4月19日	交话费		150	2242
20				合计	=SUM(E4:E19)		
21					SUM(number1, [number2], ...)		

图 4-18 计算“合计”

10．设置数字格式

选中 E4 到 G20 单元格区域，单击“格式”菜单下的“单元格”选项，弹出“单元格格式”对话框，如图 4-19 所示，在对话框中的“数字”选项卡中选择“货币”类型，设置“小数位数”为“2”，“货币符号”为“￥”，最后单击“确定”按钮。

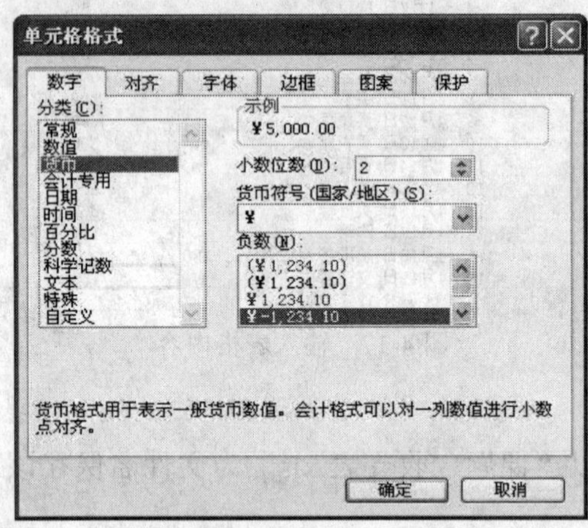

图 4-19　设置数字格式

11．设置表格边框

选中 B3 到 G20 单元格区域，单击“格式”菜单下的“单元格”选项，弹出“单元格格式”对话框，如图 4-20 所示，在“边框”选项卡的“线条样式”中选择“细实线”，单击“预置”栏下的“内部”按钮；再选择“线条样式”为“粗实线”，单击“外边框”按钮，最后单击“确定”按钮。

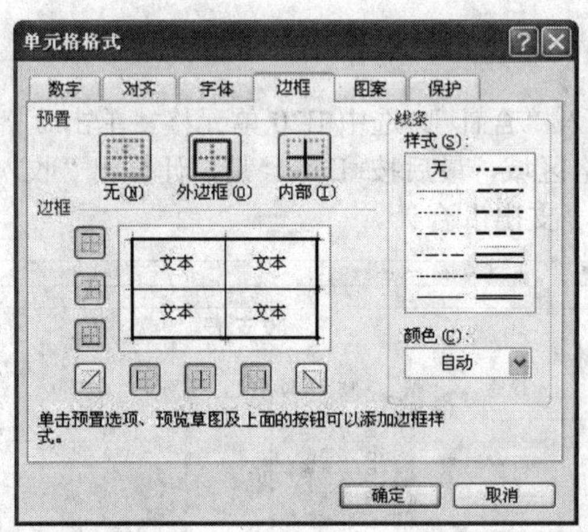

图 4-20　设置表格边框

选中 B3 到 G3 单元格区域，在“单元格格式”对话框的“边框”选项卡中“线条样式”选择“双划线”，单击“边框”栏中的按钮。

12．设置字体、字号

选中 B3 到 G20 单元格区域，设置字体为“仿宋体”、字号为“14 磅”。

13．调整行高与列宽

选中 B 至 G 列，单击“格式”菜单下“列”子菜单中的“最合适的列宽”。

选中第 3 行至 20 行，打开“格式”菜单，执行“行”子菜单下的“行高”命令，弹出“行高”对话框，如图 4-21 所示。

图 4-21 “行高”对话框

14．设置对齐方式

选中 B20 到 D20 单元格区域，单击“格式”工具栏中的“合并及居中”按钮，让“合计”在合并的这三个单元格中居中对齐。

选中 B3 到 G3 单元格区域，单击“格式”菜单下的“单元格”选项，弹出“单元格格式”对话框，如图 4-22 所示，在“对齐”选项卡中设置“水平对齐”、“垂直对齐”均为“居中”，最后单击“确定”按钮。

按同样的方法，设置 B4 到 B19 单元格区域中数据水平、垂直方向均居中对齐。

15．保存工作簿

单击“常用”工具栏上的“保存”按钮，以原文件名保存。

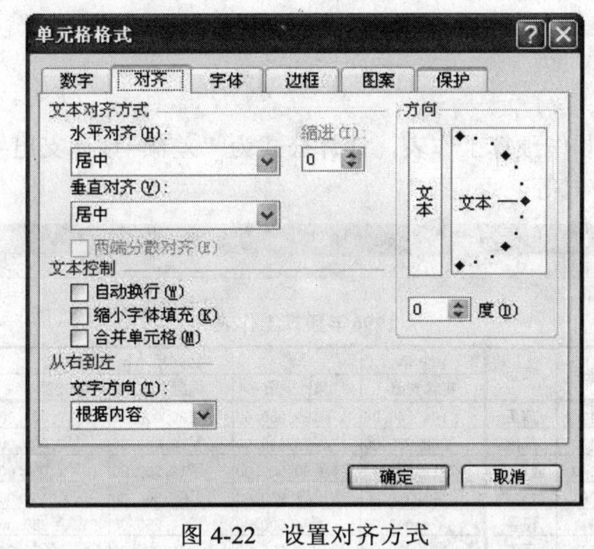

图 4-22 设置对齐方式

【拓展提高】

一、运算符及其优先级

Excel 2003 中运算符分为以下四种类型：算术运算符（加、减、乘、除、百分号、乘方）、比较运算符（等于、大于、小于、大于等于、小于等于、不等于）、文本运算符（连接符&）和引用运算符（冒号、逗号、空格）。

运算符的优先级，按以下顺序依次降低。

“:”→“,”→“空格”→“负号”→“%”→“乘方∧”→“*、/”→“+、-”→“&”→“=、>、<、>=、<=、<>”

二、公式的复制填充

在 Excel 中，如果想将某一单元格中的数据（字符或公式）复制到同列（行）中其他大量连续的单元格中时，也可以通过“填充柄”来拖拉完成。具体方法如下：

选中需要复制的单元格，然后将鼠标移至该单元格右下角的填充柄上，按住鼠标左键向下（或向右）拖拉，即可将公式复制到该列（或该行）下面（或右面）的单元格区域中。

三、交换行列

如果表格数据输入完成后，发现表格中行或者列的位置有错误，可以整行或者整列的调整。具体操作是：

（1）先选中要调整的行或列。

（2）在快捷菜单中执行“剪切”命令。

（3）选中要调整的目标位置（列或行）。

（4）在快捷菜单中执行“插入已剪切的单元格”命令。剪切的单元格即被插入到目标位置的列或行之前。

【实战演练】

如图 4-23 所示，制作预算工作表，计算公式为“差额=预计支出 –调配拨款”，设置数字格式、单元格对齐方式等。

1996年预算工作表

帐目	项目	1995年	1996年		
		实际支出	预计支出	调配拨款	差额
110	薪工	￥164,146.00	￥199,000.00	￥180,000.00	￥19,000.00
120	保险	￥58,035.00	￥73,000.00	￥66,000.00	￥7,000.00
140	通讯费	￥17,138.00	￥20,500.00	￥18,500.00	￥2,000.00
201	差旅费	￥3,319.00	￥3,900.00	￥4,300.00	￥-400.00
311	设备	￥4,048.00	￥4,500.00	￥4,250.00	￥250.00
324	广告	￥902.00	￥1,075.00	￥1,000.00	￥75.00
总和		￥247,588.00	￥301,975.00	￥274,050.00	￥27,925.00

图 4-23 预算工作表

课题三 学生成绩汇总与分析表的制作

【课题效果】

本课题要达到的效果，如图 4-24 所示。

1015班学生成绩汇总表

学号	姓名	语文	数学	英语	计算机	程序设计	总分	平均分	名次
1	郭雨晴	78	78	85	78	87	406	81.2	5
2	杨含露	69	68	68	74	78	357	71.4	12
3	刘继磊	76	85	74	57	85	377	75.4	11
4	周可	98	74	78	65	78	393	78.6	8
5	李健	65	77	96	85	86	409	81.8	3
6	廖明峰	85	76	87	75	87	410	82	2
7	吴敞铮	85	75	86	85	84	415	83	1
8	王建华	75	78	87	74	83	397	79.4	7
9	雷军	74	79	88	84	83	408	81.6	4
10	苏学强	68	77	85	74	74	378	75.6	10
11	张杰	78	78	78	87	77	398	79.6	6
12	杨小炬	74	71	74	78	86	383	76.6	9

1015班学生成绩分析表

科目	语文	数学	英语	计算机	程序设计
参考人数	12	12	12	12	12
最高分	98	85	96	87	87
最低分	65	68	68	57	74
平均分	77.08	76.33	82.17	76.33	82.33
90分以上	1	0	1	0	0
80-90分	2	1	6	4	8
70-80分	6	10	4	6	4
60-70分	3	1	1	1	0
不及格	0	0	0	1	0
及格率	100.00%	100.00%	100.00%	91.67%	100.00%

图 4-24 学生成绩汇总与分析

【课题分析】

本课题主要内容是通过建立学生成绩表计算总分，每门课程平均分及排名情况，并统计出每门课的参考人数、最高分、最低分、平均分及各分数段的人数和及格率。本课题包括的知识要点有 SUM 函数、AVERAGE 函数、RANK 函数、COUNT 函数、MAX 函数、MIN 函数、COUNTIF 函数的使用，重点操作是函数的使用。

【知识链接】

一、Excel 函数

Excel 中所提供的函数其实是一些预定义的公式，它们使用一些称为参数的特定数值按特定的顺序或结构进行计算。

二、Excel 函数的格式

Excel 函数的格式以函数名称开始，后面是左圆括号、以逗号分隔的参数和右圆括号。如果函数以公式的形式出现，需要在函数名称前面输入等号（=）。函数名告诉计算机要进行什么样的计算操作。参数告诉计算机用以生成新值或完成运算的信息。函数的参数可以是以下类型的信息：数值、字符串、逻辑值、错误值、引用或数组。一个函数可以有多个参数（最多 30 个）。

三、Excel 函数的类型

在 Excel 中函数一共有 11 类，分别是数据库函数、日期与时间函数、工程函数、财务函数、信息函数、逻辑函数、查询和引用函数、数学和三角函数、统计函数、文本函数以及用户自定义函数。

四、函数的调用

在 Excel 中，要使用函数来完成计算，可以通过两种方法调用函数：一是在“插入”菜单下执行“函数”命令；另一个方法是在编辑栏中单击“插入函数”按钮 fx。弹出“插入函数”对话框，如图 4-25 所示。

在“插入函数”对话框中，指定函数的类型，并在打开的函数列表框中选择所需的函数后，单击“确定”按钮即可。

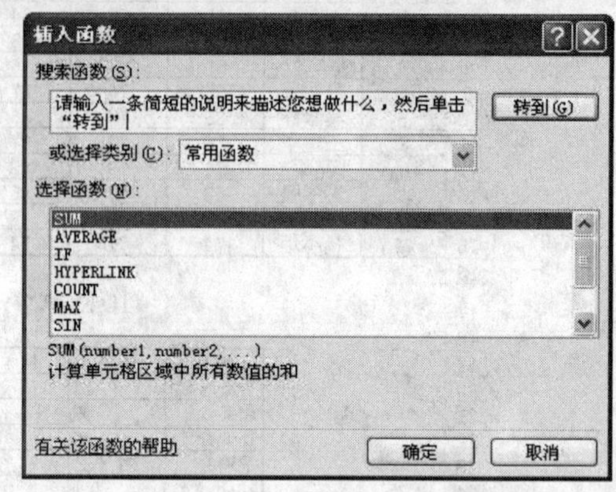

图 4-25 “插入函数”对话框

温馨提示：如果在调用函数时，对函数的功能或结构不是很清楚，可以双击“函数参数”对话框左下角的“有关该函数的帮助”的链接，即可得到该函数的帮助。

【操作步骤】

一、制作学生成绩汇总表

1．输入学生成绩

如图 4-25 所示，输入学生学号、姓名及各科成绩。

	A	B	C	D	E	F	G	H	I	J
1	1015班学生成绩汇总表									
2										
3	学号	姓名	语文	数学	英语	计算机	程序设计	总分	平均分	名次
4	1	郭雨晴	78	78	85	78	87			
5	2	杨含露	69	68	68	74	78			
6	3	刘继磊	76	85	74	57	85			
7	4	周可	98	74	78	65	78			
8	5	李健	65	77	96	85	86			
9	6	廖明峰	85	76	87	75	87			
10	7	吴敞铮	85	75	86	85	84			
11	8	王建华	75	78	87	74	83			
12	9	雷军	74	79	88	84	83			
13	10	苏学强	68	77	85	74	74			
14	11	张杰	78	78	78	87	77			
15	12	杨小炬	74	71	74	78	86			
16										

图 4-26 输入学生成绩

2．设置标题格式

选中 A1 到 J1 单元格区域，单击“格式”工具栏中的“合并及居中”按钮，设置标题字体为“隶书”、字号为“18 磅”，设置其在单元格水平居中、垂直居中。

3．设置表格格式

选中 A3 到 J15 单元格区域，设置字体为“仿宋体”、字号为“11 磅”、设置其所选单元格水平居中、垂直居中。

分别选中（A3：J3）、（A4：A15）单元格区域，执行“格式”菜单下的“单元格”命令，弹出“单元格格式”对话框，如图 4-27 所示，为所选的单元格填充所选取的颜色，在“图案”选项卡中选取“青绿色”，最后单击“确定”按钮。

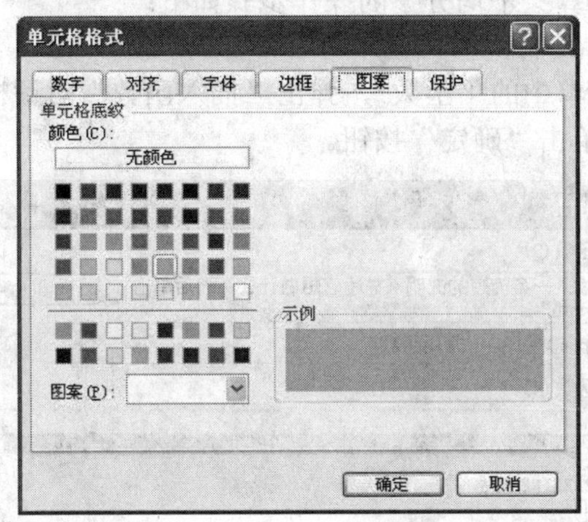

图 4-27　填充颜色

4．用 SUM 函数计算总分

用 SUM 函数计算“总分”的操作步骤如下：

（1）选中 H4 单元格。

（2）单击编辑栏中的“插入函数”按钮 fx，弹出“插入函数”对话框，如图 4-28 所示，选择“SUM”函数，单击“确定”按钮。

（3）如图 4-29 所示，在接下来弹出的“函数参数”对话框中，单击“Number1”后的“拾取”按钮，然后在工作表中选择 C4 到 G4 单元格区域，再次单击“拾取”按钮，返回“函数参数”对话框。

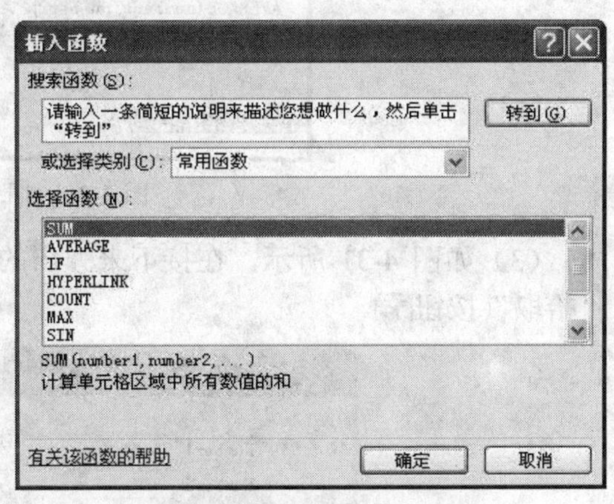

图 4-28　“插入函数”对话框

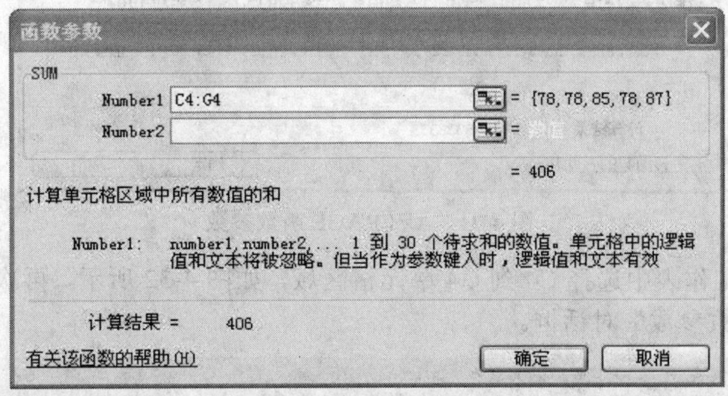

图 4-29　SUM 函数参数

（4）单击“确定”按钮，计算出“郭雨晴”的总分。

（5）将鼠标指针移至 H4 单元格右下角的填充柄，按住鼠标左键，拖至 H15 单元格，释放鼠标左键。进行公式的复制填充，计算出所有学生的“总成绩”。

5. 用 AVERAGE 函数计算平均成绩

用 AVERAGE 函数计算“平均分”的操作步骤如下：

（1）选中 I4 单元格。

（2）单击“插入”菜单中的“函数”，弹出“插入函数”对话框，如图 4-30 所示，选择“AVERAGE”函数，单击“确定”按钮。

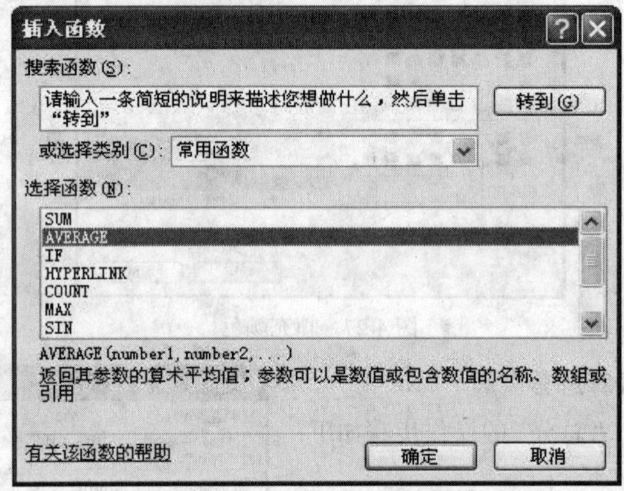

图 4-30　插入 AVERAGE 函数

（3）如图 4-31 所示，在接下来弹出的“函数参数”对话框中，单击“Number1”后的“拾取”按钮。

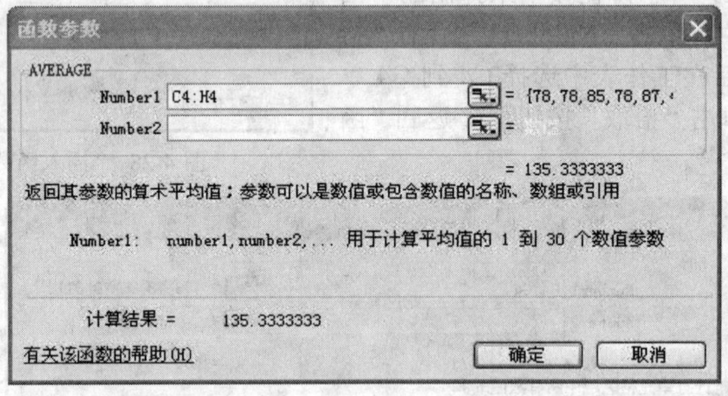

图 4-31　AVERAGE 函数参数

（4）然后在工作表中选择 C4 到 G4 单元格区域，如图 4-32 所示，再次单击“拾取”按钮，返回“函数参数”对话框。

图 4-32　“函数参数”对话框

（5）单击“确定”按钮，计算出“郭雨晴”的平均分。

（6）将鼠标指针移至I4单元格右下角的填充柄，按住鼠标左键，拖至I15单元格，释放鼠标左键。进行公式的复制填充，计算出所有学生的平均分。

6. 用RANK函数计算“名次”

用RANK函数计算“名次”的操作步骤如下：

（1）选中J4单元格。

（2）单击编辑栏中的“插入函数”按钮，弹出“插入函数”对话框，如图4-33所示，选择统计函数类别，然后再选择“RANK”函数，单击“确定”按钮。

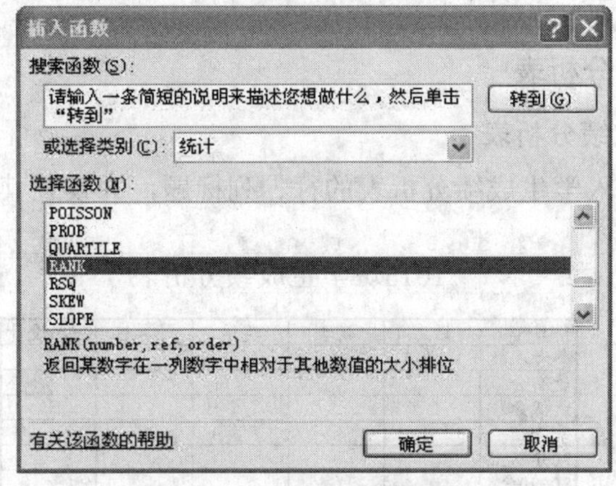

图4-33 插入RANK函数

（3）弹出RANK函数的“函数参数”对话框，在对话框中单击“Number”后的“拾取”按钮，然后在工作表中选择H4单元格，再次单击“拾取”按钮，返回“函数参数”对话框。

（4）在“函数参数”对话框中单击“Ref”输入框后的“拾取”按钮，然后在工作表中选择H4到H15单元格区域，再次单击“拾取”按钮，返回“函数参数”对话框。

（5）在“函数参数”对话框中的“Order”中输入数值“0”（Order的值为0或不输入值时，表示降序排列方式；Order的值为非零值时，表示升序排列方式）。参数设置完毕，如图4-34所示。

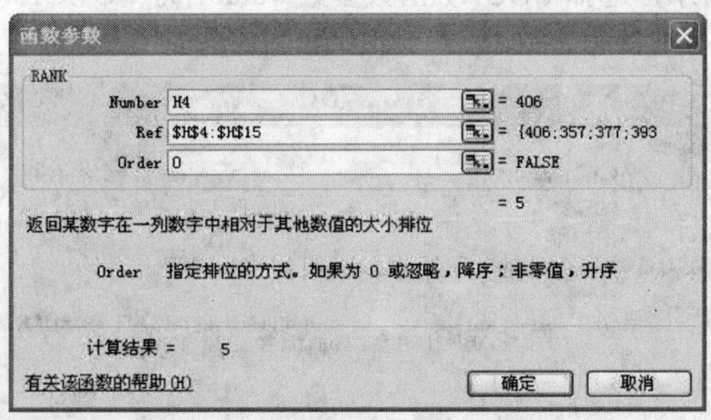

图4-34 RANK函数对话框

（6）单击“确定”按钮后，排出“郭雨晴”的名次。

（7）将鼠标指针移至 J4 单元格右下角的填充柄，按住鼠标左键，拖至 J15 单元格，释放鼠标左键。进行公式的复制填充，计算出所有学生的名次。

> 温馨提示：在“Ref”中进行单元格区域引用时，一定要用绝对引用。不然，在进行成绩的比较计算过程中会因“Ref”引用的单元格变化而出现错误。

7．添加表格边框

选中 A3 到 J15 单元格区域，单击“格式”工具栏中的 ⊞▾ 按钮，在下拉列表框中先单击田按钮设置表格网格线为“细实线”；再单击□按钮，设置外边框为“粗实线”。成绩汇总表制作完毕，效果如图 4-24 所示。

二、制作学生成绩分析表

1．创建空白学生成绩分析表

如图 4-35 所示，输入学生成绩分析表的行、列标题，并设置其边框等格式。

	A	B	C	D	E	F	G	H	I	J
17				1015班学生成绩分析表						
18										
19			科目	语文	数学	英语	计算机	程序设计		
20			参考人数							
21			最高分							
22			最低分							
23			平均分							
24			90分以上							
25			80-90分							
26			70-80分							
27			60-70分							
28			不及格							
29			及格率							
30										

图 4-35　空白学生成绩分析表

2．用 COUNT 函数统计每门课程参考人数

（1）选中 D20 单元格。

（2）单击编辑栏中的“插入函数”按钮 fx，在弹出的“插入函数”对话框中选择“COUNT”函数，单击“确定”按钮。

（3）如图 4-36 所示，选择 COUNT 函数参数 Value1 为“C4:C15”，最后单击“确定”按钮，计算出语文科目的参考人数。

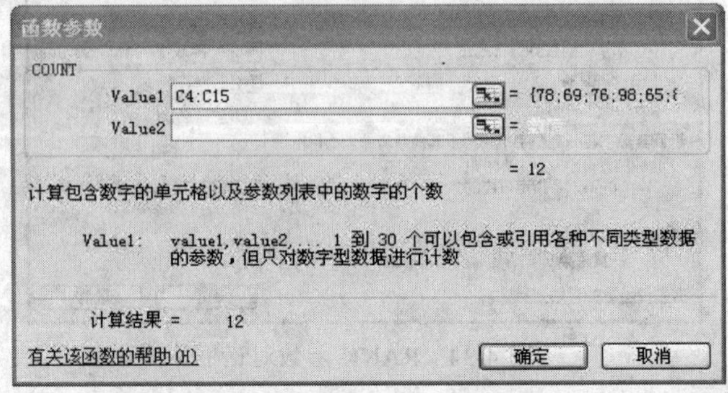

图 4-36　COUNT 函数参数

（4）将鼠标指针移至D20单元格右下角的填充柄，按住鼠标左键，向右拖至H20单元格，释放鼠标左键。进行公式的复制填充，计算出所有科目的参考人数。

3. 用MAX函数统计每门课程的最高分

（1）选中D21单元格。

（2）单击编辑栏中的“插入函数”按钮，在弹出的“插入函数”对话框中选择“MAX”函数，单击“确定”按钮。

（3）如图4-37所示，选择COUNT函数参数Number1为“C4:C15”，最后单击“确定”按钮，计算出语文科目的最高分。

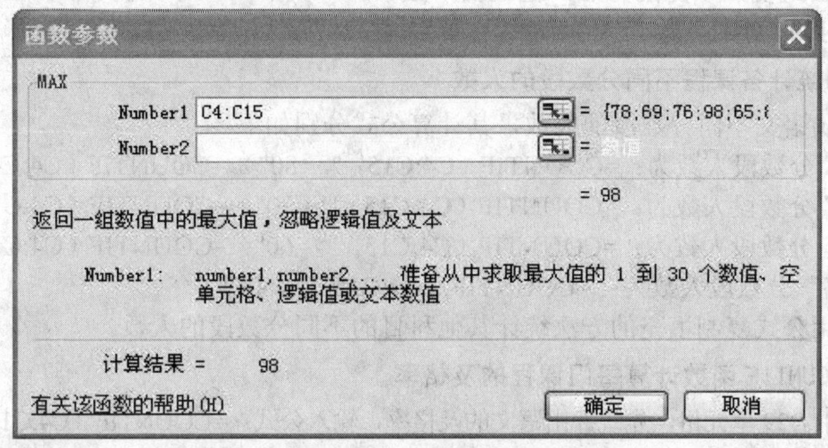

图4-37 MAX函数参数

（4）将鼠标指针移至D21单元格右下角的填充柄，按下鼠标左键向右拖动至H21单元格，释放鼠标左键。进行公式的复制填充，计算出所有科目的最高分。

4. 用MIN函数统计每门课程的最低分

统计每门课程最低分使用MIN函数，其操作过程与统计最高分的操作过程一样。

5. 用AVERAGE函数计算平均分

统计每门课程平均分使用 AVERAGE 函数，其操作过程与统计最高分的操作过程一样。

6. 用COUNTIF函数统计每门课程成绩在90分以上的学生人数

（1）选中D24单元格。

（2）单击编辑栏中的“插入函数”按钮，在“插入函数”对话框中选择“COUNTIF”函数，单击“确定”按钮。

（3）如图4-38所示，在“函数参数”对话框中单击“Range”后的“拾取”按钮，然后在工作表中选择C4到C15单元格区域，再次单击“拾取”按钮，返回“函数参数”对话框。在“函数参数”对话框中的“Criteria”中，输入条件“>=90”，然后单击“确定”按钮。

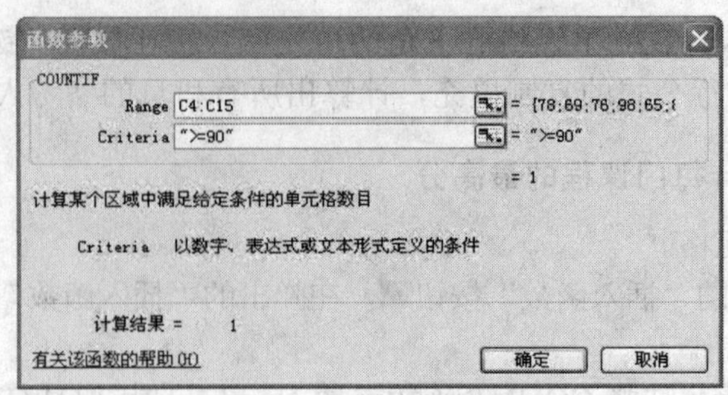

图 4-38 COUNTIF 函数参数

（4）用公式复制填充的方法，拖拉出“数学”、“英语”、“计算机”和“程序设计”等课程成绩高于 90 分的人数。

7. 分别统计各课程不同分数段的人数

先统计出语文不同分数段的人数，其计算公式分别如下。

“80-90”分数段人数为：=COUNTIF（C4:C15，">=80"）–COUNTIF（C4:C15，">=90"）

“70-80”分数段人数为：=COUNTIF（C4:C15，">=70"）–COUNTIF（C4:C15，">=80"）

“60-70”分数段人数为：=COUNTIF（C4:C15，">=60"）–COUNTIF（C4:C15，">=70"）

“不及格”分数段人数为：=COUNTIF（C4:C15，"<60"）

同样再用公式复制填充的方法统计其他科目的不同分数段的人数。

8. 用 COUNTIF 函数计算每门课程的及格率

（1）选中 D29 单元格，先统计出语文的及格率，输入公式：=COUNTIF（C4:C15，">=60"）/ COUNTIF（C4:C15，">=0"）（或=COUNTIF（C4:C15，">=60"）/D20，这里的 D20 是“语文科目的总参考人数”存放的单元格。

（2）同样再进行公式复制填充操作。计算出其他几门课程的及格率。

（3）选中 D29 到 H29 单元格区域，单击格式工具栏上的“百分比样式”按钮%，将数据格式设置为百分比样式。

9. 页面设置

执行“文件”菜单下的“页面设置”命令，弹出“页面设置”对话框，如图 4-39 所示，设置纸张大小为“A4”，纸张方向为“纵向”，左、右页边距均为“0.9 厘米”，最后单击“确定”按钮。

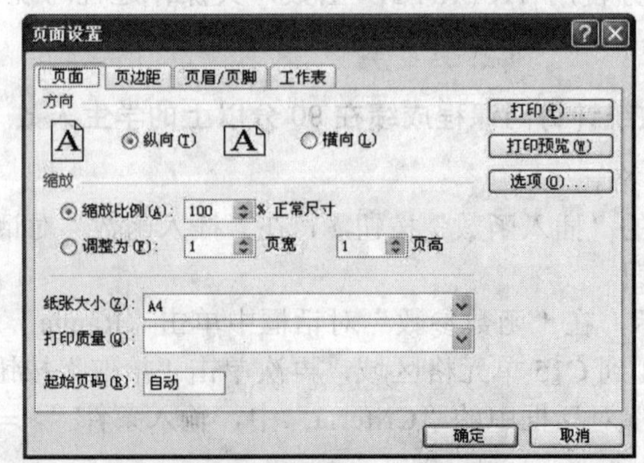

图 4-39 “页面设置”对话框

10．插入分页符

单击行号“17”，选中第 17 行，执行“插入”菜单下的“分页符”命令，在该行前面插入分页符，打印时就会把“学生成绩汇总表”和“学生成绩分析表”分别打印在两页纸上。

11．保存工作簿

单击“常用”工具栏上的“保存”按钮，保存该工作簿。

【拓展提高】

单元格的引用

单元格引用就是把单元格（地址）引入数据公式（数据公式要使用单元格中存储的数据进行计算）。

（1）单元格的引用要用到标识单元格的编号（单元格地址）。通常单元格引用的样式是“列标+行号”，如“D6、G9”等。

（2）对于单元格区域的引用为：起始单元格的“列标+行号”+“：”+结束单元格的“列标+行号”，如“C4：G9、E6：H10”等。

（3）单元格的引用，根据其地址（编码）随公式被复制到其他单元格时是否变化，分为绝对引用、相对引用和混合引用三类。

绝对引用：当把一个单元格地址中的公式复制到一个新的位置时，使公式中的固定单元格地址不会随着改变（公式在复制过程中，引用的固定单元格保持不变）。绝对引用的表示方式为：“$列标+$行号”。

相对引用：当把一个单元格地址中的公式复制到一个新的位置时，公式中的单元格地址会随着改变。这是 Excel 系统默认的引用方式。相对引用的表示方式为：“列标+行号”。

混合引用：在一个单元格的引用中，既有绝对地址引用，也有相对单元引用（复制公式时，只有行或列地址保持不变）。混合引用的表示方式为：“$列标+行号”或“列标+$行号”。

（4）引用方法。

引用同一工作表中的数据：“单元格地址”。如“$C$5”。

引用同一工作簿不同工作表的数据：“工作表名！单元格地址”。如“sheet2！$C$5”。

引用不同工作簿中的数据：“[工作簿名]工作表名！单元格地址”。如“Book3！sheet2！$C$5”。

【实战演练】

如图 4-40 所示，打开“某地区 1998 年普通高等学校校数.xls”，在相应的单元格内求出小计、总计、最大值、最小值等。

	A	B	C	D	E	F
1	某地区1998年普通高等学校校数				(单位:所)	
2		小计	本科院校	专科院校	高职院校	
3	综合大学		35	22	11	
4	理工院校		132	67	36	
5	农业院校		22	15	0	
6	林业院校		9	2	0	
7	医药院校		89	21	0	
8	师范院校		56	32	0	
9	财经院校		59	22	0	
10	政法院校		16	13	0	
11	体育院校		19	1	0	
12	艺术院校		43	8	19	
13	其他院校		14	2	22	
14						
15		所有院校总计				
16		本科院校的最大值				
17		专科院校的最小值				
18						

图 4-40　某地区 1998 年普通高等学校校数效果图

课题四　销售情况的分析

【课题效果】

本课题要达到的效果，如图 4-41 所示。

	A	B	C	D	E
1	销售情况表				
2				单位：万元	
3	地区	部门	销售金额	实现利润	
4	华东	电脑产品部	150	90	
5	华东	数码产品部	180	105	
6	华东	外设产品部	120	70	
7	华北	电脑产品部	100	60	
8	华北	数码产品部	110	66	
9	华北	外设产品部	98	53	
10	西北	电脑产品部	130	80	
11	西北	数码产品部	150	90	
12	西北	外设产品部	80	40	
13	西南	电脑产品部	80	48	
14	西南	数码产品部	90	50	
15	西南	外设产品部	105	56	
16					
17					

销售情况表 / 排序 / 自动筛选 / 分类汇总 / 合并计算 / 高级筛选

图 4-41　销售情况的分析

【课题分析】

本课题主要内容是对销售情况表中的数据进行分析，为决策提供参考。包括的知识要点有排序、筛选、分类汇总、合并计算、工作表的相关操作。重点操作是工作表的复制与重命名、自动筛选、分类汇总、合并计算等操作。

【知识链接】

Excel 不仅可以制作表格，进行数据计算处理，还具有强大的数据分析功能。对工作表数据进行排序、筛选和分类汇总操作，可以对数据进行简单地分析，从而为决策提供依据。

一、排序

Excel 把已经逻辑化的表格数据组视为数据库。排序是根据用户提供的条件，将数据库中的数据通过比较，按照一定的顺序重新排列显示，以方便对数据的分析。排序又分为简单排序和多重排序。

排序的方向可以分为升序（从小到大）和降序（从大到小）。

1. 简单排序

按用户提供的一个条件进行简单的排序操作。

2. 多重排序

关键字是排序的条件依据。Excel 最多可以设置三个关键字（条件），从主关键字到第三关键字，各关键字的优先级别从高到低。排序过程中，系统依照从高到低的顺序选择条件进行排序。每个关键字对应一个相应的列（由列标题表示）。当要按某一关键字排列，该列出现相同数据时，Excel 将按下一级关键字对应的数据来排列行记录的顺序。

单击“有标题行”可在排序时排除第一行。如果列表在最上面的行中未设置列标签，单击“无标题行”可在排序时包括第一行。

温馨提示：在排序操作前，检查一下数据库中不能有空列，否则会使数据产生混乱。

二、筛选

数据管理时经常需要从众多的数据中挑选出一部分满足条件的记录进行处理，即进行条件查询。如学生评比“三好学生”，要从成绩清单中筛选出符合条件的记录。

当工作表数据很多时，用户可以设定条件，来显示符合条件的记录，而将不符合条件的记录暂时隐藏起来。这个操作就叫筛选。通过筛选，使表格更加清晰，方便用户对数据进行分析。

对于筛选数据，Excel 2003 提供了自动筛选和高级筛选两种方法。

1. 自动筛选

自动筛选是一种快速的筛选方法，它可以方便地将那些满足条件的记录显示在工作表上。一般用于简单的条件筛选，筛选时将不满足条件的数据暂时隐藏起来，只显示符合条件的数据。

2. 高级筛选

高级筛选一般用于条件较复杂的筛选操作，挑选出满足多重条件的记录。其筛选的结果可显示在原数据表格中，不符合条件的记录被隐藏起来。也可以在新的位置显示筛选结果，不符合条件的记录同时保留在数据表中而不会被隐藏起来，这样就更加便于进行数据的对比了。

三、分类汇总

分类汇总可以对数据清单的各个字段按分类逐级进行汇总计算，如求和、平均值、最大值、最小值等汇总计算，并将计算结果分级显示出来。

在进行分类汇总之前，必须先对数据清单进行排序，使属于同一类的记录集中在一起。

若要恢复统计之前的数据显示状态，只需在“分类汇总”对话框中单击“全部删除”按钮即可。

四、合并计算

合并计算是指以通过合并计算的方法来汇总一个或多个源区中的数据。比如，一个公司内可能有很多的销售地区或者分公司，各个分公司具有各自的销售报表和会计报表，为了对整个公司的所有情况进行全面的了解，就要将这些分散的数据进行合并，从而得到一份完整的销售统计报表或者会计报表。

如果要汇总计算一组具有相同行和列标志的但以不同的方式组织数据的工作表，则可按分类进行合并计算。这种方法会对每一张工作表中具有相同标志的数据进行合并计算。

合并计算数据，首先必须为汇总信息定义一个目的区，用来显示摘录的信息。此目标区域可位于与源数据相同的工作表上，或在另一个工作表上或工作簿内。其次，需要选择要合并计算的数据源。此数据源可以来自单个工作表、多个工作表或多重工作簿中。

温馨提示：确保每个数据区域为列表（列表：包含相关数据的一系列行，或使用“创建列表”命令作为数据表指定给函数的一系列行。）的格式：第一行中的每一列都具有标志，同一列中包含相似的数据，并且在列表中没有空行或空列。根据分类进行合并时，要确保每个区域具有相同的布局，确保要合并的行或列的标志具有相同的拼写和大小写。

【操作步骤】

1. 制作销售情况表

（1）启动 Excel 2003，输入表格数据，如图 4-42 所示。

（2）设置字体、字号、对齐方式及边框。

（3）以“销售情况表.xls”为文件名保存该工作簿。

	A	B	C	D	E
1	销售情况表				
2				单位：万元	
3	地区	部门	销售金额	实现利润	
4	华东	电脑产品部	150	90	
5	华东	数码产品部	180	105	
6	华东	外设产品部	120	70	
7	华北	电脑产品部	100	60	
8	华北	数码产品部	110	66	
9	华北	外设产品部	98	53	
10	西北	电脑产品部	130	80	
11	西北	数码产品部	150	90	
12	西北	外设产品部	80	40	
13	西南	电脑产品部	80	48	
14	西南	数码产品部	90	50	
15	西南	外设产品部	105	56	
16					
17					

图 4-42　制作销售情况表

2. 选定工作表

一个工作簿里通常有 3 个或 3 个以上的工作表，工作表标签栏内就是这些工作表的名称。其中，显示为高亮度的标签就是当前工作表的标签。要让工作表进入工作状态，首先必须选定工作表。

选定单个工作表的方法：鼠标指针指向要选定的工作表标签，单击鼠标左键，该工作表即为选定的当前工作表。

3．重命名工作表

重命名工作表是指改变工作表标签的名称，例如，将“Sheet1”改为“销售情况表”。

方法一：双击要重新命名的工作表标签，然后直接输入新名称“销售情况表”。

方法二：单击鼠标右键，选择要更改名称的工作表标签，在弹出的快捷菜单中执行“重命名”命令，然后在标签处输入新的工作表名“销售情况表”。

方法三：先选中要重命名的工作表，打开“格式”菜单下的“工作表”子菜单，执行“重命名”命令，然后输入新的名称“销售情况表”。

4．复制工作表

为了便于进行排序、筛选、分类汇总等操作，将“销售情况表”工作表在当前工作簿中复制 5 个，其操作步骤如下：

（1）用鼠标左键单击要复制的工作表标签“销售情况表”，然后拖动鼠标，同时按住<Ctrl>键，此时，鼠标上会出现一个带有小加号的文档标记，拖动鼠标到要增加新工作表的地方，就为选中的工作表制作了一个副本。使用此法相当于插入一张含有与源表相同数据的新表，新表的名字以“销售情况表（2）”命名。

（2）按此方法再复制 4 个工作表，新复制的表的名字分别为：“销售情况表（3）”、“销售情况表（4）”、“销售情况表（5）”、“销售情况表（6）”。

（3）将复制的工作表的名称分别重命名为“排序”、“自动筛选”、“分类汇总”、“合并计算”、“高级筛选”。

5．排序

在“排序”工作表中，按“主要关键字”为“实现利润”，“次要关键字”为“销售金额”，对数据记录进行降序排列，操作步骤如下：

（1）该工作簿中有多张工作表，它们不可能同时显示在一个屏幕上。由于工作内容不同，往往需要使用不同内容的工作表，这就需要在工作表之间进行切换。直接单击需要使用的工作表标签“排序”，就切换到了该工作表中。

（2）选定该表的数据区（A3：D15）。

（3）执行“数据”菜单下的“排序”命令，弹出“排序”对话框，如图 4-43 所示。

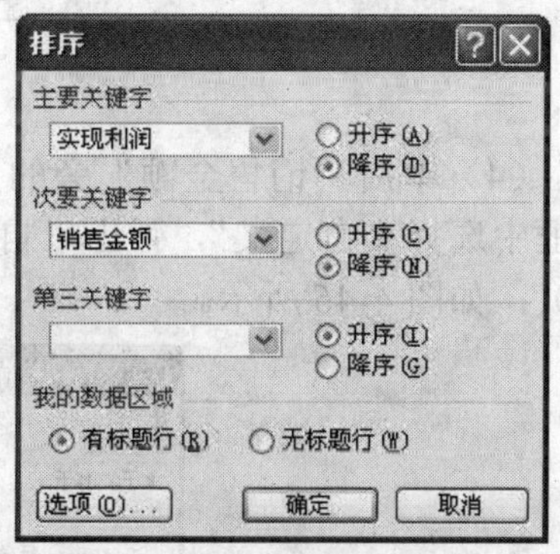

图 4-43 “排序”对话框

（4）在“排序”对话框中，设置“主要关键字”为“实现利润”，降序排列；“次要关键字”为“销售金额”，降序排列，“我的数据区域”为“有标题行”。

（5）单击“确定”按钮，排序后的效果图如图 4-44 所示。

	A	B	C	D	E
1	销售情况表				
2				单位：万元	
3	地区	部门	销售金额	实现利润	
4	华东	数码产品部	180	105	
5	华东	电脑产品部	150	90	
6	西北	数码产品部	150	90	
7	西北	电脑产品部	130	80	
8	华东	外设产品部	120	70	
9	华北	数码产品部	110	66	
10	华北	电脑产品部	100	60	
11	西南	外设产品部	105	56	
12	华北	外设产品部	98	53	
13	西南	数码产品部	90	50	
14	西南	电脑产品部	80	48	
15	西北	外设产品部	80	40	
16					

图 4-44　排序后的效果图

温馨提示：将光标定位在要排序的列中或选中该列，在“常用”工具栏中单击 按钮，即可按升序排列数据。在“常用”工具栏中单击 按钮，即可按降序排列数据。

6．自动筛选

在“自动筛选”工作表中，筛选出销售金额大于 120 万元的记录，其操作方法如下：

（1）单击“自动筛选”工作表标签，切换到该工作表中。

（2）选中数据区域（A3：D15）。

（3）打开“数据”菜单下的“筛选”子菜单，执行“自动筛选”命令，表格的列标题每一个单元格的右侧会显示一个下拉按钮，如图 4-45 所示。

	A	B	C	D	E
1	销售情况表				
2				单位：万元	
3	地区	部门	销售金额	实现利润	
4	华东	电脑产品部	150	90	
5	华东	数码产品部	180	105	
6	华东	外设产品部	120	70	
7	华北	电脑产品部	100	60	
8	华北	数码产品部	110	66	
9	华北	外设产品部	98	53	
10	西北	电脑产品部	130	80	
11	西北	数码产品部	150	90	
12	西北	外设产品部	80	40	
13	西南	电脑产品部	80	48	
14	西南	数码产品部	90	50	
15	西南	外设产品部	105	56	
16					

图 4-45　自动筛选

（4）单击“销售金额”旁的下拉列表按钮，会弹出一个筛选条件的下拉列表框，在列表框中选择“自定义”，弹出“自定义自动筛选方式”对话框，设置销售金额“大于或等于 120”，如图 4-46 所示。

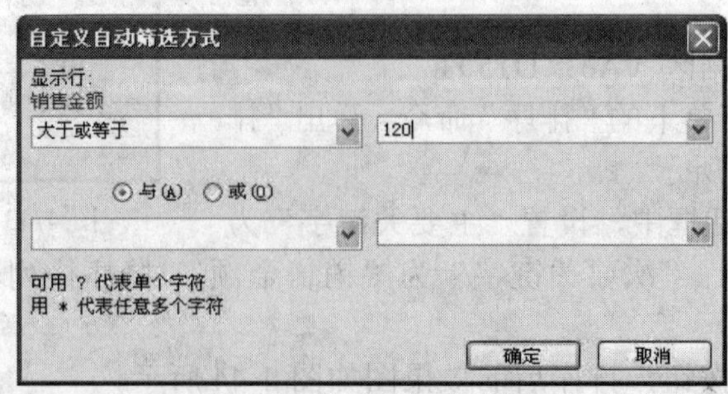

图 4-46 “自定义自动筛选方式”对话框

（5）单击“确定”按钮，工作表就会显示所有符合筛选条件的记录，而隐藏不符合条件的行记录，自动筛选后的结果如图 4-47 所示。

温馨提示：自动筛选出来的数据可供进一步分析，也可以打印或复制到其他工作表中。如果要清除筛选结果，打开“数据”菜单下的“筛选”子菜单，执行“自动筛选”命令即可。

	A	B	C	D	E
1	销售情况表				
2				单位：万元	
3	地区	部门	销售金额	实现利润	
4	华东	电脑产品部	150	90	
5	华东	数码产品部	180	105	
6	华东	外设产品部	120	70	
10	西北	电脑产品部	130	80	
11	西北	数码产品部	150	90	
16					

图 4-47 筛选结果

7. 分类汇总

在“分类汇总”工作表中，以“地区”为分类字段，将“销售金额”、“实现利润”进行求和分类汇总，其操作步骤如下：

（1）单击“分类汇总”工作表标签，切换到该工作表中。

（2）选中数据区域（A3：D15）。

（3）执行“数据”菜单下的“排序”命令，弹出“排序”对话框，如图 4-48 所示，以“地区”为主要关键字进行降序排序。

（4）执行“数据”菜单下的“分类汇总”命令项，弹出“分类汇总”对话框。

（5）如图 4-49 所示，在“分类汇总”对话框中选择“分类字段”为“地区”、“汇总方式”为“求和”、“汇总项”为“销售金额”、“实现利润”，勾选“替换当前分类汇总”和“汇总结果显示在数据下方”两项。

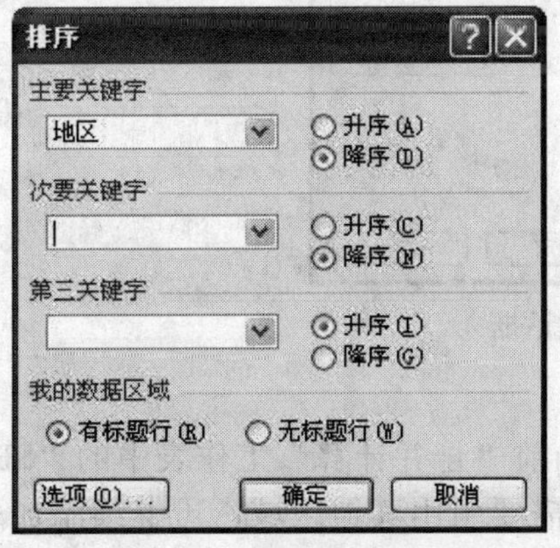

图 4-48 以“地区”为主要关键字

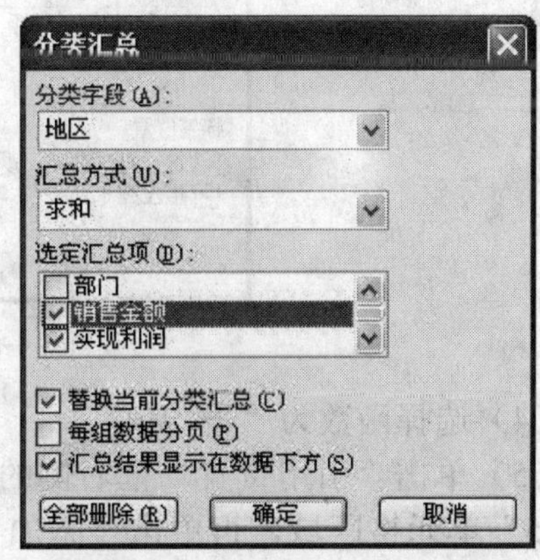

图 4-49 “分类汇总”对话框

（6）单击“确定”按钮，分类汇总后的结果如图 4-50 所示。

	A	B	C	D	E
1	销售情况表				
2				单位：万元	
3	地区	部门	销售金额	实现利润	
4	西南	电脑产品部	80	48	
5	西南	数码产品部	90	50	
6	西南	外设产品部	105	56	
7	西南 汇总		275	154	
8	西北	电脑产品部	130	80	
9	西北	数码产品部	150	90	
10	西北	外设产品部	80	40	
11	西北 汇总		360	210	
12	华东	电脑产品部	150	90	
13	华东	数码产品部	180	105	
14	华东	外设产品部	120	70	
15	华东 汇总		450	265	
16	华北	电脑产品部	100	60	
17	华北	数码产品部	110	66	
18	华北	外设产品部	98	53	
19	华北 汇总		308	179	
20	总计		1393	808	
21					

图 4-50　分类汇总后的结果

8. 合并计算

在“合并计算”工作表，合并计算三个部门的“销售金额”、“实现利润”的平均值，其操作步骤如下：

（1）单击“合并计算”工作表标签，切换到该工作表中。

（2）合并 B17 到 D17 单元格，输入“部门平均销售情况”，选中 B18：D21 单元格区域作为存放合并计算结果的区域，为该单元格区域添加表格边框。

（3）单击 D18 单元格，在“数据”菜单中，执行“合并计算”命令，弹出“合并计算”对话框，如图 4-51 所示。

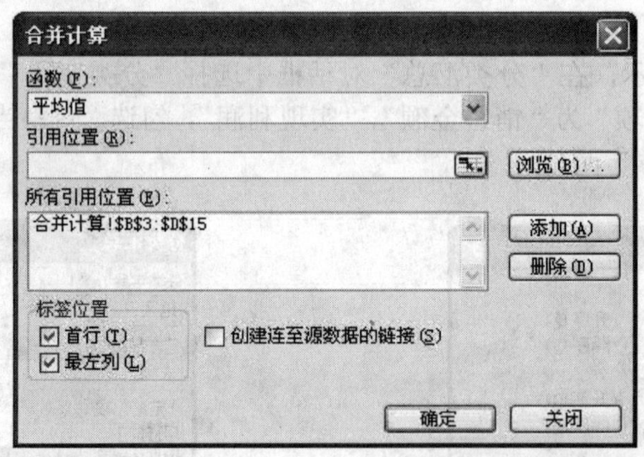

图 4-51　“合并计算”对话框

（4）选择函数为“平均值”。

（5）单击“引用位置”框右侧的按钮，选择当前“合并计算”工作表中的“$B$3：$D$15”单元格区域，再单击“添加”按钮。如果还需要引用其他区域，可继续添加引用位置。

（6）在“标签位置”勾选“首行”或“最左列”。

（7）单击“确定”按钮完成合并计算，结果如图 4-52 所示。

	A	B	C	D	E
1	销售情况表				
2				单位：万元	
3	地区	部门	销售金额	实现利润	
4	华东	电脑产品部	150	90	
5	华东	数码产品部	180	105	
6	华东	外设产品部	120	70	
7	华北	电脑产品部	100	60	
8	华北	数码产品部	110	66	
9	华北	外设产品部	98	53	
10	西北	电脑产品部	130	80	
11	西北	数码产品部	150	90	
12	西北	外设产品部	80	40	
13	西南	电脑产品部	80	48	
14	西南	数码产品部	90	50	
15	西南	外设产品部	105	56	
16					
17		部门平均销售情况			
18		部门	销售金额	实现利润	
19		电脑产品部	115	69.5	
20		数码产品部	132.5	77.75	
21		外设产品部	100.75	54.75	
22					

图 4-52 合并计算的结果

【拓展提高】

一、高级筛选

要在“销售情况表”中筛选出“销售金额≥100 万元、实现利润≥66 万元”的记录，其操作步骤如下：

（1）单击“高级筛选”工作表标签，切换到该工作表中。

（2）把筛选的条件输入到表格中的一个空白区域 A12：B13 中，如图 4-53 所示。

（3）打开“数据”菜单下的“筛选”子菜单，执行“高级筛选”命令，弹出“高级筛选”对话框，如图 4-54 所示。

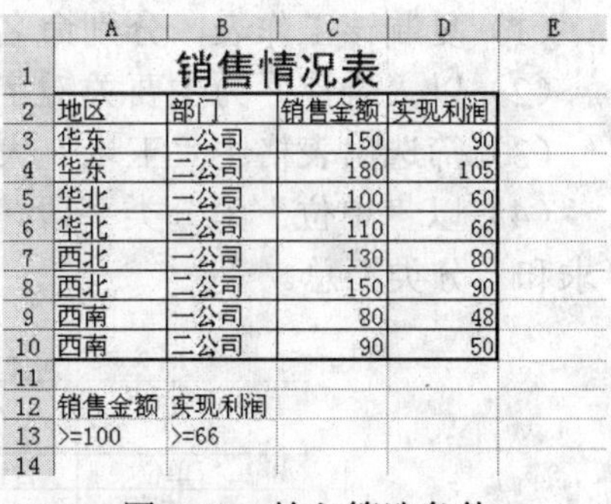

	A	B	C	D	E
1	销售情况表				
2	地区	部门	销售金额	实现利润	
3	华东	一公司	150	90	
4	华东	二公司	180	105	
5	华北	一公司	100	60	
6	华北	二公司	110	66	
7	西北	一公司	130	80	
8	西北	二公司	150	90	
9	西南	一公司	80	48	
10	西南	二公司	90	50	
11					
12	销售金额	实现利润			
13	>=100	>=66			
14					

图 4-53 输入筛选条件

（4）在“高级筛选”对话框中，勾选“在原有区域显示筛选结果”，选择列表区域（C2：D10），选择条件区域（A12：B13）。

（5）单击“确定”按钮。则工作表中只显示符合条件的数据，如图 4-55 所示。

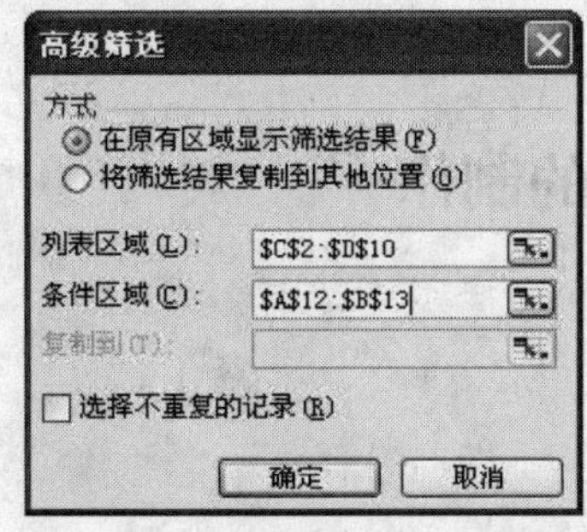

图 4-54 “高级筛选”对话框

	A	B	C	D	E
1	销售情况表				
2	地区	部门	销售金额	实现利润	
3	华东	一公司	150	90	
4	华东	二公司	180	105	
6	华北	二公司	110	66	
7	西北	一公司	130	80	
8	西北	二公司	150	90	
11					
12	销售金额	实现利润			
13	>=100	>=66			
14					

图 4-55 高级筛选后的结果

二、工作表的相关操作

在工作表标签上右击鼠标，会弹出其快捷菜单，如图 4-56 所示，使用该菜单中的命令，可以插入、删除、重命名、移动或复制工作表、设置工作表标签颜色等。

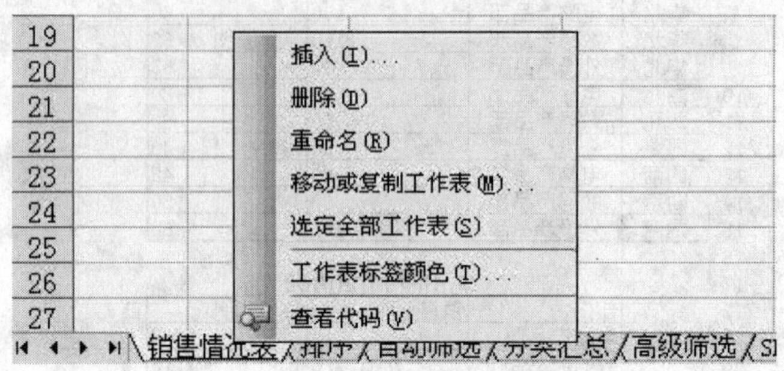

图 4-56　工作表快捷菜单

【实战演练】

建立一个工作表，如图 4-57 所示，计算出“合计”并把结果放到相应的单元格内。然后再进行以下操作：

（1）复制该工作表，分别命名为“排序表”、“筛选表”、“分类汇总表”。

（2）以“合计”为主要关键字，以升序方式排序。

（3）筛选出表格中“玉米”大于或等于 5500 的各行。

（4）以“单位”为分类字段，将“合计”、“小麦”、“谷子”、“水稻”和“大豆”进行“求和”分类汇总。

	A	B	C	D	E	F	G
1	各生产队农作物产量（公斤）						
2							
3	单位	合计	小麦	玉米	谷子	水稻	大豆
4	第一生产队		7738	4136	7990	6000	1780
5	第二生产队		7332	3700	7610	4000	1610
6	第三生产队		7115	6600	7426	4900	1700
7	第四生产队		5260	5788	6988	5900	1370
8	第五生产队		5168	6151	6100	5600	1170
9							

图 4-57　各生产队农作物产量表格效果图

课题五　销售情况图表的制作

【课题效果】

本课题要达到的效果，如图 4-58 所示。

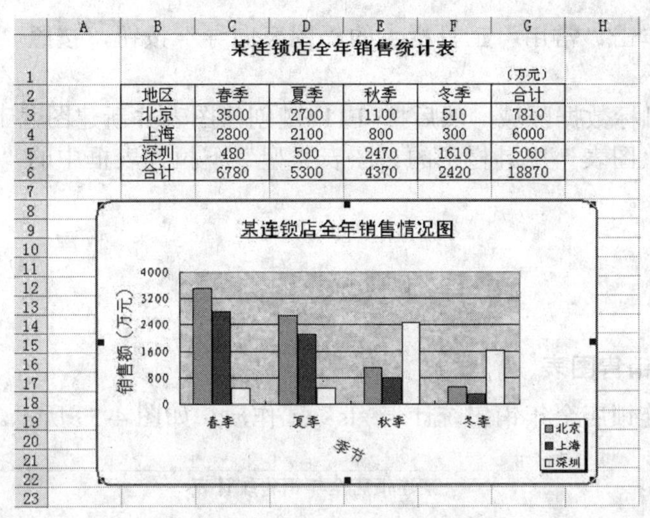
某连锁店全年销售统计表

（万元）

地区	春季	夏季	秋季	冬季	合计
北京	3500	2700	1100	510	7810
上海	2800	2100	800	300	6000
深圳	480	500	2470	1610	5060
合计	6780	5300	4370	2420	18870

图 4-58　销售情况图表的效果图

【课题分析】

本课题主要内容是制作某连锁店的销售情况图表，如图 4-58 所示。包括的知识要点有创建图表、格式化图表、编辑图表，重点操作是根据数据表格创建图表的操作。

【知识链接】

一、图表的概述

图表就是将单元格中的数据以各种统计图表的形式显示，使数据更加直观、易懂。当工作表中的数据源发生变化时，图表中对应的数据也自动更新。

Excel 的图表可分为两种：一种称为嵌入式图表，它与创建工作表上的数据工作表放置在一张工作表中，另一种是独立图表，它独立放置在一张工作表中（与数据源工作表不在一起）。

Excel 的图表的类型有十几种，每一种类型又有若干子类型。常用的图表类型有三大类，其选取的原则是：

（1）柱形图表（柱形）：用于比较数据间的多少。

（2）线形图表（折线）：用于表现数据的趋势。

（3）扇形图表（饼图）：用于反映数据间的比例分配关系。

二、Excel 图表的创建方法

数据是图表的基础，若要创建图表，首先需在工作表中为图表准备数据。Excel 2003 提供了 4 种基于工作表中的数据创建图表的方法：

方法一：打开菜单栏上的“插入”菜单，执行“图表”命令，弹出“图表向导”对话框创建图表。

方法二：直接单击“常用”工具栏上的“图表向导”按钮，按照“图表向导”对话框创建图表。

方法三：选中目标数据区域，然后按<F11>键创建图表并新建图表工作表。

方法四：单击“图表”工具栏上的“图表类型”下拉列表框中的“图表”按钮，创建所选图表类型的图表。

【操作步骤】

1. 创建连锁店销售图表

（1）制作“某连锁店全年销售统计表.xls”工作簿，如图 4-59 所示。

	A	B	C	D	E	F	G	H
1		某连锁店全年销售统计表					（万元）	
2		地区	春季	夏季	秋季	冬季	合计	
3		北京	3500	2700	1100	510	7810	
4		上海	2800	2100	800	300	6000	
5		深圳	480	500	2470	1610	5060	
6		合计	6780	5300	4370	2420	18870	
7								

图 4-59　某连锁店全年销售统计表

（2）单击“图表向导”按钮，或执行“插入”菜单下的“图表”命令，弹出“图表向导”对话框。

（3）如图 4-60 所示，在“图表向导”对话框中，选择图表类型为“柱形图”，子图表类型选择“簇状柱形图”。

图 4-60　选择图表类型

（4）单击“下一步”按钮，弹出“源数据”对话框，如图 4-61 所示，在工作表中选择数据区域为“$B$2:$F$5”。系列产生在“行”。

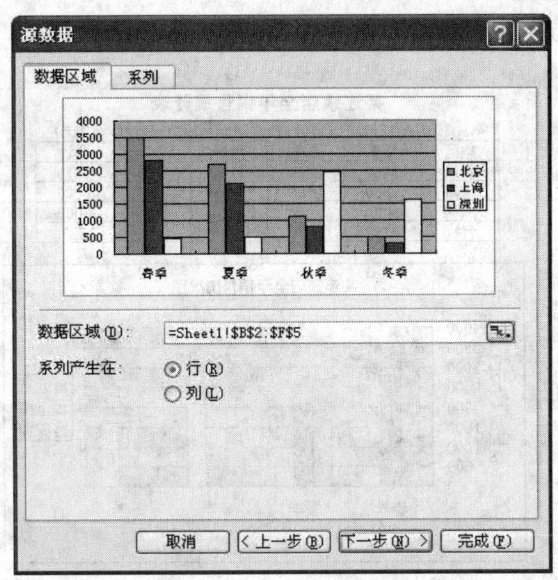

图 4-61 选择数据区域

（5）单击“下一步”按钮，弹出“图表选项”对话框，如图 4-62 所示，在“图表标题”中输入“某连锁店全年销售情况图”，在“分类（X）轴”中输入“季节”，在“数值（Y）轴”中输入“销售额（万元）”，其他取默认值。

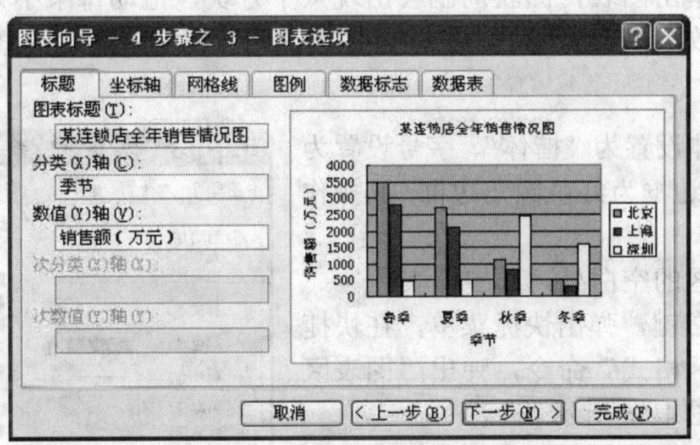

图 4-62 “图表选项”对话框

（6）单击“下一步”按钮，如图 4-63 所示，弹出“图表位置”对话框，将图表位置选择为“作为其中的对象插入”。

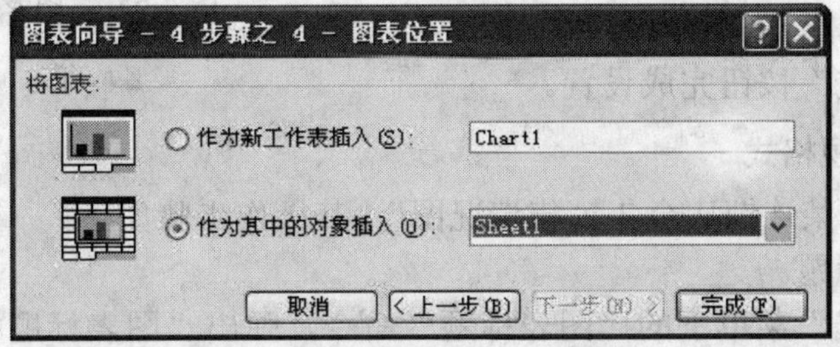

图 4-63 “图表位置”对话框

（7）单击“完成”按钮，图表制作完成，如图 4-64 所示。

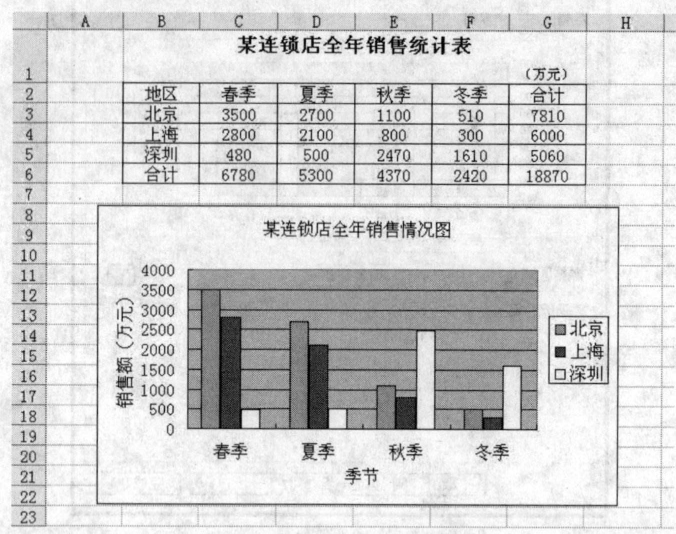

某连锁店全年销售统计表

（万元）

地区	春季	夏季	秋季	冬季	合计
北京	3500	2700	1100	510	7810
上海	2800	2100	800	300	6000
深圳	480	500	2470	1610	5060
合计	6780	5300	4370	2420	18870

图 4-64　图表制作完成

2．调整图表大小和位置

图表区、图例区、标题区、绘图区等大小和位置都是可以调整的，其方法与 Word 调整图片的方法相同。单击图表，图表周围会出现八个方块，拖动每个小方块可以实现图表的缩放，将鼠标指针放在图表区域中，拖动鼠标指针则可以实现图表的移动。

3．美化图表区

将图表区的字体设置为“楷体”、字号设置为“11 磅”，图表区的边框为红色圆角边框，其操作步骤如下：

（1）单击图表区的空白处，选中图表。

（2）单击鼠标右键，弹出快捷菜单，在快捷菜单中执行“图表区格式”命令，弹出“图表区格式”对话框，如图 4-65 所示。

（3）在“图表区格式”对话框的“图案”选项卡中，设置边框为“自定义”（红色、粗实线）勾选“圆角”复选按钮。

（4）在“图表区格式”对话框的“字体”选项卡中，设置字体为“楷体”，字号为“11 磅”。

（5）单击“确定”按钮完成设置。

图 4-65　“图表区格式”对话框

4．设置图表标题格式

设置图表标题“某连锁店全年销售情况图”，其操作步骤如下：

（1）选中图表标题。

（2）执行“格式”菜单下的“图表标题”命令，弹出“图表标题格式”对话框，如图 4-66 所示。

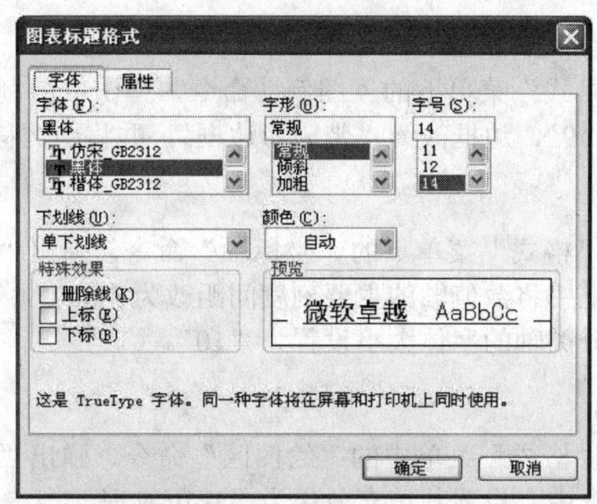

图 4-66 “图表标题格式”对话框

（3）在“图表标题格式”对话框的“字体”选项卡中，设置字体为“黑体”、字形为“常规”、字号为“14”、下划线为“单下划线”。

（4）单击“确定”按钮完成设置。

5．设置坐标轴标题格式

将分类轴标题设置为“宋体、12、蓝色、-30°方向”；将数值轴标题设置为“宋体、12、蓝色”。其操作步骤如下：

（1）选中分类轴标题“季节”。

（2）执行“格式”菜单下的“坐标轴标题”命令，弹出“坐标轴标题格式”对话框，如图 4-67 所示。

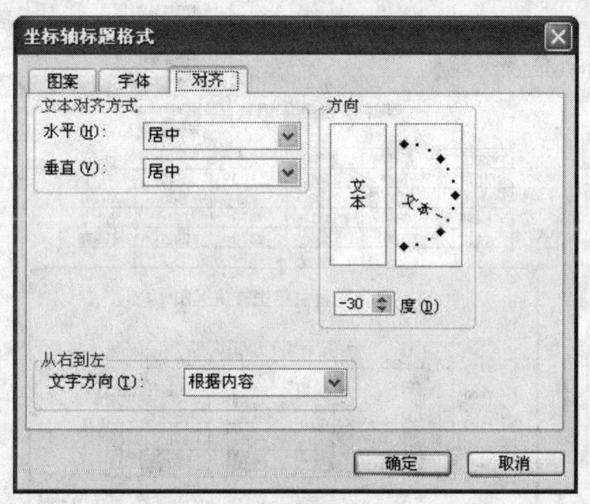

图 4-67 “坐标轴标题格式”对话框

（3）在“字体”选项卡中，设置字体为“宋体”、字号为“12”、字体颜色为“蓝色”。

（4）在“对齐”选项卡中，设置方向为–30°。

（5）单击“确定”按钮完成设置。

按同样的方法，设置数值轴标题格式为“宋体、12、蓝色”。

6．设置图例格式

选中图例，执行“格式”菜单下的“图例”命令，弹出“图例格式”对话框，在对话框中将图例的字号改为“9”，边框改为“带阴影边框”，并将图例移到图表区的右下角。

7．设置坐标轴格式

选中数值轴，执行“格式”菜单下的“坐标轴”命令，弹出“坐标轴格式”对话框，在“坐标轴格式”对话框中将数值轴的主要刻度间距改为“800”，字体大小设置为“10”。

按同样的方法，将分类轴的字体大小设置为“10”。

8．设置绘图区格式

选中绘图区，执行“格式”菜单中的“绘图区”命令，弹出“绘图区格式”对话框，在“绘图区格式”对话框中，设置其填充效果为“花束纹理”。

【拓展提高】

修改图表

当图表创建好之后，还可以对它进行修改，如修改工作表的数据或图表类型等，操作方法是：

（1）选中要进行修改的图表。

（2）打开“图表”菜单，如图 4-68 所示，该菜单中包括了修改图表的所有命令。

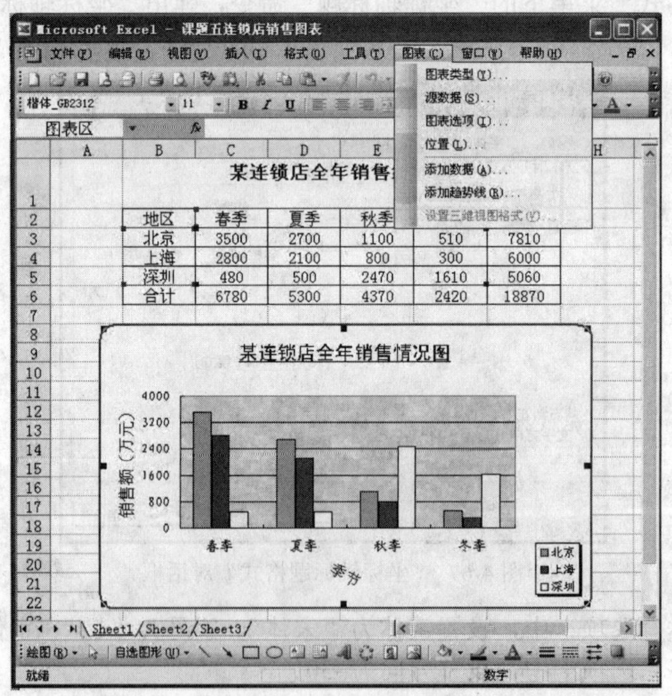

图 4-68 “图表”菜单

（3）执行“图表”菜单中的相应命令，可以修改图表类型、源数据、图表选项、位置等。

【实战演练】

如图 4-69 所示，使用“钢材”各行的数据创建一个饼图。设置图表标题字体为“方正舒体”、字号为“14”；图表中其他字体均为“仿宋”、字号为“11”。

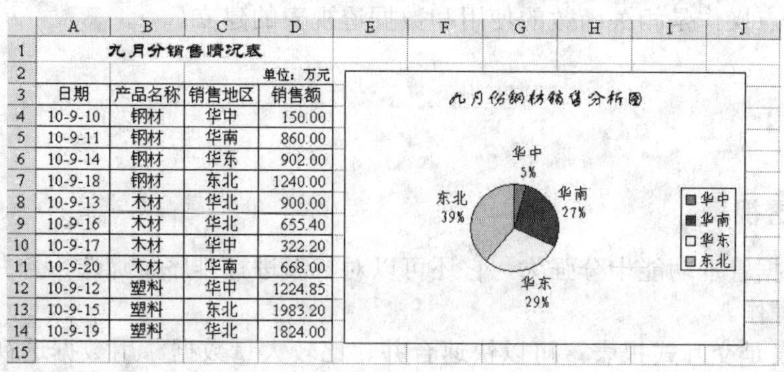

	A	B	C	D
1	九月分销售情况表			
2				单位：万元
3	日期	产品名称	销售地区	销售额
4	10-9-10	钢材	华中	150.00
5	10-9-11	钢材	华南	860.00
6	10-9-14	钢材	华东	902.00
7	10-9-18	钢材	东北	1240.00
8	10-9-13	木材	华北	900.00
9	10-9-16	木材	华北	655.40
10	10-9-17	木材	华中	322.20
11	10-9-20	木材	华南	668.00
12	10-9-12	塑料	华中	1224.85
13	10-9-15	塑料	东北	1983.20
14	10-9-19	塑料	华北	1824.00
15				

图 4-69　制作饼图

课题六　人事信息统计与分析

【课题效果】

本课题要达到的效果，如图 4-70 所示。

	A	B	C	D	E	F	G	H	I	J	K
1	部门	（全部）									
2											
3			学历	职务							
4			本科			本科 汇总	研究生			研究生 汇总	总计
5	姓名	数据	技术员	经理	销售员		工程师	技术员	经理		
6	曹勇	计数项:性别							1	1	1
7		求和项:工资							7000	7000	7000
8	何冰	计数项:性别			1	1					1
9		求和项:工资			6000	6000					6000
10	蒋平	计数项:性别		1		1					1
11		求和项:工资		6000		6000					6000
12	金鑫	计数项:性别							1	1	1
13		求和项:工资							7000	7000	7000
14	李芙蓉	计数项:性别							1	1	1
15		求和项:工资							8000	8000	8000
16	秦占豪	计数项:性别	1			1					1
17		求和项:工资	6000			6000					6000
18	沈明月	计数项:性别						1		1	1
19		求和项:工资						8000		8000	8000
20	吴大富	计数项:性别					1			1	1
21		求和项:工资					7000			7000	7000
22	许国光	计数项:性别		1		1					1
23		求和项:工资		6500		6500					6500
24	周先进	计数项:性别					1			1	1
25		求和项:工资					8000			8000	8000
26	计数项:性别汇总		1	2	1	4	2	1	3	6	10
27	求和项:工资汇总		6000	12500	6000	24500	15000	8000	22000	45000	69500
28											

人事信息表 / 统计表 / 数据透视表

图 4-70　人事信息统计与分析效果图

【课题分析】

本课题主要内容是通过人事信息表的建立、统计与分析，快速准确地统计、显示公司的人事信息。包括的知识要点有数据透视表、COUNTIF 函数、DATE 函数、MID 函数、MOD 函数、重点操作是相关函数的使用和数据透视表的建立。

【知识链接】

一、数据透视表

Excel 的数据管理功能十分强大，它还可以对数据进行排序、筛选、合并、汇总和建立数据透视表等操作。

数据透视表是交互式报表，可以快速合并、比较大量数据。用数据透视表可以从不同方面对数据进行分类汇总。数据透视表是通过向导来引导用户一步步完成的，使复杂的工作变得简单易学。

二、相关函数使用简介

1. 条件统计函数 COUNTIF

COUNTIF 函数用来计算区域中满足给定条件的单元格的个数。它的格式是：

COUNTIF（range，criteria）

其中，range 为需要计算其中满足条件的单元格数目的单元格区域。

criteria 为确定哪些单元格将被计算在内的条件，其形式可以为数字、表达式单元格引用或文本。

2. 日期和时间函数 DATE

DATE 函数用来返回日期代码中日期的数字。它的格式是：

DATE（year，month，day）

其中，year 为返回年份的数字，可以为一个四位数字。

month 为返回月份的数字，是一个两位的数字。

day 为返回日期的数字，是一个两位的数字。

3. 截取字符串函数 MID

MID 函数用于从文本字符串中指定的起始位置返回指定长度的字符串。它的格式是：

MID（text，start_num，num_chars）

其中，text 是包含要提取字符的文本字符串。

start_num 表示从指定字符串的第几个字符开始截取字符。

num_chars 为截取多少个字符。

4. MOD 函数

返回两数相除的余数。结果的正负号与除数相同。它的格式是：

MOD（number，divisor）

其中，number 为被除数。

divisor 为除数。

【操作步骤】

一、制作公司人事信息表

1．输入公司人事信息表内容

启动 Excel 2003，输入人员信息，如图 4-71 所示。

☞ 技巧点滴：在 Excel 中，输入超过 11 位数字时，Excel 就会自动转为科学计数法方式显示数字，比如身份证号码是：123451234512345123，输入后就变成了：1.23451E+17。输入身份证号码的常用方法有两种，第一种方法是输入时在前面先输入“’”号作为前导符（英文状态下的输入法），就是：’123451234512345123，这样单元格内数据就显示为文本格式，会完整显示出 18 个号码来，而不会显示出科学计数方式。第二种方法是先将要输入身份证号码的单元格数据格式设置为文本格式，然后再输入身份证号码。

	A	B	C	D	E	F	G	H	I	J	K	L	M	N
1	公司人事信息表													
2														
3	编号	姓名	部门	职务	身份证号	性别	出生年月日	年龄	民族	籍贯	毕业院校	学历	工龄	工资
4	1	李芙蓉	研发部	经理	434500198101010672				汉	山东济南	青岛大学	研究生	7	8000
5	2	周先进	研发部	工程师	434500197505260312				汉	安徽合肥	中国科大	研究生	7	8000
6	3	吴大富	研发部	工程师	434500198309301234				汉	上海浦东	上海交大	研究生	5	7000
7	4	蒋平	研发部	经理	434500196712060321				汉	湖北武汉	武汉大学	本科	7	6000
8	5	沈明月	研发部	技术员	43450019790721052x				汉	陕西西安	西安交大	研究生	6	8000
9	6	秦占豪	研发部	技术员	434500197804290632				汉	北京市	清华大学	本科	5	6000
10	7	许国光	销售部	经理	434500198008090126				汉	湖南长沙	东南大学	本科	7	6500
11	8	何冰	销售部	销售员	434500198211230561				汉	四川成都	西南大学	本科	5	6000
12	9	曹勇	销售部	经理	434500197909160321				汉	福建厦门	厦门大学	研究生	7	7000
13	10	金鑫	销售部	经理	434500196901310261				汉	广东汕头	中山大学	研究生	7	7000
14														

图 4-71　输入人员信息

2．设置公司人事信息表格式

（1）设置“出生年月日”这一列，G4 到 G13 单元格区域数据格式为一种日期格式。

（2）设置字体、字号及对齐方式。

（3）添加表格边框。

3．保存公司人事信息表

单击“常用”工具栏上的“保存”按钮，以“公司人事信息表.xls”为文件名保存该工作簿。

4．根据身份证号码输入“性别”

E 列为 18 位身份证号码，现在要根据身份证号码判断性别，在 F 列显示。如果身份证号码第 17 位数是偶数则“性别”为女，单数则“性别”为男。

在 F4 单元格中输入公式：=IF（MOD（MID（E4，17，1），2）=1，"男"，"女"），最后按<Enter>键即可计算出“性别”。

拖动 F4 单元格的填充柄至 F13 单元格，对公式进行复制，输入其他人员的性别。

关于这个函数公式的具体说明：

（1）函数公式中，MID（E4，17，1）的含义是将身份证中的第 17 位数字提取出来；

（2）函数公式中，MOD（MID（E4，17，1），2）的含义是将第 17 位数除以 2 取余数；

（3）函数公式 IF（MOD（MID（E4，17，1），2）=1，"男"，"女"）的含义是如果第 17 位数除以 2 余数为 1，则“性别”为男，否则“性别”为女。

5．根据身份证号码输入“出生年月日”

（1）选中单击 G4 单元格。

（2）输入公式：=DATE（MID（E4，7，4），MID（E4，11，2），MID（E4，13，2））。

（3）按<Enter>键确认，即可计算出“出生年月日”。

（4）将鼠标指针指向 G4 单元格的填充柄，按住鼠标左键拖动填充柄到 G13 单元格，输入其他人员的出生年月日。

6．根据身份证号码输入“年龄”

“出生年月日”确定后，年龄则可以利用一个简单的函数公式计算出来。

将光标定位在 H4 单元格中，然后在单元格中输入函数公式：=（TODAY（）–G4）/365，按<Enter>键后即可计算出“年龄”，最后拖拉 H4 单元格的填充柄至 H13 单元格，计算出其他人员的年龄。

计算出年龄可能有小数位，设置单元格格式为“数值”，小数位数为“0”。

关于这个函数公式的具体说明：

（1）TODAY 函数用于计算当前系统日期。只要计算机的系统日期准确，就能立即计算出当前的日期，无需参数。操作格式是“TODAY（）”。

（2）用 TODAY（）–G4，也就是用当前日期减去出生日期，就可以计算出这个人的出生天数。

（3）再除以 365 得到这个人的年龄（由于小数位数为“0”，所以“四舍五入”后产生的误差在所难免）。

根据身份证号码推算出性别、出生年月日和年龄之后，公司人事信息表效果如图 4-72 所示。

	A	B	C	D	E	F	G	H	I	J	K	L	M	N
1	公司人事信息表													
2														
3	编号	姓名	部门	职务	身份证号	性别	出生年月日	年龄	民族	籍贯	毕业院校	学历	工龄	工资
4	1	李芙蓉	研发部	经理	434500198101010672	男	1981年1月1日	29	汉	山东济南	青岛大学	研究生	7	8000
5	2	周先进	研发部	工程师	434500197505260312	男	1975年5月26日	35	汉	安徽合肥	中国科大	研究生	7	8000
6	3	吴大富	研发部	工程师	434500198309301234	男	1983年9月30日	27	汉	上海浦东	上海交大	研究生	5	7000
7	4	蒋平	研发部	经理	434500196712060321	女	1967年12月6日	43	汉	湖北武汉	武汉大学	本科	7	6000
8	5	沈明月	研发部	技术员	43450019790721052x	女	1979年7月21日	31	汉	陕西西安	西安交大	研究生	6	8000
9	6	秦占豪	研发部	技术员	434500197804290632	男	1978年4月29日	32	汉	北京市	清华大学	本科	5	6000
10	7	许国光	销售部	经理	434500198008090126	女	1980年8月9日	30	汉	湖南长沙	东南大学	本科	7	6500
11	8	何冰	销售部	销售员	434500198211230561	女	1982年11月23日	28	汉	四川成都	西南大学	本科	5	6000
12	9	曹勇	销售部	经理	434500197909160321	女	1979年9月16日	31	汉	福建厦门	厦门大学	研究生	7	7000
13	10	金鑫	销售部	经理	434500196901310261	女	1969年1月31日	41	汉	广东汕头	中山大学	研究生	7	7000
14														

图 4-72　公司人事信息表效果图

7．工作表重命名

将 Sheet1、Sheet2、Sheet3 分别重命名为“人事信息表”、“统计表”、“数据透视表”。

二、制作人事信息统计表

1．创建统计表

（1）切换到名为“统计表”的工作表。

（2）制作人事信息统计表，如图 4-73 所示。

	A	B	C	D	E	F
1	人事信息统计表					
2	性别	人数	学历	人数	年龄段	人数
3	男		本科		≤30岁	
4	女		研究生		30～40岁	
5					＞40岁	
6						

图 4-73　人事信息统计表

2．按性别统计人数

选中 B3 单元格，输入公式：=COUNTIF（人事信息表！F4:F13，"男"），最后按<Enter>键确认。

选中 B4 单元格，输入公式：=COUNTIF（人事信息表！F4:F13，"女"），最后按<Enter>键确认。

3．按学历、年龄段统计人数

学历、年龄段统计人数的方法与按性别统计人数一样，只是统计的条件和数据区域有所变化。人数统计完毕后，人事信息统计表如图 4-74 所示。

D3　=COUNTIF(人事信息表!L4:L13,"本科")

	A	B	C	D	E	F
1	人事信息统计表					
2	性别	人数	学历	人数	年龄段	人数
3	男	4	本科	4	≤30岁	4
4	女	6	研究生	6	30～40岁	4
5					＞40岁	2
6						

图 4-74　统计人数后的效果图

三、制作数据透视表

使用“人事信息表”工作表中的数据，以“部门”为分页，以“职务”为行字段，以“学历”为列字段，以“性别”为计数项，从“数据透视表”工作表的 A1 单元格起，建立数据透视表。具体操作步骤如下：

（1）选中“数据透视表”工作表的 A1 单元格。

（2）执行“数据”菜单下的“数据透视表和数据透视图”命令，弹出“数据透视表和数据透视图向导”对话框，如图 4-75 所示，指定待分析数据的数据源类型和所需创建的报表类型。

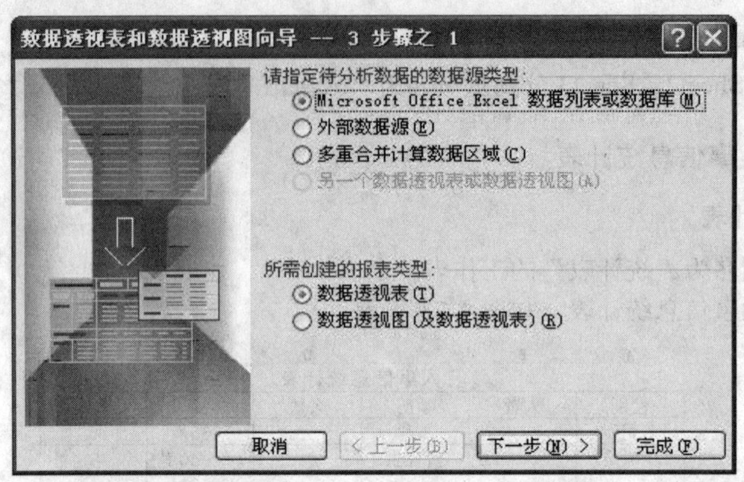

图 4-75　数据透视表和数据透视图向导步骤之一

（3）单击“下一步”按钮，在弹出的“数据透视表和数据透视图向导步骤之二”对话框中，单击“拾取”按钮，然后选择创建数据透视表的数据源区域，再次单击“拾取”按钮，返回到对话框，如图 4-76 所示。

图 4-76　数据透视表和数据透视图向导步骤之二

（4）单击“下一步”按钮，弹出的“数据透视表和数据透视图向导步骤之三”对话框，如图 4-77 所示。

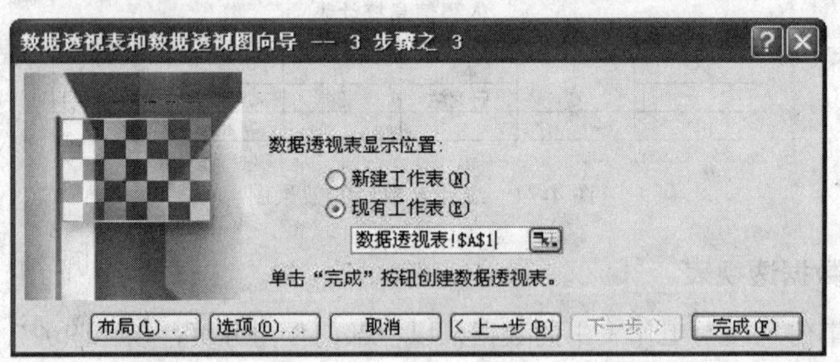

图 4-77　数据透视表和数据透视图向导步骤之三

（5）如图 4-77 所示，单击“布局”按钮，弹出“数据透视表和数据透视图向导—布局”对话框，如图 4-78 所示，将“部门”拖放到“页”字段区域，将“姓名”拖放到“行”字段区域，将“学历”、“职务”拖放到“列”字段区域，将“性别”和“工资”拖放到“数据”区域，然后单击“确定”按钮，返回“数据透视表和数据透视图向导步骤之三”对话框。

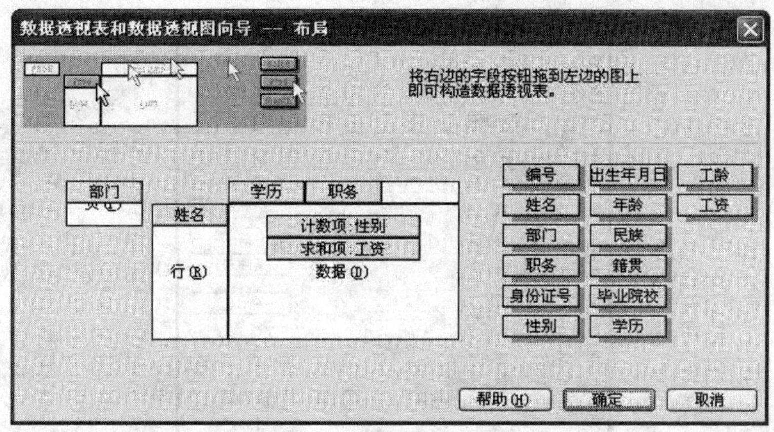

图 4-78 “数据透视表和数据透视图向导—布局”对话框

（6）如图 4-77 所示，在“数据透视表和数据透视图向导步骤之三”对话框中，单击“完成”按钮，制作的数据透视表效果图如图 4-79 所示。

	A	B	C	D	E	F	G	H
1	部门	销售部						
2								
3			学历	职务				
4			本科		本科 汇总	研究生	研究生 汇总	总计
5	姓名	数据	经理	销售员		经理		
6	曹勇	计数项:性别				1	1	1
7		求和项:工资				7000	7000	7000
8	何冰	计数项:性别		1	1			1
9		求和项:工资		6000	6000			6000
10	金鑫	计数项:性别				1	1	1
11		求和项:工资				7000	7000	7000
12	许国光	计数项:性别	1		1			1
13		求和项:工资	6500		6500			6500
14	计数项:性别汇总		1	1	2	2	2	4
15	求和项:工资汇总		6500	6000	12500	14000	14000	26500
16								

图 4-79 数据透视表效果图

【拓展提高】

一、使用数据清单

Excel 工作表，可以视为一个关系数据库。在这样的数据库中，一列单元格是一个字段，每行中的字段输入项就是一条记录。在数据库中输入信息必须遵守以下规定：

必须在数据第一行输入字段名，字段名与第一行记录间不能留有空行。每一个记录必须占据一行，记录间不允许有空行。同一列中必须包含同一类型的信息。

Excel 中创建的数据清单，是用来对大量数据进行管理的。它采用一个对话框展示出一个数据记录中所有字段的内容，并提供了增加、修改、删除和检索记录的功能。

将光标放在数据库所在工作表中任意一个单元格内，选择“数据”菜单下的“记录单”命令，即可打开“数据清单”对话框，如图 4-80 所示，并显示数据库中的第一条记录的基本内容（未格式化的数据），带公式的字段的内容是不能编辑的。

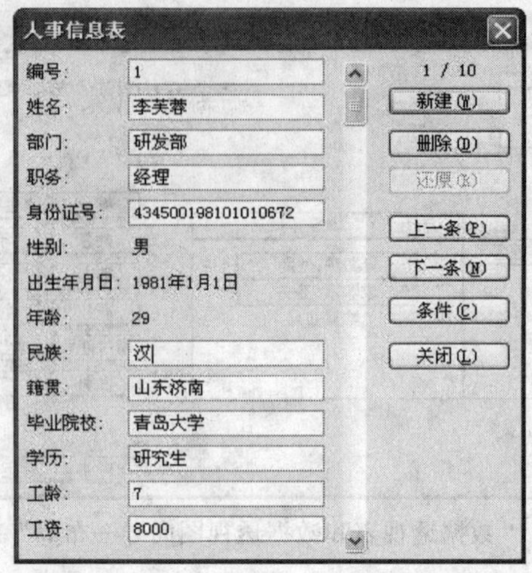

图 4-80 “数据清单”对话框

温馨提示：在数据清单中进行字段的切换，可以通过 Tab 键或<Shift+Tab>组合键完成。

二、18 位身份证号码各位的含义

1～2 位省、自治区、直辖市代码；3～4 位地级市、盟、自治州代码；5～6 位县、县级市、区代码；7～14 位出生年月日，比如“19670401”代表 1967 年 4 月 1 日；15～17 位为顺序号，其中，17 位（倒数第二位）男为单数，女为双数；18 位为校验码，0～9 和 X。

【实战演练】

使用下列工作表中的数据（见图 4-81）作为数据源，以“省份”为分页，以“部门”为行字段，以“报考名”为列字段，以“总分数”、“分数 1”和“分数 2”为求和项，从 Sheet2 工作表的 A1 单元格起，建立数据透视表。

	A	B	C	D	E	F
1	省份	部门	报名号	分数1	分数2	总分数
2	河北	机械厅	6	68	24	92
3	广州	电信公司	2	65	30	95
4	上海	煤炭局	5	62	24	86
5	北京	环保局	4	63	31	94
6	山西	化学公司	3	64	22	86
7	广西	移动公司	1	61	27	88
8	湖北	电子公司	9	58	22	80
9	湖南	交通厅	8	60	25	85
10	河南	人事厅	7	59	21	80

图 4-81 数据源

课题七 员工工资表的保护与打印

【课题效果】

本课题要达到的效果，如图 4-82 所示。

蓝光计算机科技有限公司员工工资表

编号	姓名	基本工资	加班金额	应发金额	病假扣款	水电费	扣款合计	实发金额
1	刘新	￥5,000.00	￥200.00	￥5,200.00	￥0.00	￥120.00	￥120.00	￥5,080.00
2	张小艳	￥3,000.00	￥160.00	￥3,160.00	￥70.00	￥72.00	￥142.00	￥3,018.00
3	王强	￥3,000.00	￥150.00	￥3,150.00	￥0.00	￥72.00	￥72.00	￥3,078.00
4	李源	￥3,000.00	￥120.00	￥3,120.00	￥0.00	￥72.00	￥72.00	￥3,048.00
5	赵俊	￥3,000.00	￥120.00	￥3,120.00	￥0.00	￥72.00	￥72.00	￥3,048.00

蓝光计算机科技有限公司员工工资表

编号	姓名	基本工资	加班金额	应发金额	病假扣款	水电费	扣款合计	实发金额
6	黄爱民	￥5,000.00	￥400.00	￥5,400.00	￥30.00	￥120.00	￥150.00	￥5,250.00
7	刘辉	￥3,500.00	￥300.00	￥3,800.00	￥0.00	￥84.00	￥84.00	￥3,716.00
8	赵军	￥4,000.00	￥100.00	￥4,100.00	￥0.00	￥96.00	￥96.00	￥4,004.00
9	孙玥	￥4,000.00	￥800.00	￥4,800.00	￥20.00	￥96.00	￥116.00	￥4,684.00
10	王小莉	￥3,000.00	￥500.00	￥3,500.00	￥0.00	￥72.00	￥72.00	￥3,428.00
11	马革	￥3,000.00	￥500.00	￥3,500.00	￥0.00	￥72.00	￥72.00	￥3,428.00

图 4-82 员工工资表的打印效果

【课题分析】

本课题主要内容是制作、打印员工工资表，并进行 Excel 的保护操作。包括的知识要点有分页、隐藏行或列、冻结窗格、页面设置、打印预览、打印设置等。重点操作是页面设置、打印设置等。

【知识链接】

一、手动分页

Excel 除了可以根据纸张的大小和设置自动分页外，还可以进行手动分页。手动分页时，可以在没有排满一个页面的情况下，将下面的记录分配到下一个页面去打印显示。选中分页定位的单元格，通过“插入”菜单下的“分页符”命令，可以在工作表中插入分页符。手动分页后，在选中的单元格的上方和左边会显示虚线分页符。如仅对行（或列）进行手动分页，可以选择相应的行（或列）来定位手动分页的位置。

二、页面设置

在“文件”菜单下单击“页面设置”命令项，即可弹出“页面设置”对话框，在这个对话框中就可以进行相应的页面设置，如纸张大小、纸张方向、页边距、页眉和页脚、打印区域、打印标题等。

三、打印预览

打印预览就是在屏幕上模拟显示真实打印的效果。也就是说，打印预览的效果与实际打印出的结果是一样的。在“文件”菜单下单击“打印预览”命令项，就可以在屏幕上看到真实的打印效果了。

在显示打印效果的窗口上方，还有一些操作按钮。单击“打印”按钮，可以设置打印内容；单击“设置”按钮，可以进行页面设置；单击“页边距”按钮，可以设置页面边距；“上一页”、“下一页”按钮用来切换显示的页面；“分页显示”按钮可以切换到分页视图进行显示。

温馨提示：拖动模拟显示页面边缘上的控制符，可以直观地调整页边距、行宽或列高。

四、打印设置

要将已经制作好的表格打印输出，必须先完成打印设置。在“文件”菜单下单击“打印”命令项，将弹出“打印内容”对话框。在该对话框中就可以进行打印设置了。打印设置的内容主要有以下几项：选择打印机、打印范围、打印内容、打印份数等。

【操作步骤】

1．输入工资表数据

启动 Excel 2003，输入员工工资表数据，如图 4-83 所示。

	A	B	C	D	E	F	G	H	I	J	K	L
1	蓝光计算机科技有限公司员工工资表											
2	编号	姓名	基本工资	加班金额	应发金额	病假扣款	水电费	扣款合计	实发金额			
3	1	刘新	5000	200		0	120					
4	2	张小艳	3000	160		70	72					
5	3	王强	3000	150		0	72					
6	4	李源	3000	120		0	72					
7	5	赵俊	3000	120		0	72					
8	6	黄爱民	5000	400		30	120					
9	7	刘辉	3500	300		0	84					
10	8	赵军	4000	100		0	96					
11	9	孙玥	4000	800		20	96					
12	10	王小莉	3000	500		0	72					
13	11	马革	3000	500		0	72					
14												

图 4-83　输入员工工资表数据

2．计算“应发金额”、“扣款合计”、“实发金额”

（1）在 G3 单元格中输入公式：=E3+F3，按<Enter>键计算出此人的应发金额。拖动 G3 单元格的填充柄至 G13 单元格，进行公式的复制填充，计算其他人的应发金额。

（2）在 J3 单元格中输入公式：=H3+I3，按<Enter>键计算出此人的扣款合计。拖动 J3 单元格的填充柄至 J13 单元格，进行公式的复制填充，计算其他人的扣款合计。

（3）在 K3 单元格中输入公式：=G3-J3，按<Enter>键计算出此人的实发金额。拖动 K3 单元格的填充柄至 K13 单元格，进行公式的复制填充，计算其他人的实发金额。

3．设置表格格式

（1）选中 A1：K1 单元格区域，再单击“格式”工具栏上“合并及居中”按钮合并选中的单元格，设置标题字体为“隶书”、字号为“18”。

（2）选中 A2：K2 单元格区域，设置行标题字体为“黑体”，字号为“13”。

（3）选中 E3：K13 单元格区域，设置数据格式为“货币格式”，带货币符号、小数位数为“2 位”。

（4）设置合适的行高、列宽。

（5）设置对齐方式。

（6）添加表格边框，表格效果如图 4-84 所示。

	A	B	E	F	G	H	I	J	K
1			蓝光计算机科技有限公司员工工资表						
2	编号	姓名	基本工资	加班金额	应发金额	病假扣款	水电费	扣款合计	实发金额
3	1	刘新	￥5,000.00	￥200.00	￥5,200.00	￥0.00	￥120.00	￥120.00	￥5,080.00
4	2	张小艳	￥3,000.00	￥160.00	￥3,160.00	￥70.00	￥72.00	￥142.00	￥3,018.00
5	3	王强	￥3,000.00	￥150.00	￥3,150.00	￥0.00	￥72.00	￥72.00	￥3,078.00
6	4	李源	￥3,000.00	￥120.00	￥3,120.00	￥0.00	￥72.00	￥72.00	￥3,048.00
7	5	赵俊	￥3,000.00	￥120.00	￥3,120.00	￥0.00	￥72.00	￥72.00	￥3,048.00
8	6	黄爱民	￥5,000.00	￥400.00	￥5,400.00	￥30.00	￥120.00	￥150.00	￥5,250.00
9	7	刘辉	￥3,500.00	￥300.00	￥3,800.00	￥0.00	￥84.00	￥84.00	￥3,716.00
10	8	赵军	￥4,000.00	￥100.00	￥4,100.00	￥0.00	￥96.00	￥96.00	￥4,004.00
11	9	孙玥	￥4,000.00	￥800.00	￥4,800.00	￥20.00	￥96.00	￥116.00	￥4,684.00
12	10	王小莉	￥3,000.00	￥500.00	￥3,500.00	￥0.00	￥72.00	￥72.00	￥3,428.00
13	11	马革	￥3,000.00	￥500.00	￥3,500.00	￥0.00	￥72.00	￥72.00	￥3,428.00
14									

图 4-84　设置表格格式后效果

4．冻结窗格

对于像工资表这样较大的表格，Excel 2003 不能在同一个屏幕中全部显示出来，为了方便浏览等操作，可使用 Excel 的冻结窗格功能。冻结窗格后，滚动工作表时会始终保持锁定的行和列可见。其操作步骤如下：

（1）选中 C3 单元格。

（2）在“窗口”菜单中执行“冻结窗格”命令。

（3）在单击工作表的上、下滚动条时，C3 单元格的上侧的行总是可见的；而在单击工作表左、右滚动条时，C3 单元格的左侧的列总是可见的。

5．隐藏列

打印输出工资表，C、D 两列不需要打印出来，可以将其隐藏起来，其操作步骤如下：

（1）同时选中 C、D 两列。

（2）打开“格式”菜单，执行“列”子菜单下的“隐藏”命令，这两列就被隐藏起来了。

6．插入分页符

打印工资表时，有时需要让 Excel 按要求进行分页，这就需要在 Excel 中插入分页符，其操作步骤如下：

（1）选中第 8 行。

（2）执行“插入”菜单下的“分页符”命令，在 Excel 页面上显现出一条虚线，这条虚线叫做分页符，这样就在第 8 行的前面插入一个分页符。

7．打印预览

打印前，应单击“打印预览”按钮，预览其页面效果。该工资表较宽，右边还有好几列没有显示出来，需要进行页面设置，将纸张方向设为“横向”。

8．页面设置

单击“文件”菜单下的“页面设置”，弹出“页面设置”对话框，如图 4-85 所示。

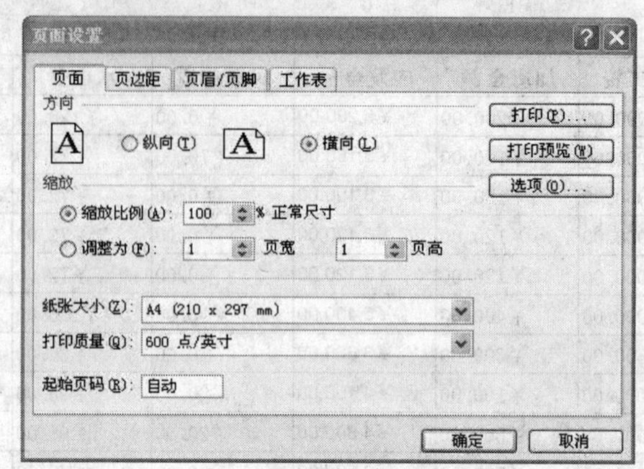

图 4-85 “页面设置”对话框

（1）设置页面。如图 4-85 所示，在“页面”选项卡中，设置纸张大小为“A4”，方向为“横向”，其他选项为默认值。

（2）设置边距。在“页边距”选项卡中，设置页面的上、下页边距为“2.5 厘米”，左页边距为“2.5 厘米”，右页边距为“2.0 厘米”，页眉和页脚各“1.3 厘米”；设置页面居中方式为“水平”，确保打印的表格水平方向处于页面中间位置。

（3）设置页眉和页脚。在“页眉/页脚”选项卡中，可设置页眉和页脚，也可自定义页眉和页脚。

（4）工作表。在“工作表”选项卡中，设置顶端标题行为“$1：$2”（第一行和第二行），其他选项为默认值，如图 4-86 所示。

（5）调整页面设置。在“文件”菜单下单击“打印预览”命令项，进入预览界面。在预览界面上看到的效果就是将来打印出来的效果，如对效果不满意，可以通过预览界面上工具栏中的工具按钮进行修改（也可以关闭预览界面，返回工作表中进行修改）。

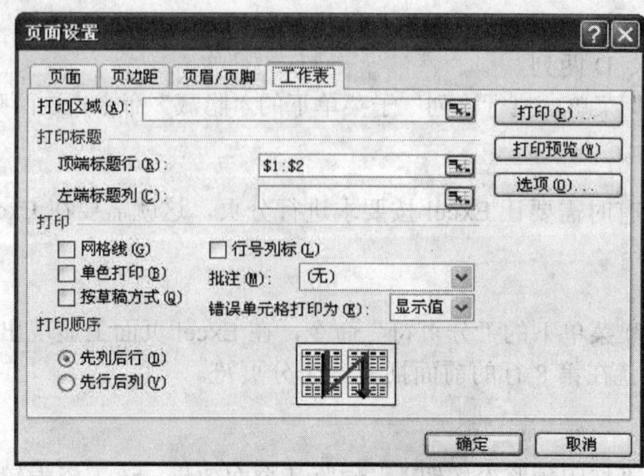

图 4-86 设置打印标题

9．打印输出

（1）连接打印机，打开其电源开关。

（2）在“文件”菜单下单击“打印”命令项，将弹出“打印内容”对话框，如图 4-87 所示。设置好打印机、打印范围和打印份数后，单击“确定”按钮，即可从打印机上输出表格。

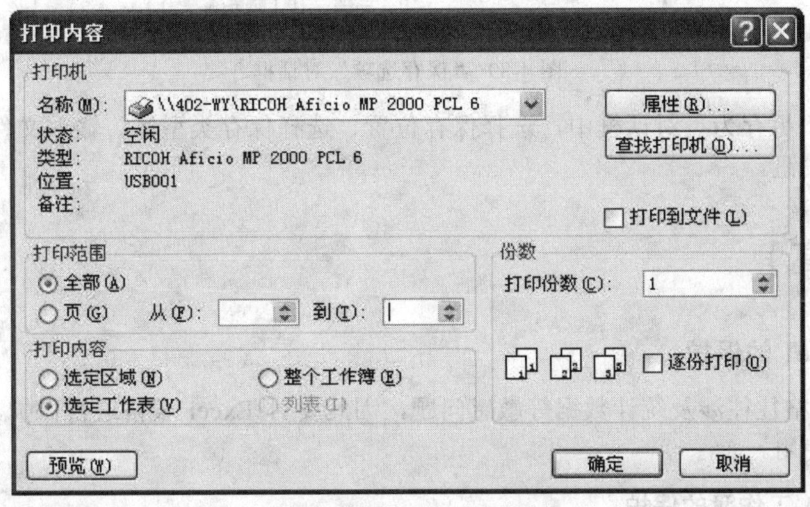

图 4-87 “打印内容”对话框

10．保存工作簿

（1）执行“文件”菜单下的“另存为”命令，弹出“另存为”对话框，如图 4-88 所示。

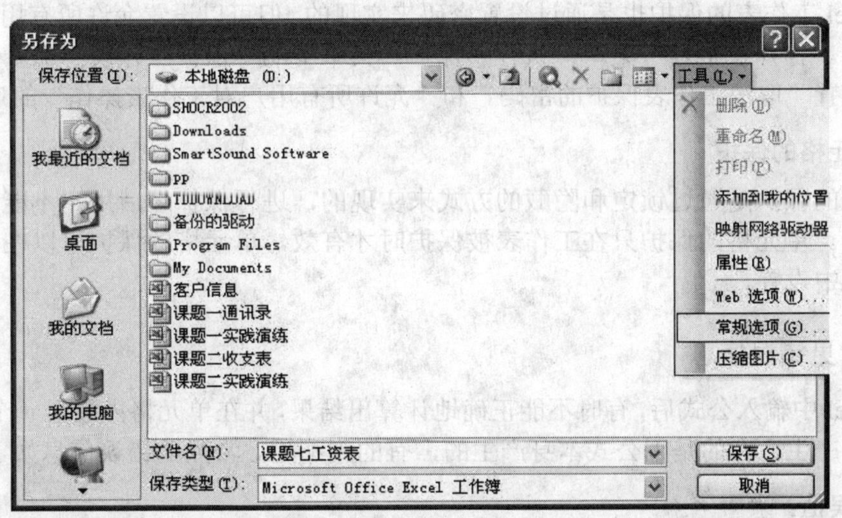

图 4-88 “另存为”对话框

（2）单击“另存为”对话框上“工具”下拉菜单中的“常规选项”命令项，弹出“保存选项”对话框，如图 4-89 所示，输入打开权限密码、修改权限密码，单击“确定”按钮，系统提示再次输入密码进行密码确认，再单击“确定”按钮返回“另存为”对话框。

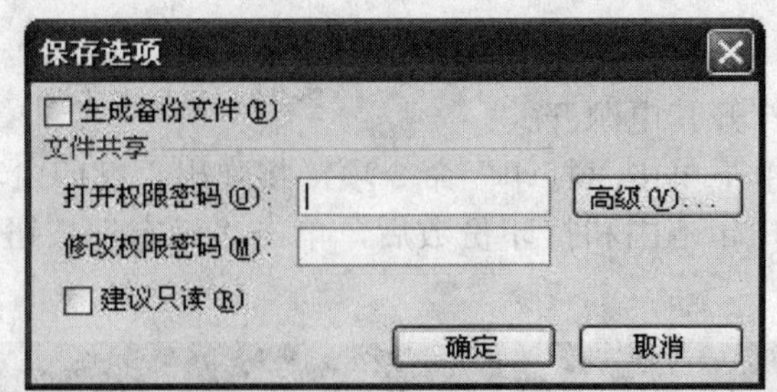

图 4-89 “保存选项”对话框

（3）在“另存为”对话框中，选择保存位置、选择保存类型等、输入文件名，最后单击“确定”按钮。

【拓展提高】

一、Excel 的保护

Excel 表格往往涉及统计数据等敏感问题，因此要对 Excel 表格进行保护，保证 Excel 表格的安全使用。

1. Excel 工作簿的保护

对 Excel 工作簿的保护是通过设置密码来实现的。打开“工具”菜单，执行“保护”子菜单下的“保护工作簿”命令，在弹出的对话框中设置保护内容及密码。

2. Excel 工作表的保护

对 Excel 工作表的保护也是通过设置密码来实现的，但可以设置允许所有用户对工作表操作的选项。打开“工具”菜单，执行“保护”菜单下的“保护工作表”命令，在弹出的对话框中设置“取消工作表保护的密码”和“允许所有用户对工作表操作”的选项。

3. 单元格的保护

单元格的保护是通过锁定和隐藏的方式来实现的，进行保护之后用户不能更改数据或看不到数据。单元格的保护只在工作表被保护时才有效，单元格的保护可以在“单元格格式”对话框中设置。

二、常见错误信息

在 Excel 中输入公式后，有时不能正确地计算出结果，并在单元格内显示一个错误信息，这些错误的产生，有的是因公式本身产生的，有的则不是。常见的错误信息如下。

1. 错误值：＃＃＃＃

可能是单元格宽度不够，需增加列的宽度，使结果完全显示。

2. 错误值：＃REF!

由于删除了被公式引用的单元格而产生。

3．错误值：#DIV/0!

在公式中除数使用了空单元格或是包含零值单元格的单元格引用。

4．错误值：#NAME?

在公式中使用了 Excel 所不能识别的文本。

5．错误值：#VALUE!

输入引用文本项的数学公式。

【实战演练】

打开已制作的 Excel 工作簿，进行页面设置、打印设置等操作并使用打印机打印输出。

习 题 四

一、填空题

1．若对工作表 Sheet1 进行复制，复制后的工作表副本将自动命名为__________。

2．在 Excel 中进行分类汇总以前，必须先对作为分类依据的字段进行__________操作。

3．函数 AVERAGE（A1：A3）相当于用户输入的__________公式。

4．在 Excel 2003 中，一个工作簿中默认有__________张工作表，最多可有__________张工作表。一张工作表最大有__________列，最多有__________行。

5．在单元格中输入数据时，默认情况下，数值数据__________对齐，字符数据__________对齐；当输入内容超过列宽，而右边列有内容时，数值数据以__________形式显示，字符数据以__________形式显示。

6．要对某单元格中的数据加以说明，一般在该单元格插入__________，然后输入说明性文字。

7．当利用函数或公式对某些单元格内容（简称数据源）进行统计时，若改变数据源的某些值后，系统__________修改统计结果。

8．要选中不连续的多个区域，需按住__________键配合鼠标操作。

9．单元格的名称是由__________来表示的。第 5 行第 4 列的单元格地址应表示为__________。

10．在 Excel 中，公式都是以__________开始的，后面由__________和__________构成。

二、选择题

1．一个 Excel 工作簿文件第一次存盘默认的扩展名是____。

A．*.xcl　　B．*.xls　　C．*.wkl　　D．*.doc

2．Excel 2003 默认的工作簿名是____。

A．Sheet1　　B．Sheet2　　C．Sheet3　　D．Book1.xls

3．在 Excel 中，用鼠标______工作表标签名可切换到相应的工作表中。

A．单击　　B．双击　　C．三击　　D．四击

4．在 Excel 中，若要对某工作表重新命名，可以采用______。

A．双击表格标题行　　B．双击工作表标签

C．单击表格标题行　　D．单击工作表标签

5．在 Excel 中指定 A2 至 A6 五个单元格的表示形式是______。

A．A2，A6　　B．A2&A6　　C．A2；A6　　D．A2:A6

6．以只读方式打开的 Excel 文件，作了某些修改后，要保存时，应使用“文件”菜单中的______命令。

A．保存　　B．全部保存　　C．另存为　　D．关闭

7．在 Excel 中可同时编辑多个 Excel 工作簿，但在同一时刻______工作簿窗口的标题栏颜色最深。

A．活动　　B．临时　　C．正式　　D．数据源

8．在 Excel 中，公式“=SUM（C2，E3：F4）”的含义是______。

A．=C2+E3+E4+F3+F4　　B．=C2+F4

C．=C2+E3+F4　　D．=C2+E3

9．在 Excel 中，打印工作表前就能看到实际打印效果的操作是______。

A．仔细观察工作表　　B．打印预览

C．分页预览　　D．按<F8>键

10．在 Excel 中，高级筛选的条件区域在______。

A．数据表区域的左面　　B．数据表区域的下面

C．数据表区域的后面　　D．以上均可

11．在 Excel 中单元格地址是指______。

A．每一个单元格的大小　　B．每一个单元格

C．单元格所在的工作表　　D．单元格在工作表中的位置

12．在 Excel 中，下面合法的公式是______。

A．=A3*A4　　B．=D5+F7

C．=A2–C6　　D．以上都对

13．在 Excel 中，当产生图表的基础数据发生变化时，图表将______。

A．发生相应的改变　　B．不会改变

C．发生改变，但与数据无关　　D．被删除

14．在 Excel 的数据排序中，允许用户最多指定______个关键字。

A．2　　B．3　　C．4　　D．5

15．在 Excel 中，单元格的格式______。

A．一旦确定，将不可改变

B．随时可改变

C．依输入的数据的格式而定，并不能改变

D．更改后将不可改变

16．在 Excel 中，要求数据库区域的每一列中的数据类型必须______。

A．不同　　B．部分相同

C. 数值结果相等　　D. 完全相同

17. 在 Excel 中，最适合反映数据之间量的变化快慢的一种图表类型是______。

A. 散点图　　B. 折线图　　C. 柱形图　　D. 饼图

18. Excel 适用于编辑______。

A. 求职信　　B. 通知单　　C. 计算机源程序　　D. 学生成绩表

19. 在 Excel 中，可以用于计算最大值的函数是______。

A. MAX　　B. IF　　C. COUNT　　D. AVERAGE

20. 在 Excel 中，要统计一行数值的总和，可以用下面的______函数。

A. COUNT　　B. AVERAGE

C. MAX　　D. SUM

21. 函数 AVERAGE（A1:B5）相当于______。

A. 求（A1:B5）区域的最小值　　B. 求（A1:B5）区域的平均值

C. 求（A1:B5）区域的最大值　　D. 求（A1:B5）区域的总和

22. 如果将选定单元格（或区域）的内容去掉，单元格依然保留，称为______。

A. 重写　　B. 清除　　C. 改变　　D. 删除

23. Excel 的主要功能是______。

A. 表格处理，文字处理，文件处理

B. 表格处理，网络通信，图表处理

C. 表格处理，数据库管理，图表处理

D. 表格处理，数据库管理，网络通信

24. 在单元格中输入数据或公式后，如果单击“√”按钮，则相当于按______键。

A. Delete　　B. Esc　　C. Enter　　D. Shift

25. 在 Excel 工作表中，可以选择一个或一组单元格，其中活动单元格的数目是______。

A. 1 个单元格　　B. 1 行单元格

C. 1 列单元格　　D. 等于选中的单元格数

26. 在 Excel 中，当用户希望使标题位于表格中央时，可以使用对齐方式中的______。

A. 居中　　B. 合并及居中　　C. 分散对齐　　D. 填充

27. 在 Excel 中的某个单元格中输入文字，若要文字能自动换行，可利用“单元格格式”对话框的______选项卡，选择“自动换行”。

A. 数字　　B. 对齐　　C. 图案　　D. 保护

28. 在 Excel 中，当公式中出现被零除的现象时，产生的错误值是______。

A. #N/A!　　B. #DIV/0!　　C. #NUM!　　D. #VALUE!

29. 在 Excel 中复制公式时，为使公式中的______，必须使用绝对地址（引用）。

A. 单元格地址随新位置而变化　　B. 范围随新位置而变化

C. 范围不随新位置而变化　　D. 范围大小随新位置而变化

30. 在 Excel 中，若想选定不连续的若干个区域，则______。

A. 选中一个区域，拖动到下一个区域

B. 选中一个区域，按住<Shift>键的同时单击下一个区域

C. 选中一个区域，按住<Shift>键的同时将鼠标指针移动到下一个区域

D. 选中一个区域，按住<Ctrl>键的同时选定下一个区域

31．在 Excel 中，选中第 4、5、6 三行，执行“插入/行”命令后，插入了______。

A．3 行　　B．1 行　　C．4 行　　D．6 行

32．在用填充柄填充同样的内容或序列时，鼠标光标的形状为______。

A．空心十字　　B．左上箭头

C．黑十字　　D．|形光标

33．对页眉/页脚的操作，以下叙述正确的是______。

A．要将页眉居中显示，可以使用“：”按钮

B．要改变页眉或页脚的字体，可使用“格式”工具栏上对应的按钮

C．要取消页眉，可在“页眉或页脚”对话框中单击“自定义页眉”按钮后直接删除页眉，也可在页眉下拉列表框中选择“无”

D．以上叙述均不正确

34．以下关于“选择性粘贴”命令的使用，不正确的说法是______。

A．“粘贴”命令与“选择性粘贴”命令中“全部”选项功能相同

B．“粘贴”命令和“选择性粘贴”命令之前的“复制”或“剪切”操作的操作的方法完全相同

C．使用“复制”、“剪切”和“选择性粘贴”命令，完全可以用鼠标的拖动操作来完成

D．使用“选择性粘贴”命令可以将一个工作表中的选定区域进行行、列数据位置的转置

35．要取消分类汇总的结果，正确的操作是______。

A．选定汇总结果，按<Delete>键

B．选定汇总结果，执行“剪切”命令

C．选定汇总结果，再执行“编辑”菜单下的“删除”命令

D．选定汇总结果，再执行“数据”菜单下的“分类汇总”命令，在弹出的对话框中单击“全部删除”按钮

36．下列创建图表的操作中，不正确的是______。

A．选定数据区域，执行“文件”菜单下的“新建”命令

B．选定数据区域，单击工具栏上的“图表向导”按钮

C．选定数据区域，在“图表”工具栏上单击“图表类型”按钮

D．按<F11>键

37．下列对象中不能打印的是______。

A．选定区域　　B．整个工作簿

C．选定工作表　　D．工作表的背景网格线

38．要进行工作表的预览，下列操作中不正确的是______。

A．单击工具栏上的“打印预览”按钮

B．单击“文件”菜单下的“打印预览”

C．在“打印”对话框中单击“预览”按钮

D．在工作表上单击鼠标右键，选择“预览”

39．要反映数据发展变化的趋势，应使用图表中的______。

A．柱形图　　B．饼图　　C．折线图　　D．环形图

40．饼图常用于表示______。

A．数据大小比较　　B．数据变化趋势

C．数据分布情况　　D．局部占整体的百分比

三、简答题

1．怎样对一组原始数据进行分类汇总？

2．Excel 2003共有几大功能？请举例进行简单说明。

3．条件格式与筛选有什么区别？分别怎样做？

4．COUNT、COUNTIF各是什么函数？各有什么用途？

5．在Excel 2003中，常见的数据类型有几种？各有什么特点？

6．简述工作簿、工作表、单元格之间有何关系？

模块五

PowerPoint 2003 应用与操作

课题一　古 诗 欣 赏

【课题效果】

本课题要达到的效果，如图 5-1 所示。

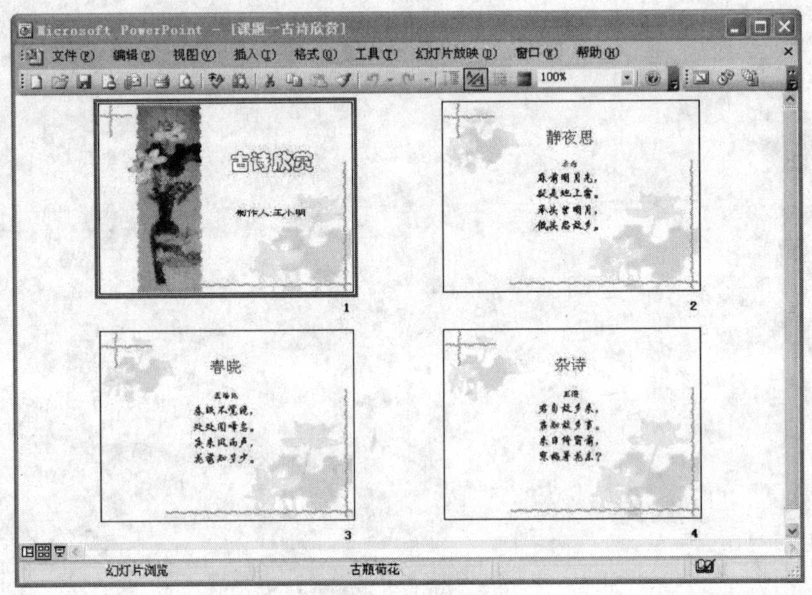

图 5-1　古诗欣赏

【课题分析】

本课题主要内容是制作一个古诗欣赏演示文稿，如图 5-1 所示。包括的知识要点有 PowerPoint 的工作界面、新建演示文稿、放映幻灯片、演示文稿保存等。重点操作是幻灯片中文本的输入与格式设置等操作。

【知识链接】

一、PowerPoint 简介

PowerPoint 是微软公司出品的 Office 系列办公软件中的一个组件，它是一个用于演示文稿制作和展示的软件，可以通过它制作出图文并茂、色彩丰富、生动形象并且具有极强的表现力和感染力的宣传文稿、演讲文稿、幻灯片和投影胶片等，可以制作出动画影片并

通过投影机直接投影到银幕上以产生卡通影片的效果；还可以制作出图形圆滑流畅、文字优美的流程图或规划图。在演讲、报告和教学等场合有很大的帮助。它是当今世界上最优秀、最流行，也是最简便直接的幻灯片制作和演示软件之一。

二、PowerPoint 2003 的操作界面

启动 PowerPoint 后，进入 PowerPoint 的工作界面，如图 5-2 所示。主要由标题栏、菜单栏、工具栏、工作区、任务窗格和状态栏等部分组成，其中，任务窗格是 Office 2003 新增的一个功能，它列出了一些常用功能，能使用户的操作更加简捷。

1. 工作区

PowerPoint 2003 的工作区包括三个部分，分别为大纲窗格、幻灯片窗格和备注窗格。大纲窗格显示文稿的大纲，由每张幻灯片的标题和正文组成。幻灯片窗格显示幻灯片的内容和外观，是 PowerPoint 2003 的主要工作区之一。备注窗格又称注释窗格，显示当前幻灯片的注释或其他信息。

2. 视图切换按钮

PowerPoint 2003 提供了 5 种不同的视图显示方式，分别为普通视图、大纲视图、幻灯片视图、幻灯片浏览视图和幻灯片放映视图。创建一个演示文稿时，用户可在 PowerPoint 2003 的 5 种视图显示方式中进行切换。

3. 任务窗格

在默认情况下，任务窗格位于窗口的右边，它像一个浮动的面板，可以新建文档、搜索结果等。用户可以方便地选择各个选项，还可以通过<Shift+F1>组合键来打开任务窗格。

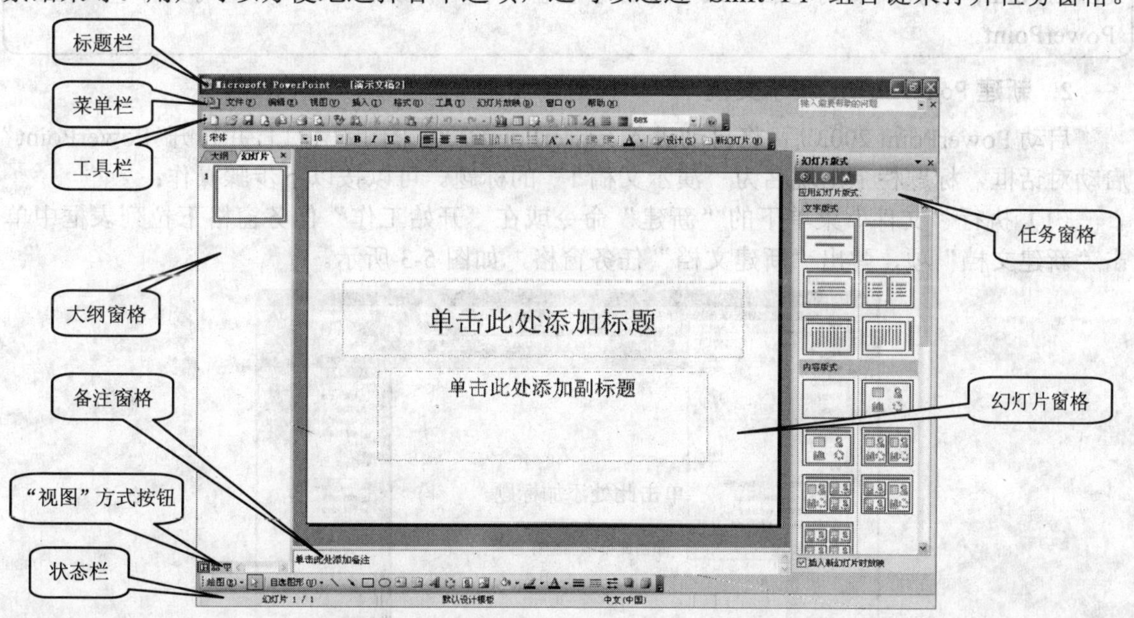

图 5-2　PowerPoint 2003 的操作界面

三、PowerPoint 2003 的主要特点

1. 强大的制作功能

文字编辑功能强、段落格式丰富、文件格式多样、绘图手段齐全、色彩表现力强等。

2. 通用性强，易学易用

PowerPoint 是在 Windows 操作系统下运行的专门用于制作演示文稿的软件，其界面与 Windows 界面相似，与 Word 和 Excel 的使用方法大部分相同，提供有多种幻灯版面布局，多种模板及详细的帮助系统。

3. 强大的多媒体展示功能

PowerPoint 演示的内容可以是文本、图形、图表、图片或有声图像，并具有较好的交互功能和演示效果。

4. 较好的 Web 支持功能

利用超级链接功能，可指向任何一个新对象，也可发送到互联网上。

5. 一定的程序设计功能

提供了 VBA 功能（包含 VB 编辑器 VBE），可以融合 VB 进行开发。

【操作步骤】

1. 启动 PowerPoint 2003

单击“开始”菜单，选择“程序”项中“Microsoft Office 2003”菜单下的“Microsoft Office PowerPoint 2003”，即可启动 PowerPoint 2003，进入操作界面。

> ☞ 技巧点滴：双击桌面上的“PowerPoint 2003”快捷方式图标可以快速启动 PowerPoint；打开“我的电脑”或“资源管理器”窗口，双击 PPT 类型的文件也可启动 PowerPoint。

2. 新建 PowerPoint 演示文稿

启动 PowerPoint 2003 后，将自动进入 PowerPoint 2003 的工作窗口，并打开“PowerPoint”启动对话框，标题栏上出现名为“演示文稿 1”的标题。可以按以下步骤操作：

（1）执行“文件”菜单下的“新建”命令或在“开始工作”任务窗格下拉列表框中单击“新建文档”项，弹出“新建文档”任务窗格，如图 5-3 所示。

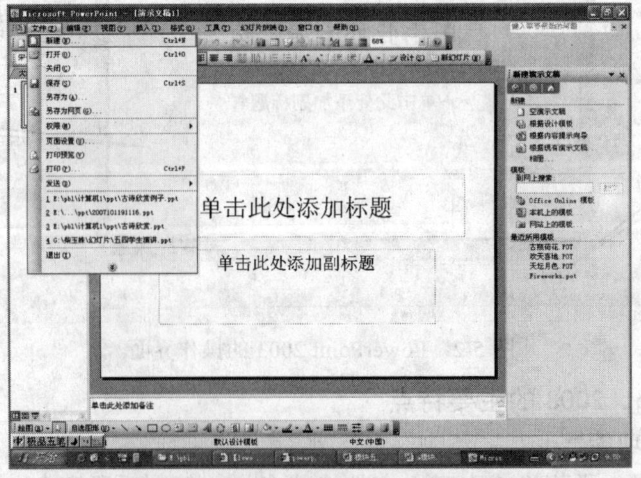

图 5-3　PowerPoint 2003 的任务窗格

> 温馨提示：任务窗格中“新建演示文稿”项中列出了五种新建演示文稿的方法，即空演示文稿、根据设计模板、根据内容提示向导、根据现在演示文稿、相册。

（2）在任务窗格中单击“根据设计模板”，然后在应用设计模板列表中选择“古瓶荷花”模板，如图 5-4 所示。

3. 制作第一张幻灯片

在第一张幻灯片的“单击此处添加标题”框中输入“古诗欣赏”，设置其字体为“华文彩云”，字号为“60”；在“单击此处添加副标题”框中输入“制作者：王小明”，设置其字体为“隶书”，字号为“32”；效果如图 5-5 所示。

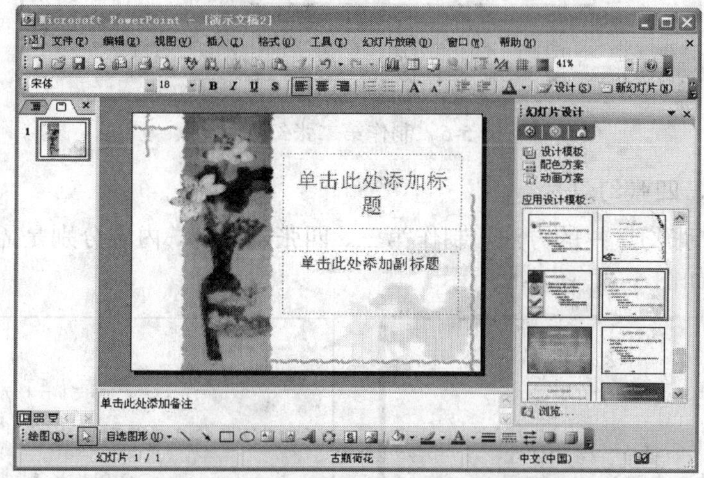

图 5-4 选择“古瓶荷花”模板

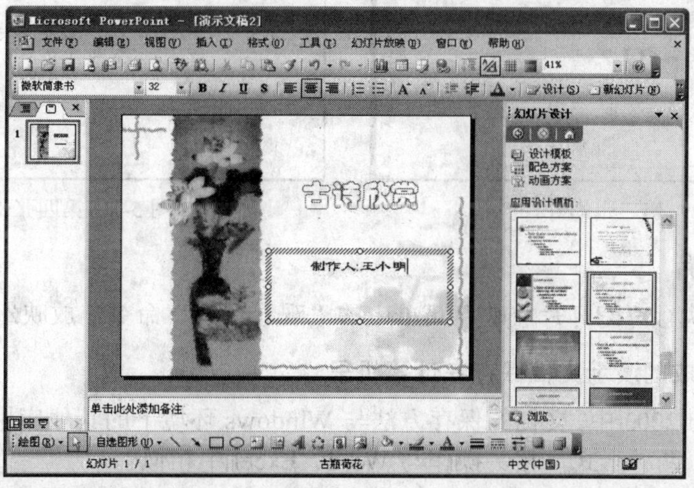

图 5-5 制作第一张幻灯片

4. 制作第二张幻灯片

单击格式工具栏中的“新幻灯片”按钮 新幻灯片(N)，新建一张幻灯片。在第二张幻灯片的“单击此处添加标题”框中输入标题“静夜思”，在“单击此处添加文本”框中输入作者及诗的内容，分别设置其字体、字号等，效果如图 5-6 所示。

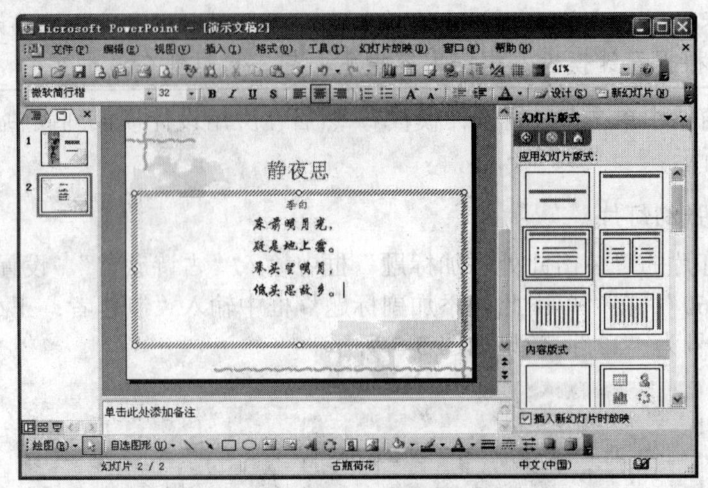

图 5-6　制作第二张幻灯片

5．制作第三、四张幻灯片

按照制作第二张幻灯片的方法，制作第三、四张幻灯片，内容分别是孟浩然的《春晓》、王维的《杂诗》，如图 5-7、图 5-8 所示。

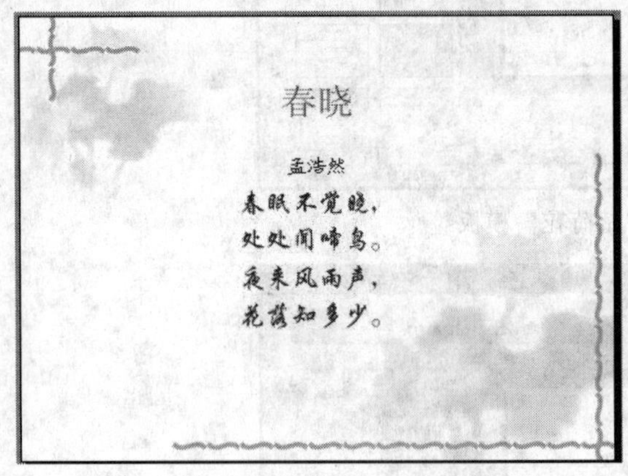

图 5-7　第三张幻灯片

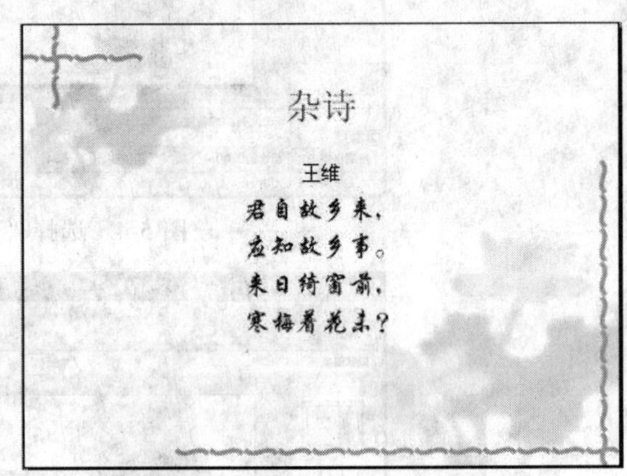

图 5-8　第四张幻灯片

6．放映幻灯片

按<F5>键或执行“幻灯片放映”菜单中的“观看放映”命令，放映幻灯片。

7．将制作完成的演示文稿保存在计算机里

在 PowerPoint 2003 中，文档的保存方法与 Windows 环境下的其他应用程序一样，有“保存”和“另存为”两种形式，相关操作与 Word、Excel 中相似。

单击常用工具栏上的“保存”按钮，弹出“另存为”对话框，如图 5-9 所示，选择保存位置、输入文件名、选择保存类型，最后单击“保存”按钮。

> 温馨提示：PowerPoint 保存文件的类型有 PPT（演示文稿）、WMF（Windows 图元文件）、RTF（Rich Text Format，简称 RTF，大纲文件）、POT（演示文稿模板文件）、PPS（PowerPoint 放映文件）、JPG（图形文件）等。

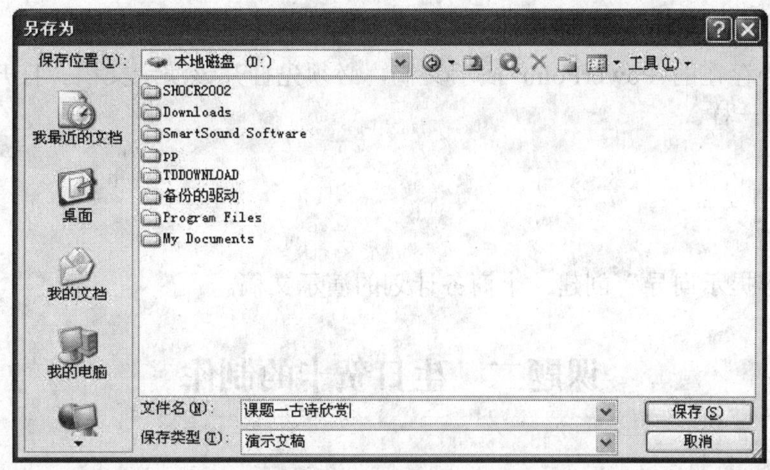

图 5-9 “另存为”对话框

8. 切换到幻灯片浏览视图

单击视图方式按钮中的“幻灯片浏览视图”按钮，将演示文稿切换到幻灯片浏览视图，适当调整窗口大小，效果如图 5-1 所示。

9. PowerPoint 的退出

退出 PowerPoint 2003 时，将关闭所有的文档。如果在演示文稿关闭之前，用户对演示文稿做了修改后没有保存，系统将询问用户是否在退出前保存文档。

关闭文件的方法也和 Word 相同，可以执行“文件”菜单中的“退出”命令。

【拓展提高】

一、根据“内容提示向导”创建演示文稿

快速、有效地创建一个具有专业水平的演示文稿的最简单方法是利用系统提供的向导功能，在“内容提示向导”的引导下，系统不仅能帮助用户完成演示文稿的相关格式的设置，而且还能帮助用户输入演示文稿的主要内容。

在“新建演示文稿”任务窗格中执行“根据内容提示向导”命令，弹出“内容提示向导”对话框，单击“下一步”按钮弹出选择“内容提示向导-[通用]”对话框，该对话框列出了常用的演示文稿类型：常规、企业、项目、销售/市场、成功指南、出版物和全部，每一类型根据情况又有各自的子类型，如图 5-10 所示。选择一种所需要的类型，按照向导提示可以快速制作一个演示文稿。

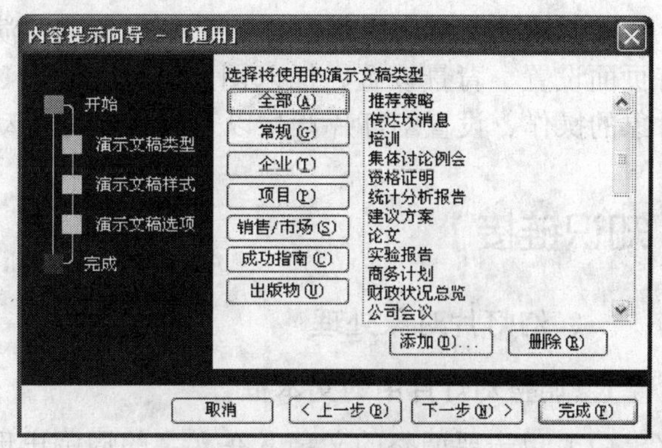

图 5-10 “内容提示向导-[通用]”对话框

二、打开 PowerPoint 演示文稿

要编辑已经存在的 PowerPoint 演示文稿，必须先打开该演示文稿。打开方法与 Word 和 Excel 的方法一样。

【实战演练】

根据“内容提示向导”创建一个商务计划的演示文稿。

课题二 生日贺卡的制作

【课题效果】

本课题要达到的效果，如图 5-11 所示。

图 5-11 生日贺卡效果图

【课题分析】

本课题的主要内容是制作一个生日贺卡的演示文稿，如图 5-11 所示。包括的知识要点有页面设置、背景设置、插入图片、插入声音、自定义动画、打包等。重点操作是幻灯片对象的操作、设置幻灯片背景以及设置幻灯片动画等操作。

【知识链接】

一、幻灯片对象处理

1. 调整幻灯片中的文本框

（1）单击要调整的文字，在文字的周围出现文本框，并带有 8 个控制柄。

（2）将鼠标指针指向文本框的边框上，当鼠标指针变成带有4个方向的十字型箭头时，按住鼠标左键不放，拖动鼠标将文本框拖到适宜的位置后，松开鼠标左键，就完成了文本框位置的调整操作。

（3）调整文本框大小的方法与Word相同，如果文本框的宽度小于文字的宽度，则标题会自动换行。

2．对幻灯片的对象进行编辑

在PowerPoint中可以通过菜单命令或工具栏按钮对插入到幻灯片中的对象进行编辑，其内容包括对插入到幻灯片中的文本进行格式化处理，如：改变字体、字形、字号、颜色；设置行、段间距及对齐方式；为段落增加项目符号或编号；为幻灯片添加页眉和页脚，以及针对幻灯片中不同类型的对象进行改变大小、复制、移动和删除操作等。编辑修改的原则仍然是“先选中，再操作”。其方法与Word 2003相同。

3．对象间的关系调整

对象之间的关系调整是指调整它们之间的位置、叠放次序、组合与取消组合等。

二、设置幻灯片背景

用户可以为幻灯片设置不同颜色、图案或纹理的背景，也可以使用图片作为幻灯片的背景。

执行“格式”菜单下的“背景”命令，弹出“背景”对话框，在“背景”对话框中打开“背景颜色”下拉选框，有两个选项：“其他颜色”和“填充效果”。“其他颜色”选项可以从更多的颜色中挑选其中一种单色作为幻灯片的背景色，“填充效果”选项可以使幻灯片的背景具有各种特殊的效果。PowerPoint的背景“填充效果”对话框与对象的“填充效果”对话框实际上是一样的，可以按照为对象增加特殊填充的方法为幻灯片的背景增加特殊效果。“填充效果”对话框中的相关效果设置如下：

渐变：为幻灯片增加颜色渐变的背景效果。颜色设置分单色，双色和预设三种效果；底纹样式分为水平、垂直、斜上、斜下、角部辐射和从标题六种样式。

纹理：增加各种由图片平铺构成的纹理背景效果，PowerPoint提供了24种纹理图案，用户可以选择某一图案作为填充对象，也可以使用PowerPoint支持的图像格式作为纹理图像使用。

图案：增加各种图案的背景效果。给对象填充一种由配色方案形成的图案，PowerPoint提供了36种图案，图案由前景色和背景色共同组成。

> ☞ 技巧点滴：图案中组成元素的大小是不能改变的，即改变对象本身的大小不会对其中的图案元素的大小产生任何的影响。图案还是原来的大小，只不过在对象变大时，对象框中元素的数目会多一些，对象变小时，图案元素会少一些。

图片：选择一张图片文件作为幻灯片的背景填充效果。

三、插入对象的操作

PowerPoint允许在幻灯片中插入对象，除了可以输入文字，还可以插入其他对象。如：图片、图表、组织结构图和表格，也可以加入声音。

1．插入图片

通过插入图片，可以将艺术剪辑库中所没有的图片插入到幻灯片中。在幻灯片中插入图片的方法与 Word 类似。

编辑插入图片：编辑图片包括改变图片大小、改变颜色、遮盖、复制、删除等操作。

图像控制：在“图片”工具栏中提供了一组图片颜色控制命令。提供了四种图片的颜色效果，分别是自动、灰度、黑白和水印，同时也可以增加或降低对比度、亮度。

2．添加文字

在幻灯片视图下输入文字：在幻灯片中添加文字必须用到文本框，因为只能在文本框中输入文字。文本框有横排文本框和竖排文本框两种。

在大纲视图下输入文字：在大纲视图下，每一张幻灯片前面都有一个标号，表示是第几张幻灯片。在标号旁边有一个图标，代表一张幻灯片。图标右侧输入的文字将作为标题。在标题下面的提示点的文字是正文。在标题尾按<Ctrl+Enter>组合键将不产生新幻灯片，而直接进入原幻灯片的正文部分。在文字尾按<Enter>键，出现的新段落将与上一段同级。

3．添加影片和声音

可以通过录音机录入声音，也可以选择计算机中本身存在的声音文件，或者选择剪辑管理器中的声音文件。

影片的添加方法与声音的添加方法相同，只是所选择的格式不同，声音文件的格式有 MP3、MIDI、WMA、WAV 等常用格式；而影片文件的格式则有 AVI、MPE、MPEG、MPG、GIF 以及 SWF 等格式。

四、幻灯片的动画设置

用户可以使用工具栏和菜单设置对象的动画效果，也可以自定义动画效果进行幻灯片动画的设置。

自定义动画可以在 50 多种方案中选择一种动画效果，分为基本型、细微型、温和型和华丽型四种。当动画设置完成后，进行播放时可选择“之前”、“之后”和“单击时”；而播放的速度可分为非常慢、慢速、中速、快速和非常快五种。

当幻灯片中的图片和文字对象较多时，还可以依次设置动画播放的先后顺序。设置完成后，选择“播放”查看设置的内容是否满意，不满意可继续编辑修改。

【操作步骤】

1．收集贺卡素材

收集制作生日贺卡的素材，如“蛋糕”、“糖果”、“冰激凌”、“气球”、“礼物盒”、“白云”等图片和“生日快乐”歌曲等。

2．新建演示文稿

启动 PowerPoint，新建一个 PowerPoint 演示文稿，在幻灯片版式中选择“空白”内容版式。

3．设置贺卡页面

PowerPoint 中的默认页面“屏幕演示文稿”，与常见贺卡的大小不符，而且显得比较呆板，所以制作贺卡时应自定义演示文稿的页面。

执行“文件”菜单下的“页面设置”命令，弹出“页面设置”对话框，如图 5-12 所示，选择“幻灯片大小”下拉列表框中的“自定义”选项，在“高度”和“宽度”编辑框中指定幻灯片的高度和宽度分别是“19.2 厘米”和“9.6 厘米”。

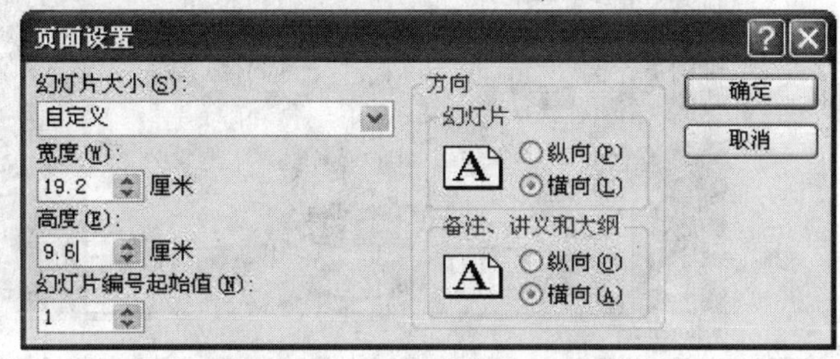

图 5-12 “页面设置”对话框

4．设置贺卡背景

（1）单击“格式”菜单下的“背景”命令，弹出“背景”对话框，如图 5-13 所示。

（2）单击“背景填充”项的下拉列表框，打开颜色列表，然后单击“填充效果”命令项，弹出“填充效果”对话框，如图 5-14 所示。

（3）将该演示文稿的背景设置为“天蓝色到白色”,“从上向下”的渐变填充效果，插入背景填充图片到合适的位置。

（4）单击“确定”按钮返回“背景”对话框，单击“应用”按钮完成背景设置。

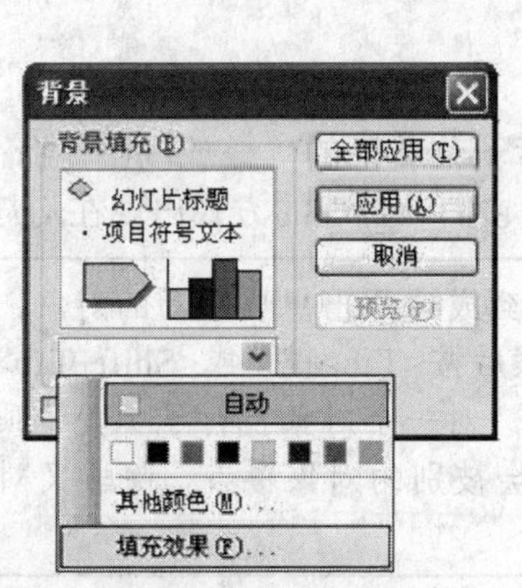

图 5-13 “背景”对话框

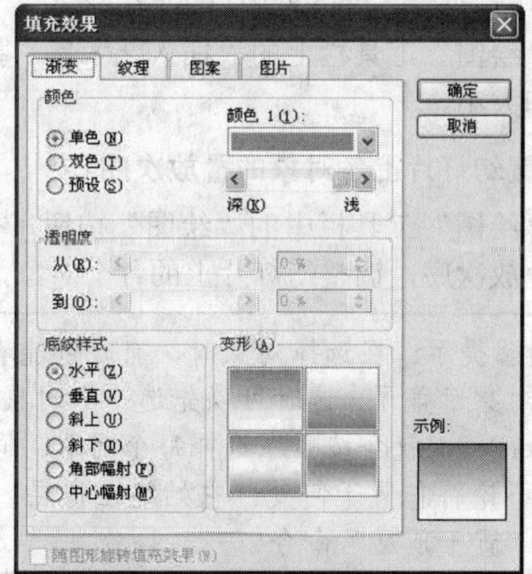

图 5-14 “填充效果”对话框

5．插入贺卡图片素材

打开“插入”菜单，执行“图片”子菜单下的“来自文件”命令，插入相关的“桌面”、“蛋糕”、“糖果”、“冰激凌”、“气球”、“礼物盒”和“白云”等素材，并调整到合适的位置，如图 5-15 所示。

图 5-15　插入贺卡图片素材后的效果

6. 输入祝福字符

（1）打开“插入”菜单，执行“文本框”子菜单下的“垂直”命令，然后在页面上拖拉出一个文本框，并输入“祝我亲爱的朋友马宇生日快乐!”。

（2）设置字体、字号、字符颜色等。

（3）通过鼠标拖动，调整文本框到合适位置。

7. 制作艺术字“Happy Birthday”

单击“绘图”工具栏上的“插入艺术字”按钮，制作艺术字“Happy Birthday”，并调整其位置和大小。

8. 设置幻灯片上各对象的叠放次序

单击“绘图”工具栏中的“绘图”按钮，执行子菜单下的“叠放次序”命令，改变各个对象的叠放次序，调整幻灯片上的各个对象，使它们以合理的方式出现在幻灯片上。

> 温馨提示：在选择对象时，有时可能看不到或选不出想要移动的对象，这是因为它被其他对象遮盖了。这时可以先选一个对象，然后按<Tab>键（或<Shift+Tab>组合键），那么 PowerPoint 就会按顺序选择每个对象。同时，对一个对象执行了“置于顶层”命令后，以后不论将它置于何处，它始终在顶层，不会被别的对象覆盖，除非又对其他的对象执行了“置于顶层”命令。

9. 自定义幻灯片的动画

用户可以为幻灯片上的文本、图形、声音、图像和其他对象设置动画效果，还可以设置对象的动画顺序，以突出重点，并增强演示文稿的趣味性。

创建基本动画效果的快速方法是：在幻灯片视图下，选择需要动态显示的对象，然后执行“幻灯片放映”中的“动画方案”命令，在任务窗格出现的列表中选择所需要的选项，如图 5-16 所示。

快速设置的方法很方便，可以应用于所选的整个幻灯片中，但不能对细节进行编辑，自动设置相关对象的动画效果。为幻灯片上的对象、文本、图表等设置动态效果的操作步骤如下：

（1）在普通视图或幻灯片视图下，选定包含要设置动态效果的对象的幻灯片。

（2）执行“幻灯片放映”菜单下的“自定义动画”命令，在任务窗格中打开“自定义动画”列表框，如图 5-17 所示。

（3）选择欲设置动画效果的对象“气球”。

（4）单击“添加效果”按钮，为“气球”选择一种动画效果，即选择“进入”方式为“飞入”。

（5）修改“气球”的动画效果：“开始”为 “单击时”、“方向”为“自底部”、“速度”为“中速”。

（6）单击“播放”按钮，可以查看动画效果。

（7）重复步骤（3）至步骤（6）的操作，分别为其他的对象设置合适的动画效果。

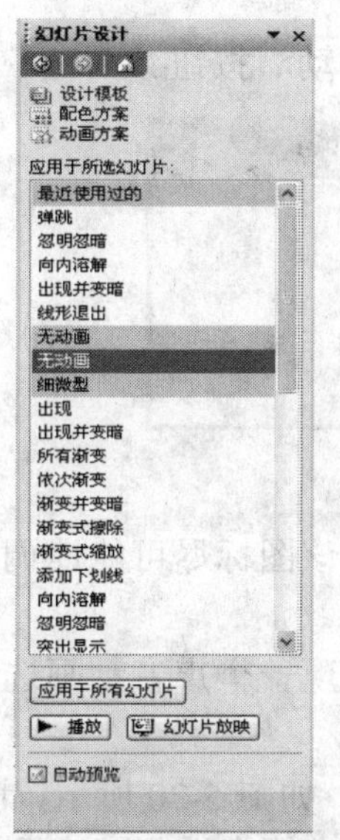

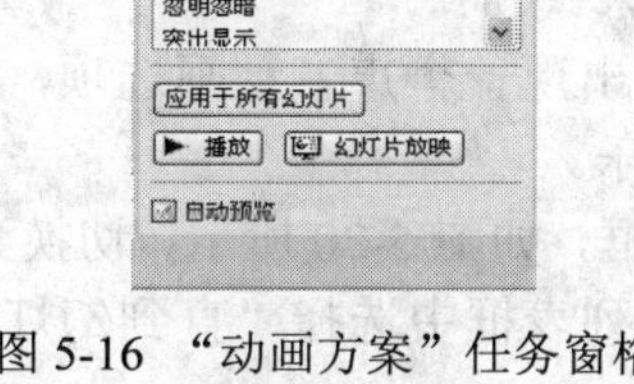

图 5-16 “动画方案”任务窗格

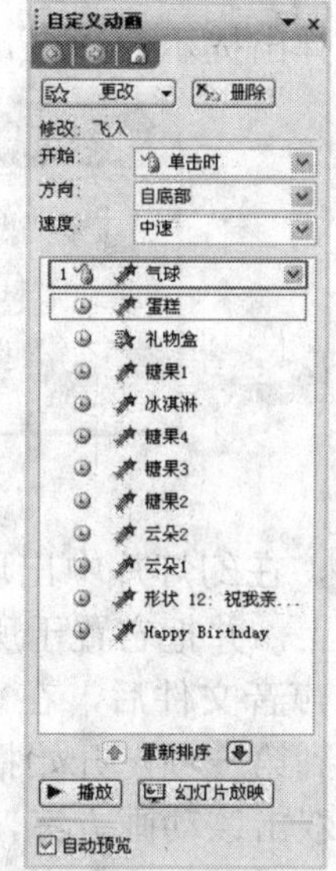

图 5-17 “自定义动画”任务窗格

在设置动画的过程中，可对幻灯片上的对象、文本、图表等内容的播放顺序进行设置，使幻灯片的播放内容具有可控性，让幻灯片更准确地表达用户的使用目的。设置幻灯片播放顺序的操作步骤如下：

（1）选中要重新排序的对象。

（2）如图 5-17 所示，如果要上移，则单击“重新排序”左边的“向上”按钮；如果要下移，则单击“重新排序”右边的“向下”按钮。

10. 设置背景音乐

背景音乐就是在演示贺卡的同时所播放的音乐。插入影片和声音的步骤操作如下：

（1）在普通视图或幻灯片视图下，选定要插入影片的幻灯片。

（2）打开“插入”菜单，执行“影片和声音”子菜单下的“文件中的声音”命令，弹出“插入声音”对话框，如图 5-18 所示，定位到前面准备的音乐文件所在的文件夹，选中相应的音乐文件，单击“确定”按钮。

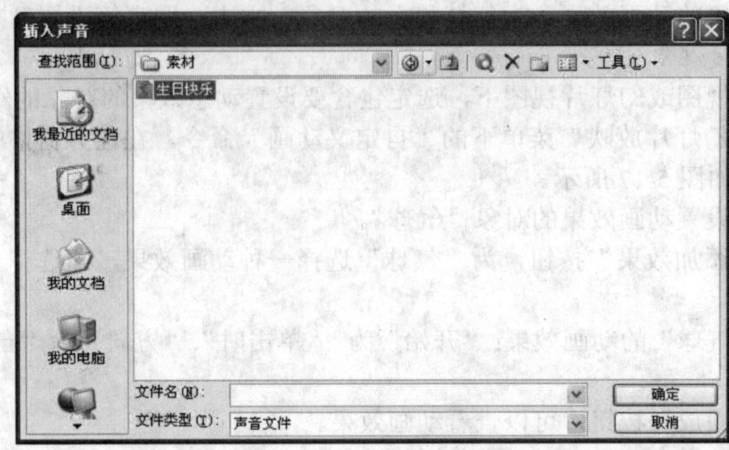

图 5-18 “插入声音”对话框

（3）随后弹出提示对话框，如图 5-19 所示，单击“自动”按钮。

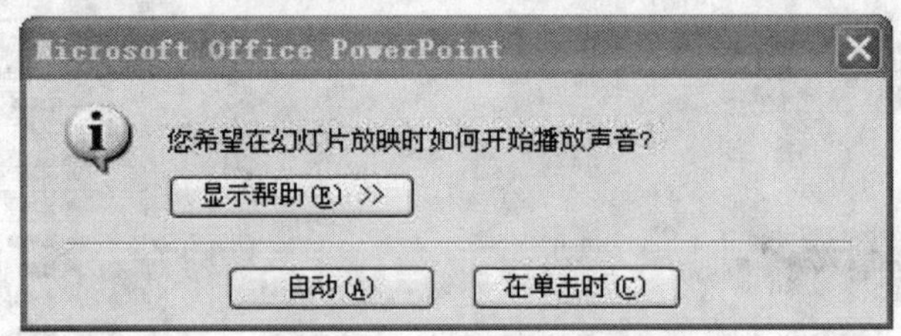

图 5-19 提示对话框

（4）此时，在幻灯片中出现一个“小喇叭”图标，将该图标尽可能地调小，将其定位在合适的位置上，并把它置于所有对象的最底层隐藏起来。

（5）插入声音文件后，在“自定义动画”任务窗格出现一个声音动画选项，按住鼠标左键将其拖动到第一项，开始播放幻灯片时就会播放音乐。

（6）再次双击该动画方案，弹出“播放 声音”对话框，如图 5-20 所示，切换到“计时”选项卡，单击“重复”右侧的下拉按钮，在弹出的下拉列表框中选择“直到幻灯片末尾”选项，单击“确定”按钮完成。

图 5-20 “播放 声音”对话框

11. 放映贺卡并进行最后的修改

对制作好的贺卡进行放映，单击“观看放映”（或按<F5>键）进行播放，以便从中发现不足之处，从而进行最后的修改，并进行保存。

【拓展提高】

打包和发送贺卡

在制作完生日贺卡后可以将它“打包”，然后以电子邮件的形式将“打包”过的生日贺卡发送给朋友。

执行“文件”菜单下的“打包成 CD”命令，弹出“打包成 CD”对话框，如图 5-21 所示，可以命名压缩包，可以添加演示文稿文件，然后单击“复制到文件夹”按钮，在弹出的“复制到文件夹”对话框内，指定压缩包存放的位置和文件夹名，然后单击“确定”按钮，开始打包。

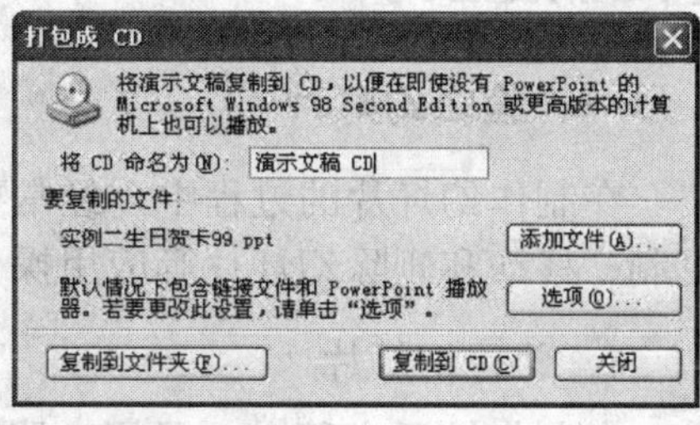

图 5-21 “打包成 CD”对话框

打包完毕，回到“打包成 CD”对话框中，单击“关闭”按钮退出。

【实战演练】

制作一张元旦贺卡，添加图片、文字和音乐素材，并设置合适的动画效果。

课题三　会议字幕的制作

【课题效果】

本课题要达到的效果，如图 5-22 所示。

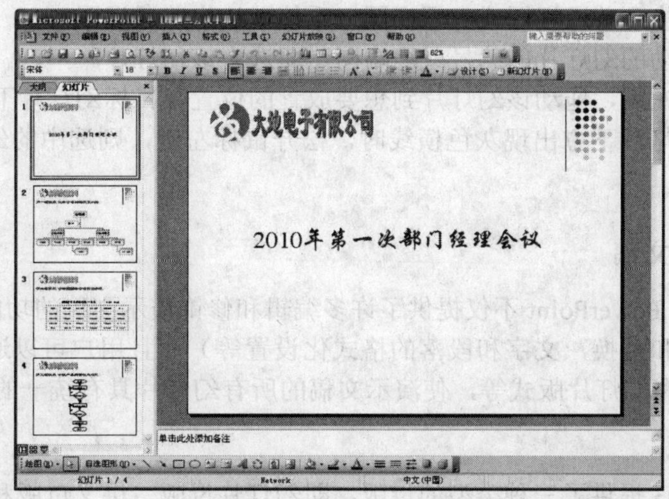

图 5-22　会议字幕的制作

【课题分析】

本课题主要内容是制作一个会议字幕的演示文稿，如图 5-22 所示。包括的知识要点有幻灯片的编辑、幻灯片母版的设置、组织结构图、流程图、幻灯片切换方式的设置、配色方案等。重点操作是设置幻灯片母版、制作组织结构图、制作表格、制作流程图等。

【知识链接】

一、编辑幻灯片

在制作幻灯片的过程中，经常要对幻灯片做一些编辑性的工作。例如，创建新幻灯片、复制、移动和删除幻灯片等应用操作。

1. 新建幻灯片

在制作演示文稿时，只用一张幻灯片是无法实现制作者要表达的内容的，只有通过多张幻灯片内容的演示才能表达出完整的意思。因此，新建幻灯片在编辑幻灯片的过程中是重要的环节之一。

2. 删除幻灯片

当制作完成后，用户可对多余的或不满意的幻灯片进行删除。删除幻灯片的操作步骤如下：

（1）在幻灯片浏览视图或大纲视图下，选中要删除的幻灯片。

（2）执行“编辑”菜单下的“删除幻灯片”命令，或按<Delete>键删除。

3. 调整幻灯片的位置

在制作过程中，如果用户发现需要更改幻灯片播放的先后顺序，可以对幻灯片位置进行上下调整。可以在幻灯片浏览视图下调整，也可以在普通视图或大纲视图下进行调整。移动幻灯片的操作步骤如下：

（1）将视图切换到普通视图或大纲视图（系统默认为普通视图）。

（2）单击要移动的幻灯片的编号或缩略图，即选中该幻灯片。

（3）按住鼠标左键，拖动该幻灯片到想要放置的位置（目标幻灯片下方）。

（4）当目标幻灯片下方出现灰色横线时，松开鼠标左键，则选中的幻灯片就移到当前位置了。

二、修饰演示文稿

与 Word 一样，PowerPoint 不仅提供了许多编辑和修饰演示文稿的功能（如复制，剪切和粘贴文本，查找和替换，文字和段落的格式化设置等）而且用户可以通过使用母版、配色方案、设计模板和幻灯片版式等，使演示文稿的所有幻灯片具有统一的外观和风格。

1. 幻灯片母版

PowerPoint 2003 提供了三种类型的母版，即幻灯片母版、讲义母版和备注母版。

幻灯片母版是 PowerPoint 中一张特殊的幻灯片，它用于设置每张幻灯片上的标题文本的大小、位置和颜色，正文文字的格式以及各个项目符号的样式等共同预设格式，母版上的更改会反映到每一张幻灯片上。

幻灯片母版的正确使用可以大大减少制作者在创建演示文稿过程中的创作时间；向母版中插入对象会使母版的视觉效果更丰富；母版版式的设置使演示文稿更注重演示效果的细节。

2．配色方案

配色方案是指一组可以应用到所有幻灯片、备注页或讲义的均衡颜色设置。在演示文稿应用设计模板时，可以从每个设计模板预定义的配色方案中选择。通过这种方式可以很容易地更改幻灯片或整个演示文稿的配色方案。

3．设计模板

设计模板是统一演示文稿外观的最有力、最快捷的一种方法，它可以帮助用户快速地创建完美的幻灯片。PowerPoint 2003 所提供的模板包括两种类型，即设计模板和内容模板。设计模板包括预定义的格式和配色方案；内容模板包含的格式和配色方案与设计模板相同，在设计模板基础上增加了针对特定主题而提供的建议内容幻灯片。

三、组织结构图

组织结构图是最常见的表现雇员、职称和群体关系的一种图表，它形象地反映了组织内各机构、岗位相互之间的关系。组织结构图是组织结构的直观反映，也是对该组织功能的一种侧面诠释。组织结构图主体以框、线、部门或岗位名称等构成。

四、流程图

流程图是流经一个系统的信息流、观点流或部件流的图形代表。在企业中，流程图主要用来说明某一过程。这种过程既可以是生产线上的工艺流程，也可以是完成一项任务必需的管理过程。

流程图是由一些图框和流程线组成的，其中，图框表示各种操作的类型，图框中的文字和符号表示操作的内容，流程线表示操作的先后次序。

为便于识别，绘制流程图的习惯做法是：一般用六边形表示准备，椭圆表示结束，行动方案、普通工作环节用矩形表示，问题判断（审核、审批、评审）环节用菱形表示，箭头代表工作流方向。

【操作步骤】

1．新建演示文稿

启动 PowerPoint，新建一个 PowerPoint 演示文稿，在幻灯片版式中选择“空白”内容版式。

2．设置幻灯片母版

如图 5-23 所示，在幻灯片母版的左上方，插入公司标志，输入公司名称，操作步骤如下：

（1）打开“视图”菜单，执行“母版”子菜单下的“幻灯片母版”命令，进入幻灯片母版视图。

（2）单击“插入”菜单中“图片”子菜单下的“来自文件”命令项，插入公司标志图片。

（3）单击“绘图”工具栏上的“插入艺术字”按钮，把公司名称制作成艺术字。

（4）移动公司标志图片和艺术字到幻灯片母版的左上方。

（5）幻灯片母版设置完毕后，单击“幻灯片母版视图”工具栏上的“关闭母版视图”按钮，返回普通视图方式。

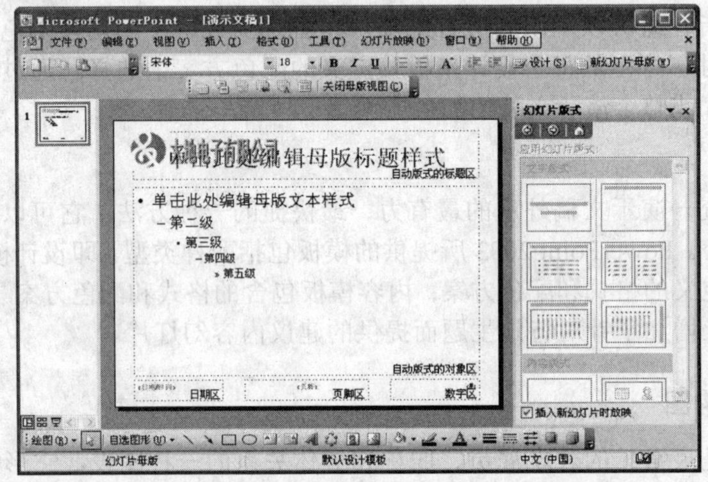

图 5-23　设置幻灯片母版

3．保存演示文稿

单击“保存”按钮，以“课题三会议字幕”为文件名保存该演示文稿。

4．应用设计模板

在任务窗格中，单击“幻灯片设计”下的“设计模板”，选择“Network.pot”模板并单击其右侧下拉按钮中的“应用于所有幻灯片”命令项，如图 5-24 所示。

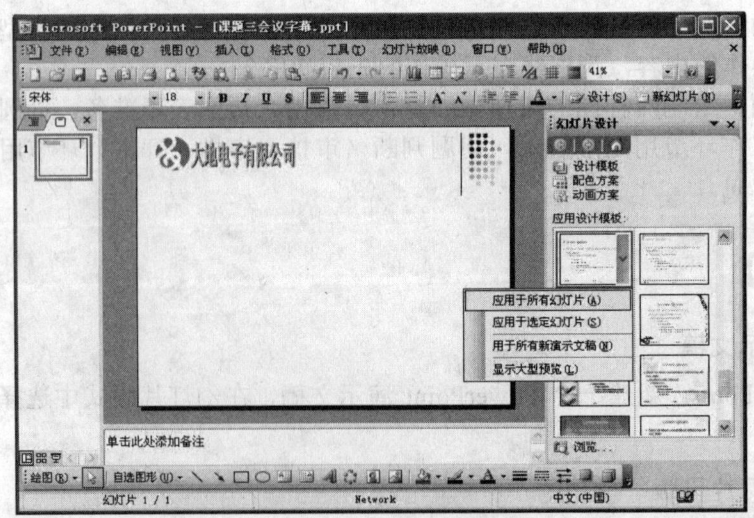

图 5-24　应用设计模板

5．制作第一张幻灯片

第一张幻灯片，如图 5-25 所示。

在合适的位置插入文本框，输入会议名称“2010 年第一次部门经理会议”，设置字体为“行楷”，字号为“40”，对齐方式为“居中”，如图 5-26 所示。

图 5-25　第一张幻灯片

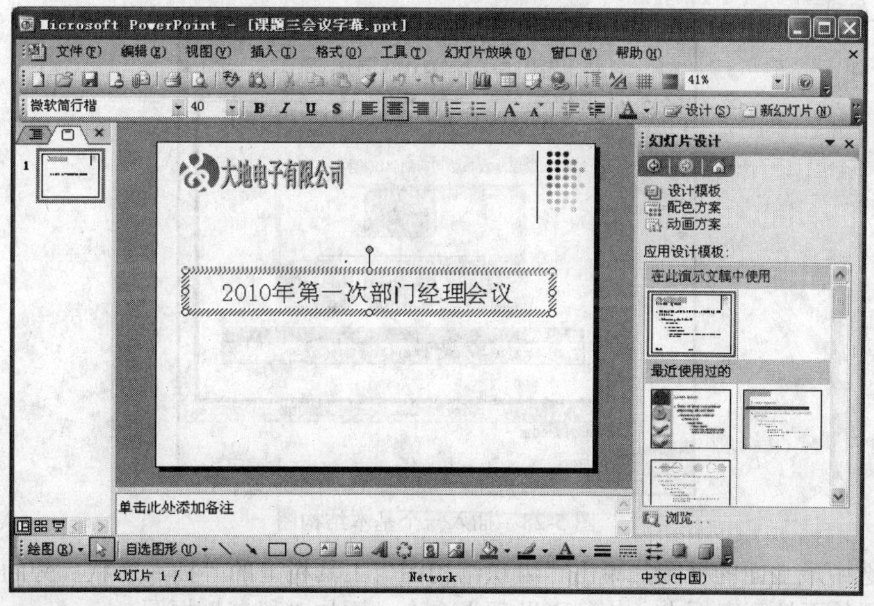

图 5-26　输入会议名称

6．制作第二张幻灯片

第二张幻灯片，如图 5-27 所示。会议的第一项议程是宣布公司新的组织机构，组织机构通常用组织结构图来表示，具体操作步骤如下：

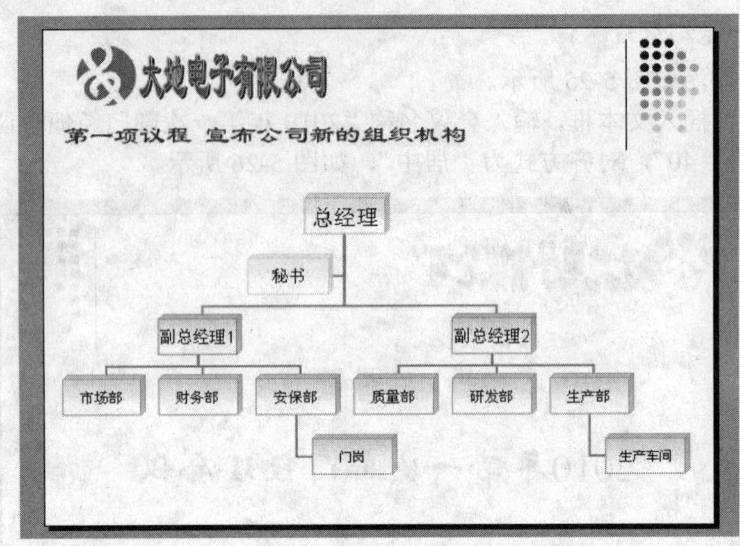

图 5-27　第二张幻灯片

（1）执行“插入”菜单下的“新幻灯片”命令，新建一个普通幻灯片，此时任务窗格切换到“幻灯片版式”任务窗格，在“文字版式”下面选择“空白”版式。

（2）插入文本框，输入“第一项议程 宣布公司新的组织机构”，设置字体为“隶书”、字号为“28”。

（3）打开“插入”菜单，执行“图片”子菜单下的“组织结构图”命令，先在幻灯片中插入一个基本结构图，并弹出“组织结构图”工具栏，如图 5-28 所示。

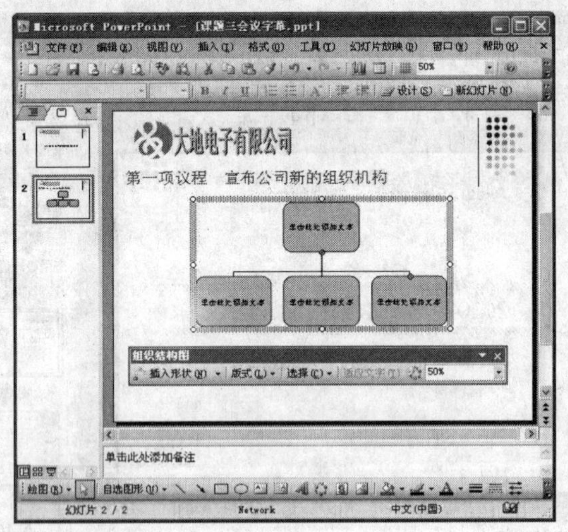

图 5-28　插入一个基本结构图

（4）选中最上面的框图，单击“组织结构图”工具栏上的“插入形状”旁的下拉按钮，在随后出现的下拉列表框中，执行“助理”命令，添加“秘书”框图。

（5）选中下面其中的一个框图，按下<Delete>键，将多余的一个框图删除。在删除框图时，系统会删除相应的连接线。

（6）再选中下面其中一个框图，单击鼠标右键，选择“下属”选项，增加一个“下属”框图；选中“下属”框图，继续单击鼠标右键，在随后弹出的快捷菜单中，选择“同事”选项，增加若干个“同事”框图。

（7）仿照上面的操作，完成整个框图的添加和删除。

（8）输入相应的文字，并设置字体、字号、字符颜色等。

（9）选中组织结构图，单击“组织结构图”工具栏上的“版式”旁的下拉按钮，在随后出现的下拉列表框中，选中“调整组织结构图以适应内容”选项，使“画布”与制作完成的结构图相适应。

> 温馨提示：如果对组织结构图的格式不满意，可以这样调整：选中最上面一个框图（也可以是下面某一个框图），单击“组织结构图”工具栏上的“版式”旁的下拉按钮，在随后出现的下拉列表框中，选中一种版式（如“右悬挂”），版式即刻被调整。

（10）选中组织结构图，单击“组织结构图”工具栏上的“自动套用格式”按钮，弹出“组织结构图样式库”对话框，如图 5-29 所示，选择“三维颜色”样式，然后单击“应用”按钮即可，最后的效果如图 5-27 所示。

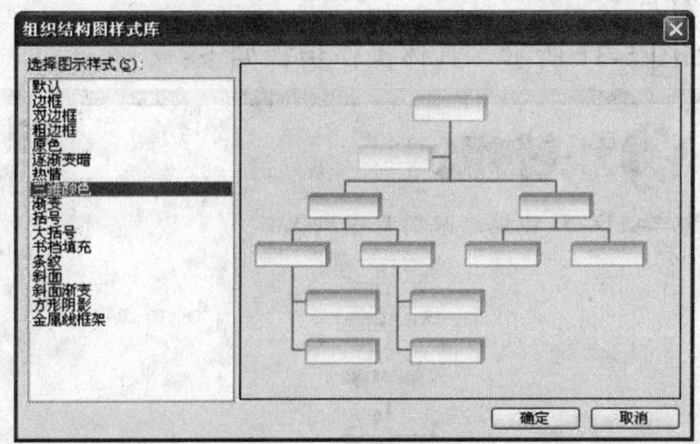

图 5-29 “组织结构图样式库”对话框

7. 制作第三张幻灯片

第三张幻灯片，如图 5-30 所示，具体操作步骤如下：

部门	第一季度	第二季度	第三季度	第四季度	合计
市场一部	150.00	268.26	226.70	189.00	833.96
市场二部	193.00	253.20	286.60	163.80	896.60
市场三部	116.45	208.00	252.00	165.00	741.45
总计	459.45	729.46	765.30	517.80	2472.01

图 5-30 第三张幻灯片

（1）按<Ctrl+M>快捷组合键新建一个普通幻灯片，此时任务窗格切换到“幻灯片版式”任务窗格，在“文字版式”下面选择“空白”版式。

（2）插入文本框，输入“第二项议程　公布 2009 年公司销售情况”，设置字体为“隶书”、字号为“28”。

（3）插入文本框，输入表格标题，设置字体为“行楷”、字号为“20”。

（4）执行“插入”菜单下的“表格”命令，在弹出的“插入表格”对话框中，选择列数为“6”，行数为“5”，单击“确定”按钮，表格就插入到幻灯片中了。

（5）如图 5-30 所示，输入表格内容。

（6）选中表格，执行“格式”菜单下的“字体”命令，在弹出的“字体”对话框中设置字体为“宋体”，字号为“16”，颜色为“蓝色”，单击“确定”按钮。

（7）执行“格式”菜单下的“设置表格格式”命令，弹出“设置表格格式”对话框，选择“边框”选项卡，设置四周边框线为“黄色、2.25 磅线宽”，中间线为“绿色、1.5 磅线宽”。选择“文本框”选项卡，在“文本对齐”下拉列表框中选择“垂直居中”。单击“确定”按钮，表格制作完成后的效果如图 5-30 所示。

8．制作第四张幻灯片

第四张幻灯片，如图 5-31 所示，具体操作步骤如下：

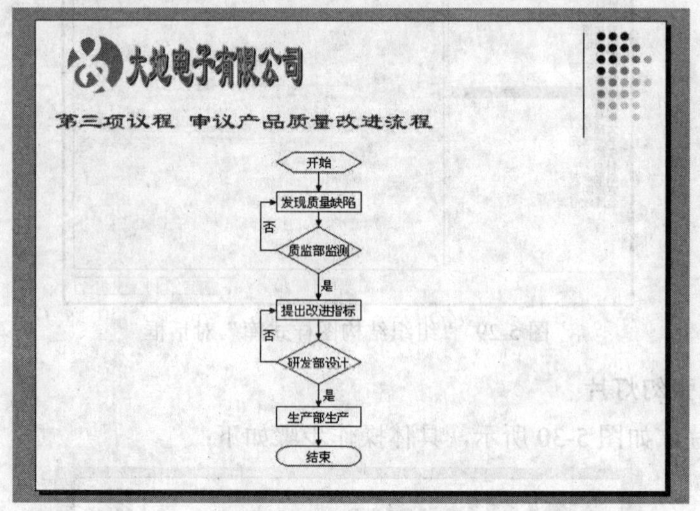

图 5-31　第四张幻灯片

（1）单击“格式”工具栏上的“新建幻灯片”按钮，此时任务窗格切换到“幻灯片版式”任务窗格中，在“文字版式”下面选择“空白”版式。

（2）插入文本框，输入“第三项议程　审议产品质量改进流程”，设置字体为“隶书”、字号为“28”。

（3）绘制框图。如图 5-32 所示，首先在“绘图”工具栏上，选择“自选图形”，指向“流程图”子菜单，再单击所需的形状，在幻灯片上拖动绘制所需的框图。

（4）设置框图的大小和对齐方式。选中所有框图，执行“格式”菜单下的“自选图形”命令，在弹出的对话框中设置所有框图的高度为“0.8 厘米”、宽度为“3.4 厘米”，颜色、线条为统一格式；然后再修改第二个菱形的高度为“1.9 厘米”；最后选中所有框图，单击“绘图”工具栏上“绘图”菜单中的“对齐或分布”命令项，选择“水平居中”对齐方式，对齐所有框图。

（5）绘制连接符。接下来用连接符连接流程图中的框图，连接符能连接图形并保持它们之间的连接，而且它将始终与其附加到的形状相连。该流程图使用带箭头的肘形线连接符和直线连接符将图形连接到一起。在“绘图”工具栏上，单击“自选图形”，指向“连接符”，选择连接符自选图形后，将鼠标指针移动到对象上时，会在其上显示蓝色连接符位置。这些点表示可以附加连接符线的位置。

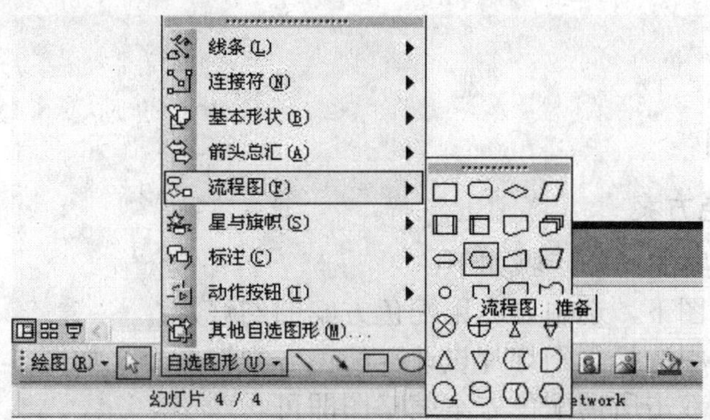

图 5-32　绘制流程图的工具

（6）输入文字。用鼠标右键单击框图，单击“添加文字”命令项并输入文字；使用文本框可在连接符附近放置文字，最后设置对齐方式、字体、字号、颜色等。

（7）对象组合。选中所有的框图和连接符等对象，执行“绘图”工具栏上“绘图”菜单下的“组合”命令，让构成流程图的所有对象成为一个整体，以方便调整其位置，完成效果如图 5-31 所示。

9．设置幻灯片切换方式

（1）执行“幻灯片放映”菜单下的“幻灯片切换”命令，展开“幻灯片切换”任务窗格，如图 5-33 所示。

（2）先选中一张（或多张）幻灯片，然后在任务窗格中选中幻灯片切换样式（如“扇形展开”）、速度、声音、换片方式等。

（3）如果需要可以将选中的切换样式用于所有的幻灯片，选中样式后，单击“应用于所有幻灯片”按钮即可。

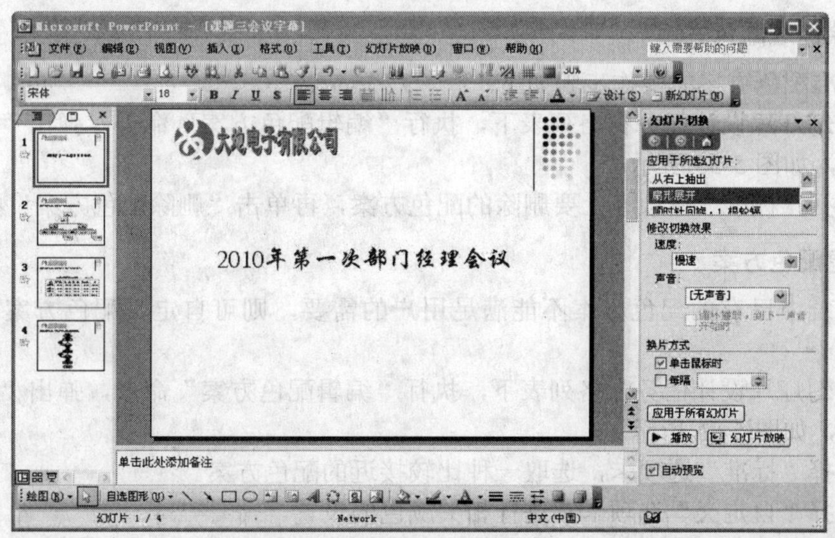

图 5-33　设置幻灯片切换方式

10. 保存演示文稿

单击“保存”按钮，仍以原文件名保存该演示文稿。

【拓展提高】

配色方案的使用

1. 应用标准配色方案

应用标准配色方案的操作步骤如下：

（1）在幻灯片视图下，选中要应用配色方案的幻灯片；

（2）在任务窗格中选择“幻灯片设计—配色方案”命令，如图 5-34 所示；

（3）用鼠标左键双击所需配色方案缩略图即可。

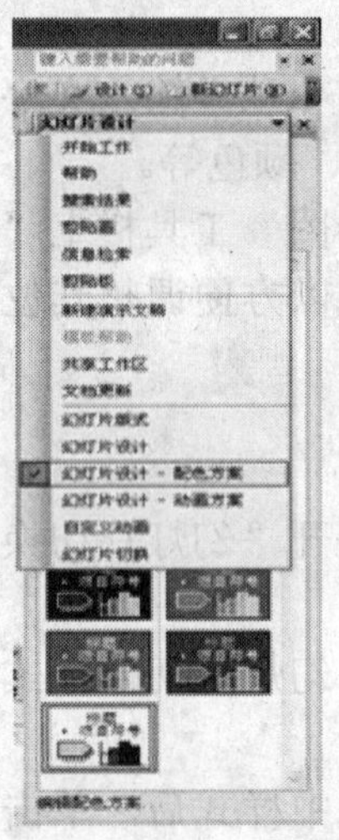

图 5-34 打开“配色方案”列表

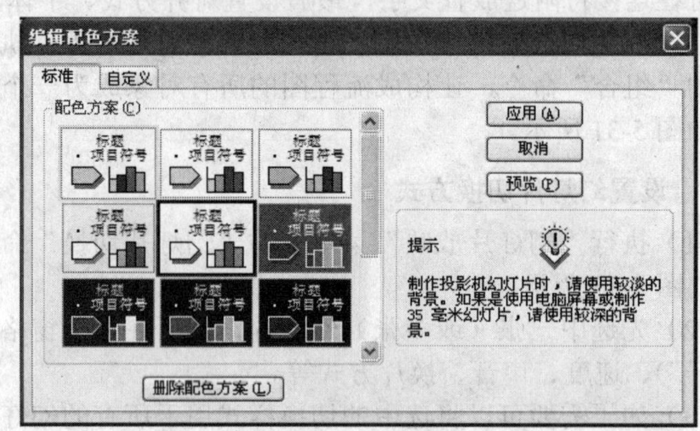

图 5-35 “编辑配色方案”对话框

2. 删除标准配色方案

删除标准配色方案的操作步骤如下：

（1）在幻灯片设计任务窗格列表下，执行“编辑配色方案”命令，弹出“编辑配色方案”对话框，如图 5-35 所示；

（2）选择“标准”选项卡上要删除的配色方案，再单击“删除配色方案”按钮即可。

3. 创建配色方案

如果系统中已有的配色方案不能满足用户的需要，则可自定义配色方案，操作步骤如下：

（1）在幻灯片设计任务窗格列表下，执行“编辑配色方案”命令，弹出“编辑配色方案”对话框，如图 5-35 所示。

（2）选择“标准”选项卡，选取一种比较接近的配色方案。

（3）选择“自定义”选项卡，进行相关颜色的设置。

（4）设置完毕后，单击“应用”按钮即可。

☞ 技巧点滴：用常用工具栏中的“格式刷”按钮可复制配色方案，操作方法为：选中一种具有所需配色方案的幻灯片，单击常用工具栏中的“格式刷”按钮，单击另一张要被复制的幻灯片，即复制了刚才所需的配色方案。

【实战演练】

制作一个演示文稿，包括学校组织结构图幻灯片、毕业论文流程图幻灯片等。

课题四 相册的制作

【课题效果】

本课题要达到的效果，如图 5-36 所示。

图 5-36 相册效果图

【课题分析】

本课题的主要内容是制作一个相册的演示文稿，如图 5-36 所示。包括的知识要点有“新建相册”功能、排练计时功能、插入背景音乐的操作、幻灯片母版的使用、幻灯片切换方式的设置等。重点操作是使用 PowerPoint 2003 创建相册、设置放映时间等。

【知识链接】

一、幻灯片放映效果设置

合理设置幻灯片的放映效果，可以使幻灯片的视觉效果更丰富，大大增强演讲的效果。

1．创建幻灯片动画效果

用户可以为幻灯片的图像设置动画效果，以突出重点内容，并可以控制对象的信息流程，提高演示文稿的趣味性。

2．设置幻灯片切换效果

切换效果是指在放映幻灯片时幻灯片进入和离开屏幕时的视觉效果。在幻灯片放映过程中，由一张幻灯片换到另一张幻灯片时，可用多种不同的视觉效果将下一张幻灯片显示到屏幕上。

3．设置放映时间

幻灯片的播放时间可以在“幻灯片切换”窗格设置，也可以使用排练计时功能来设置。

4．创建交互式演示文稿

创建交互式演示文稿是为了更适应观看者所希望的节奏和次序进行放映。

5．创建自定义放映

PowerPoint 2003 提供了一个称为“自定义放映”的功能，不用再针对不同的观看者创建多个相同的演示文稿，可将不同的幻灯片组合起来并加以命名，然后在演示过程中跳转到这些幻灯片上。

二、设置适当的播放方式

根据演示文稿的播放形式，可以设置不同的播放方式。

1．自动播放

使用排练计时功能，按排练时间自动进行播放。

温馨提示：进行了排练计时后，如果播放时需要手动进行，可以这样设置一下：单击“幻灯片放映”菜单中“设置放映方式”命令，弹出“设置放映方式”对话框，选择其中的“手动”选项，单击“确定”按钮即可。

2．循环放映文稿

如果文稿在公共场所播放，通常需要设置成循环播放的方式。进行排练计时操作后，打开“设置放映方式”对话框，选中“循环放映，按<ESC>键中止”和“如果存在排练时间，则使用它”两个选项，单击“确定”按钮即可。

3．隐藏部分幻灯片

如果文稿中某些幻灯片只提供给特定的对象，可以先将其隐藏起来。

（1）执行“视图”菜单下的“幻灯片浏览”命令，切换到“幻灯片浏览”视图状态。

（2）选中需要隐藏的幻灯片，单击鼠标右键，在随后弹出的快捷菜单中，选择“隐藏幻灯片”选项，此时该幻灯片序号处出现一个斜杠，在一般播放时，该幻灯片不能显示出来。

（3）如果再执行一次这个命令，则取消隐藏。

技巧点滴：在进行放映时，如果要让隐藏的幻灯片播放出来，可在播放到隐藏幻灯片前面一张幻灯片时，按下<H>键，则隐藏的幻灯片将被播放出来。

【操作步骤】

1. 新建一空白演示文稿

启动 PowerPoint 2003，新建一空白演示文稿。

2. 打开“相册”对话框

打开“插入”菜单，执行“图片”下的“新建相册”命令，弹出“相册”对话框，如图 5-37 所示。

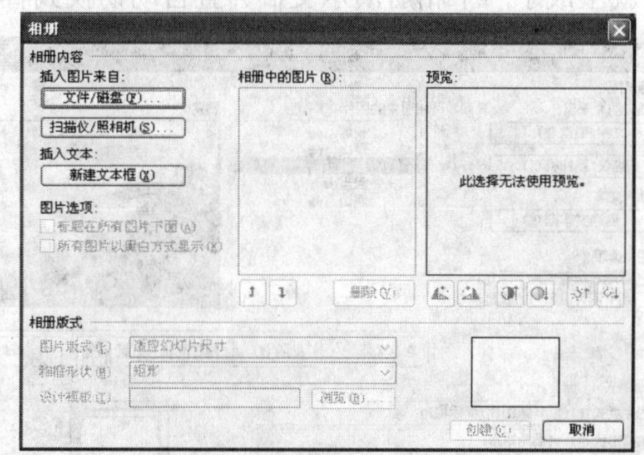

图 5-37 “相册”对话框

温馨提示：打开“文件”菜单，选择“新建”命令，在任务窗格中出现“新建演示文稿”的五个选项，单击其中的“相册”，也可打开“相册”对话框。

3. 插入制作相册的图片

单击“相册”对话框中的“文件/磁盘”按钮，弹出“插入新图片”对话框，如图 5-38 所示，通过单击“查找范围”右侧的下拉按钮，定位到相片所在的文件夹。选中需要制作成相册的图片，然后单击“插入”按钮，返回“相册”对话框，如图 5-39 所示。

图 5-38 “插入新图片”对话框

技巧点滴：在选中相片时，按住<Shift>键或<Ctrl>键，可以一次性选中多个连续或不连续的图片文件。

4. 调整图片顺序

插入制作相册的图片后，如图 5-39 所示，在“相册中的图片”列表框中显示照片的先后顺序，如果需要改变它们的顺序，则选中某个文件（或连续的若干文件），单击图片列表框下方的“上升”按钮或“下降”按钮即可。

5. 选择相册版式

如图 5-39 所示，在“相册”对话框的“图片版式”下拉列表框中，选择“1 张图片”；在“相框形状”下拉列表框中选择“圆角矩形”；选中“标题在所有图片下面”复选框，最后单击“创建”按钮，就生成了一个相册演示文稿并且自动切换到普通视图。

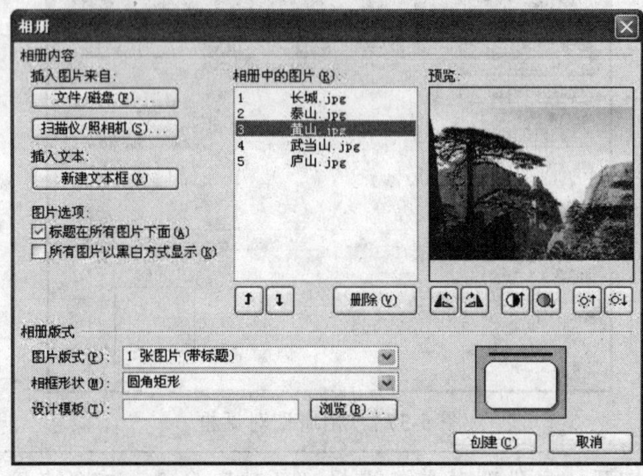

图 5-39　插入图片后的“相册”对话框

6. 制作相册封面

切换到第一张幻灯片，为相册制作封面。如图 5-40 所示，把第一张幻灯片的主标题文字改为“江山如此多娇”，并设置文字格式；删除第一张幻灯片副标题处的原始内容，在副标题处输入“中国列入世界自然文化遗产名录的部分名胜”。

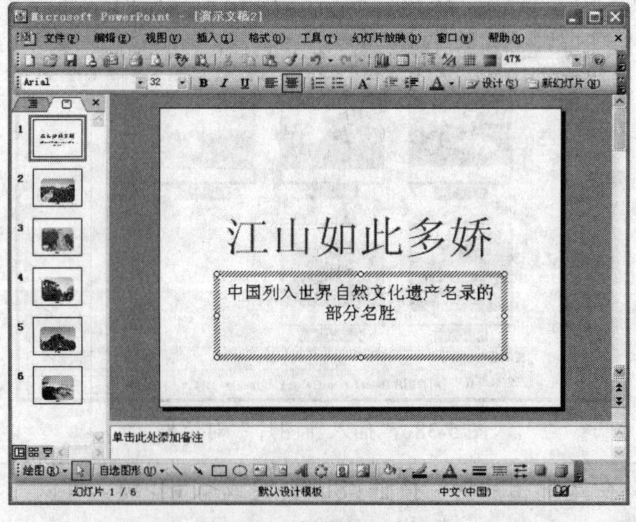

图 5-40　制作相册封面

7．为第二至六张幻灯片添加标题

依次切换到后面的每一张幻灯片中，如图 5-41 所示，在幻灯片上方的添加标题框中，分别为每张图片添加上相应的文字：“不到长城非好汉”、“登泰山而小天下”、“登黄山天下无山”、“天下太极出武当”、“不识庐山真面目”。

图 5-41 添加标题

8．保存相册

因为相册制作的步骤较多，为防止意外，可先单击“保存”按钮，以“课题四相册的制作”为文件名保存相册。

9．插入背景音乐

（1）准备音乐文件“江山如此多娇.mp3”，切换到第一张幻灯片。

（2）打开“插入”菜单，执行“影片和声音”子菜单下的“文件中的声音”命令，弹出“插入声音”对话框，选中相应的音乐文件，单击“确定”按钮，将其插入到第一张幻灯片中。

（3）此时，在幻灯片中出现一个“小喇叭”图标。鼠标右键单击“小喇叭”图标，在随后出现的快捷菜单中，选择“自定义动画”选项，展开“自定义动画”任务窗格，如图 5-42 所示。

图 5-42 “自定义动画”任务窗格

（4）插入声音文件后，在“自定义动画”任务窗格出现一个声音动画选项。再双击该动画方案，弹出“播放声音”对话框，如图 5-43 所示，切换到“效果”选项卡，在“开始播放”栏中选中“从头开始”，选中“停止播放”栏下面的“在‘#’张幻灯片后”选项，并查看一下相册幻灯片的数量，输入“6”，单击“确定”按钮。

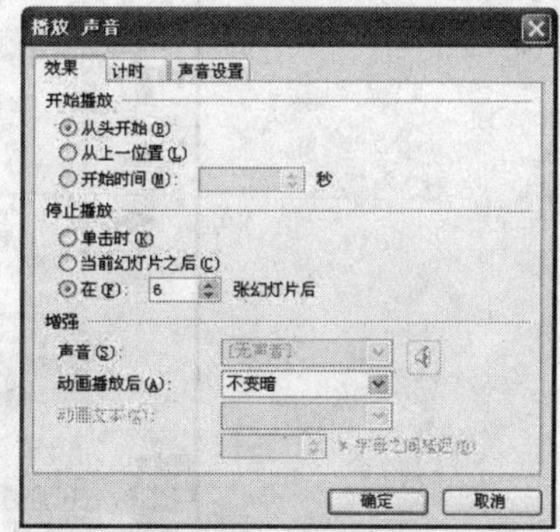

图 5-43 “播放声音”对话框

10．设置幻灯片母版

通过幻灯片母版为每张幻灯片都设置一个图片背景，并插入日期。

（1）打开“视图”菜单，执行“母版”子菜单下的“幻灯片母版”命令，进入幻灯片母版视图。

（2）打开“插入”菜单，执行“图片”子菜单下的“来自文件”命令，插入背景图片。

（3）用鼠标右键单击背景图片，在弹出的快捷菜单中单击“叠放层次”子菜单下的“置于底层”命令项。单击“图片”工具栏上“颜色”按钮下的“冲蚀”命令项，如图 5-44 所示，让背景产生水印效果。

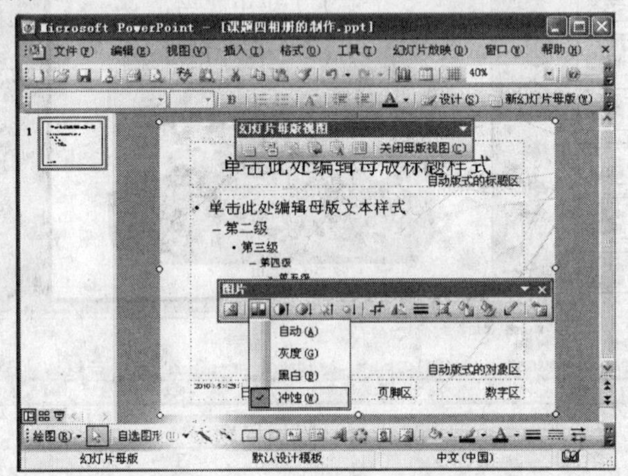

图 5-44　设置幻灯片母版

（4）在“日期”区，执行“插入”菜单下的“日期和时间”命令，插入日期。

（5）幻灯片母版设置完毕后，单击“幻灯片母版视图”工具栏上的“关闭母版视图”按钮，返回普通视图状态。

11．设置幻灯片切换方式

（1）切换到第一张幻灯片，打开“幻灯片放映”菜单，执行“幻灯片切换”命令，展开“幻灯片切换”任务窗格，如图 5-45 所示。

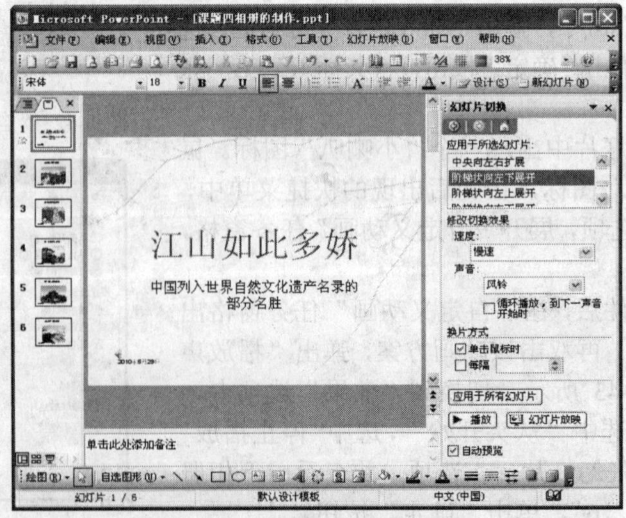

图 5-45　设置幻灯片切换方式

（2）选择切换方式为“阶梯状向左展开”,“速度”为“慢速”,“声音”为“风铃”。

（3）依次选择下一张幻灯片，在“幻灯片切换”任务窗格中分别为每一张幻灯片设置合适的切换方式。

12．使用排练计时功能设置放映时间

大多数情况下是由演示者手动操作演示文稿并控制其播放的，如果要让其自动播放，需要进行排练计时，来设置幻灯片切换的时间间隔。操作步骤如下：

（1）执行“幻灯片放映”菜单下的“排练时间”命令，系统会以全屏方式播放幻灯片，并出现“预演”工具栏，如图 5-46 所示。

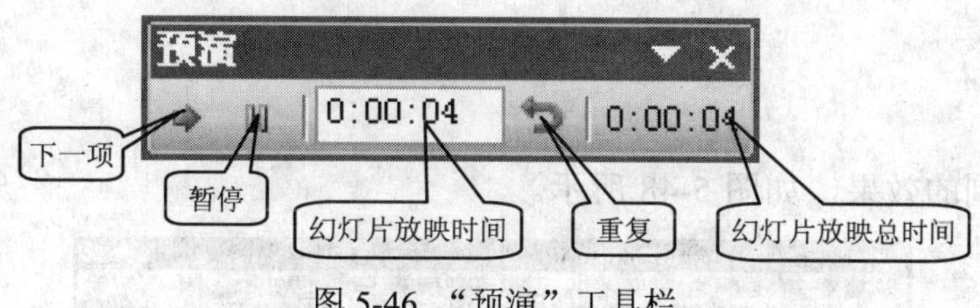

图 5-46 “预演”工具栏

（2）如果用户对幻灯片播放时间满意，就单击“下一项”按钮，播放下一张幻灯片，同时在“幻灯片放映时间”框中重新计时。单击“暂停”按钮，则暂时停止计时。如果对当前设置不满意，可单击“重复”按钮，控制排练计时过程，以获得最佳的播放时间。

（3）继续单击“下一项”按钮，直到放映完最后一张幻灯片，此时系统会显示总时间并询问是否保留此次的排练时间，如图 5-47 所示，单击“是”按钮，接受该项时间设置，单击“否”按钮则重新再设置一次。

图 5-47 排练时间

13．观看放映

按<F5>键，播放相册演示文稿，如有不满意的地方可进行修改，直至满意为止。

14．保存相册

单击“保存”按钮，以原文件名保存相册。

【拓展提高】

在“幻灯片切换”中设置放映时间

设置放映时间除了使用排练计时功能外，还可以在“幻灯片切换”窗格中设置，操作步骤如下：

（1）选中要设置放映时间的幻灯片。

（2）执行“幻灯片放映”菜单下的“幻灯片切换”命令，如图 5-45 所示。

（3）在“换片方式”框中勾选“每隔”选项，并输入希望幻灯片在屏幕上出现的秒数。

（4）设置完成后，播放时间就被应用到选中的幻灯片上。

【实战演练】

制作一个个人相册的演示文稿。

课题五　学院简介的制作

【课题效果】

本课题要达到的效果，如图 5-48 所示。

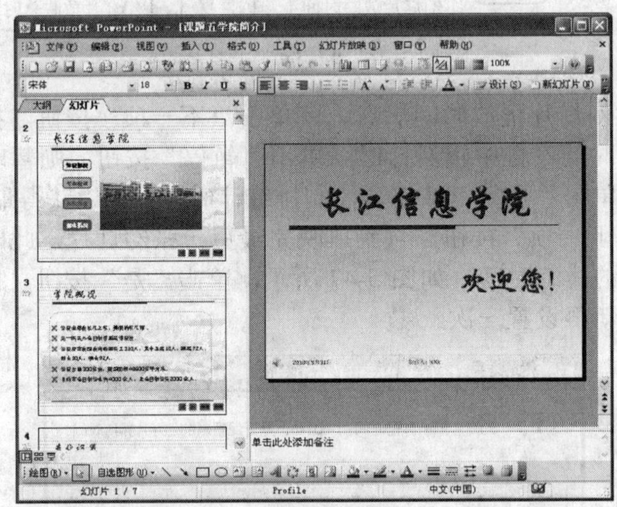

图 5-48 “学院简介”演示文稿

【课题分析】

本课题的主要内容是制作一个学校简介的演示文稿，如图 5-48 所示。包括的知识要点有创建动作按钮、创建超链接、母版的应用、项目符号的使用、自定义动画设置、创建图表、幻灯片切换方式的设置等，重点操作是创建动作按钮、创建超链接、创建图表等。

【知识链接】

一、创建动作按钮

用户可以将某个动作按钮添加到演示文稿中，然后定义该按钮在幻灯片放映时的作用。创建动作按钮的操作方法如下：

（1）选中要添加动作按钮的幻灯片。

（2）执行“幻灯片放映”菜单下的“动作按钮”命令，弹出“动作按钮”子菜单，如图 5-49 所示。

（3）在“动作按钮”子菜单中选择所需的按钮，然后在幻灯片合适的位置单击鼠标左键，即添加了默认大小的按钮。同时出现“动作设置”对话框，如图 5-50 所示。

（4）在“单击鼠标”选项卡中，采用“单击鼠标”方式执行交互动作；而在“鼠标移过”选项卡中，将采用“鼠标移过”方式进行交互式动作，用户可以根据需要进行相关设置。

相关选项：“超级链接到”将在选定的对象上创建超级链接，链接对象可以是同一个演示文稿中的某一幻灯片，也可以为其他演示文稿。

“运行程序”指定要打开的程序路径和名称，将在执行动作时运行该应用程序。

“播放声音”可以选择一种音效。

（5）单击“确定”按钮，完成设置。

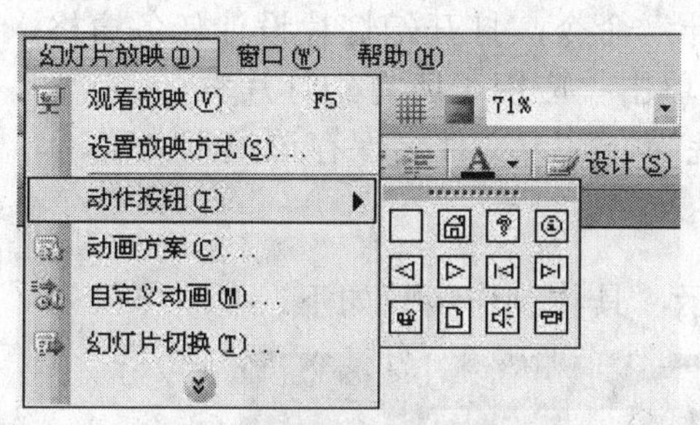

图 5-49 “动作按钮”子菜单

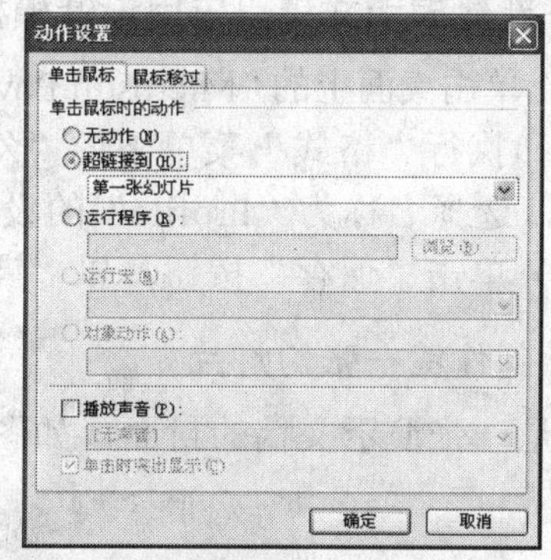

图 5-50 “动作设置”对话框

二、放映技巧

1. 及时记录观众的反应

随时记录下观众对演示文稿的意见，是修改和再制作演示文稿时的重要参考依据。在放映过程中，单击鼠标右键，在随后出现的快捷菜单中，选择“会议记录”选项，弹出“会议记录”对话框，切换到“即席反应”选项卡，在“说明”栏中输入观众的意见，在“分派给”后面的文本框中输入阅读者（通常是文稿制作者，也可以不输入）姓名，单击“添加”按钮，然后单击“确定”按钮返回（如果只添加一条记录，直接单击“确定”按钮即可）。

2. 及时指出文稿重点

在放映过程中，可以在文稿中画出相应的重点内容：在放映过程中，单击鼠标右键，在随后出现的快捷菜单中，选择“指针选项→画笔”选项，此时，鼠标指针变成一支“粉笔”，可以在屏幕上随意绘画。

温馨提示：可以通过单击快捷菜单中的“指针选项”菜单下的“墨迹颜色”选项来指定画笔的颜色（默认为红色）。

3. 用好快捷键

在文稿放映过程中：按<B>键或<.>键使屏幕暂时变黑（再按一次恢复）；按<W>键或

<，>键使屏幕暂时变白（再按一次恢复）；按<E>键清除屏幕上的画笔痕迹；按<Ctrl+P>组合键切换到“画笔”（按<Esc>键取消）；按<Ctrl+H>组合键隐藏屏幕上的指针和按钮；同时按住左、右键 2s，快速回到第 1 张幻灯片。

【操作步骤】

1．确定内容，准备素材

关于学校简介，可以从多方面来进行描述，通常包括学院概况、专业设置、办学理念、招生情况等方面，每一方面还可以进一步细化。围绕这些内容，在制作之前要准备一些相关的图片和文字素材。

2．新建演示文稿，应用设计模板

（1）单击桌面上的“Microsoft PowerPoint 2003”快捷方式图标，新建一个空白的演示文稿。

（2）执行“格式”菜单下的“幻灯片设计”命令，打开幻灯片设计任务窗格，在设计模板中，选择名称为“Profile”的设计模板，单击“应用于所有幻灯片”。

（3）单击“保存”按钮，以“课题五学院简介”为文件名保存该演示文稿。

3．制作第一张幻灯片

这是一张演示文稿的封面，如图 5-51 所示，具体制作步骤如下：

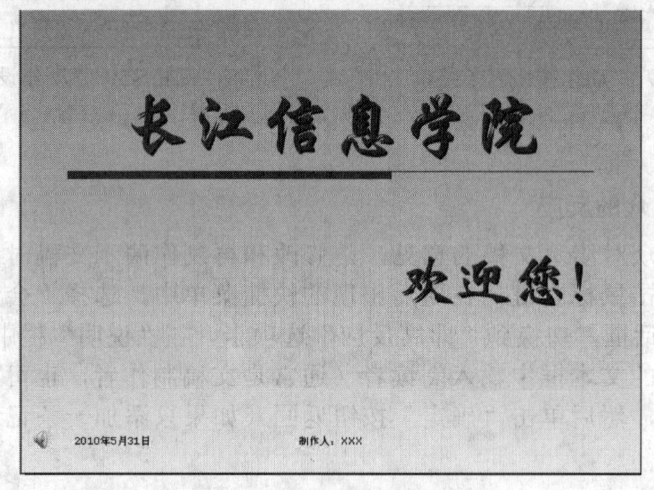

图 5-51　第一张幻灯片

（1）打开“视图”菜单，执行“母版”子菜单下的“幻灯片母版”命令，进入“幻灯片母版视图”，选中第一张幻灯片使用的标题母版。

（2）在日期区插入自动更新的日期，在页脚中部输入“制作人：×××”，关闭幻灯片母版。

（3）在标题占位符中输入“长江信息学院”，选中标题文字，在“格式”工具栏中单击“居中”按钮和“阴影”按钮；选择“72”磅大小、“行楷”字体、字体颜色为“红色”。

（4）在副标题占位符中输入“欢迎您!”，选中文字，在“格式”工具栏中单击“右对齐”按钮和“阴影”按钮；选择“72”磅大小和“魏碑”字体、字体颜色为“红色”。

（5）插入声音文件，选择“自动”播放，把“喇叭”图标拖到合适的位置。

（6）将标题、副标题的动画效果设置为“缓慢进入”，开始为“之前”，方向为“自底部”，速度为“中速”。

（7）设置第一张幻灯片中动画的播放顺序为：背景音乐，标题，副标题。

（8）设置该幻灯片的背景效果为“雨后初晴”。在幻灯片空白处单击鼠标右键，在弹出的快捷菜单中执行“背景”命令，在弹出的“背景”对话框中执行“填充效果”命令，在弹出的“填充效果”对话框中，切换到“渐变”选项卡，设置预设颜色为“雨后初晴”，底纹样式为“水平”。

（9）单击左下角的“幻灯片放映”按钮，预览放映效果。

4．制作第二张幻灯片

此幻灯片为整个演示文稿的纲目，如图 5-52 所示，具体制作步骤如下：

图 5-52　第二张幻灯片

（1）执行“插入”菜单下的“新幻灯片”命令，弹出“幻灯片版式”任务窗格。在任务窗格中选择“标题、文本与内容”版式，新建第二张幻灯片。

（2）输入标题“长江信息学院”并且设置字体为“方正舒体”、字号为“44”。

（3）进入到“幻灯片母版”视图，选中“由幻灯片 2 使用”的母版，设置该标题的动画效果为“快速展开”，“从上一项之后开始”，在母版中设置的动画会应用到后续的每张幻灯片中。

（4）在“幻灯片母版”视图下，插入背景图片，调整其大小和位置，在“图片”工具栏的“颜色”按钮中设置其为“冲蚀”。

（5）在“幻灯片母版”视图下，打开“幻灯片放映”菜单，执行“动作按钮”子菜单下的相关动作命令，在母版右下方插入“上一张”、“下一张”、“返回”、“结束”按钮，并设置好其相应的超链接，“返回”按钮的超链接为第二张幻灯片，“结束”按钮为结束放映。

（6）关闭“幻灯片母版”视图，返回第二张幻灯片的普通视图方式。

（7）删除文本占位符，在幻灯片左侧绘制 4 个圆角矩形，填充不同的颜色，分别添加文本“学院概况”、“专业设置”、“办学理念”、“招生情况”等文字。

（8）在幻灯片的右侧插入一幅校园风景图，调整其大小和位置。

（9）设置该图片的动画效果为“中速”、“渐变”、“之后”；4 个圆角矩形动画效果为“由上至下”，“之后”。

（10）更改动画顺序为：校园风景图、4 个圆角的矩形。

（11）按左下角的“幻灯片放映”按钮，预览放映效果。

5．制作第三张幻灯片

这是一张关于“学院概况”的幻灯片，如图 5-53 所示，具体制作步骤如下：

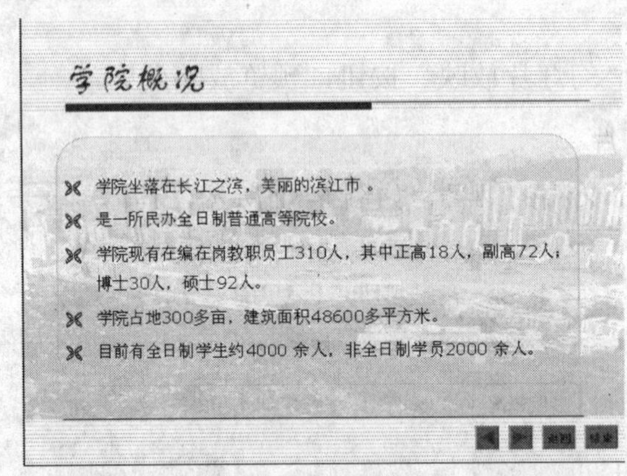

图 5-53　第三张幻灯片

（1）执行“插入”菜单下的“新幻灯片”命令，插入第三张幻灯片。

（2）输入标题“学院概况”，此处无须再为标题设置动画效果和文本格式，因为制作第二张幻灯片时已经在母版中进行了设置。

（3）将光标置于文本内容区，执行“格式”菜单下的“项目符号和编号”命令，切换到“编号”选项卡，单击“自定义”按钮，在弹出的“符号”对话框中选择项目符号。

（4）输入学院概况的有关文字。

（5）绘制一个圆角矩形，设置其填充颜色和线条颜色均为“灰色-25%”，填充透明度为“85%”，调整其大小和位置，用来修饰文本区文字。

（6）执行“幻灯片放映”菜单下的“自定义动画”命令，选取文本内容区所有文本，自定义其动画为“颜色打字机”、速度为“非常快”。

（7）单击“幻灯片放映”按钮，预览放映效果。

6．制作第四张幻灯片

这是一张关于专业设置的幻灯片，如图 5-54 所示，具体制作步骤如下：

（1）单击“格式”工具栏上的“新幻灯片”按钮 新幻灯片(N)，新建幻灯片。

（2）添加标题“专业设置”，其格式和动画与母版相同。

（3）删除“添加文本内容”区，绘制自选图形，设置其颜色、位置和大小，添加每个自选图形中文本框的文字内容。

（4）复制第三张幻灯片中圆角矩形框，粘贴到第四张幻灯片的相应位置，调整其大小和位置，置于底层，用来修饰幻灯片。

（5）对绘制的自选图形自定义动画，四个系的图形动画为“扇形展开、之后、中速”，四个介绍专业的矩形框动画为“阶梯状、之后、左下、中速”。

（6）调整动画顺序："计算机系"、"计算机系软件专业"……依次出现。

（7）单击"幻灯片放映"按钮，预览放映效果。

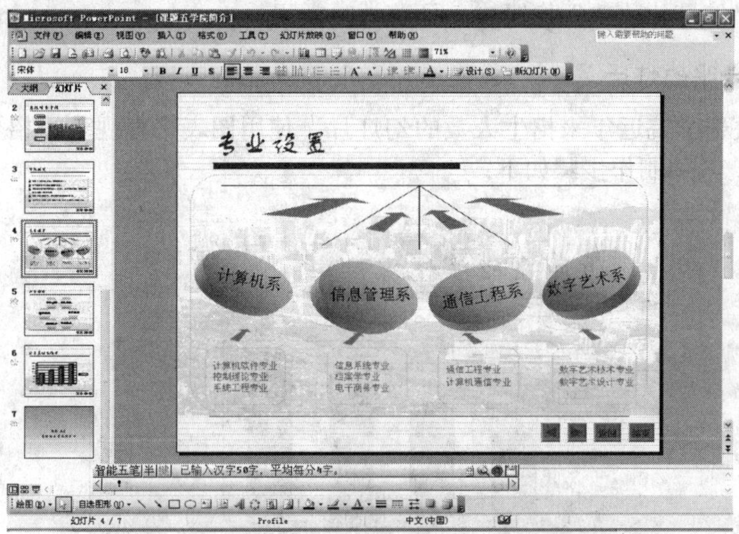

图 5-54 第四张幻灯片

7. 制作第五张幻灯片

这是一张关于办学理念的幻灯片，如图 5-55 所示，具体制作步骤如下：

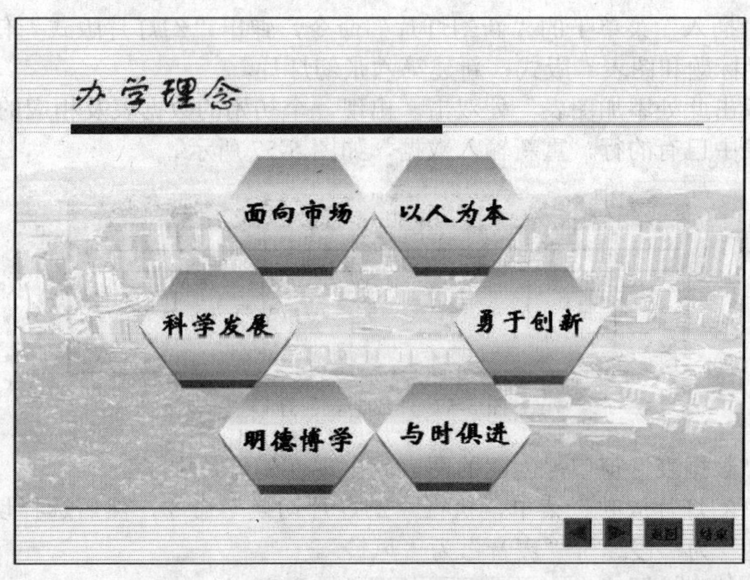

图 5-55 第五张幻灯片

（1）执行"插入"菜单下的"新幻灯片"命令，插入第五张幻灯片。

（2）输入标题"办学理念"，此处无须再为标题设置动画效果和文本格式，因为制作第二张幻灯片时已经在母版中进行了设置。

（3）删除"添加文本内容"区，绘制自选图形，设置其颜色、位置、大小，添加每个自选图形中文本框的文字内容。设置其填充效果为"水平双色渐变"。

（4）对绘制的自选图形自定义动画，效果为“缓慢进入、之后、中速”，按从左往右、先上后下的顺序调整动画顺序。

（5）单击“幻灯片放映”按钮，预览放映效果。

8．制作第六张幻灯片

这是一张关于学院近年来招生人数的幻灯片，使用图表来直观表达招生人数的信息，如图 5-56 所示，具体制作步骤如下：

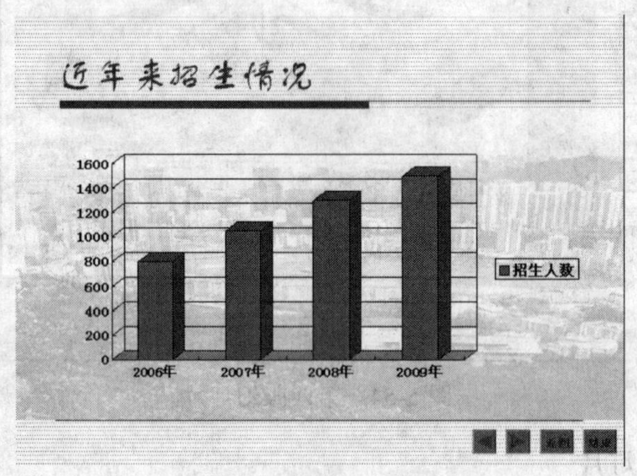

图 5-56　第六张幻灯片

（1）执行“插入”菜单下的“新幻灯片”命令，弹出“幻灯片版式”任务窗格。在任务窗格中选择“标题和图表”版式，新建第六张幻灯片。

（2）在“双击此处添加图表”处双击，出现一个初始的数据表及相应的图表。

（3）删除表中已有的行，重新输入数据，如图 5-57 所示。

123 - 数据表

		A	B	C	D	E
		2006年	2007年	2008年	2009年	
1	招生人数	800	1050	1300	1500	
2						
3						
4						

图 5-57 “数据表”窗口

（4）关闭“数据表”窗口，创建的图表就出现在幻灯片中了。

（5）打开“幻灯片放映”菜单，执行“幻灯片切换”命令，然后选择切换方式为“向下插入”，“速度”为“慢速”，“声音”为“风铃”。

（6）对绘制的自选图形自定义动画，并调整动画顺序。

（7）单击“幻灯片放映”按钮，预览放映效果。

9．制作第七张幻灯片

制作最后一张幻灯片，主要用来对观众表达谢意，如图 5-58 所示，具体制作步骤如下：

（1）执行“插入”菜单下的“新幻灯片”命令，插入第七张幻灯片。

（2）设置该幻灯片的背景效果为“雨后初晴”。在幻灯片空白处单击鼠标右键，在弹出的快捷菜单中选择“背景”命令项，弹出的“背景”对话框，如图 5-59 示，勾选“忽略母版的背景图形”，单击“填充效果”下拉按钮，在弹出的“填充效果”对话框，切换到“渐变”选项卡，设置预设颜色为“雨后初晴”，底纹样式为“水平”。

图 5-58 第七张幻灯片

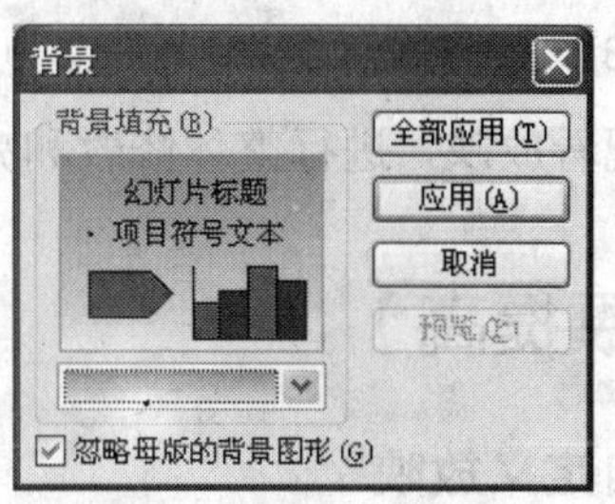

图 5-59 “背景”对话框

（3）删除标题区，在文本内容区输入“谢谢观看 长江信息学院招生办”，设置字体为“舒体”、字号为“40”，字体颜色为“红色”。

（4）选中文本，在自定义动画任务窗格中，设置动画效果，添加效果为“弹跳”，开始为“之后”，速度为“中速”。

（5）单击“幻灯片放映”按钮，预览放映效果。

10. 设置幻灯片切换方式

设置所有幻灯片切换方式为“顺时针回旋，3 根轮辐，慢速”；换片方式为“单击鼠标时”。

11. 设置超链接

（1）切换到第二张幻灯片，选中“学院概况”文本框，执行“插入”菜单下的“超级链接”命令，弹出“编辑超链接”对话框，如图 5-60 所示，在“链接到:”中选择“本文档中的位置”，在“请选择文档中的位置”下拉列表框中选择“学院概况”，最后单击“确定”按钮。

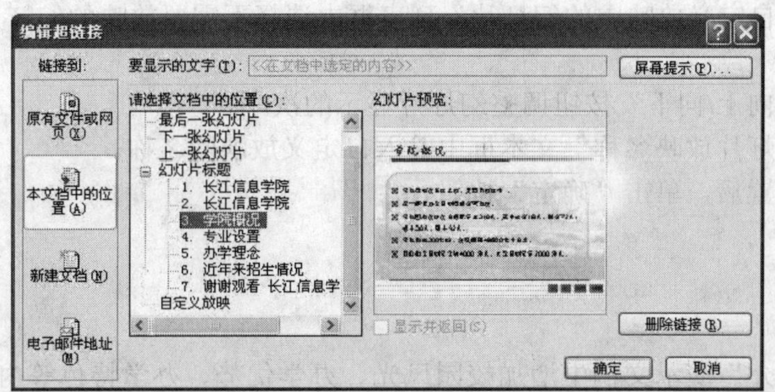

图 5-60 “编辑超链接”对话框

（2）按照同样的方法，把“专业设置”文本框超级链接到第四张幻灯片，把“办学理念”文本框超级链接到第五张幻灯片，把“招生情况”文本框超级链接到第六张幻灯片。

12．设置放映方式

执行“幻灯片放映”菜单下的“设置放映方式”命令，在弹出的对话框中设置放映类型、放映选项、换片方式等。

13．保存演示文稿

观看放映，进行整体修改和完善，最后单击“保存”按钮，以原文件名保存该演示文稿。

【拓展提高】

自定义放映

自定义放映的操作步骤如下：

（1）执行“幻灯片放映”菜单下的“自定义放映”命令，弹出“自定义放映”对话框，如图 5-61 所示。

（2）单击“新建”按钮，弹出“定义自定义放映”对话框，如图 5-62 所示。

（3）在“在演示文稿中的幻灯片”列表框中选择要添加到自定义放映的幻灯片，单击“添加”按钮。

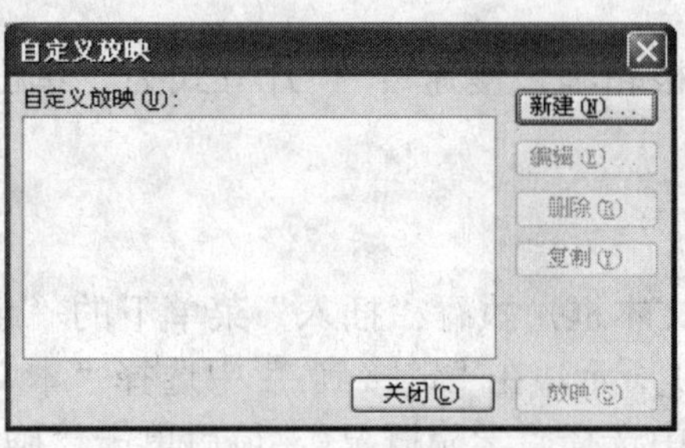

图 5-61 “自定义放映”对话框

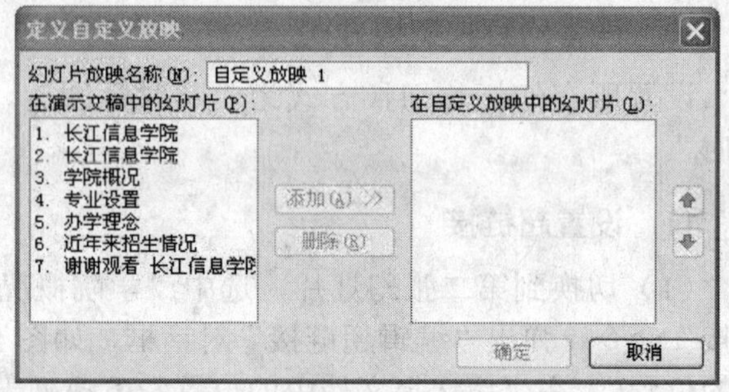

图 5-62 “定义自定义放映”对话框

（4）在“在自定义放映中的幻灯片”列表框中选择不需要放映的幻灯片，单击“删除”按钮。

（5）单击“向上/向下”按钮调整幻灯片显示的次序。

（6）在“幻灯片放映名称”文本框中输入自定义放映的名称。

（7）完成设置后，单击“确定”按钮。

【实战演练】

在“学院简介”演示文稿中增加校园风光、办学优势、办学特色等内容，并做好相应的超链接。

习 题 五

一、填空题

1．PowerPoint 2003 有__________、__________、__________、__________ 4 种最常用的视图。

2．PowerPoint 2003 有________母版、________母版、________母版、________母版 4 种母版类型。

3．利用______制作的演示文稿具有固定的格式和背景图案；利用______制作的演示文稿具有统一的背景图案。

4．在采用“空白”版式的幻灯片中输入文字内容，需要先执行“插入”菜单下的__________命令添加__________。

5．动作按钮是 PowerPoint 提供的__________的按钮对象。动画方案是 PowerPoint 对幻灯片________预设的动画效果。

6．执行“格式”菜单下的__________命令可以设置幻灯片的背景颜色和效果。

7．如果将幻灯片的正文升级为标题或者将标题降级为正文，可以单击大纲工具栏中的__________或__________按钮。

8．在幻灯片上插入剪贴画的方法是执行“插入”菜单下“图片”子菜单下的__________命令。

9．添加________按钮和创建________链接都可以控制演示文稿的放映顺序。

10．PowerPoint 2003 有__________（全屏幕）、__________（窗口）、__________（全屏幕）3 种常见的放映方式。

二、选择题

1．系统默认演示文稿文件的扩展名为______。

A．*.xls　　B．*.exe　　C．*.ppt　　D．*.doc

2．创建演示文稿的方法有______。

A．使用“内容提示向导”　　B．使用“模板”

C．使用“空演示文稿”　　D．以上都可以

3．在 PowerPoint 2003 中“视图”这个名词表示______。

A．一种图形　　B．显示幻灯片的方式

C．编辑演示文稿的方式　　D．一张正在修改的幻灯片

4．在幻灯片上可以插入______。

A．自绘图形　　B．图片　　C．艺术字　　D．以上都可以

5．幻灯片上可以插入______多媒体信息。

A．声音、音乐和图片　　B．声音和影片

C．声音和动画　　D．剪贴画、图片、声音和影片

6．如要终止幻灯片的放映，可直接按______键。

A．Ctrl＋C　　B．Esc　　C．End　　D．Alt＋F4

7．幻灯片内的动画效果，可以通过“幻灯片放映”菜单下的______命令设置。

A．动作设置　B．自定义动画　C．动画预览　D．幻灯片切换

8．在幻灯片切换效果框中有“慢速”、“中速”、“快速”，它们是指______。

A．放映时间　B．动画速度　C．换片速度　D．停留时间

9．PowerPoint 中，在______视图下，可以精确设置幻灯片的格式。

A．备注页视图　B．浏览视图

C．幻灯片视图　D．黑白视图

10．在 PowerPoint 中，放映幻灯片的方法中错误的是______。

A．单击演示文稿窗口左下角的“幻灯片放映”按钮

B．执行“幻灯片放映”菜单下的“观看放映”命令

C．执行“幻灯片放映”菜单下的“幻灯片放映”命令

D．直接按<F5>键，即可放映演示文稿

11．在 PowerPoint 中，对于已创建的多媒体演示文档可以用______命令转移到其他未安装 PowerPoint 的机器上放映。

A．文件/打包　B．文件/发送

C．复制　D．幻灯片放映/设置幻灯片放映

12．PowerPoint 中，在______视图下，不可以进行插入新幻灯片的操作。

A．大纲　B．幻灯片　C．备注页　D．放映

13．PowerPoint 中，关于在幻灯片中插入组织结构图的说法中错误的是______。

A．只能利用自动版式建立含组织结构图的幻灯片

B．可以通过插入菜单下的“图片”命令插入组织结构图

C．可以向组织结构图中输入文本

D．可以编辑组织结构图

14．下列对象中，不能作为 PowerPoint 2003 演示文稿的插入对象的是______。

A．图表　B．表格

C．图像文档　D．Windows 操作系统

15．要使幻灯片在放映时能够自动播放，需要为其设置______。

A．超级链接　B．动作按钮　C．排练计时　D．录制旁白

16．如果要从第三张幻灯片跳转到第八张幻灯片，需要在第三张幻灯片上设置______。

A．动作按钮　B．动画方案

C．幻灯片切换　D．自定义动画

17．PowerPoint 2003 中，在占位符添加完文本后，怎样使操作生效并结束？

A．按<Enter>键　B．单击幻灯片的空白区域

C．单击“保存”按钮　D．单击“撤销”按钮

18．PowerPoint 2003 中，插入图片时，插入的图片必须满足一定的格式，下列选项中，不属于图片格式的后缀是______。

A．BMP　B．TIF　C．JPG　D．SWF

19．关闭 PowerPoint 2003 时，如果不保存修改过的文档，会有什么后果？

A．系统会发生崩溃

B．刚刚修改过的内容将会丢失

C．下次 PowerPoint 将无法正常启动

D．硬盘产生错误

三、简答题

1．在演示文稿中，怎样插入声音、音乐、视频和动画？

2．在演示文稿中，怎样进行幻灯片的插入和删除操作？

3．怎样利用母版控制演示文稿中所有幻灯片的格式？

4．怎样添加动作按钮和创建超链接？

5．怎样定义“自定义放映”？

6．怎样打包演示文稿？

模块六

网络应用与操作

课题一　接入互联网

【课题效果】

本课题要达到的效果，如图 6-1 所示。

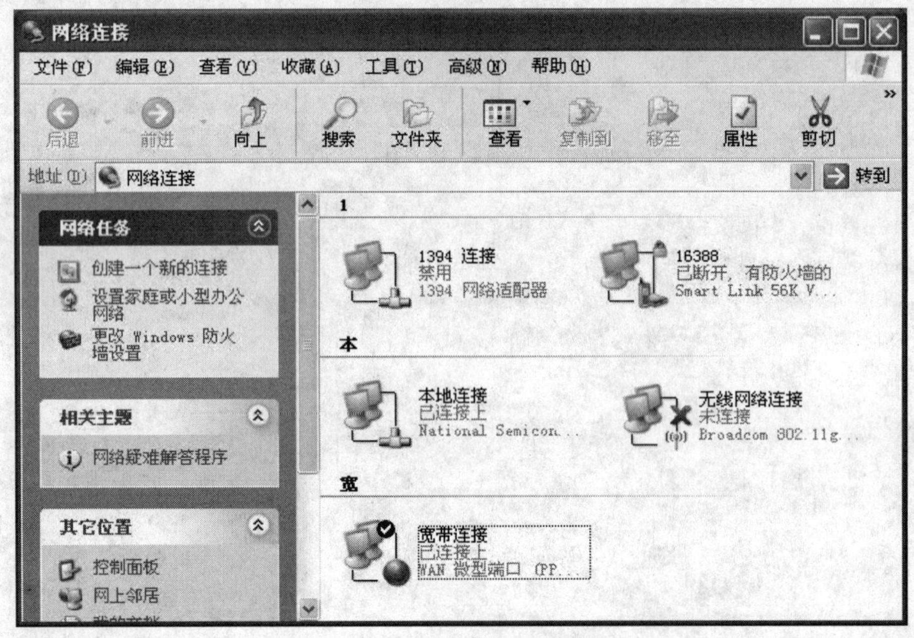

图 6-1　网络连接

【课题分析】

网络是将不同的计算机连接在一起，从而实现资源共享的有效方式。如图 6-1 所示，“1394 连接”是用于连接符合 IEEE 1394 标准设备的，一般用在高带宽应用之中。“16388”是电话拨号连接图标，“本地连接”图标是本地有线网卡连接，“无线网络连接”图标是本地无线网卡连接，“宽带连接”图标是本地宽带连接。

本课题的主要内容就是根据用户具体的条件，选择不同的接入方式，将计算机与互联网连接起来，为有效地利用网络资源建立必要的软、硬件基础。包括的知识要点有网络基本知识、接入互联网的方式、建立各种网络连接的方法。重点操作是宽带拨号连接、网关连接。

【知识链接】

一、网络概述

所谓计算机网络是指将地理位置不同且功能独立的单个计算机通过网络设施连接起来，在网络软件支持下实现资源共享的系统。一般用户接触的网络可分为两大类，即局域网（Local Area Network，简称 LAN）和互联网（Internet）。

由 Windows XP 组成的对等网是常见的局域网，独立的计算机靠网卡、网线、交换机实现对等连接，网上的单个计算机靠不同的 IP 地址来区分。IP 地址由两部分组成，即网络地址（Network ID）和主机地址（Host ID）。网络地址标识的是 Internet 上的一个子网，而主机地址标识的是子网中的某台主机。

温馨提示：IP 地址是一个长度为 32 位的二进制数，分为 4 段，每段 8 位，每个段之间用点号隔开，用于标识 TCP/IP 宿主机。普通用户在局域网内用自定义的 IP 地址来区分计算机，在互联网上一般由 DHCP 服务器在地址池中分配一个动态的 IP 地址来加以区分。

DHCP：动态主机分配协议（Dynamic Host Configuration Protocot，简称 DHCP）是一个局域网的网络协议，主要用途是内部网络或网络服务供应商自动分配 IP 地址和配置信息给用户。

互联网是网络与网络之间按照一定的通信协议所串连成的庞大的国际计算机网络系统。总是有一些骨干计算机使用固定 IP 地址作为中心服务器连接在互联网上，普通用户可以通过 ISP（网络服务提供商或网络运营商，Internet Service Provider，简称 ISP）来接入互联网，通常要依靠通信线路（通用或者专用）、网络硬件设备、专用账户来实现互联网的连接。

二、网络连接的硬件基础

最基本的网络硬件就是网卡（有线或者无线），它通常以板卡的形式直接集成或者插在计算机主板上。除此以外，带有 RJ45 型网卡接口的网线、调制解调器、宽带调制解调器（有线或者无线）、路由器（有线或者无线）、交换机等都是一般用户常用的网络连接硬件设备。

三、接入互联网的方式

由于计算机用户的地理位置及硬件配置的差异性，有很多不同的网络连接方式。普通用户常用的网络连接方式有以下几种：

1. 电话拨号连接

电话拨号方式是用户使用内置或者外置的调制解调器及普通的电话线路实现与异地计算机的网络连接。由于传输过程中使用的是模拟信号，所以网速不快。进行连接时要进行电话拨号及核对用户名与密码。而且在连接使用时不能使用普通电话功能。

2. 宽带拨号连接

宽带拨号方式包括在传统电话线路基础上的 ADSL 准宽带及光纤到楼、网线进户的宽带方式，是当今使用最为广泛的网络接入方式之一。由于传输过程中是数字信号，所以速度较电话拨号要快得多。开通宽带服务时选择的类型不同，上网速度会有差异。在进行连接时，需核对用户名与密码。

3．无线网络连接

这种连接方式与宽带连接方式相似，只不过计算机与连接设备间的通信使用了无线传输方式而已。无线路由器及无线网卡是典型的搭配方式。为保护无线资源，连接时要输入服务集标识（Service Set Identifier，简称 SSID）及网络密钥，以免被盗用。

此外，还可通过网关上网。通过网关上网就是局域网内的计算机通过网关形式来接入网络，用户机只需与网关设备处于同一个网段，就形成典型的对等网，只要网关设备接入了网络，则网内的其他计算机均能自由访问网络。这种形式一般理解为“共享上网”。

【操作步骤】

如图 6-1 所示，这是进行网络连接操作的窗口。在“控制面板”中单击“网络连接”图标就能打开这个应用窗口；执行“网上邻居”快捷菜单中的“属性”命令，或者选择系统托盘区中“网络连接”图标的快捷菜单中的“打开网络连接”都能打开这个应用窗口。

1．建立宽带连接

（1）如图 6-1 所示，单击窗口左侧“网络任务”下的“创建一个新的连接”，出现“新建连接向导-欢迎使用新建连接向导”对话框，如图 6-2 所示，单击“下一步”按钮。

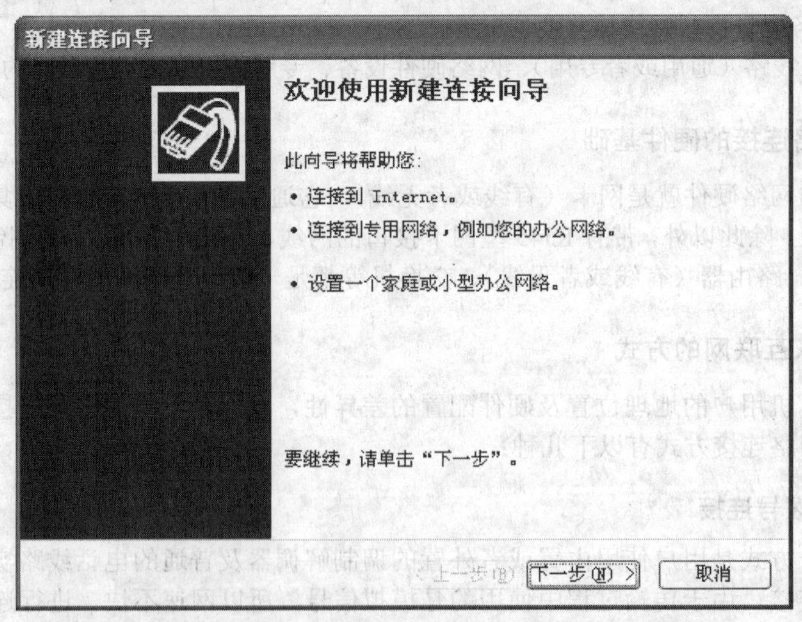

图 6-2 “新建连接向导-欢迎使用新建连接向导”对话框

（2）弹出“新建连接向导-网络连接类型”对话框，如图 6-3 所示，选择“连接到 Internet”单选框，单击“下一步”按钮。

（3）弹出“新建连接向导-准备好”对话框，如图 6-4 所示，选择“手动设置我的连接”单选框，单击“下一步”按钮。

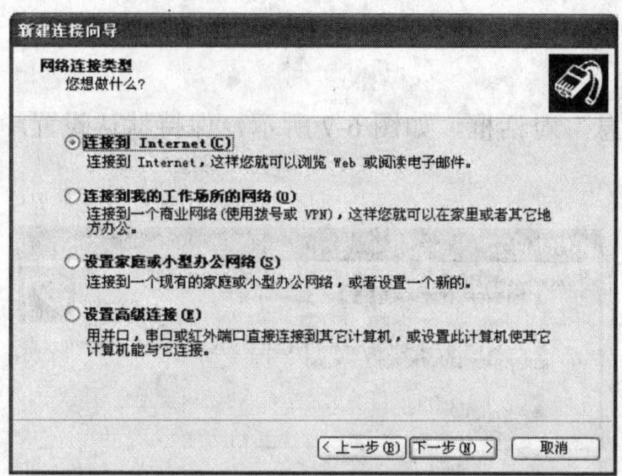

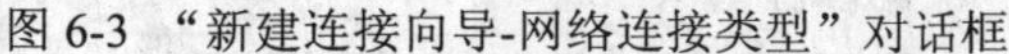

图 6-3 “新建连接向导-网络连接类型”对话框

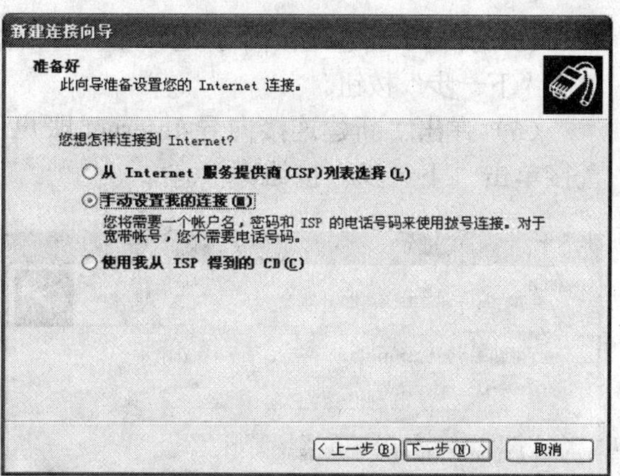

图 6-4 “新建连接向导-准备”对话框

〽温馨提示：如图 6-3 所示，连接到互联网总是使用第一个单选框。后面的几个单选框依次用于连接到专门的网络、设置小型网络以及用计算机的并行或者串行等端口来进行双机的直接连接，属于特殊的需要。普通用户使用计算机上网，往往特指连接到 Internet，本课题所描述的网络连接，也针对的是 Internet，特此说明。

(4)弹出“新建连接向导-Internet 连接”对话框，如图 6-5 所示。图中的三种连接到 Internet 的方式分别对应前述的三种网络连接方式，建立宽带连接时，选择第二项“用要求用户名和密码的宽带连接来连接”，单击“下一步”按钮。

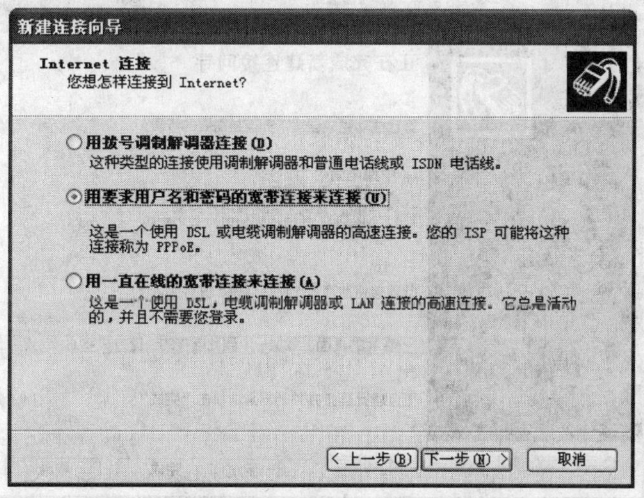

图 6-5 “新建连接向导-Internet 连接”对话框

〽温馨提示：如图 6-3 所示，综合业务数字网（Integrated Services Digital Network，简称 ISDN），又称“一线通”，是一个数字电话网络国际标准。它在普通的铜缆上以更高的速率和质量传输数字语音和数据信息。数字用户环路（Digital Subscriber Line，简称 DSL），是一种基于普通电话线的宽带接入技术。在进行数据连接时并不影响正常的通话。PPPoE（Point-to-Point Protocol Over Ethernet）是一种网络连接协议，支持多台主机连接 ISP 的宽带接入服务器上。

（5）弹出“新建连接向导-连接名”对话框，如图 6-6 所示，“ISP 名称”文本框保持为空，单击“下一步”按钮。

（6）弹出“新建连接向导-Internet 账户信息”对话框，如图 6-7 所示，保持默认设置，直接单击“下一步”按钮。

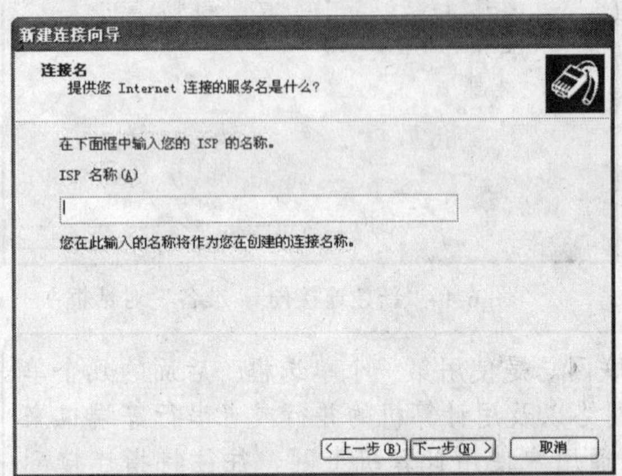

图 6-6 “新建连接向导-连接名”对话框

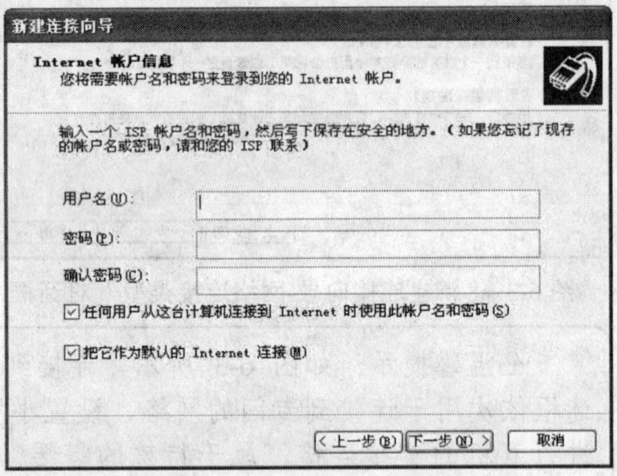

图 6-7 “新建连接向导-Internet 账户信息”对话框

（7）如图 6-8 所示，在“新建连接向导-正在完成新建连接向导”对话框中勾选“在我的桌面上添加一个到此链接的快捷方式”，单击“完成”按钮。

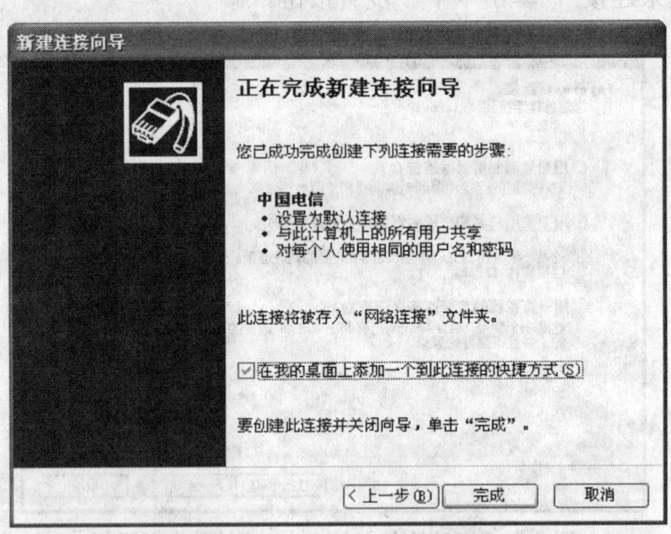

图 6-8 “新建连接向导-正在完成新建连接向导”对话框

（8）经过以上步骤后，在桌面上会出现一个“宽带连接”的快捷方式图标，如图 6-9 所示。

图 6-9 “宽带连接”的快捷方式图标

（9）双击“宽带连接”快捷方式图标，弹出“连接 宽带连接”对话框，如图 6-10 所示，输入用户名和密码，勾选“为下面用户保存用户名和密码”和“任何使用此计算机的人”。单击“连接”按钮就开始校验用户与密码，然后完成网上连接，就可以开始网上冲浪了。以后每次需要上网时，只要双击“宽带连接”快捷方式图标即可。

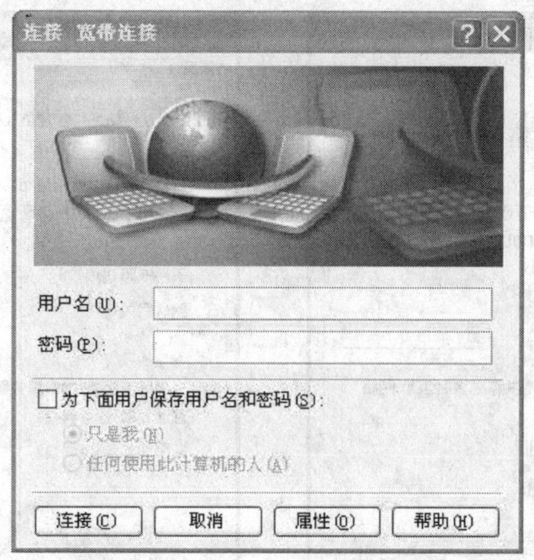

图 6-10 “连接 宽带连接”对话框

温馨提示：这里所建立的宽带连接，既可用于使用 ADSL 调制解调器或路由器的宽带网络连接，又可用于使用网线到户的宽带连接。

建立电话拨号上网连接与建立宽带上网连接的操作步骤基本相似，在此就不再重复介绍了。

2. 通过网关上网

具有路由功能的设备的 IP 地址就是网关的 IP 地址，用户机与某台设备处于同一个网段，建立了对等网，只要网关设备接入了互联网，用户机就可以自由地上网。所以通过网关上网的关键是获得正确的网关 IP 地址，设置本机的 IP 地址及 DNS 服务器的 IP 地址。

（1）鼠标右键单击“本地连接”图标，弹出“本地连接”快捷菜单，单击“属性”命令项，弹出“本地连接 属性”对话框，如图 6-11 所示。

（2）在对话框中选择“Internet 协议（TCP/IP）”，单击“属性”按钮，弹出“Internet 协议（TCP/IP）属性”对话框，图 6-12 所示。选择“使用下面的 IP 地址”，输入各栏的地址，其中，“IP 地址”栏指的是本机的 IP 地址，“默认网关”指的是网关设备的 IP 地址，“子网掩码”一般输入“255.255.255.0”。输入可用的 DNS 服务器的 IP 地址。即完成了网关上网的连接设置。

温馨提示：传输控制协议/因特网互联协议（Transmission Control Protocol / Internet Protocol，简称 TCP/IP），是供已连接互联网的计算机进行通信的通信协议。域名系统（Domain Name System，简称 DNS）就是进行域名解析的服务器，通过域名解析系统解析找到相对应的 IP 地址，从而定位资源。子网掩码（subnet mask）又叫地址掩码，用于将某个 IP 地址划分成网络地址和主机地址两部分，必须结合 IP 地址一起使用。

☞技巧点滴：IP 地址、子网掩码、DNS 服务器地址必须向提供网络接入服务的网络运营商索取，否则将无法上网。

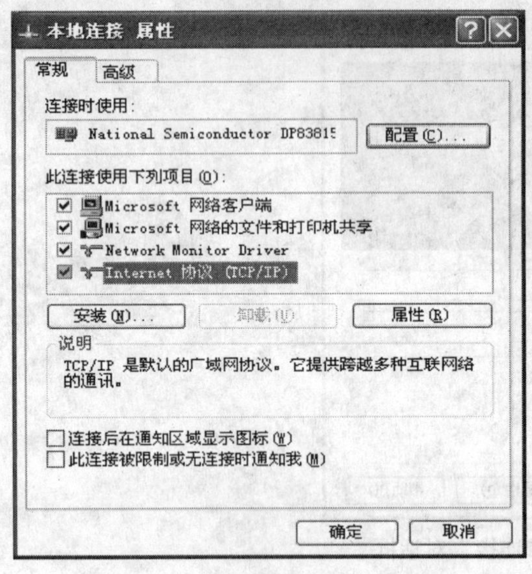

图 6-11 “本地连接 属性”对话框

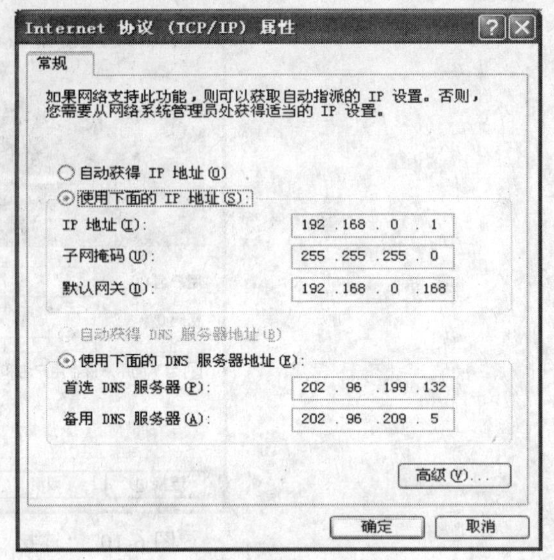

图 6-12 指定 IP 地址

3. 设置无线网络连接

（1）正确安装无线网卡硬件及驱动程序后，在“网络连接”窗口中就会看到“无线网络连接”图标，用鼠标右键单击“无线网络连接”图标，弹出快捷菜单，单击“属性”命令项，弹出“无线网络连接 属性”对话框，如图 6-13 所示。

（2）切换到“无线网络配置”选项卡，勾选“用 Windows 配置我的无线网络设置”，单击“查看无线网络”按钮，系统即开始搜索无线网络节点，如图 6-14 所示。

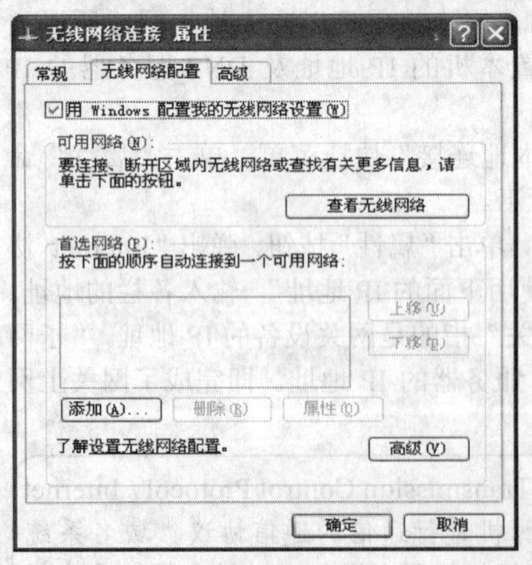

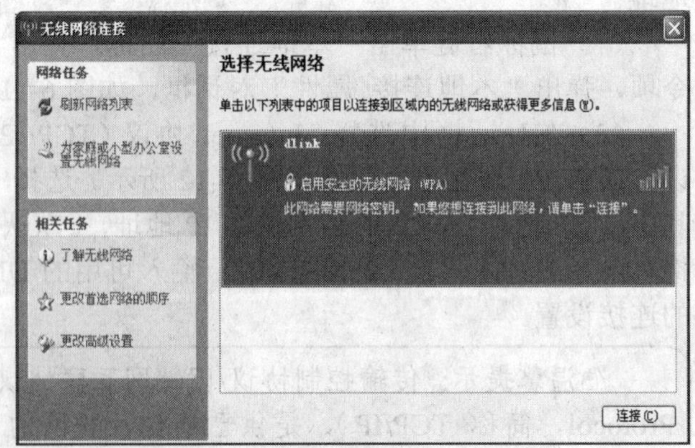

图 6-13 “无线网络连接 属性”对话框　　　　图 6-14 搜索无线网络节点

（3）选择可用的无线网络节点，单击“连接”按钮，弹出“无线网络连接”对话框，如图 6-15 所示。输入“网络密钥”即完成了无线网络连接设置。

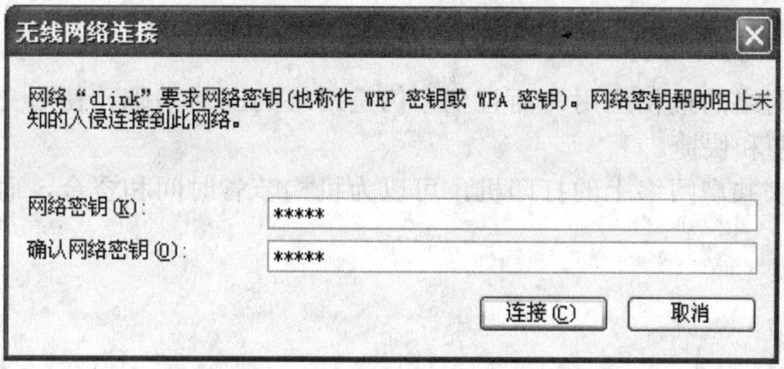

无线网络连接

网络“dlink”要求网络密钥(也称作 WEP 密钥或 WPA 密钥)。网络密钥帮助阻止未知的入侵连接到此网络。

网络密钥(K): *****

确认网络密钥(O): *****

连接(C) 取消

图 6-15 输入“网络密钥”

【拓展提高】

一、用宽带调制解调器或路由器来拨号连接

一般的宽带调制解调器都内置有路由功能，路由器就更不必说了，用户可以打开其路由功能，让设备来拨号，从而实现共享上网。上网时不但免去手动拨号，还能最大限度地利用资源。

各 ADSL 调制解调器及路由器的设置不尽相同，可查看相应设备的说明，这样可以获得较为详细的设置说明。

二、网络功能

网络给用户提供了很多实用的功能。借助这些功能，用户可以享受网络所带来的许多便利服务。在一些大型组织中，可能会使用多台服务器分别实现各种功能，在只有少数用户和少量网络流量的办公室内，可使用一台服务器来实现这些功能。

1. 通信服务功能

数据通信是指计算机网络中可以实现的计算机与计算机之间的数据传送。

2. 分布处理功能

当某台计算机负担过重时，或该计算机正在处理某项工作时，网络可将新任务转交给空闲的计算机来完成，这样处理能均衡各计算机的负载，提高处理问题的实时性；对大型综合性问题，可将问题各部分交给不同的计算机分头处理，充分利用网络资源，扩大计算机的处理能力，即增强实用性。对解决复杂问题来讲，多台计算机联合使用并构成高性能的计算机体系，这样协同工作、并行处理要比单独购置高性能的大型计算机便宜得多。

3. Internet 服务功能

作为全球覆盖面最广的网络，Internet 已经成为生活和商业活动中不可或缺的工具。

Internet 服务包括“万维网”（World Wide Web，简称 WWW）、信息搜索方法、电子邮件（E-mail）、电子公告板系统（Bulletin Board System，简称 BBS）、远程登录（Telnet）、文件传输协议（File Transfer Protocol，简称 FTP）等。

4．文件服务和打印服务

文件服务是网络的最初应用，而且至今仍是网络的应用基础。使用文件服务可以使数据的复制更为方便和快捷。

打印服务用来共享网络上的打印机，可以为机构节省时间和资金，而且维护和管理工作会更少。

【实战演练】

设置本机的“TCP/IP”属性，建立本机的宽带连接。

课题二　浏览搜狐网

【课题效果】

本课题要达到的效果，如图6-16所示。

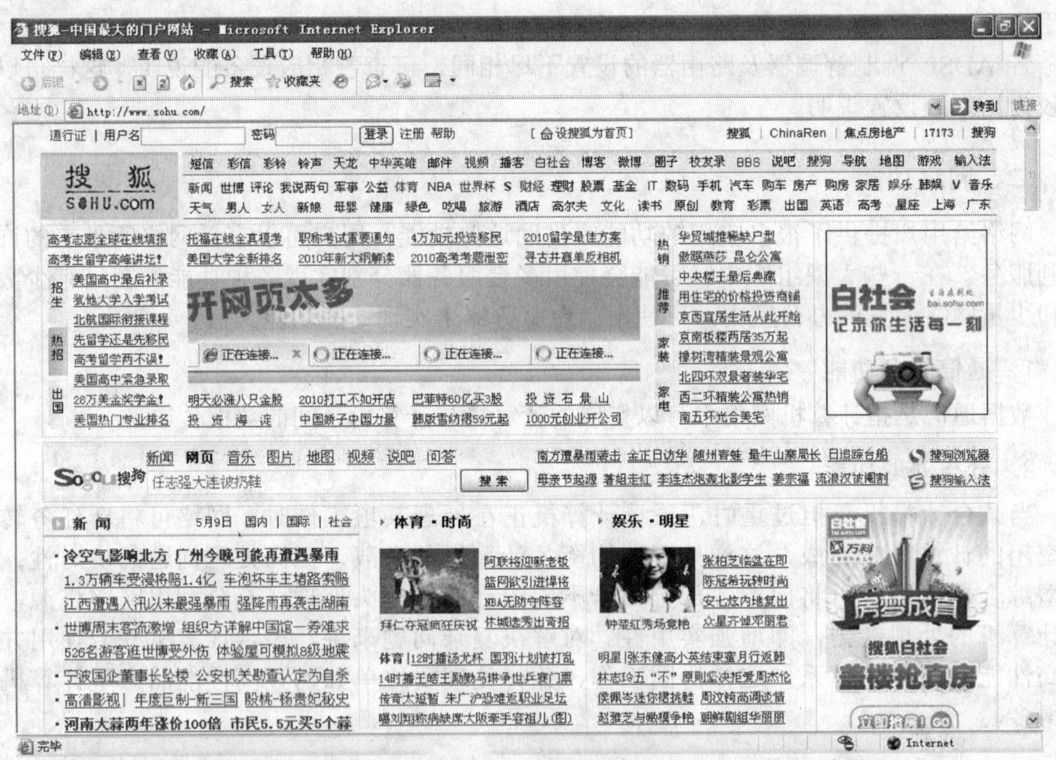

图6-16　浏览搜狐网

【课题分析】

浏览器是上网应用与操作的最主要工具，本课题的主要内容是使用Internet Explorer浏览器浏览搜狐网，包括的知识要点有 Internet Explorer 浏览器的使用及其设置、浏览网页常用的术语、浏览网页的操作步骤。重点操作是浏览网页的操作、设置 IE 主页、收藏网页地址、保存网页上的信息。

【知识链接】

一、Internet Explorer 浏览器简介

WWW 是英文 World Wide Web 的缩写，它的意思是全球信息网。在互联网上提供 WWW 服务的计算机称为 WWW 网站。在 WWW 网站上，不仅可以传递文字信息，还可以传递图形、声音、影像、动画等多媒体信息。

浏览器是一种为 WWW 服务的软件，专门用来将 WWW 上的多媒体信息转换成用户可以看得到的文字、图形、听得见的声音。目前最常用的浏览器是微软公司的 Internet Explorer（简称 IE 浏览器）浏览器，本课题以 IE 6.0 为例介绍浏览器的使用。

Internet Explorer 浏览器是 Microsoft 公司设计开发的一款网络浏览器，在 Windows XP 操作系统中集成了 IE6.0 这个版本。使用 IE 浏览器，用户可以从服务器上搜索需要的信息、浏览网页、收发电子邮件等。IE 浏览器目前最新的版本为 IE8.0（IE 9.0 的测试版本已经于 2010 年 3 月 17 日推出，但正式版尚未发布），用户可以根据需要自行升级安装。

二、Internet Explorer6.0 浏览器工作窗口

IE 浏览器的工作窗口如图 6-16 所示。其窗口与“资源管理器”窗口类似，用户可以在地址栏里输入某个网址来访问或者输入关键字来搜索网络资源，地址栏下面的区域就是网页内容显示区。IE 工具栏上有打开主页、前进、后退、刷新、查看历史内容等命令按钮可更方便地浏览网页。

三、浏览网页常用的术语

1. 网页和网站地址

如果把 WWW 看作是一个图书馆，那么每一个网站就是这个图书馆中的一本书。每个网站都包含许多画面。进入该网站时显示的第一个画面称为“主页”或“首页”，而同一个网站的其他画面称为“网页”。

为了便于用户查找，就像每一间房子都有门牌号码一样，每个网站都有一个代码，称为网站地址，简称网址。例如，搜狐的网址是“http://www.sohu.com/”。

如果用户希望访问某个 WWW 网站中的某个网页，只要在浏览器中输入该网站的网址，便可以看到这个网站的首页。

网页的一个重要特点是，它可以包含若干个能够进入其他网页的“超链接”。在网页中，将鼠标指向一些文字或图片时，鼠标指针会变成形，这表明此处是一个“超链接”。单击该“超链接”，即可进入“超链接”指向的网页。

一个网站的首页相当于该网站的目录或封面，在首页上通常设置了许多“超链接”，通过这些“超链接”即可进入该网站的其他网页。

2．域名、URL、HTTP

互联网上的计算机，无论是服务器还是客户端的计算机，都是基于 TCP/IP 进行通信和连接，要进行区分就需要使用 IP 地址这一特定的身份代码，它是一个长度为 32 位的二进制数，很难记忆，所以又有所谓的域名系统（DNS），将 IP 地址符号化。例如，"www.cctv.com"是中央电视台的域名地址，PING 这个域名地址回复的 122.224.185.6 则是其 IP 地址。用户在浏览器的地址栏输入某个域名，将打开这个域名所指向的网站主页。

温馨提示：PING 命令是用来检查网络是否通畅或者网络连接速度的命令。一般在"开始"菜单的"运行"里面执行，在 DOS 下及 DOS 窗口也能执行。

统一资源定位符（Uniform / Universal Resource Locator，简称 URL），即网页地址，简称网址。是用户访问网络资源的基本单位。URL 由三部分组成：协议类型，主机名和路径及文件名，它明确指示网页在哪台计算机及该计算机的什么位置。用户在浏览器的地址栏输入某个网址，将打开这个网址所指向的网页。

超文本传输协议（HTTP）是客户端浏览器或其他程序与网络服务器之间的应用层通信协议。

3．收藏夹

收藏夹实际上是一个文件夹，用户可以在里面放置以文件形式存在的某些网页或者网站的地址，这些文件里记录着相应的 URL。有经验的用户完全可以像管理计算机文件一样来管理这些地址文件。

4．链接

可以认为链接是网址的快捷引用指针，它实际上是存在于收藏夹下的一个子文件夹。用于存放那些需要频繁访问的以文件形式存放的网页地址，就好像系统的快速工具栏一样。

5．历史记录

存放用户近期访问网络的历史记录，可以帮助用户快速地查看曾经打开过的网页内容。因此不仅仅是网页地址，还包括具体的内容。一般存放在 IE 的临时文件夹里，视保留历史记录的多少而占据一定的硬盘存储空间。

【操作步骤】

1．浏览搜狐网

浏览搜狐网，也就是访问搜狐网站，其操作步骤如下：

（1）通过本计算机的上网方式，将计算机接入互联网。

（2）启动 IE 浏览器，就可打开已设置的主页，浏览互联网的信息。

（3）现在想访问搜狐网站，那么就在地址栏中输入"www.sohu.com"，然后按键盘上的 <Enter>键或者用鼠标左键单击地址栏后面的"转到"按钮 转到 就可以进入搜狐网站的页面，如图 6-16 所示。

> 温馨提示：如果打开的主页上有搜狐网站的“超链接”，直接单击该“超链接”即可进入搜狐网站。

（4）单击搜狐网站网页上的“超链接”，即可迅速转入其相应的网页，进行信息浏览。例如，单击搜狐网站主页上的“世博”超链接就跳转到搜狐网的“2010 上海世博会”专题，就可以浏览相应的内容，如图 6-17 所示。

图 6-17 2010 上海世博会-搜狐新闻

（5）如果想回到上一页面，可以单击标准工具栏上的“后退”按钮，就可回到上一页面，回到搜狐网主页面后，会发现标准工具栏中的“前进”按钮也会亮色显示了。单击“前进”按钮就又来到刚才打开的“2010 上海世博会”页面。

> 温馨提示：标准工具栏中的按钮若是灰色显示，表明是不可执行的。单击链接页面跳转到一个新窗口，如果不想浏览该窗口中的内容，那么就只有直接单击窗口右上角的“关闭”按钮把该窗口关闭了。

2. 自定义浏览器主页

将地址栏里网页地址前面的 IE 图标或者网页内容显示区里任意一个链接拖动到工具栏上的“主页”图标上，将弹出“主页”对话框，如图 6-18 所示，单击“是”按钮，即将当前拖动对象的地址设为主页，单击“否”按钮，退出主页设置操作。

3. 收藏网页地址

执行“收藏”菜单下的“添加到收藏夹”命令，弹出“添加到收藏夹”对话框，如图 6-19 所示，能够更好地对收藏夹进行定义。

类似地，将目标拖动到“链接”栏上就新增了一个链接地址。

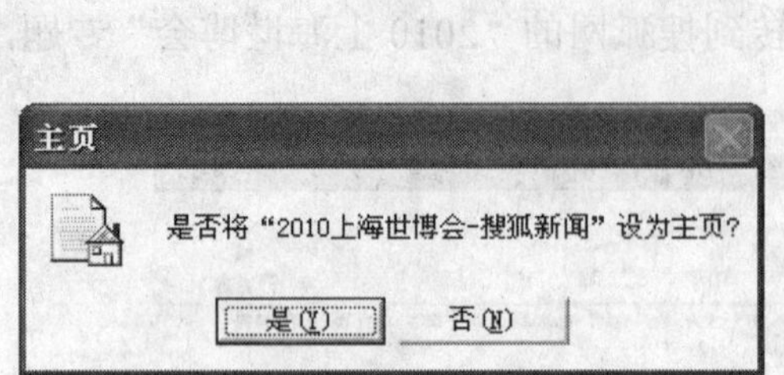

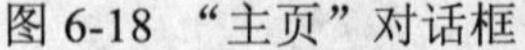

图 6-18 “主页”对话框

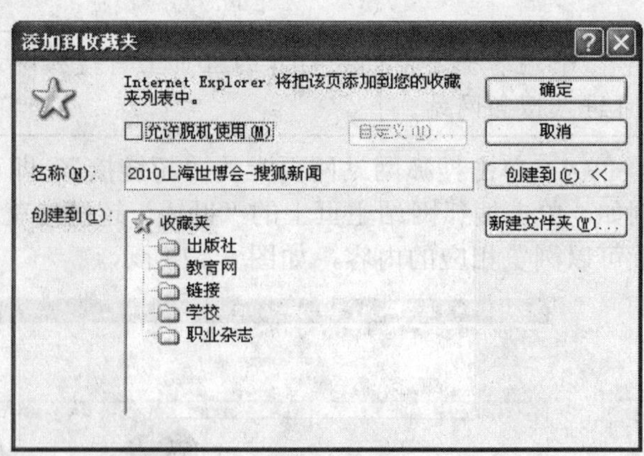

图 6-19 “添加到收藏夹”对话框

☞技巧点滴：将地址栏里网页地址前面的 IE 图标或者网页内容显示区里的任意一个链接拖动到工具栏上的“收藏夹”图标上，就将当前对象的网页地址放入到了收藏夹里，不会出现提示信息。

温馨提示：执行“收藏”菜单下的“整理收藏夹”命令，可以对收藏和链接里面的网页地址进行编辑整理。通过整理后形成树形结构，从而使收藏地址更清晰。同时可以命名为自己便于辨识的名字使收藏地址更醒目。

4．保存网页上的文字信息

在浏览网页过程中，经常发现网页上的某一段文字很重要或很有趣，希望保存到本地计算机上。常用的方法是：

（1）鼠标指针指向这段文字的起点处，接着在网页上拖动鼠标指针，指针拖动过的区域将会反色显示。

（2）当所需信息都被包括到反色区域中时，单击 IE 窗口顶部的“编辑”菜单中的“复制”命令项，把选中的文字发送到“剪贴板”中。

（3）打开“记事本”或文字处理工具 Word，然后执行其“编辑”菜单下的“粘贴”命令，就可以把信息粘贴到“记事本”或 Word 中，然后用“记事本”或 Word 对这些信息进行处理即可。

5．保存网页上的图片和其他对象

在浏览网页过程中，有时发现网页上的某个图片很重要或很感兴趣，希望保存到本地计算机上。常用的方法是：

用鼠标指针指向这个图片，单击鼠标右键，系统会弹出一个快捷菜单，从中选择“图片另存为”命令项，在随后弹出的“保存图片”对话框中指定图片的位置和文件名称，最后单击对话框右下角的“保存”按钮就可以了。

网页上除了有文字、图片外，还可能链接其他的媒体，例如，某一标志链接了 Word 文档、Excel 文档、声音文件等，保存这些媒体文件到本地计算机的方法如下：

用鼠标指针指向这个超级链接，单击鼠标右键，系统会弹出一个快捷菜单，从中选择“目标另存为”命令项，在随后弹出的“另存为”对话框中指定文件的位置和名称，最后单击对话框右下角的“保存”按钮就可以了。

6. 以各种文件形式保存网页

有时需要保存整个网页，则可以利用系统提供的文件保存功能。最常见的方法是使用IE提供的功能：

（1）登录某个网站后，希望保存当前网页，则单击IE系统菜单“文件”→“另存为”，随后弹出一个“保存网页”的对话框。

（2）在“保存网页”对话框中，输入要保存网页的文件名称，并在“保存类型”栏目内选择以什么样的类型来保存网页。

温馨提示：如果仅需要保存文字信息则使用文本文件保存类型，若要图文并茂则使用网页保存类型。

技巧点滴：当鼠标指针在图片上停留时，会在图片的左上角弹出工具栏，点击图标将弹出“保存图片”对话框，可将图片快速保存。至少200×200像素的图像才能使用工具栏。要保存较小的图像，或者没有弹出工具栏的图片，单击鼠标右键图像上的任何位置，然后单击“另存为”命令项。

【拓展提高】

一、IE浏览器的设置

IE浏览器的设置功能都由“Internet选项”对话框实现，“Internet选项”对话框如图6-20所示。打开“Internet选项”对话框的方法有很多，最常见的方法有三种：

方法一：在IE打开状态下，执行“工具”菜单下的“Internet选项”命令，可以打开“Internet选项”对话框。

方法二：右键单击桌面上的IE图标（注意不是IE的快捷方式），在弹出的快捷菜单中选择“属性”命令项，也可以打开“Internet选项”对话框。

方法三：单击Windows XP“控制面板”中“网络和Internet连接”下的“Internet选项”图标，也可以打开“Internet选项”对话框。

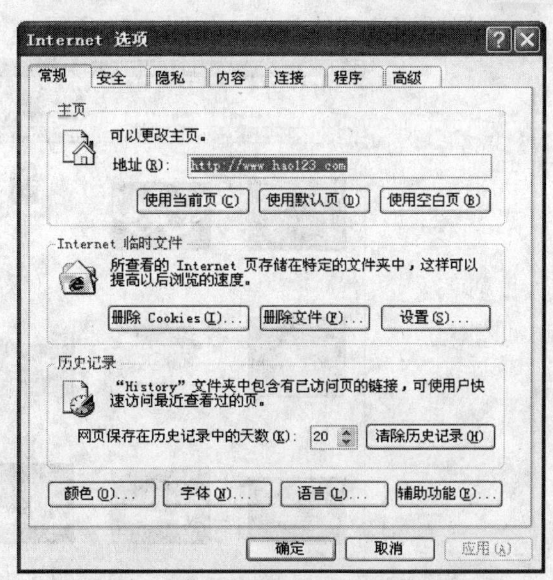

图6-20 “Internet 选项”对话框

1. 设置IE的主页

每次启动IE时，IE默认打开的网页称为IE的默认主页。如图6-20所示，在“Internet选项”对话框的“常规”选项卡中，第一项就是主页的设置，在此可根据情况设置IE主页。

2. 删除临时文件和历史记录

频繁使用Internet上的不同资源，会造成IE保存的临时文件增多，磁盘空间的浪费和网络性能的下降。为此，IE提供了临时文件管理和历史记录管理功能。

“Internet 选项”对话框的“常规”选项卡中的“删除 Cookies”按钮用来清除网站留下的文件；“删除文件”按钮用于删除上网时产生的临时文件；“设置”用来改变临时文件夹的位置及可使用的临时存储空间的大小和访问网页时的模式等。“清除历史记录”按钮可以清除 IE 地址栏中存储的已访问过站点的所有记录项目。

温馨提示: Cookie 是用户访问某些网站时网站留下的存放个人特征信息的一个小文件，以便回访时再次利用，例如账号、ID、访问网站的次数、时间、进入路径等，都是一种隐私信息。它在某种程度上已经危及用户的隐私和安全。

此外，还可根据需要，来设置 IE 浏览器关于安全、隐私、内容、连接、程序等方面的内容。

二、脱机浏览

所谓脱机浏览是指在没有连接互联网的情况下，仍能查看网页。要实现脱机浏览必须保证这些网页曾经被浏览过，或者收藏的时候勾选过“允许脱机使用”，单击“文件”菜单下的“脱机使用”命令项，则这些网页就可以在历史记录里进行脱机浏览了。

温馨提示: 如果使用 Webdup、Offline 等离线浏览类软件，就能更好地离线浏览了。

【实战演练】

将“http://www.people.com.cn”设为 IE 主页，并访问该网站。单击“新闻”超链接，浏览“人民网_新闻中心”，将其添加到收藏夹，保存网页上任意一张图片到“我的文档”中。

课题三　搜索奥运图片等心仪资源

【课题效果】

本课题要达到的效果，如图 6-21 所示。

图 6-21　用百度搜索的奥运图片

【课题分析】

网络是一个信息资源的宝库，其信息涵盖量之大非人力能所掌握，如何在种类繁杂、浩如烟海的资源中快速准确找到想要的资源是本课题的主要内容。本课题包括的知识要点有搜索引擎及其使用、搜索的方法与技巧。重点操作是用百度来搜索奥运图片、用雅虎来搜索世博会的交通消息、查询火车车次、在百度百科查询知识。

【知识链接】

一、资源的分布状态

网络是信息资源的宝库，由于构成网络的计算机的复杂性，如果仅从接入的角度讲，网络上信息资源完全处于一种无序的状态，它们随机地分布在某个角落。每个接入的计算机，只清楚自己开放的那些信息资源，至于其他计算机上有什么资源、在什么位置、如何引用都是一个未知数。再加上网络上的资源有丰富的信息种类，有的是文字，有的是图片，有的是声音，有的是影像，有的是文档，有的是程序，甚至同一种类的媒体信息会有不同的文件名，存放数据的不同格式，这些因素就更增加了用户检索的难度。仅仅依靠人力，不可能遍历全球的信息资源。可以依赖的当然只有计算机及特定的计算机软件了。

二、搜索引擎与搜索

网络上的信息资源就好比是一个庞大的数据库，里面存放有全部的网络资源，而且不停地在动态更新。从数据库的角度出发，要快速地找到想要的记录，往往需要使用索引这一技术。就好比图书馆一样，为本馆的所有图书建立一个档案，记录书籍的名称、作者、出版单位、年代、价格、内容提要、存放地点与位置等特征信息，所以管理员根据这些信息就可以很快地找到某本书籍。

搜索引擎（search engine）就是这样一位“管理员”，它根据一定的策略、运用特定的计算机程序搜集互联网上的信息，并对信息进行组织和处理，并存放于本站的数据库中，然后为用户提供检索服务。用通俗地话讲就是那些向用户提供专业搜索信息服务的网站。

比如百度、搜狗、雅虎、新浪、网易，包括 IE 都是常用的搜索引擎。

温馨提示：当然不单是这些专业的搜索网站才能提供搜索服务。事实上绝大部分网站都提供搜索功能，只不过有的仅限于站内的资源。访问网页时只要留心观察就能找到进行搜索的输入框及命令按钮，通常还会有一些设定范围控件可供使用。

三、查询信息

查询信息是互联网提供的最实用的网络服务，互联网完全称得上是一部百科全书。它操作简单，无须安装额外的软件就能很方便实现。小到生活点滴，大到天文地理，乃至科学技术，只要用户感兴趣的内容，几乎都可以获得有帮助的信息。再加上大大小小的专业或者非专业的信息查询系统对公众的开放，检索信息、查看知识内容就变得非常方便了。查询信息总是和搜索相关，所以从某种角度来说，也可以把查询信息看成是搜索资源、利用资源的过程。

【操作步骤】

1. 用百度来搜索奥运图片

在浏览器地址栏里输入百度的主页地址，即进入百度主页界面，如图 6-22 所示。

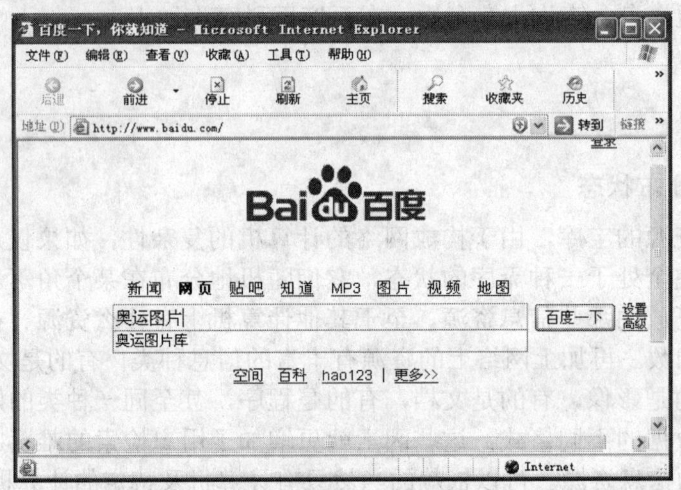

图 6-22　百度搜索主页面

在文本框里输入“奥运图片”，单击“百度一下”按钮，从返回的地址列表中选择一个链接，打开后的效果如图 6-21 所示。

2. 用雅虎来搜索世博会的交通消息

在浏览器地址栏里输入雅虎的主页地址，即进入雅虎主页界面，如图 6-23 所示。

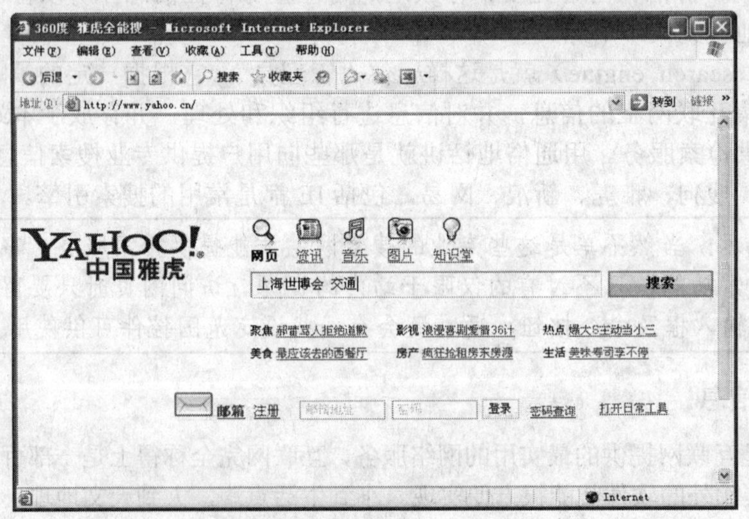

图 6-23　雅虎搜索主页面

在文本框里输入“上海世博会 交通”，单击“搜索”按钮，则返回搜索结果网页，如图 6-24 所示。在此网页上单击任意一个链接都可看到相关的上海世博会交通信息。

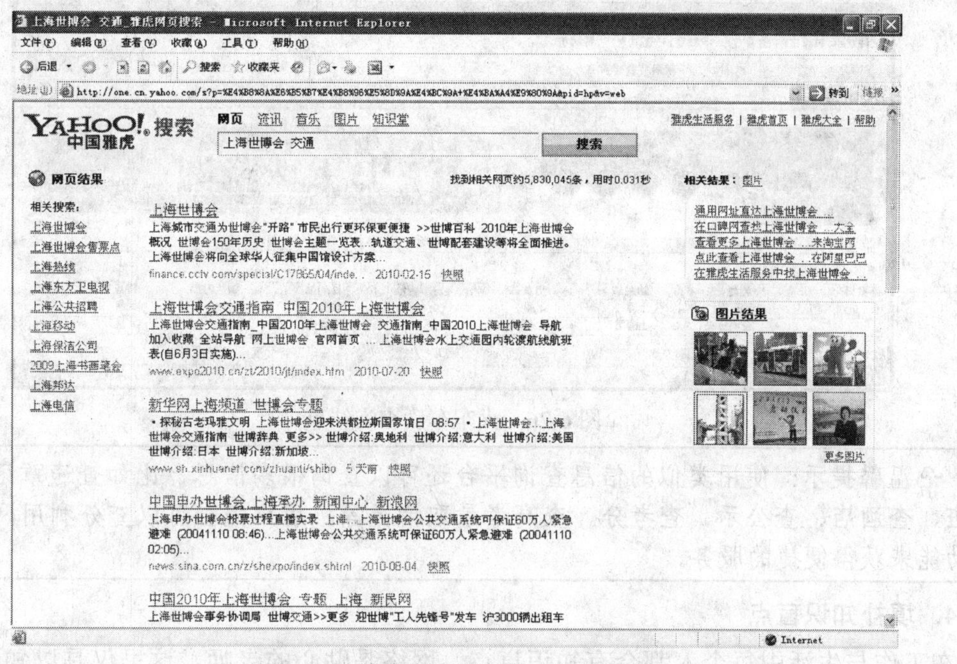

图 6-24　雅虎搜索的世博会交通消息

3．查询火车车次

在地址栏里输入“http://www.258.com.cn/Default.aspx”，进入“中华铁路网”主页，单击“站站查询”，在打开的网页中，分别选择“上海”、“武昌”，如图 6-25 所示，然后单击“查”按钮，即可看到查询指定的站点之间的火车车次信息，如图 6-26 所示，单击某一车次，还会出现具体的站点到达时间、里程、票价等信息。

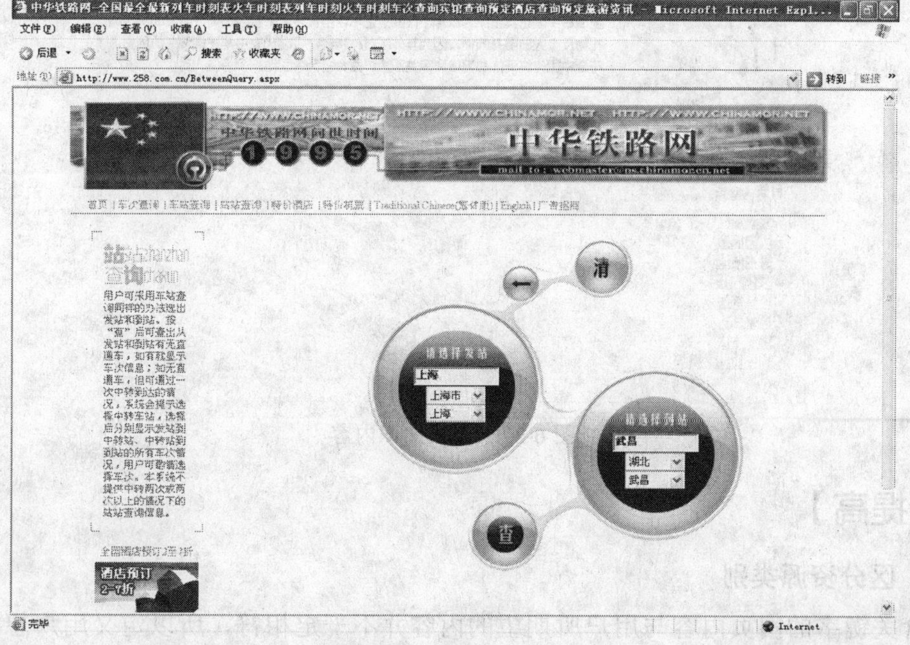

图 6-25“站站查询”网页

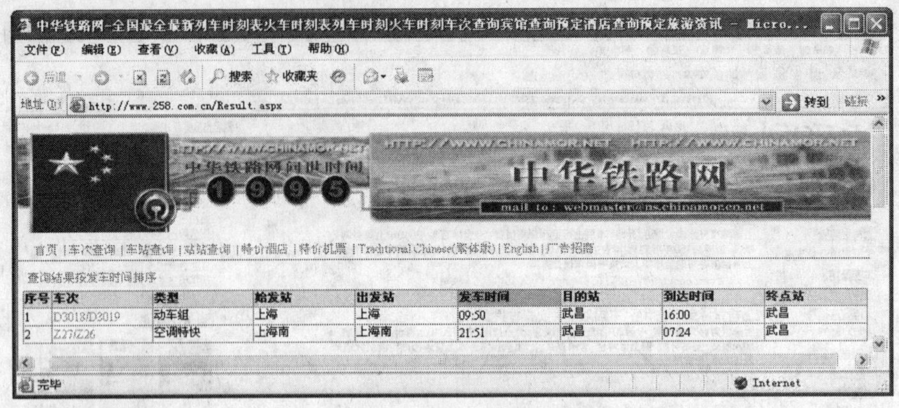

图 6-26　火车车次查询结果

> 温馨提示：使用类似的信息查询平台还可以查询很多信息，比如查违章记录、查航班、查酒店、查公示、查考分、查高考录取情况等，用户完全可以充分利用网络的强大功能来获得便捷的服务。

4．填补知识盲点

在工作与生活中每个人都会有知识盲点，网络是贴心的老师。这里仅是以知识盲点作为切入点来讲述网络资源的利用。例如，在百度上搜索“中国结”，从返回结果中打开“中国结 百度百科”则中国结的知识一目了然，如图 6-27 所示。

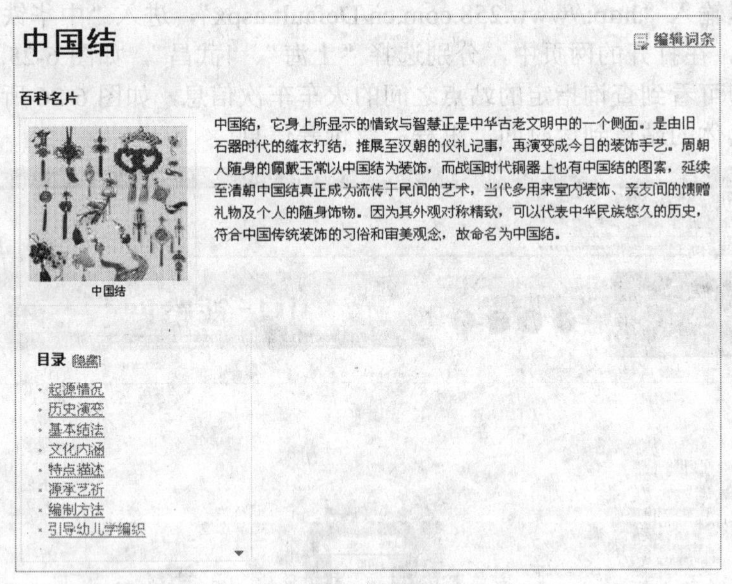

图 6-27　查找知识内容

【拓展提高】

一、区分资源类别

包含关键字的网页内容与用户所期望的内容并不一定相符，所以定义用户想搜索的资源类别是很必要的，而且不要拘泥于某几个大型的搜索站点。

1. 使用分类搜索

如果搜索页面能提供搜索类别的定义，尽量使用类别定义，从而减小搜索范围，更利于找到想要的资源。

2. 到专业网站上搜索资源

除使用搜索引擎外，加大搜索成功率的方法是去专业的网站上搜索资源。例如，电影可以到各个电影网站上去，音乐到各个音乐网站上去，软件到各个软件网站上去，依此类推，将有助于快速找到想要的资源。

二、使用高级搜索

例如，在地址栏中输入"http://www.sogou.com/"进入"搜狗"主页，单击"高级搜索"，可在打开的网页中进行搜索设置，进行适当的设置就可以按指定条件来搜索资源了，这样比使用模糊的搜索方式更能精确地找到资源，还能按指定的方式来显示查找到的资源，用户查看资源时就更方便了。

各个搜索引擎的高级搜索方式并不相同，用户应仔细查看页面内容来灵活设置可用的选项。

【实战演练】

搜索关于上海的天气预报、上海的地图、2010 上海世博会的有关信息，并把有关 2010 年上海世界博览会概况的信息以 Word 文档的形式保存到"我的文档"中。

课题四 开通电子邮箱和博客

【课题效果】

本课题要达到的效果，如图 6-28 所示。

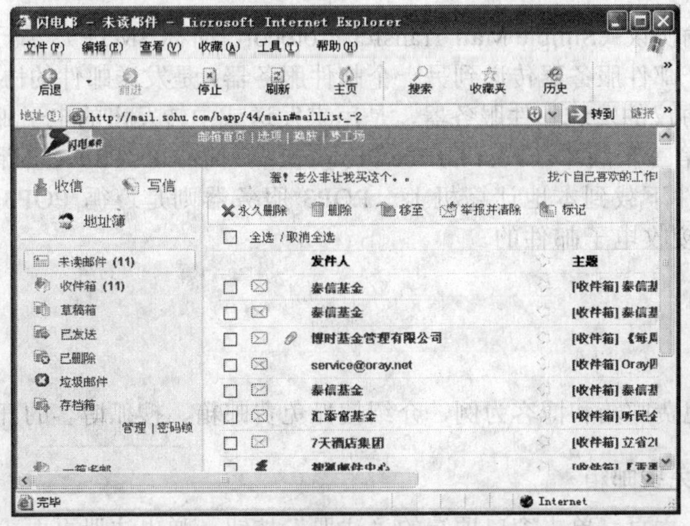

图 6-28 免费邮箱

【课题分析】

本课题的主要内容是利用网络提供的服务功能，申请免费的电子邮箱，快速管理自己的邮件。并用电子邮箱开通博客。本课题包括的知识要点有电子邮件的基本知识、免费电子邮箱的申请和使用、使用 Outlook Express 6 管理电子邮件等。重点操作是用免费电子邮箱收、发邮件。

【知识链接】

一、电子邮件简介

电子邮件是 Internet 提供的服务之一，电子邮件翻译自英文的 electronic mail，简称 E-mail，它可以通过电子通信系统进行信件的书写、发送和接收。通过电子邮件系统，用户可以用非常低廉的价格，以非常快速的方式，与世界上任何一个角落的网络用户联系，这些电子邮件可以是文字、图像、声音等各种形式。正是由于电子邮件的使用简易、投递迅速、收费低廉、易于保存、全球畅通无阻等特点，使得电子邮件被广泛地应用，它使人们的交流方式得到了极大的改变。

二、电子邮箱地址（邮箱账号）

E-mail 像普通的邮件一样，也需要地址。每个电子邮箱都有自己特定的邮箱地址，一个完整的 Internet 邮件地址由以下两个部分组成，格式如下“1oginname@full host name.domain name”，即“登录名@主机名.域名”，中间用一个表示“在（at）”的符号“@”分开，符号的左边是登录名，右边是完整的主机名，它由主机名与域名组成。

三、邮件系统传输协议

简单邮件传输协议（Simple Mail Transfer Protocol，简称 SMTP），属于 TCP/IP 协议族，它保证邮件从一个邮件服务器传递到另一个邮件服务器，是发送邮件的协议。SMTP 服务器就是遵循 SMTP 协议的发送邮件服务器，是用来发送或中转发出的电子邮件。

邮局协议的第三个版本（Post Office Protocol 3，简称 POP3），它保证用户可以从邮件服务器上将邮件下载到本地计算机上。POP3 服务器则是遵循 POP3 协议的接收邮件服务器，是用来接收电子邮件的。

【操作步骤】

下面以搜狐免费邮箱和博客为例，介绍搜狐免费邮箱、搜狐博客的开通和使用。

1．快速申请免费邮箱

打开“搜狐”主页，单击窗口顶端的“注册”按钮，弹出注册页面，如图 6-29 所示。

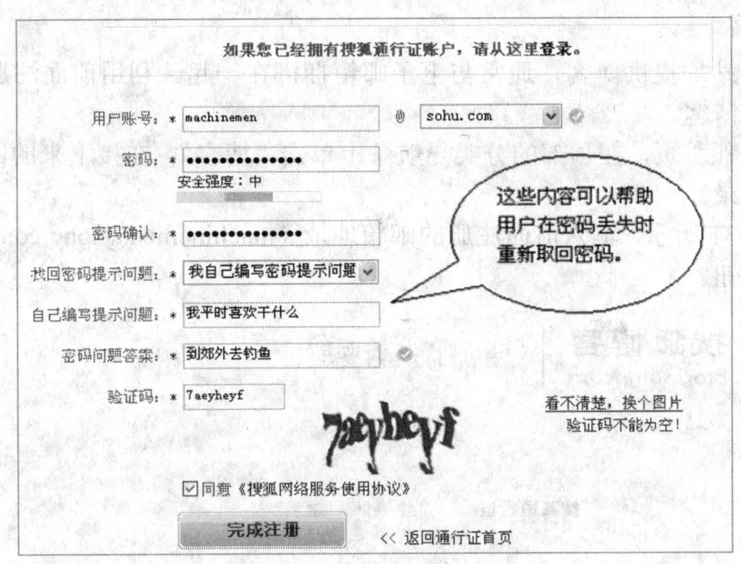

图 6-29　申请免费邮箱

按要求输入用户名、密码等信息，单击“完成注册”就快速地注册了一个搜狐的免费邮箱。如图 6-30 所示，申请成功后的邮箱地址为：machinemen@sohu.com。

2．用免费邮箱收、发邮件

打开搜狐主页，输入用户名及密码，即进入相应的邮箱空间，如图 6-30 所示。

单击“收信”可以刷新是否有新的邮件，然后进入“收件箱”查收邮件。

单击“写信”可以打开的写信区域，如图 6-30 所示，“收件人”填写接收邮件的邮箱地址，写上必要的主题及信件的具体内容，还可以上传一定容量的附件，单击“发送”按钮即将这封邮件按指定邮箱地址发送完毕。

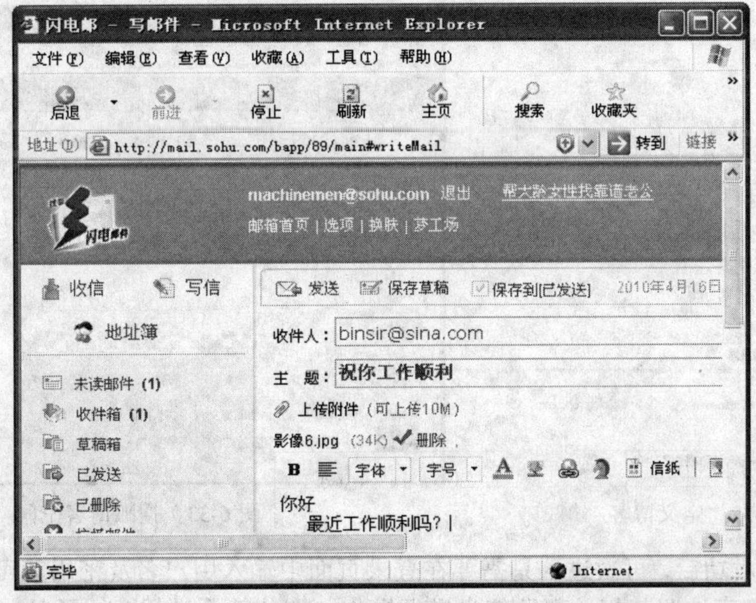

图 6-30　邮箱空间

3. 开通博客

各个大型网站均提供博客，通常与电子邮箱捆绑在一起。利用前面注册的搜狐邮箱现在来开通搜狐的博客。

（1）打开搜狐主页，在顶部的分类导航条上单击“博客”，在接下来的网页中单击使用搜狐邮箱直接登录。

（2）如图 6-31 所示，输入前面注册的邮箱地址（machinemen@sohu.com）及登录密码，单击“登录”按钮。

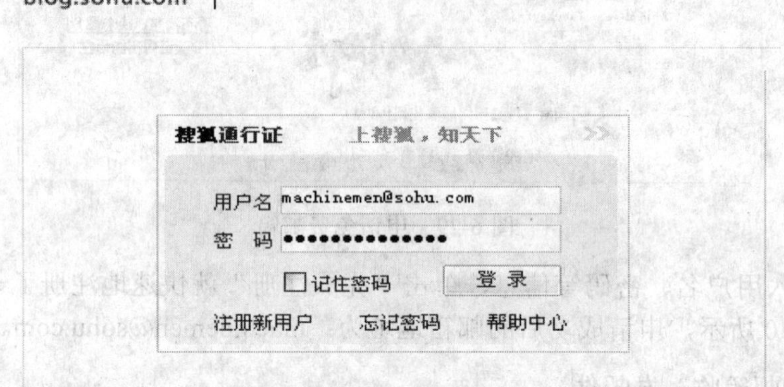

图 6-31　用邮箱登录

（3）如图 6-32 所示，输入博客标题及修改域名，单击“下一步，完成注册”按钮，询问是否上传个性图片，可以直接跳过进入下一步，将提示用户补充注册信息，也可以跳过，接下来就进入了自己的博客空间了，如图 6-33 所示。

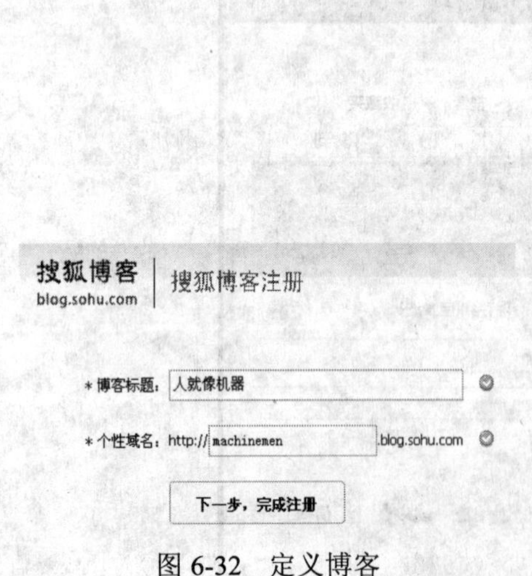

图 6-32　定义博客

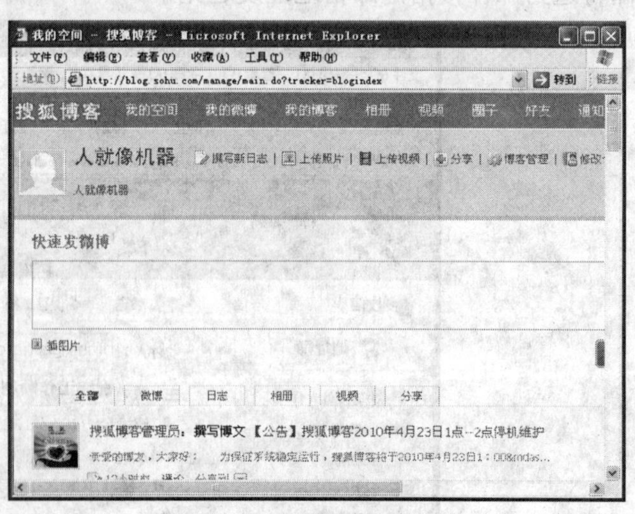

图 6-33　搜狐博客空间

（4）注册成功后，再次进入只需要在登录页面中输入用户名及密码就可以了。博客空间的使用与管理可按照其相关帮助信息进行操作，在此就不进行介绍了。

【拓展提高】

一、使用 Outlook Express 6 管理电子邮件

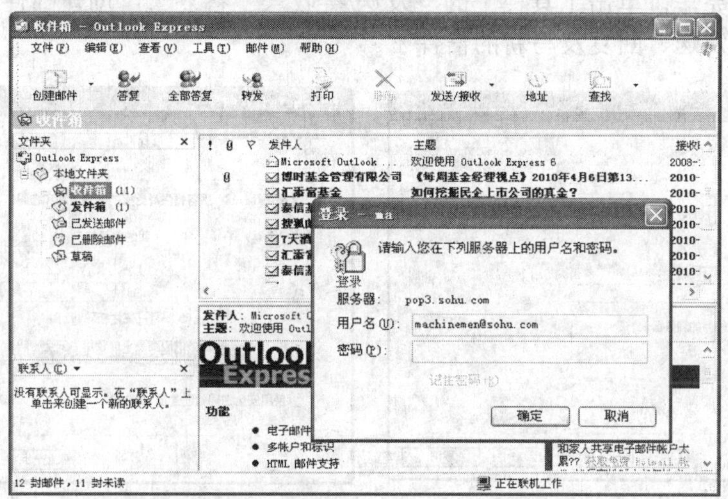

图 6-34 Outlook Express 6 工作窗口

Outlook Express 6 是 Windows XP 集成的电子邮件管理软件，使用它可以不用亲自登录到邮箱空间就可以收发、浏览和管理电子邮件，而且还可以轻松管理多个账号。

1. 配置 Outlook Express 邮箱账号

（1）单击“工具”菜单下的“账户”命令项，弹出如图 6-35 所示的“Internet 账户”窗口。

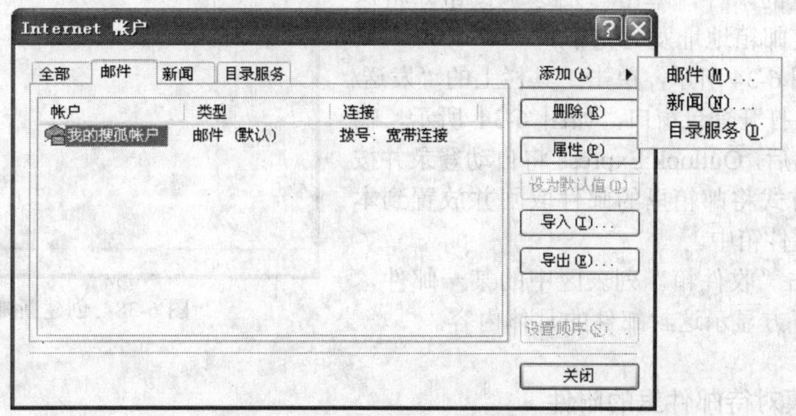

图 6-35 “Internet 账户”窗口

（2）如图 6-35 所示，单击“添加”按钮，在弹出的命令列表中单击“邮件”命令项，输入发送邮件时的显示名称，如“我的搜狐账户”，单击“下一步”按钮，输入邮箱地址，如“machinemen@sohu.com”，单击“下一步”按钮即配置邮箱收、发邮件时服务器的地址。

（3）各个提供邮件服务的网站其 SMTP 和 POP3 服务器的域名不同，应视邮箱的提供网站来分别设置。本例在搜狐网站上申请，所以其 SMTP 和 POP3 服务器的域名分别为

“smtp.sohu.com”、“pop3.sohu.com”，如图 6-36 所示。

（4）设置好邮件服务器的地址后，单击“下一步”按钮，即弹出如图 6-37 所示的窗口，输入邮箱登录账户名，密码根据机器使用情况灵活决定。单击“下一步”按钮出现提示信息后账户即建立完毕。单击工具栏上的“发送/接收”、“答复”、“创建邮件”等按钮就能进行邮件的接收、发送、回复及写新的信件了。

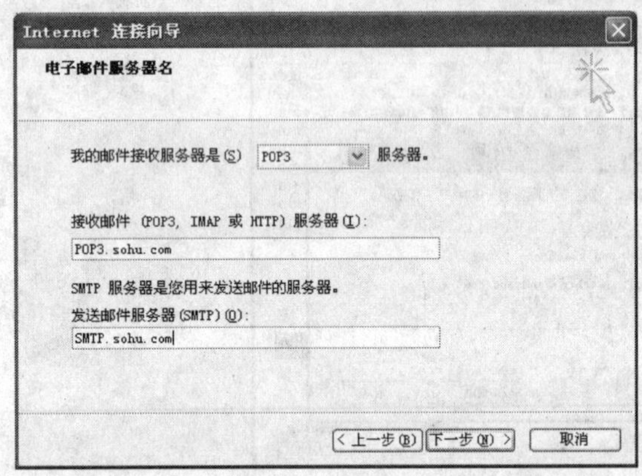

图 6-36　配置邮件服务器

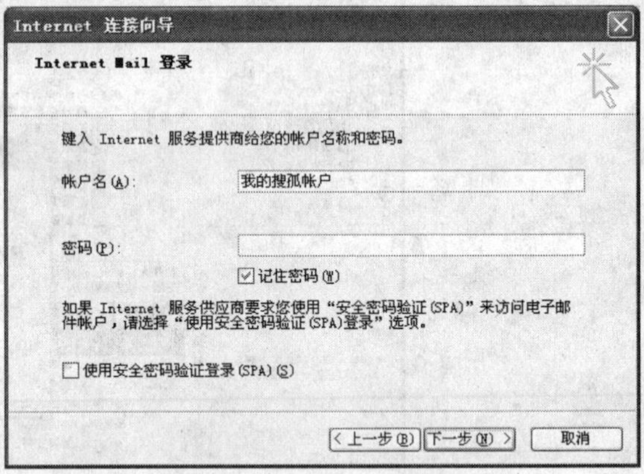

图 6-37　邮件登录账号及密码

2．收、发邮件

（1）如图 6-34 所示，单击工具栏上的“创建邮件”将打开“新邮件”窗口，如图 6-38 所示。

（2）“收件人”文本框里填写接收邮件的邮箱名，输入必要的主题及信件的具体内容，还可以插入一定容量的附件，单击“发送”按钮即将这封邮件按指定邮箱地址发送完毕。

（3）如图 6-34 所示，单击工具栏上的“发送/接收”按钮将打开登录窗口，如图 6-34 所示，输入正确的密码后，Outlook Express 将自动登录并按约定的操作方式将邮箱里的邮件取回并放置到本地文件夹的收件箱中。

（4）单击“收件箱”列表区中的某一邮件，将在列表区下方显示这封邮件的具体内容。

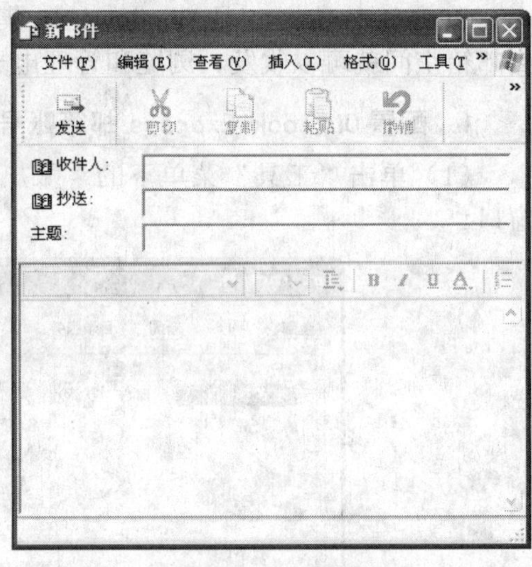

图 6-38　创建新邮件

二、谨慎对待邮件里的附件

附件为用户传送文档提供了方便，但也为不法之徒留下了可乘之机。由于邮件本身并不能识别附件的功能，所以使用者在打开附件的时候要仔细辨识。特别是一些来历不明邮件的附件更是要谨慎对待，在打开和执行附件内容之前，要进行病毒及木马检查。

> 温馨提示：病毒并不一定只会藏身在可执行的文件里，图片、网页、视频、Word 文档等文件里也可能包含有恶意的代码或者捆绑了木马病毒。

> ☞技巧点滴：除了谨慎以外，给自己的计算机系统打好补丁，尽可能减少计算机系统的漏洞才是远离病毒的根本办法。

【实战演练】

在新浪网上注册免费邮箱，进入邮箱空间，给你的朋友发封电子邮件，并添加一张照片为附件。

课题五　欣赏影视音乐

【课题效果】

本课题要达到的效果，如图 6-39 所示。

图 6-39　下载与欣赏影音内容

【课题分析】

本课题的主要内容是搜索与播放音乐、电影、电视等网络资源，本课题包括的知识要点有下载工具的使用、多媒体播放工具的使用等，重点操作是迅雷、千千静听、PPTV 等软件的操作。

【知识链接】

一、下载与下载工具

下载（DownLoad）是把网络中其他计算机上的信息保存到本地计算机上的一种网络活动。

下载工具是以追求在最短时间内将资源下载到本地作为目的的，所以采用了诸如多点连接、断点续传、用户互传等额外的技术，所以下载速度非常快，而且不会因为一次没下完就前功尽弃。当然伴随的毛病就是会抢占过多的带宽资源，因此在公共场合要主动设置本机的最大上传与下载速度。

目前使用率较高的下载工具有 Flashget（网际快车）、Thunder（迅雷）、BitComet（比特彗星）、emule（电驴）、腾讯超级旋风等，并且它们通常都带有自己的资源库与资源搜索引擎，查找资源就更方便了。这些软件都是免费软件，用户下载后即可安装。为了与浏览器紧密结合，通常都会向浏览器添加插件。

二、视听软件

如果仅从娱乐休闲的角度出发，网络真的是一个视听享受的盛宴。特别是网络带宽的不断拓展和计算机显示技术的不断发展，在线传输与欣赏高清晰的画面与声音已经不再是梦想。但这些多媒体文件往往会有不同的格式，需要专门的播放器才能打开。

一种方式是在浏览器中加装相应的插件，这种方式被许多提供视听资源的网站所采用，用户下载与安装相应的插件后就能进行正常访问了；另一种方式是将资源下载到本地，使用专门的播放器来进行播放或者发送到多媒体设备上进行播放。目前使用率较高的多媒体播放工具有 Windows Media Player、RealPlayer、暴风影音、快播（QvodPlayer）、KMPlayer、千千静听等。

【操作步骤】

1. 下载林忆莲的 MP3 歌曲《至少还有你》

使用迅雷下载林忆莲的 MP3 歌曲《至少还有你》，操作步骤如下：

（1）启动迅雷，在工具栏中的“资源搜索”栏中输入“至少还有你”，如图 6-40 所示；

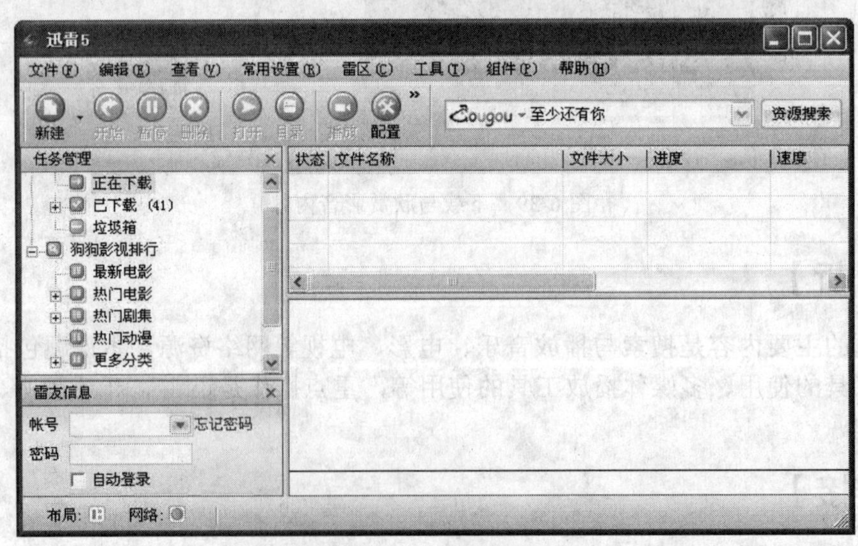

图 6-40 输入搜索关键字

（2）单击工具栏上的“资源搜索”按钮，搜索结果如图 6-41 所示；

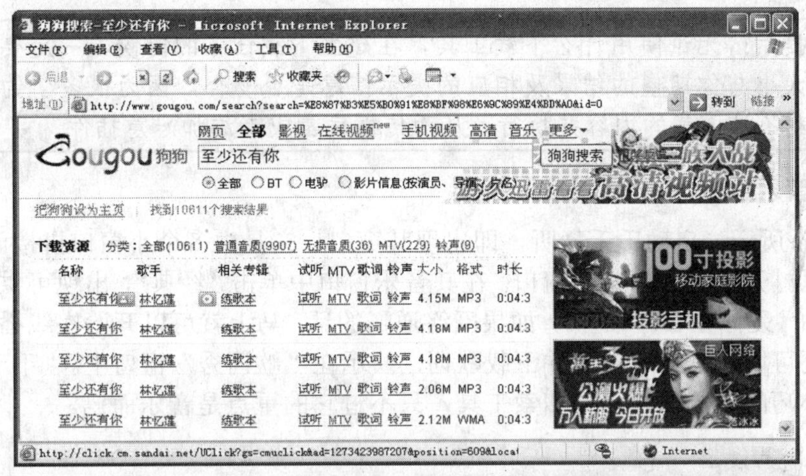

图 6-41 搜索结果

（3）在弹出的该资源下载链接列表中，单击某一个下载链接，即打开下载资源的下载地址网页，单击下载地址，弹出“建立新的下载任务”对话框，如图 6-42 所示。单击“浏览”按钮选择下载后文件的存储路径，单击“确定”按钮，即开始下载。

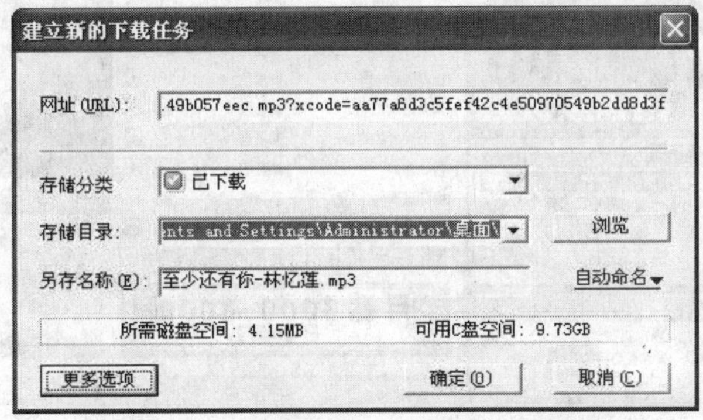

图 6-42 “建立新的下载任务”对话框

（4）如图 6-43 所示，迅雷主窗口新建了一个任务，并正在执行下载任务，直至任务下载完毕。下载过程中可以查看下载速度、下载进度等内容。

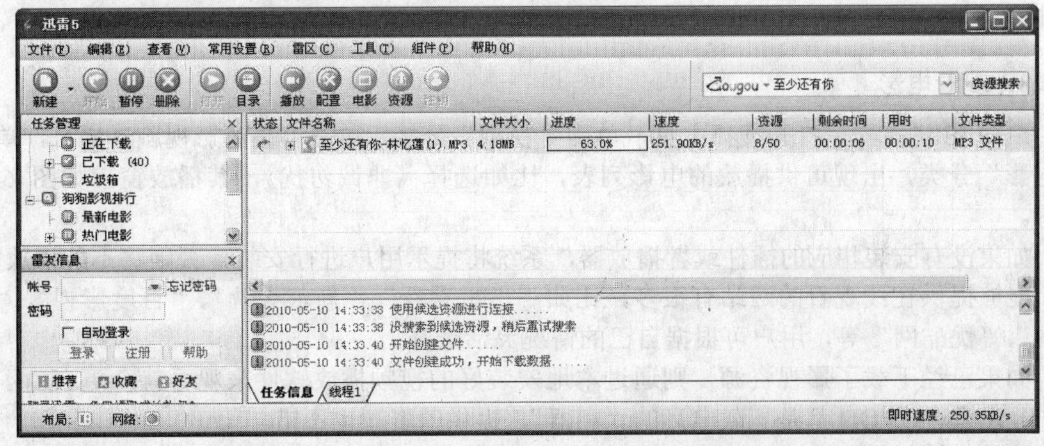

图 6-43 迅雷下载界面

> 温馨提示：无论使用什么下载工具，在建立下载任务的时候，一定要认真检查文件名与文件大小与你期望的结果及相应的提示信息是否吻合，因为很多“钓鱼网页”会误导用户下载不该下载的内容并执行，从而传播病毒或者添加恶意插件。

2．欣赏音乐

如图 6-44 所示，启动千千静听，即出现其窗口，它是由多个小窗口拼接而成的，根据用户需要可以打开或者关闭某个窗口。在其音乐窗口中单击“经典”，出现可供播放的列表，比如选择歌曲《爱你在心口难开》，如果网络通畅的话，马上就可以开始在线播放该歌曲了。如果需要，还可以让它在线搜索并下载歌词，演示在“歌词秀”窗口中。“千千音乐窗”实际上是一个小巧的浏览器和资源搜索工具，只不过它的重点是音乐而已。

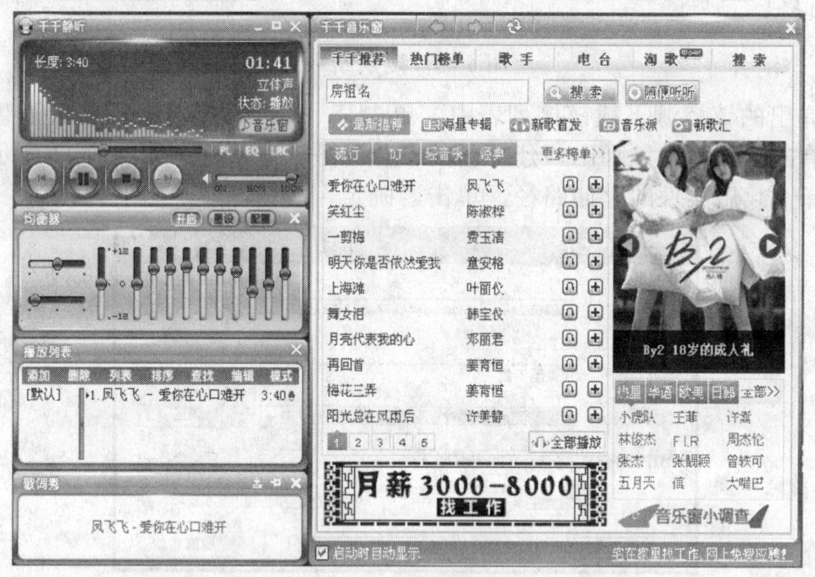

图 6-44 欣赏音乐

如果本地已经有下载好了的音乐，例如，已下载的林忆莲的 MP3 歌曲《至少还有你》，可以加进播放列表窗口中，进行离线播放。要获得更多好听的音乐，可按前面介绍的方法到其他音乐网站上搜索和下载。

3．观看电影

启动 IE 浏览器，打开搜狐主页，单击“视频”链接，单击“高清影视剧”栏目，单击“电影”分类，出现可供播放的电影列表，比如选择《非诚勿扰》，其播放窗口如图 6-45 所示。

如果没有安装相应的插件或者播放器，系统将提示用户进行安装，否则将不能播放。

能够提供在线观看的网站有很多，比如“迅雷看看”、“新浪大片”、“百度影视”、“土豆网”、“优酷网”等，用户可根据自己的情况灵活选择。

如果已经下载了影视资源，则通过本地安装好的视频播放软件来观看就会更自由了。电驴、迅雷、QVOD 都是下载电影的“利器”，提供的资源也不错。

快播是新近很热的视频播放软件，其最显著的功能是 QVOD 是基于 P2P（Peer-to-Peer

的简称，即“点对点”）的，不仅是一款功能齐全的播放器，还是一款不错的BT类下载器，下载速度非常快。“网络任务”中的列表对象就是正在后台下载或者处于等状态的资源，如果在公共网络场合，应视网络带宽与网速来设定本机的下载速度。

图 6-45　观看电影

☞技巧点滴：正因为QVOD能进行后台下载，所以关闭播放器并不能关闭下载进程。若想关闭播放器与下载进程，应执行托盘区图标快捷菜单中的“完全退出”命令。

4．收看电视

按照观看电影的方法也可以收看电视节目，有很多用户使用专门的网络电视播放软件来收看电视，比如PPTV、PPS、QQLIVE、UUSee等，下面介绍一下如何使用PPTV收看电视。

启动PPTV，展开“电视台”文件夹，双击某一频道，即开始播放选择的节目。播放窗口如图6-46所示。

图 6-46　PPTV 播放窗口

从视频列表中可以很清楚地看出，收看电视节目仅仅是其中的内容之一，PPTV还是一个视频点播中心，从政治、经济、军事、文化、体育、娱乐到专题，应该说内容丰富得很，用户可以对自己喜欢的频道进行收藏，对最近观看的内容做历史记录，还可以搜索视频资源，这些功能都非常地实用。

【拓展提高】

网上聊天交友

打开腾讯主页，申请 QQ 号，主要是填写昵称、出生日期、密码等信息即可申请一个 QQ 账号。下载 QQ 软件并安装，启动 QQ 后登录其界面，如图 6-47 所示。

输入正确的 QQ 号及密码即进入管理窗口。最显著的信息当然是好友列表了。双击某个好友，即打开 QQ 的聊天窗口，如图 6-48 所示。

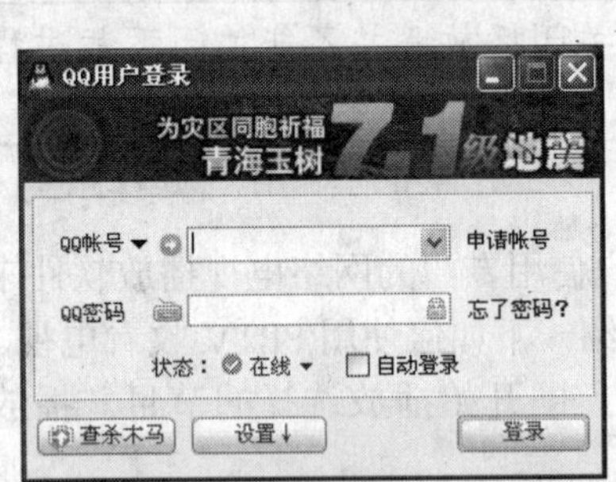

图 6-47　登录 QQ

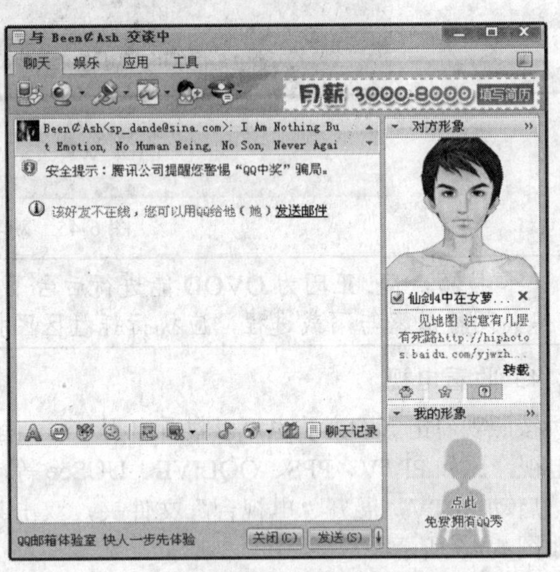

图 6-48　QQ 聊天窗口

如图 6-48 所示，这是 QQ 的聊天对话窗口，左下方是本地用户输入信息的区域，左上方是双方对话的显示区。除了使用文字聊天外，还可以进行视频、语音对话、互传资料文件、发送表情等。使用视频与语音聊天必须安装相应的视频装置与麦克风。

> ☞技巧点滴：输入文字后直接按<Ctrl+Enter>组合键即可发送聊天内容。

【实战演练】

1. 使用“搜狗”搜索最热门的影视剧并下载。
2. 使用本地安装的视频播放器播放已下载的影视剧，并捕捉精彩画面。
3. 搜索最新的歌曲，使用音乐播放器进行播放。
4. 下载某网络电视软件，安装并收看其节目。
5. 在某一网站上在线收看影视作品。

课题六 淘宝网上购电池

【课题效果】

本课题要达到的效果，如图 6-49 所示。

图 6-49 网络购物

【课题分析】

本课题的主要内容是进行网络购物，包括的知识要点有网上银行、账号与密码、淘宝网上购物的操作过程、网上求职等。重点操作是网络购物、网上求职。

【知识链接】

一、即时交流软件

即时交流软件是在网上进行异地聊天与通信的软件。其中，腾讯 QQ 非常流行，QQ 包含在线聊天、手机聊天、视频电话、文件传输、网络硬盘、QQ 空间与邮箱等丰富的功能，在国内拥有较多的使用者。

如果与国外的朋友交流比较多，还可以选择 MSN（Microsoft Service Network），这是微软的即时通信工具，就集成在 Windows XP 里，其用户数量在国内仅次于 QQ。

新潮的工具还有中国移动推出的 Fetion（飞信）软件，用户可以使用这款软件向手机免费发送短信。

二、网上银行

网上银行是指在传统银行业务基础上基于信息网络来向客户提供的金融服务。用户可以不用到实体银行，就能对自己的资金进行管理。用户要使用网上银行功能，必须到相应的银行办理银行卡，签约网上银行的服务条款，向浏览器注册安全证书等。各银行的网上银行所能完成的理财项目不一定相同。

三、账号与密码

网络生活，最频繁接触的就是账号与密码，它既是用户进行不同服务的门槛，也是个人隐私的重要内容。因此是极为重要的数据信息，特别是使用公用的计算机时，应尽可能用虚拟键盘并清除使用后的痕迹。

如果可能还要对账号设置多道不同的密码。例如，网上银行、淘宝账户的登录密码、交易密码、支付密码应设置的不同且要复杂些。根据网络服务的不同，要采取账号与密码丢失或者被盗后的挽救措施。

温馨提示：需要账号与密码的网络服务项目大体上都有密码保护措施，用户应该及时并认真地采取这些措施，以在意外情况下减小损失。对于网上银行使用U盾、K宝之类的硬件保护证书或密钥的，安全措施就更加得力了。

【操作步骤】

网上购物，较为著名的是淘宝网，它有众多的网店及庞大的网购群体，此外当当网、卓越网也是非常不错的购物网站。通常网上购物的程序与生活中的大致相当，最大的差别是不能亲睹实物、试穿试用。网上购物主要包括账号注册与登录、搜索购买的商品、同卖家联系拍下宝贝并支付货款、收货与评价这四大步骤。

下面以在淘宝网上购物为例来加以说明。登录淘宝网站（http://www.taobao.com），其网页窗口就像商场的货架一样，罗列了众多的产品类别，最显眼的是窗口上方的搜索条。

1. 账户注册

（1）登录淘宝网站，单击页面顶部“免费注册”按钮。

（2）进入注册页面，选择“邮箱注册”，则进入“新会员免费注册”页面，如图6-50所示。

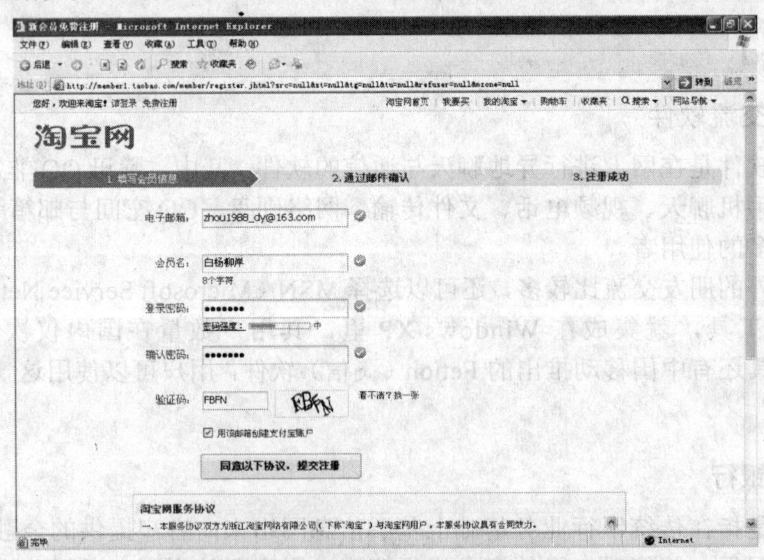

图6-50 “新会员免费注册”页面

（3）在“新会员免费注册”页面中输入会员信息、会员名和密码、用于激活会员名的电子邮件地址等，勾选“用该邮箱创建支付宝账户”选项，最后单击“同意以下协议，提交注册”按钮。

（4）此时，淘宝网将发送一封确认信到用户刚才所填写的电子邮箱中，提醒用户登录该邮箱后激活账户，完成淘宝会员的注册，如图 6-51 所示。

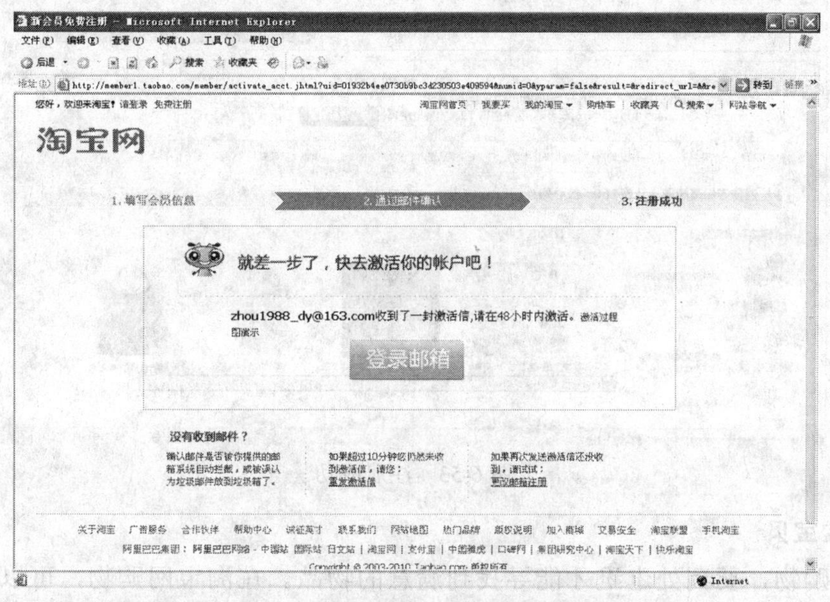

图 6-51　提醒用户登录该邮箱后激活账户

（5）用户登录邮箱，打开激活信，完成账户激活，如图 6-52 所示。

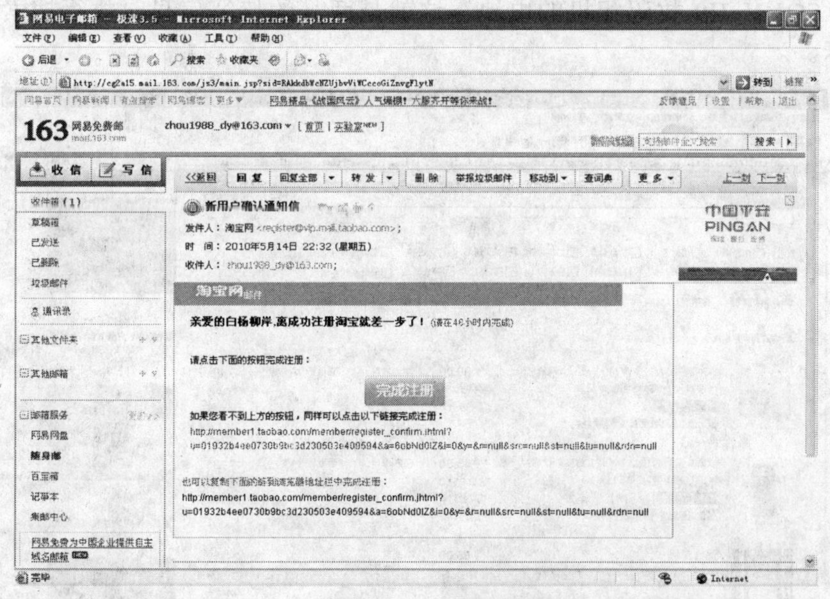

图 6-52　登录邮箱

（6）如图 6-53 所示，注册成功。提示用户以下信息：淘宝账户名、该账号可同时用于阿里旺旺登录、支付宝账户名及登录密码。淘宝账户将自动登录，同时邮箱会收到“淘宝已为您免费开通支付宝账户！”的信件。

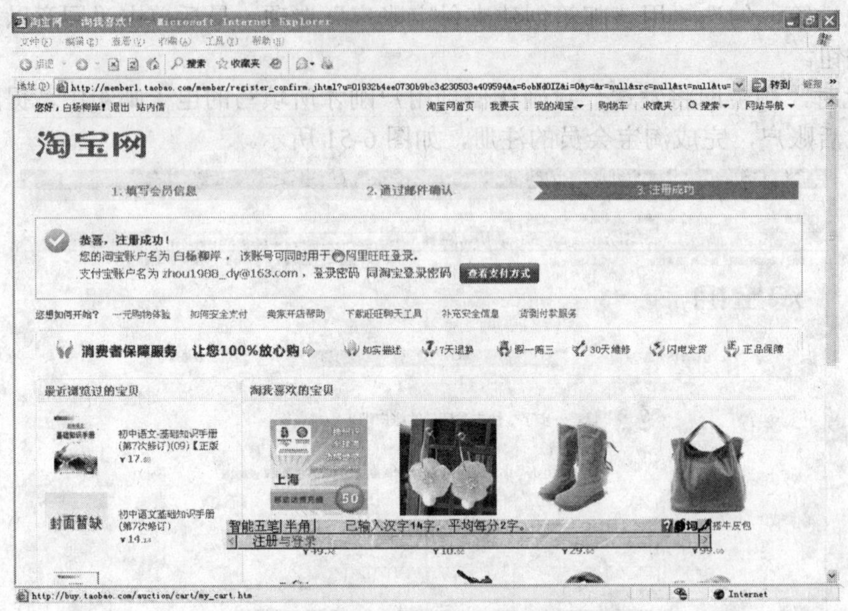

图 6-53　注册成功

2．搜索宝贝

在商场购物，要到处逛逛才能寻找到满意的物品。在淘宝网购物，可以使用网站提供的搜索功能来迅速定位物品和卖家。选择适当的关键字，例如，物品的货号、品牌、类别、颜色等特征信息，输入搜索框进行搜索即可。例如，在搜索框内输入“h9 电池”，意思是想买 SONY H9 数码相机的电池，这就是商品的特征信息。执行搜索后的结果如图 6-54 所示。

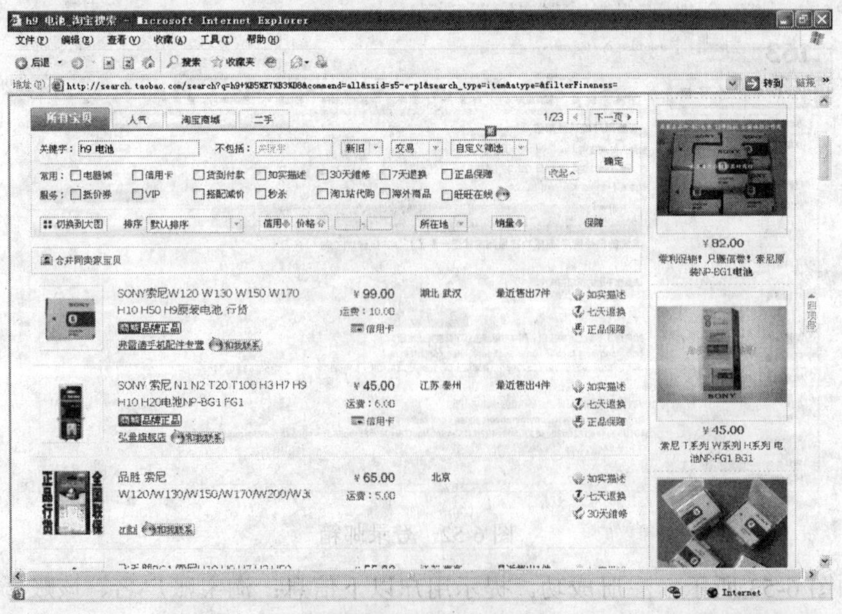

图 6-54　搜索宝贝

3. 查看物品信息

在某一个链接上点击，则可以查看该物品的详细信息，如图 6-55 所示，买家应该仔细查看卖家的信誉度、物品说明、运输方式等信息。单击网页上的和我联系链接，就可以同店主就物品、价格、运输等在线进行交流。双方谈妥，买家单击“立即购买”按钮拍下宝贝。

图 6-55　查看物品信息

4. 确认订单信息

如图 6-56 所示，接下来就进入物品购买的实质性环节，确认收货地址、购买信息，单击“确认无误，购买”按钮，交易记录便成立了。

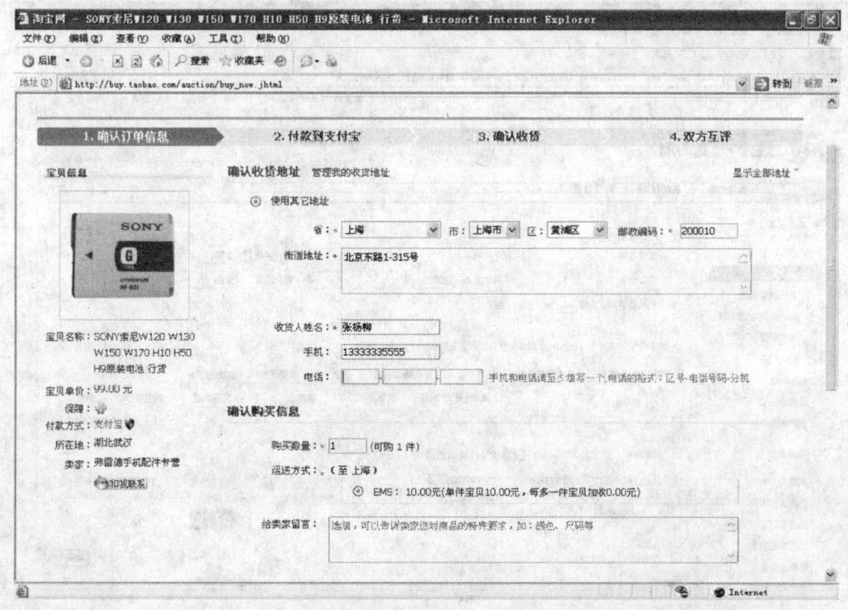

图 6-56　确认订单信息

5．付款到支付宝

系统在买家拍下商品后，会自动跳转到支付宝页面，如图 6-57 所示，充值后输入支付密码即可完成支付操作。

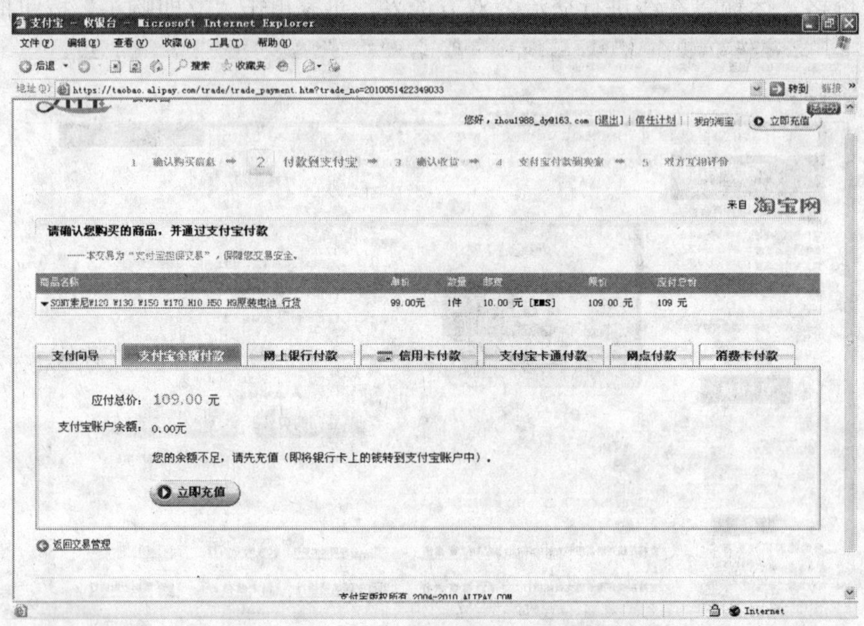

图 6-57 付款到支付宝

6．收货与评价

收到商品后，登录淘宝网，进入“我的淘宝”，单击“已买到的宝贝”链接，如图 6-58 所示，确认收货，同意支付宝付款，最后进行评价，完成购物的全过程。

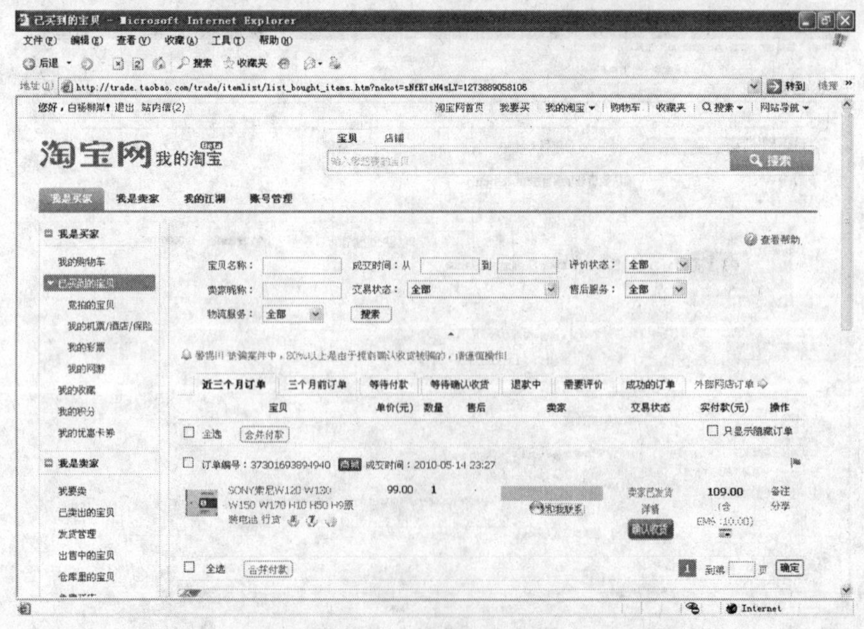

图 6-58 收货与评价

【拓展提高】

一、网上求职

网上求职可以分为主动与被动两种求职形式。主动求职就是在网上主动为自己寻找满意的职位，主动和用人单位联系甚至登门拜访，主动地为用人单位做些事情，从而增加对方的好感与信任感。被动求职就是将自己的求职寄托于网络中介机构，等待满意的机会的到来。现在以在智联招聘的网上求职来进行说明。

打开浏览器，输入智联招聘网地址（http://www.zhaopin.com/）即进入了其主页，其核心页面内容如图 6-59 所示。

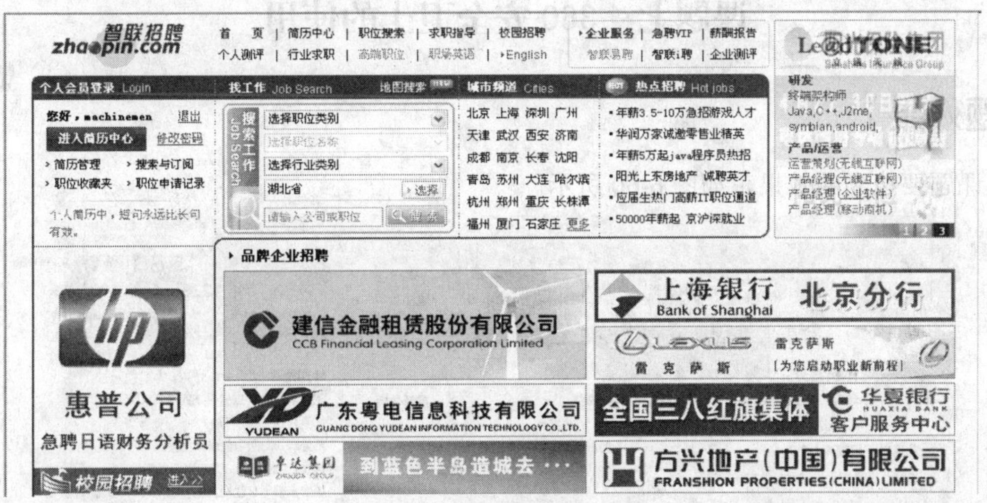

图 6-59 智联招聘网网页内容

单击“填写简历”即打开注册账号页面，输入邮箱地址，设定密码后，确定注册成功后，即进入“简历制作向导”，单击“创建标准简历”即打开简历填写页，在简历填写页中输入必要的信息，单击“保存”按钮后，添加一些过往的学习、工作经历，即提交了一份工作简历。

然后设定搜索条件，自主搜索一些感兴趣的职位，单击“立即申请”，输入你的账号与密码，即向网站确认了对该职位的申请要求，接下来就是加强联系与查询了。

二、精彩网络新生活

网络世界，确实很精彩，除了前面讲述的典型应用外，实际上还有很多其他的应用模式。

（1）远程教育：获得远程访问权后，可以接受远程教育专家的课程。

（2）网络电话：只要配置好相应的软件，就可以使用计算机拨打普通电话来进行即时沟通；

（3）网络金融：已经有上亿的中国公民开通了证券交易账户，还有相当一部分人已经在使用股票软件实现网上交易了；

（4）网络营销：依托网络平台，有大量经营者使用网络来推荐和销售自己的产品、招募人材；

（5）网络游戏：这是第三产业中崛起的后起之秀。

【实战演练】

1．试着在网上购买某一物品，并开通相应的支付功能。
2．申请一个 QQ 号，添加朋友为好友，并进行视频聊天、传输文件等操作。
3．到各大招聘网上搜索与查看职位信息。

课题七　360 安全卫士的使用

【课题效果】

本课题要达到的效果，如图 6-60 所示。

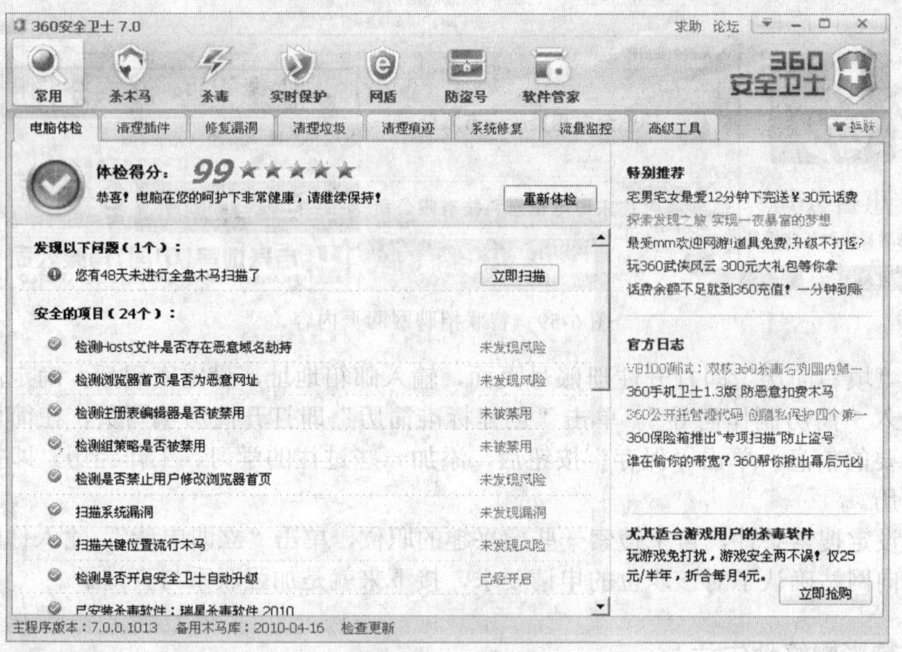

图 6-60　360 安全卫士操作效果图

【课题分析】

网络为用户提供了宽广的舞台与精彩的资源，但也给心存阴暗的人提供了隐身的空间。保护自己的计算机，保护自己的隐私在网络世界里显得格外重要。本课题的主要内容就是利用免费的 360 安全卫士软件来维护计算机，为正常的工作提供一种保护。本课题包括的知识要点有病毒、安全漏洞、浏览器插件、360 安全卫士，重点操作是 360 安全卫士的使用。

【知识链接】

一、病毒的知识

计算机病毒本质上仍然是一种计算机应用程序，与正常的计算机程序相比，突出的地方是它有隐藏性、传染性、攻击性、破坏性等特点。它通常以隐蔽的形式存在于用户的计算机中，随时随地寻找获得控制系统资源的机会，从而复制自己，实施特定的破坏功能。轻则干扰用户的正常操作，大量占用系统资源，降低计算机的工作效率，造成网络瘫痪与阻塞；重则盗取用户资料，毁坏用户的计算机文件及系统，造成财产损失。

历史上的蠕虫、CIH、熊猫烧香等病毒，都曾经造成巨大的经济损失。现在流行的各种木马病毒、钓鱼程序更是频繁作案，给网民造成了非常巨大的烦恼与痛苦。发现并及时清除这些恶意的程序，拒之于门外是计算机使用安全的基本要求。

二、Windows XP 安全漏洞

Windows XP 是一个划时代的操作系统，其系统程序之浩繁是普通人所不能想象的，往往是很多人工作许多年的结果。所谓“智者千虑必有一失”，Windows XP 系统无意中留下了不该留下的技术缺陷，虽然其内核没有向世人公布，但无疑会有一些计算机水平高超的专家寻找到这些缺陷，这就为非法获得系统控制权找到了缺口，这样的缺口就是 Windows XP 安全漏洞。好在 Windows XP 是由一系列模块所组成，发现漏洞后，可以通过加装漏洞补丁的形式来将这些缺口堵上，但谁也不敢保证 Windows XP 是否会暴露出新的漏洞，所以有必要每天更新并打上相应的补丁。

三、浏览器插件

IE 浏览器是一个开放的应用软件，为强化浏览器的功能，微软使用了“插件”这一技术来使第三方能开发出符合浏览器挂接规范的功能模块，从而用来处理特定的事件及文件类型。当然这一开放的技术也会被怀有恶意的人所利用，恶意的插件应运而生。对插件进行甄别，清除掉不怀好意的插件是保证上网畅通与安全的基础。

【操作步骤】

360 安全卫士是一款免费软件，在 360 网站上就有提供下载，安装过程也很简单，使用其“安装向导”就能将软件成功安装。默认情况下，360 安全卫士在计算机启动的时候自动运行，否则将失去保护作用。可以单击标题栏上的“▾”下拉式菜单下的“设置”按钮来进行启动、升级及体检频率等方式的设置。

1．对计算机进行“体检”

切换到“电脑体检”选项卡，单击“立即体检”按钮，360 安全卫士即开始对计算机进行检查，选项卡上部显示检查进度，下部显示检查项目。检查完毕后会根据计算机情况给出一个综合的分值，对于有疑问的项目会以列表的形式显示在“电脑体检”选项卡里，并在项目后面给出操作提示，可以进行适当的修复与处理，如图 6-60 所示，360 安全卫士最主要功能均可在这里完成。

2. 清理插件

切换到“清理插件”选项卡，即开始插件扫描，将系统当前所有插件以列表的形式显示在选项卡的下方，对于用户认为的“恶评”插件可以在前面的复选框里勾选，单击“立即清理”按钮将对勾选的插件清理出系统，如图 6-61 所示。清理完毕后可能会提示重新启动计算机，一般按提示要求进行操作。

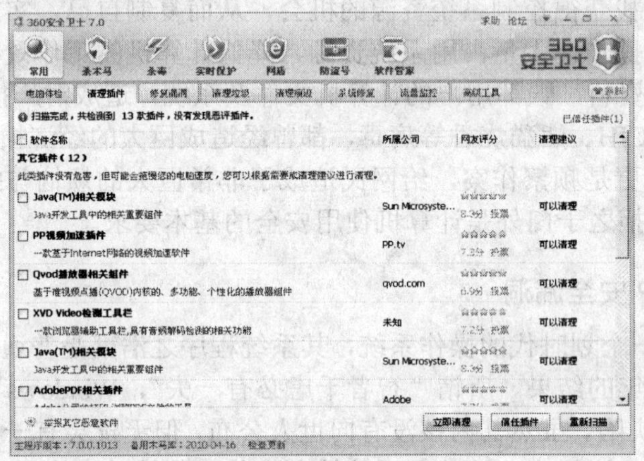

图 6-61 清理恶评插件

3. 修复漏洞

切换到“修复漏洞”选项卡，即开始漏洞扫描，扫描结束后将系统当前所有漏洞补丁以列表的形式显示在选项卡的下方，对于用户认为高危的漏洞可以在前面的复选框里勾选，单击“立即修复”按钮将对勾选的漏洞补丁进行下载，并自动进行安装，如图 6-62 所示。安装完毕后可能会提示重新启动计算机，一般按提示要求进行操作。

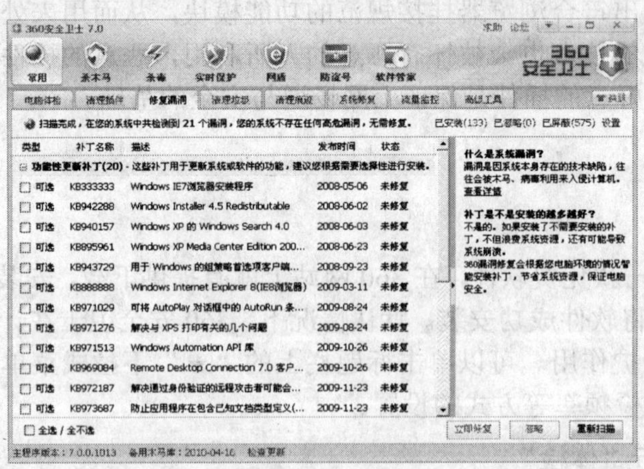

图 6-62 修复漏洞

4. 清理垃圾

这个功能与系统附件里的“磁盘清理”类似，只不过它针对的是整个系统而不是某个磁盘，所以只需要选择对象类型，而不必反复执行清理任务。

5. 实时保护

单击工具栏上的“实时保护”按钮，将弹出如图6-63所示设置窗口。

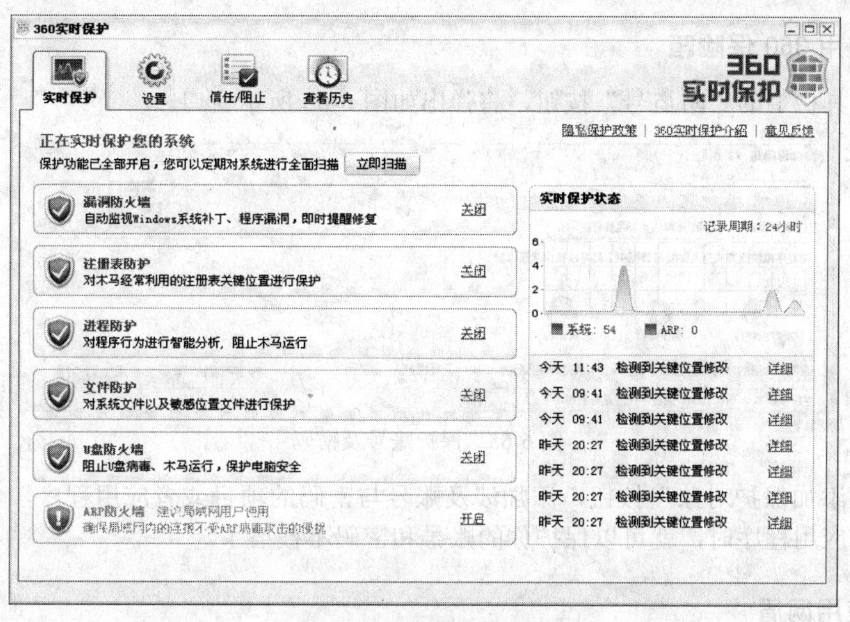

图6-63 开启实时保护

通过开启保护，可以动态地监测系统状况，从而阻止病毒及木马对系统构成的潜在危害，也可以减少病毒通过U盘等媒介带来的入侵机会。

6. 查杀木马

单击工具栏上的“杀木马”按钮，在弹出的窗口中提供了“快速扫描”、“全盘扫描”、“自定义扫描”三种查杀方式。推荐使用“快速扫描”，进行木马查杀，如图6-64所示。

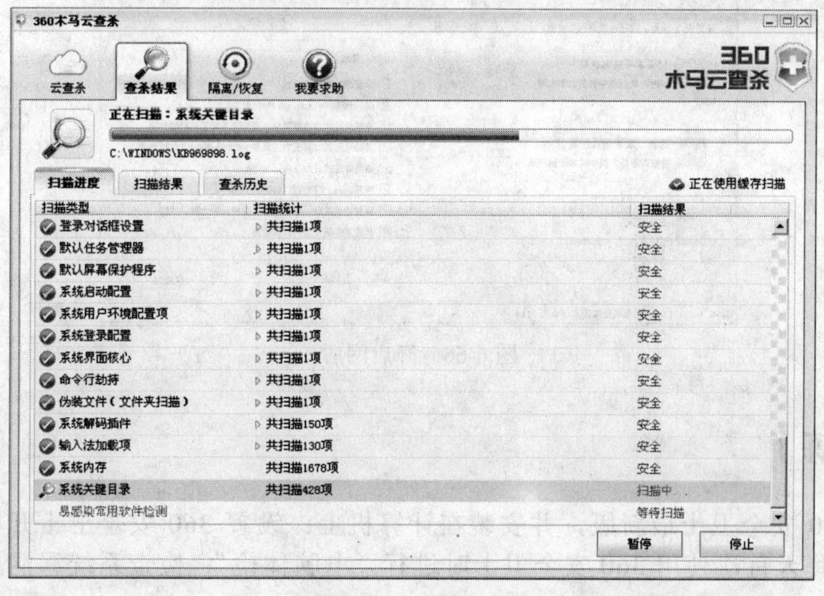

图6-64 查杀木马

【拓展提高】

一、使用 360 保险箱

单击工具栏上的“防盗号”按钮，将弹出如图 6-65 所示窗口。

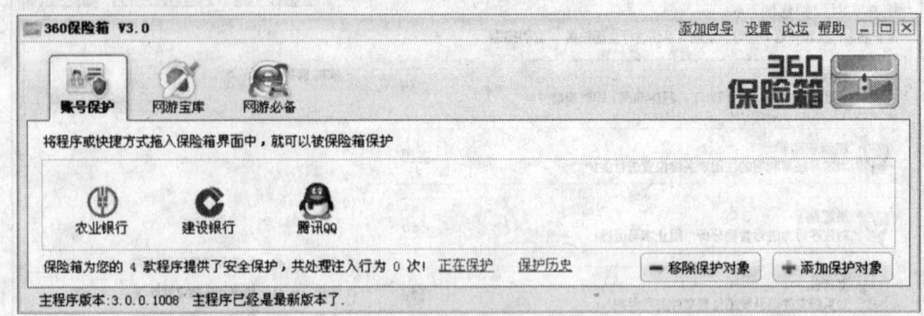

图 6-65　保护账号及密码

单击“添加保护对象”按钮，添加涉及账号与密码的项目或者应用程序，然后从这里再运行这些应用程序时，就可以保护你的账号和密码不被盗了。

二、使用网盾

单击工具栏上的“网盾”按钮，如图 6-66 所示，可以在弹出的窗口中开启“网页木马病毒拦截”、“钓鱼、欺诈网站拦截”、“主页锁定”这三个功能来保证用户在浏览网页时，浏览器不被“挂马”或者篡改为恶意的主页。

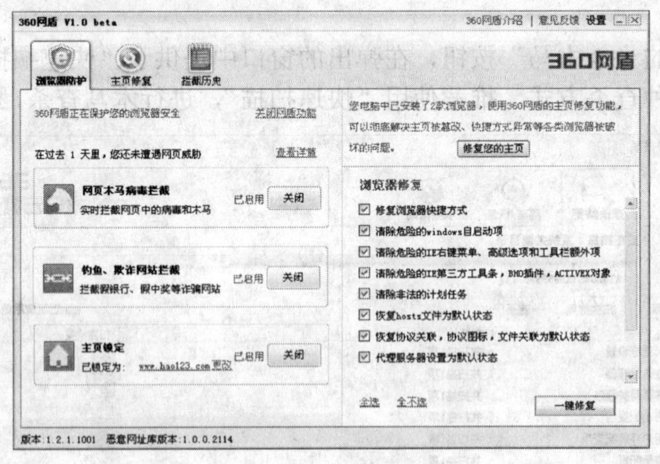

图 6-66　开启网盾

【实战演练】

下载 360 安全卫士最新版，并安装在计算机上；设置 360 安全卫士开机即运行并自动升级，每天首次使用 360 安全卫士时进行“电脑体检”；检查系统漏洞并安装漏洞补丁。

习 题 六

一、填空题

1．LAN 是________________________________的简称。

2．如果不指定宽带连接的连接名，默认连接名是________________。

3．宽带连接是一个使用________________或________________________的高速连接。

4．Internet Explore 的地址栏通常输入____________________内容。

5．Cookie 是用户访问网站时___________留下的一个小文件。

6．电子邮箱地址的格式是___________。

7．__________和__________是两款进行电子邮件管理的专门软件。

8．下载资源时要确定资源的保存__________和__________。

9．QQ 是一款______________软件，QVOD 是一款______________软件，迅雷是一款_________软件。

10．病毒本质上是________，它具有_______、_______、_______、_______等特点。

11．360 安全卫士的显著功能是清理________和修复________及查杀________。

12．IP 地址是一个 32 位的________________形式的数。

13．常见的网络连接方式有__________、__________、__________、________等。

14．网关指的是______________IP 地址。

15．DNS 是______________的缩写，它是进行____________的服务器。

16．URL 是___________的简称，它是访问网络资源的____________。

17．要又快又好的搜索资源，应灵活使用__________，并使用合理的__________。

18．要发送电子邮件，应在收件人里填写接收方的______________。

19．在使用网络服务功能时要保护好自己的__________和________。

20．多媒体文件往往有不同的__________，需要专门的__________才能播放。

二、选择题

1．Internet 的网络协议是______。

A．TCP/IP　　B．SMTP（简单邮件传送协议）

C．FTP（文件传送协议）　　D．ARP（地址转换协议）

2．匿名上网所使用的 IP 地址是______。

A．固定的　　B．临时分配的　　C．不确定的　　D．没有 IP 地址

3．在打开的网页中，常常会有一些文字、图片、标题等，将鼠标指针放到其上面，鼠标指针会变成☝形，这表明此处是一个______。

A．超链接　　B．URL　　C．快捷方式　　D．按钮

4．直接按______快捷键，可快速将当前网页保存到收藏夹中。

A．Alt+R　　B．Shift+Y　　C．Ctrl+R　　D．Ctrl+D

5．若要发送的电子邮件的收件人不止一个，可用______或______分开。

A．分号　　B．冒号　　C．逗号　　D．顿号

6．网络上的计算机靠______来区分。

A．网卡物理地址　B．IP 地址　C．用户名　D．账号名

7．玉树大地震后，某人想通过捐款奉献爱心，获取可信的捐款信息的来源是______。

A．中央电视台　B．不明手机短信

C．QQ 群中陌生人　D．陌生电子邮件

8．收藏网页时，可以指定______。

A．网页名称　B．存放路径

C．脱机浏览　D．以上三者均可

9．SMTP 是邮件的______。

A．书写格式　B．邮局协议　C．传输协议　D．邮箱地址

10．POP3 是邮件的______。

A．书写格式　B．邮局协议　C．传输协议　D．邮箱地址

11．配置邮件工具时应该______。

A．指定邮箱地址　B．POP3 地址

C．SMTP 地址　D．以上三者均可

12．拖动链接到“链接”栏上，将______。

A．打开这个链接地址　B．收藏这个链接地址

C．删除这个链接地址　D．添加一个链接地址

13．拖动链接到“主页”图标上，将______。

A．打开这个链接地址　B．收藏这个链接地址

C．删除这个链接地址　D．添加一个链接地址

14．网页内容可以被______。

A．复制　B．保存

C．选择　D．以上三者均可

15．搜索资源时可以使用______。

A．“+”号　B．“-”号

C．空格　D．以上三者均可

三、简答题

1．什么是网络？网络有何功能？

2．简述网络连接的几种方式的异同。

3．简述建立宽带连接的步骤。

4．简述历史记录的作用。

5．如何更好地搜索资源？

6．简述网络在生活中的经典应用。

7．简述系统安全漏洞。

8．简述如何设置 QQ 的密码保护功能。

9．如何保存网页内容？

10．如何整理收藏夹？

参 考 文 献

[1] 魏海新，李成银，高宏毅，等．大学计算机应用基础教程[M]．北京：地质出版社，2007．

[2] 周大勇．计算机操作培训教程[M]．武汉：武汉理工大学出版社，2006．

[3] 刘传海．计算机普及教程[M]．武汉：华中科技大学出版社，2004．

[4] 徐谡．Windows XP • Word 2003 • Excel 2003 • PowerPoint 2003 办公与生活创意实例[M]．北京：机械工业出版社，2004．

[5] 国家职业技能鉴定专家委员会．办公软件应用试题汇编[M]．北京：宇航出版社，1998．